中国电子教育学会高教分会推荐

普通高等教育电子信息类"十三五"课改规划教材

电工电子技术及应用

主 编 王晓华 房 晔

西安电子科技大学出版社

内 容 简 介

本书简单介绍了电工电子技术的基本理论，并提供了大量常见的电路，其内容设置合理。通过学习，读者可以获得电工电子技术必要的基本理论、基本知识和基本技能，并了解电工电子技术发展的概况，为从事与电工电子技术相关工作打下一定的基础。

全书共 12 章，内容包括直流电路、正弦交流电路、变压器、三相异步电动机、半导体二极管及其应用电路、晶体管与基本放大电路、集成运算放大器及其应用、数字逻辑基础、数字集成门电路、组合逻辑电路及其应用、触发器及时序逻辑电路、脉冲信号的产生和整形。

本书可作为普通高等院校非电类工科专业的教材，也可供从事电工电子技术相关工作的工程技术人员参考。

图书在版编目(CIP)数据

电工电子技术及应用/王晓华,房晔主编. —西安：西安电子科技大学出版社，2016.6
普通高等教育电子信息类"十三五"课改规划教材
ISBN 978 - 7 - 5606 - 4023 - 5

Ⅰ. ① 电… Ⅱ. ① 王… ② 房… Ⅲ. ① 电工技术—高等学校—教材② 电子技术—高等学校—教材
Ⅳ. ① TM ② TN

中国版本图书馆 CIP 数据核字(2016)第 102215 号

策划编辑　毛红兵　刘玉芳
责任编辑　毛红兵　杨璠
出版发行　西安电子科技大学出版社(西安市太白南路 2 号)
电　　话　(029)88242885　88201467　　邮　　编　710071
网　　址　www.xduph.com　　　　　　电子邮箱　xdupfxb001@163.com
经　　销　新华书店
印刷单位　陕西大江印务有限公司
版　　次　2016 年 6 月第 1 版　2016 年 6 月第 1 次印刷
开　　本　787 毫米×1092 毫米　1/16　印张　18
字　　数　426 千字
印　　数　1~3000 册
定　　价　37.00 元

ISBN 978 - 7 - 4023 - 5/TM

XDUP　431500 - 1

* * * 如有印装问题可调换 * * *

前　言

本书以为非电类工科学生普及电工技术及电子技术为目标，在内容上覆盖了直流电路、正弦交流电路、三相电路、变压器、电动机等电工技术，半导体材料、分立元件构成的放大电路、集成电路的原理及应用等模拟电子技术，组合逻辑、时序逻辑电路及其应用等数字电子技术。

本书在编写过程中，在保证基本理论、基本概念的前提下，力求反映当前数字电子技术的新发展，介绍了目前已普遍应用的新器件和已趋于成熟的新技术、新方法。为了便于和工程实际相结合，编者结合多年从事科学研究实践的经验，选择了较多器件的应用实例，以帮助读者提高解决实际问题的能力。

全书共 12 章，内容包括直流电路、正弦交流电路、变压器、三相异步电动机、半导体二极管及其应用电路、晶体管与基本放大电路、集成运算放大器及其应用、数字逻辑基础、数字集成门电路、组合逻辑电路及其应用、触发器及时序逻辑电路、脉冲信号的产生和整形等。

第 1 章是直流电路，内容包括直流电路的基本电量、基本元件、基本定理、基本分析方法等。

第 2 章是正弦交流电路，内容包括基本概念、相量法、交流电路中元件的性质、交流电路的分析方法、交流电路的功率及功率因数的提高、三相交流电路等。

第 3 章是变压器，介绍了磁路、变压器结构与原理、常用变压器以及安全用电常识。

第 4 章是三相异步电动机，内容包括三相异步电动机的结构和工作原理、三相异步电动机的启动与制动、常用控制电路以及常用器件等。

第 5 章是半导体二极管及其应用电路，内容包括半导体基础知识、二极管器件及其常见应用电路等。

第 6 章是晶体管与基本放大电路，介绍了三极管器件及其常见应用电路。

第 7 章是集成运算放大器及其应用，介绍了集成器件的基本结构、负反馈技术、集成器件的线性应用与非线性应用。

第 8 章是数字逻辑基础，介绍了二进制及其他各种进位计数制之间的相互转换、各种编码、逻辑代数的基本概念和逻辑函数的化简等。

第 9 章是数字集成门电路，详细介绍了集成门电路，重点介绍了常见的各种集成门电路的应用特性。

第 10 章是组合逻辑电路及其应用，介绍了常用的中规模集成组合逻辑器件及其应用、组合逻辑电路的分析方法和设计方法。

第 11 章是触发器及时序逻辑电路，主要介绍了各种类型的触发器的构成和动作特点以及各种常用触发器。

第 12 章是脉冲信号的产生和整形，主要介绍了 555 定时器组成的施密特触发器、单稳态触发器及多谐振荡器。

本书由王晓华、房晔主编。房晔编写了第 1～3 章、第 8 章以及第 5～7 章部分内容；王艳编写了第 4 章、第 5～7 章部分内容，王晓华编写了第 9～12 章。

限于编者的水平和经验，书中难免存在不足，恳请广大读者批评指正。

编　者
2015 年 12 月

目　　录

第1章　直流电路 ……………………… 1
1.1　电路的组成 ……………………… 1
1.2　电流、电压的参考方向 ………… 2
1.3　理想电路元件 …………………… 2
　1.3.1　理想无源元件 ……………… 3
　1.3.2　理想有源元件 ……………… 5
　1.3.3　电源与负载的判别 ………… 6
1.4　实际电源两种模型的等效变换 … 7
1.5　基尔霍夫定律 …………………… 9
　1.5.1　基尔霍夫电流定律(KCL) … 9
　1.5.2　基尔霍夫电压定律(KVL) … 10
1.6　支路电流法 ……………………… 11
1.7　叠加定理 ………………………… 12
1.8　戴维宁定理 ……………………… 14
1.9　电位 ……………………………… 15
习题 …………………………………… 17

第2章　正弦交流电路 ……………… 20
2.1　正弦交流电的基本概念 ………… 20
　2.1.1　交流电的周期、频率和角
　　　　 频率 ……………………… 21
　2.1.2　交流电的瞬时值、最大值和
　　　　 有效值 …………………… 21
　2.1.3　交流电的相位、初相位和
　　　　 相位差 …………………… 22
2.2　正弦交流电的相量表示法 ……… 23
　2.2.1　矢量的复数形式及复数的
　　　　 运算法则 ………………… 23
　2.2.2　旋转矢量和正弦量之间的
　　　　 关系 ……………………… 25
　2.2.3　相量及相量图 ……………… 26
2.3　单一参数的正弦交流电路 ……… 28
　2.3.1　纯电阻电路 ………………… 28
　2.3.2　纯电感电路 ………………… 30
　2.3.3　纯电容电路 ………………… 31
2.4　串联交流电路 …………………… 33
　2.4.1　RLC 串联电路 …………… 33
　2.4.2　阻抗串联电路 ……………… 36
　2.4.3　阻抗并联电路 ……………… 36

2.5　交流电路的功率 ………………… 37
2.6　电路的功率因数 ………………… 40
2.7　电路中的谐振 …………………… 42
　2.7.1　串联谐振 …………………… 42
　2.7.2　并联谐振 …………………… 44
2.8　三相交流电路 …………………… 45
　2.8.1　三相电源 …………………… 45
　2.8.2　三相负载 …………………… 49
　2.8.3　三相功率 …………………… 53
习题 …………………………………… 54

第3章　变压器 ……………………… 56
3.1　磁路的基本概念与基本定律 …… 56
　3.1.1　铁磁材料 …………………… 56
　3.1.2　磁路的概念 ………………… 58
　3.1.3　磁路的主要物理量 ………… 59
　3.1.4　磁路欧姆定律 ……………… 59
3.2　交流铁芯线圈电路 ……………… 60
　3.2.1　电磁关系 …………………… 60
　3.2.2　功率损耗 …………………… 61
3.3　变压器 …………………………… 61
　3.3.1　变压器的基本结构 ………… 61
　3.3.2　变压器的工作原理 ………… 62
　3.3.3　变压器的技术参数 ………… 64
　3.3.4　变压器的外特性 …………… 65
　3.3.5　变压器的损耗与效率 ……… 65
3.4　几种常用变压器 ………………… 66
　3.4.1　三相电力变压器 …………… 66
　3.4.2　自耦变压器 ………………… 67
　3.4.3　互感器 ……………………… 68
　3.4.4　电焊变压器 ………………… 69
3.5　安全用电 ………………………… 69
　3.5.1　触电 ………………………… 69
　3.5.2　接地 ………………………… 70
　3.5.3　保护接零和重复接地 ……… 71
习题 …………………………………… 72

第4章　三相异步电动机 …………… 73
4.1　三相异步电动机的结构和工作
　　 原理 …………………………… 73

　　　4.1.1　三相异步电动机的基本
　　　　　　结构 ……………………… 73
　　　4.1.2　三相异步电动机的工作
　　　　　　原理 ……………………… 75
　　　4.1.3　电磁转矩 ………………… 79
　　　4.1.4　机械特性曲线 …………… 81
　4.2　三相异步电动机的启动 ……… 84
　　　4.2.1　直接启动 ………………… 84
　　　4.2.2　降压启动 ………………… 84
　4.3　三相异步电动机的制动 ……… 86
　　　4.3.1　能耗制动 ………………… 86
　　　4.3.2　反接制动 ………………… 87
　　　4.3.3　三相异步电动机的调速 … 87
　　　4.3.4　三相异步电动机的铭牌数据
　　　　　　……………………………… 89
　4.4　继电接触器控制系统 ………… 90
　　　4.4.1　常用控制电器 …………… 90
　　　4.4.2　鼠笼电动机的常用控制原理图
　　　　　　……………………………… 95
　习题 …………………………………… 98
第5章　半导体二极管及其应用电路 … 100
　5.1　半导体基础知识 ……………… 100
　　　5.1.1　导体、绝缘体和半导体 … 100
　　　5.1.2　本征半导体 ……………… 101
　　　5.1.3　杂质半导体 ……………… 102
　5.2　PN结 …………………………… 103
　　　5.2.1　PN结的形成 ……………… 103
　　　5.2.2　PN结的单向导电性 ……… 104
　　　5.2.3　PN结的电容效应 ………… 107
　5.3　半导体二极管 ………………… 108
　　　5.3.1　二极管的结构和类型 …… 108
　　　5.3.2　二极管的特性 …………… 109
　　　5.3.3　半导体二极管等效电路 … 110
　5.4　半导体二极管的应用 ………… 111
　　　5.4.1　直流稳压电源 …………… 111
　　　5.4.2　其他二极管应用电路 …… 117
　5.5　特殊二极管 …………………… 119
　　　5.5.1　稳压二极管 ……………… 119
　　　5.5.2　发光二极管 ……………… 123
　　　5.5.3　光电二极管 ……………… 123
　　　5.5.4　光电耦合器 ……………… 124
　　　5.5.5　变容二极管 ……………… 124
　习题 ………………………………… 125
第6章　晶体管与基本放大电路 …… 127
　6.1　双极型晶体管 ………………… 127

　　　6.1.1　BJT的结构及分类 ……… 127
　　　6.1.2　BJT的放大作用和载流子运动
　　　　　　规律 ……………………… 128
　　　6.1.3　BJT的伏安(U-I)特性
　　　　　　曲线 ……………………… 132
　　　6.1.4　BJT的主要参数 ………… 135
　　　6.1.5　温度对BJT特性及参数的
　　　　　　影响 ……………………… 136
　6.2　场效应晶体管 ………………… 138
　　　6.2.1　结型场效应管 …………… 138
　　　6.2.2　绝缘栅型场效应管 ……… 142
　6.3　共射极放大电路 ……………… 146
　　　6.3.1　共射极放大电路的工作
　　　　　　原理 ……………………… 146
　　　6.3.2　放大电路的静态分析 …… 148
　　　6.3.3　放大电路的动态分析 …… 151
　　　6.3.4　分压式偏置共射极放大
　　　　　　电路 ……………………… 154
　6.4　共集电极与共基极放大电路 … 157
　　　6.4.1　共集电极放大电路 ……… 158
　　　6.4.2　共基极放大电路 ………… 160
　6.5　多级放大电路 ………………… 161
　　　6.5.1　多级放大电路的组成 …… 162
　　　6.5.2　多级放大电路的耦合方式 … 162
　　　6.5.3　多级放大电路的分析计算 … 163
　6.6　差动放大电路 ………………… 164
　　　6.6.1　直接耦合放大电路中的主要
　　　　　　问题 ……………………… 164
　　　6.6.2　差动放大电路的工作原理 … 165
　　　6.6.3　差动放大电路的输入-输出
　　　　　　方式 ……………………… 168
　6.7　功率放大电路 ………………… 168
　　　6.7.1　对功率放大电路的基本
　　　　　　要求 ……………………… 169
　　　6.7.2　功率放大器的分类 ……… 169
　　　6.7.3　OCL互补对称式功率放大
　　　　　　电路(OCL电路) ………… 170
　　　6.7.4　交越失真的产生及其消除 … 171
　6.8　场效应管放大电路 …………… 172
　　　6.8.1　增强型MOS管构成的共源
　　　　　　放大电路 ………………… 172
　　　6.8.2　耗尽型MOS管构成的共源
　　　　　　放大电路 ………………… 174
　习题 ………………………………… 173

第7章　集成运算放大器及其应用 ·········· 176
　7.1　集成运算放大器的基础知识 ·········· 176
　　7.1.1　集成电路中元器件的特点 ·········· 176
　　7.1.2　集成运放的典型结构 ·········· 177
　　7.1.3　电压传输特性 ·········· 178
　　7.1.4　集成运算放大器的主要性能
　　　　　参数 ·········· 179
　　7.1.5　集成运算放大器的选择 ·········· 181
　7.2　负反馈放大电路 ·········· 181
　　7.2.1　反馈的概念 ·········· 181
　　7.2.2　反馈类型的判别方法 ·········· 182
　　7.2.3　负反馈放大电路的四种
　　　　　组态 ·········· 185
　　7.2.4　负反馈对放大电路性能的
　　　　　影响 ·········· 186
　7.3　基本运算电路 ·········· 189
　　7.3.1　理想运算放大器 ·········· 189
　　7.3.2　比例运算电路 ·········· 189
　　7.3.3　加法运算电路 ·········· 191
　　7.3.4　减法运算电路 ·········· 192
　　7.3.5　积分和微分运算电路 ·········· 192
　7.4　电压比较器 ·········· 194
　　7.4.1　单门限电压比较器 ·········· 195
　　7.4.2　滞回电压比较器 ·········· 196
　　7.4.3　窗口电压比较器 ·········· 197
　7.5　RC 正弦波振荡电路 ·········· 198
　　7.5.1　正弦波振荡电路的基本
　　　　　原理 ·········· 198
　　7.5.2　常用的 RC 正弦波振荡电路 ·········· 200
　7.6　有源滤波器 ·········· 202
　　7.6.1　基本概念 ·········· 202
　　7.6.2　低通滤波器 ·········· 203
　　7.6.3　高通滤波器 ·········· 204
　　7.6.4　带通滤波器和带阻滤波器 ·········· 205
　习题 ·········· 206
第8章　数字逻辑基础 ·········· 209
　8.1　数字信号与数字电路 ·········· 209
　　8.1.1　连续量和离散量 ·········· 209
　　8.1.2　数字波形 ·········· 210
　8.2　数制和码制 ·········· 211
　　8.2.1　进位计数制 ·········· 211
　　8.2.2　数值之间的转换 ·········· 212
　　8.2.3　二进制编码 ·········· 214
　8.3　逻辑代数基础 ·········· 215

　　8.3.1　逻辑的相关概念 ·········· 215
　　8.3.2　逻辑代数中的基本运算 ·········· 215
　　8.3.3　逻辑代数的基本公式和常用
　　　　　公式 ·········· 219
　　8.3.4　逻辑代数的三个基本定理 ·········· 219
　8.4　逻辑函数及其表示方法 ·········· 220
　　8.4.1　逻辑函数 ·········· 220
　　8.4.2　逻辑函数的表示方法 ·········· 220
　　8.4.3　逻辑函数的标准与或式 ·········· 222
　8.5　逻辑函数的化简 ·········· 224
　　8.5.1　公式化简法 ·········· 224
　　8.5.2　卡诺图化简法 ·········· 224
　8.6　具有无关项的逻辑函数及其
　　　化简 ·········· 227
　　8.6.1　逻辑函数中的无关项 ·········· 227
　　8.6.2　含无关项的逻辑函数的化简
　　　　　方法 ·········· 228
　习题 ·········· 228
第9章　数字集成门电路 ·········· 230
　9.1　数字集成电路 ·········· 230
　　9.1.1　集成电路的制造技术类型 ·········· 230
　　9.1.2　集成电路的分装类型 ·········· 231
　　9.1.3　集成电路的规模类型 ·········· 233
　9.2　几种 TTL 门电路 ·········· 234
　　9.2.1　TTL 反相器 ·········· 234
　　9.2.2　其他逻辑功能的 TTL 门
　　　　　电路 ·········· 240
　9.3　CMOS 门电路 ·········· 241
　　9.3.1　CMOS 反相器 ·········· 242
　　9.3.2　其他逻辑功能的 CMOS 门
　　　　　电路 ·········· 242
　9.4　TTL 电路与 COMS 电路的
　　　连接 ·········· 243
　习题 ·········· 245
第10章　组合逻辑电路及其应用 ·········· 246
　10.1　组合逻辑电路的概述 ·········· 246
　10.2　组合逻辑电路的分析 ·········· 246
　10.3　常用组合逻辑功能器件 ·········· 248
　　10.3.1　编码器 ·········· 248
　　10.3.2　译码器 ·········· 250
　　10.3.3　数据选择器 ·········· 254
　10.4　组合逻辑电路的设计 ·········· 256
　习题 ·········· 257
第11章　触发器及时序逻辑电路 ·········· 258
　11.1　双稳态触发器 ·········· 258

11.1.1 基本 RS 触发器 ·················· 258

11.1.2 时钟控制的 RS 触发器 ·········· 259

11.1.3 JK 触发器 ····················· 260

11.1.4 D 触发器 ····················· 261

11.2 时序逻辑电路 ····················· 262

11.2.1 计数器计数原理及基本
电路 ····················· 262

11.2.2 常用中规模集成计数器 ······ 264

11.2.3 任意进制计数器的构成 ······ 265

习题 ································· 268

第 12 章 脉冲信号的产生和整形 ·········· 271

12.1 概述 ····························· 271

12.2 集成 555 定时器及其应用 ············ 272

12.2.1 集成 555 定时器的电路结构
与功能 ·················· 272

12.2.2 555 定时器构成施密特触
发器 ···················· 273

12.2.3 555 定时器构成单稳态触
发器 ···················· 275

12.2.4 555 定时器构成多谐振荡器
································ 277

习题 ································· 279

参考文献 ······························ 280

第 1 章 直 流 电 路

　　直流电路是电工电子技术课程的重要理论基础。本章着重讨论了电路的基本知识、基本定律以及电路的分析和计算方法。这些知识对直流电路和交流电路、电机电路和电子电路都具有实用意义。

1.1　电路的组成

　　电路是电流流通的路径。它是由一些电气设备和元器件按一定方式连接而成的。复杂的电路呈网状，亦称网络。电路和网络是两个通用的术语。电路的组成方式不同，其功能也不同，它的一种作用是实现能量的输送和转换。

　　常见的各种照明电路和动力电路就是用来输送和转换能量的。例如在图 1.1.1 所示的简单照明电路中，电池把化学能转换成电能供给照明灯，照明灯再把电能转换成光能作照明之用。对于这一类电路来说，一般要求它具有较小的能量损耗和较高的效率。

　　电路的另一种作用是传递和处理信号。常见的例子如收音机和电视机的电路。收音机和电视机中的调谐电路是用来选择所需要的信号的。由于收到的信号很弱，需要放大电路对信号进行放大。调谐电路和放大电路的作用就是完成对信号的处理。

　　组成电路的元器件以及连接方式虽然多种多样，但都包含有电源、负载和连接导线这三个基本组成部分。电源是将非电

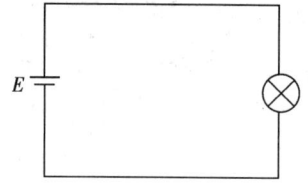

图 1.1.1　简单照明电路

形态的能量转换为电能的供电设备，例如蓄电池、发电机和信号源等。其中蓄电池将化学能转换成电能，发电机将机械能转换成电能，而信号源则一般将非电量转换成电信号。负载是将电能转换成非电形态能量的用电设备，例如电动机、照明灯和电炉等。其中电动机将电能转换成机械能，照明灯将电能转换成光能，而电炉则将电能转换成热能。导线起着沟通电路和输送电能的作用。

　　实际的电路除以上三个基本部分以外，还常常根据实际工作的需要增添一些辅助设备。例如接通和断开电路用的控制电器(如刀开关)和保障安全用电的保护装置(如熔断器)等。

　　从电源来看，电源本身的电流通路称为内电路，电源以外的电流通路称为外电路。当电路中的电流是不随时间变化的直流电流时，这种电路称为直流电路，简称 DC。当电路中的电流是随时间按正弦规律变化的交流电流时，这种电路称为交流电路，简称 AC。国家标准规定不随时间变化的物理量用大写字母表示，随时间变化的物理量用小写字母表示，因此在本书中用 I、U、E 表示直流电路物理量(电流、电压、电动势)，用 i、u、e 表示交流电路的相应物理量。

1.2　电流、电压的参考方向

在进行电路的分析和计算时，需要知道电压和电流的方向。在简单的直流电路中，可以根据电源的极性判别出电压和电流的实际方向，但在复杂的直流电路中，电压和电流的实际方向往往是无法预知的，而且可能是待求的；在交流电路中，电压和电流的实际方向是随时间不断变化的。因此，在这些情况下，只能给它们假定一个方向作为电路分析和计算时的参考。这些假定的方向称为参考方向或正方向。如果根据假定的参考方向解得的电压或电流为正值，则说明假定的参考方向与其实际方向一致；如果解得的电压或电流为负值，则说明所假定的参考方向与实际方向相反。因而在选定的参考方向下，电压和电流都是代数量。今后在电路图中所画的电压和电流的方向都是参考方向。

原则上参考方向是可以任意选择的，但是在分析某一个电路元件的电压与电流的关系时，需要将它们联系起来选择，这样设定的参考方向称为关联参考方向。今后在单独分析电源或负载的电压与电流的关系时选用如图 1.2.1 所示的关联参考方向。其中电源电流的参考方向是由电压参考方向所假定的低电位经电源流向高电位。负载电流的参考方向是由电压参考方向所假定的高电位经负载流向低电位。符合这种规定的参考方向称为参考方向一致。

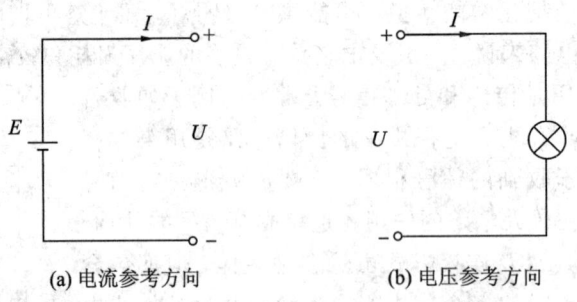

(a) 电流参考方向　　　　　　　　　　　(b) 电压参考方向

图 1.2.1　关联参考方向

电路分析中的许多公式都是在规定的参考方向下得到的，例如大家熟悉的欧姆定律，在 U 与 I 的参考方向关联时，有

$$R = \frac{U}{I} \tag{1.2.1}$$

当 U 与 I 的参考方向非关联时，为了使所得结果与实际符合，式(1.2.1)应改写为

$$R = -\frac{U}{I} \tag{1.2.2}$$

1.3　理想电路元件

由实际电路元件组成的电路称为电路实体。由于电路实体的形式和种类多种多样，为了找出电路实体分析和计算的共同规律，研究具体电路建立分析和计算的方法，把电路实体中各个实际的电路元件都用表征其物理性质的理想电路元件来代替。这种用理想电路元件组成的电路称为电路实体的电路模型。电路理论是以电路模型而不是以电路实体为研究

对象的。

实际电路元件的物理性质，从能量转换的角度来看，有电能的产生、电能的消耗以及电场能量和磁场能量的储存。理想电路元件就是用来表征上述这些单一物理性质的元件，它包括理想无源元件和理想有源元件两类。

1.3.1　理想无源元件

理想无源元件包括电阻元件、电容元件和电感元件三种。表征上述三种元件电压与电流关系的物理量为电阻、电容和电感，它们又称为元件的参数。一提起这三个名词，人们往往会立即联想起实际电路元件：电阻器、电容器和电感器，它们都是人们为得到一定数值的电阻、电容或电感而特意制成的元件。严格地说，这些实际电路元件都不是理想的，但在大多数情况下，可将它们近似看成理想电路元件。正是这个缘故，人们习惯上也以这三种参数的名字来称呼它们。这样，电阻、电容和电感这三个名词既代表了三种理想电路元件，又是表征它们量值大小的参数。

1. 电阻

电阻是表征电路中消耗电能的理想元件。

欧姆定律是用来说明电阻中电压与电流关系的基本定律。电流流过电阻时要消耗电能，所以电阻是一种耗能元件。若电路的某一部分只存在电能的消耗而没有电场能和磁场能储存，这一部分电路便可用图 1.3.1 所示的电阻元件来代替。图 1.3.1 中的电压和电流都用小写字母表示，以示它们可以是任意波形的电压和电流。电压 u 与电流 i 的比值 R 为

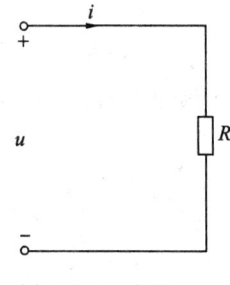

图 1.3.1　电阻

$$R = \frac{u}{i} \tag{1.3.1}$$

式中，R 称为电阻，单位是 Ω（欧姆）。在图 1.3.1 所示的关联参考方向下，若 R 为一个大于零的常数，则这种电阻称为线性电阻（如果 R 大于零，但不是常数，则这种电阻称为非线性电阻）。本章主要讨论由线性电阻和理想有源元件组成的线性电路。

在直流电路中，电阻的电压与电流的关系可用式（1.3.1）表示，它们的乘积即为电阻上消耗的功率，即

$$P = ui \tag{1.3.2}$$

2. 电感

电感是用来表征电路中磁场能存储这一物理性质的理想元件，是一种储能元件。图1.3.2(a)所示是用导线绕制的实际电感线圈，通入电流 i 会产生磁通 Φ，若磁通 Φ 与线圈 N 匝相交链，则磁通链 $\Psi = N\Phi$。根据法拉第电磁感应定律，电感元件两端的电压和通过电感元件的电流方向为关联参考方向时，有

$$u = N\frac{\mathrm{d}\Phi}{\mathrm{d}t} = \frac{\mathrm{d}\Psi}{\mathrm{d}t} \tag{1.3.3}$$

$$L = \frac{\Psi}{i} \tag{1.3.4}$$

$$u = L\frac{\mathrm{d}i}{\mathrm{d}t} \tag{1.3.5}$$

当电压 u 的单位为 V，电流 i 的单位为 A，磁通链 Ψ 的单位为 Wb，时间 t 的单位为 s（秒）时，电感的单位为 H（亨利）。

式（1.3.5）表明：对 L 值一定的线性电感线圈而言，任意时刻元件两端产生的自感电压与通过该元件的电流变化率成正比。电感线圈上的这种微分（或积分）的伏安关系说明，当通入电感元件中的电流是稳定恒值电流时，由于电流变化率为零，电感元件两端的自感电压 u_L 也为零，即直流下电感元件相当于短路；当电感电压 u_L 为有限值时，通入元件的电流的变化率也为有限值，此时电感中的电流不能跃变，只能连续变化。即电流变化时伴随着自感电压的存在，因此又把电感线圈称为动态元件。

本书只讨论线性电感元件。线性电感元件的理想化模型符号如图 1.3.2(b) 所示，当电感元件不消耗能量时，可认为它是电路中存储磁场能器件的理想化电路元件，储存的磁场能为

$$W_L = \frac{1}{2}LI^2 \tag{1.3.6}$$

式中，当电感 L 的单位为 H（亨利），电流 I 的单位为 A（安培）时，磁场能的单位为 J（焦耳）。式（1.3.6）说明：电感中所存储的能量与电感中的电流平方成正比。

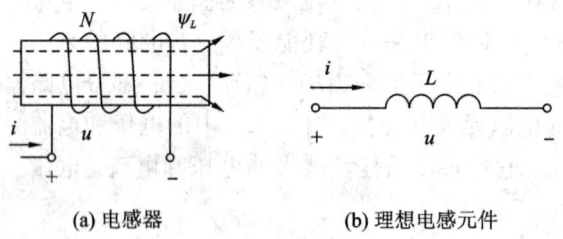

(a) 电感器　　　　　　　　　　(b) 理想电感元件

图 1.3.2　电感

3. 电容

电容是用来表征电路中电场能储存这一物理性质的理想元件，也是一种储能元件。图 1.3.3 所示是电容元件的图形符号，电容元件的参数用电容量 C 表示。当电容元件两端的电压与电容充、放电电流为关联参考方向时，电容器极板上的电荷与电容器两端的电压关系为

$$C = \frac{q}{u} \tag{1.3.7}$$

式中，电容 C 的大小反映了电容元件储存电场能的能力，同电感元件 L 相似。

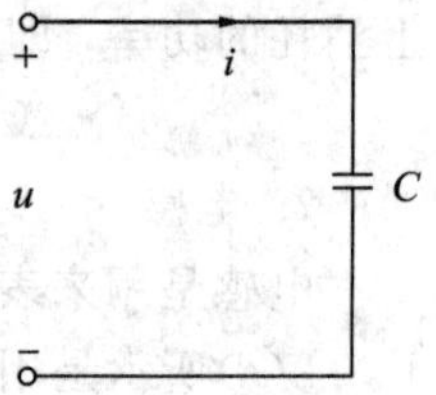

当电压 u 的单位为 V（伏），电量 q 的单位为 C（库仑）时，电容 C 的单位为 F（法拉）。当电容元件两端电压和其支路电流参考方向关联时，有

图 1.3.3　电容元件的图形符号

$$i = C\frac{\mathrm{d}u}{\mathrm{d}t} \tag{1.3.8}$$

式（1.3.8）表明：对一定容量 C 的电容元件而言，任意时刻，元件中通过的电流与该时刻电压变化率成正比。电容也是动态元件。

由式(1.3.8)可知,只要电容元件的电流不为零,它一定是在充电或放电状态下,充电时极间电压随充电过程逐渐增加;放电时极间电压随放电过程不断减小。当电容元件的极间电压不变化时(即电压变化率为零时),电容支路电流也为零,因此直流稳态情况下,电容元件相当于开路。只要通过电容元件的电流为有限值,电容元件两端电压的变化率也必定为有限值,这说明电容元件的极间电压不能发生跃变,只能连续变化。

电容元件是电路中存储电场能器件的理想化模型,元件上存储的电场能量为

$$W_C = \frac{1}{2}CU^2 \qquad (1.3.9)$$

式中,电容 C 的单位为 F(法拉),电压 U 的单位为 V(伏特),电场能量 W_C 的单位为 J(焦耳)。式(1.3.9)说明:电容中所存储的能量与电容两端的电压平方成正比。

1.3.2 理想有源元件

理想有源元件是从实际电源元件中抽象出来的。若实际电源本身的功率损耗可以忽略不计,而只起产生电能的作用,则这种电源便可以用一个理想有源元件来表示。理想有源元件分为电压源和电流源两种。

1. 电压源

电压源又称恒压源,符号如图1.3.4(a)所示。它的输出电压与输出电流之间的关系称为伏安特性,如图1.3.4(b)所示。

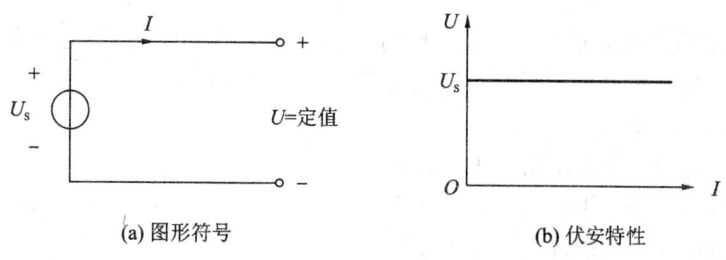

(a) 图形符号   (b) 伏安特性

图 1.3.4 理想电压源

电压源的特点是:输出电压 U 是由它本身所确定的定值,与输出电流和外电路的情况无关,而输出电流 I 不是定值,与输出电压和外电路的情况有关。例如空载时,输出电流 $I=0$;短路时,$I \to \infty$;输出端接有电阻 R 时,$I=U/R$,而电压 U 却始终不变。因此,凡是与电压源并联的元件(包括下面即将叙述的电流源在内),其两端的电压都等于电压源的电压。

实际的电源,例如大家熟悉的干电池和蓄电池,在其内部功率损耗可以忽略不计时,即电池的内电阻可以忽略不计时,便可以用电压源来代替。其输出电压 U 就等于电池的电动势 E。

2. 电流源

电流源又称恒流源,符号如图1.3.5(a)所示,图1.3.5(b)是它的伏安特性。电流源的特点是:输出电流 I 是由它本身所确定的定值,与输出电压和外电路的情况无关,而输出电压 U 不是定值,而与外电路的情况有关。例如短路时,输出电压 $U=0$;空载时,$U \to \infty$;

输出端接有电阻 R 时，$U=IR$，而电流 I 却始终保持不变。因此，凡是与电流源串联的元件（包括电压源在内），其电流都等于电流源的电流。

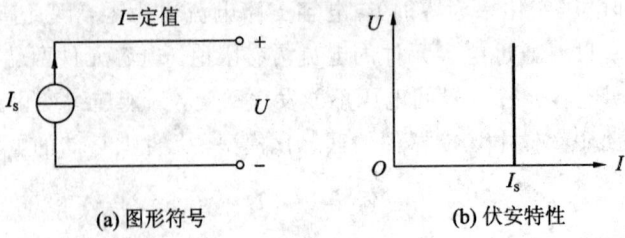

(a) 图形符号　　　　　　　　　　(b) 伏安特性

图 1.3.5　理想电流源

　　实际的电源，例如光电池在一定的光线照射下，能产生一定的电流，在其内部的功率损耗可以忽略不计时，便可以用电流源来代替，其输出电流就等于光电池产生的电流。

　　实际电源元件，例如蓄电池，它既可以用作电源，将化学能转换成电能供给负载，而充电时，它又可看做负载，将电能转换为化学能。

1.3.3　电源与负载的判别

　　理想有源元件也有两种工作状态，电源状态和负载状态。可根据 U、I 的实际方向判别电源的工作状态，当它们的电压和电流的实际方向与图 1.2.1(a) 中规定的电源关联参考方向相同，即电流从"＋"端流出，则电源发出功率；当它们的电压和电流的实际方向与图 1.2.1(b) 中规定的负载关联参考方向相同时，即电流从"－"端流出，电源吸收功率。

　　例 1.3.1　在如图 1.3.6 所示的直流电路中，已知电压源的电压 $U_S=6$ V，电流源的电流 $I_S=6$ A，电阻 $R=2$ Ω。

　　(1) 求电压源的电流和电流源的电压；

　　(2) 讨论电路的功率平衡关系。

　　解　(1) 电压源的电流和电流源的电压：

　　由于电压源与电流源串联，故

$$I=I_S=6 \text{ (A)}$$

根据电流的方向可知：

$$U=U_S+RI_S=6+2\times 6=18 \text{ (V)}$$

　　(2) 电路中的功率平衡关系：

　　由电压和电流的方向可知，电压源处于负载状态，它吸收的电功率为

$$P_L=U_S\times I=6\times 6=36 \text{ (W)}$$

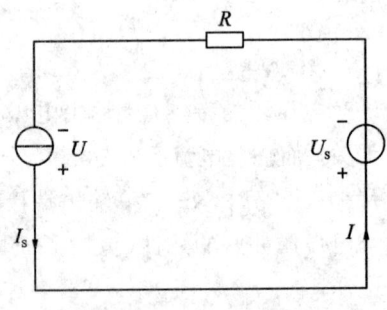

图 1.3.6　例 1.3.1 电路图

电流源处于电源状态，它输出的电功率为

$$P_o=UI_S=18\times 6=108 \text{ (W)}$$

电阻 R 消耗的电功率为

$$P_R=RI_S^2=2\times 6^2=72 \text{ (W)}$$

可见，$P_o=P_L+P_R$，电路中的功率是平衡的。

1.4　实际电源两种模型的等效变换

实际电源模型可以由电压源 U_s 和内阻 R_s 串联组成，如图 1.4.1 所示，其端口的伏安特性可表示为

$$U = U_s - R_s I \tag{1.4.1}$$

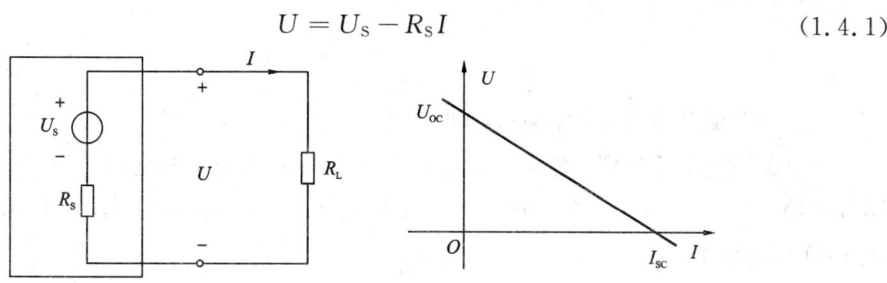

图 1.4.1　实际电压源及其外特性

若 $R_s = 0$，即为理想电压源，U_{OC} 称为开路电压，I_{SC} 称为短路电流。这里

$$U_{OC} = U_s$$

$$I_{SC} = \frac{U_s}{R_s}$$

实际电流源模型也可以由电流源 I_s 和内阻 R_s 并联组成，如图 1.4.2 所示，其端口伏安特性可表示为

$$I = I_s - \frac{U}{R_s} \tag{1.4.2}$$

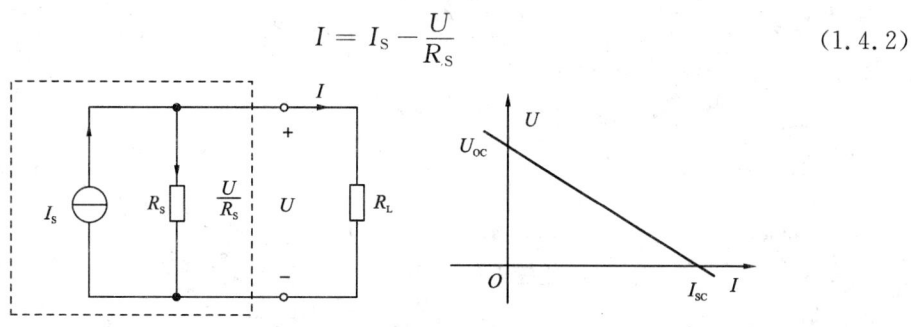

图 1.4.2　实际电流源及其外特性

若 $R_s = \infty$，则为理想电流源，其开路电压和短路电流分别为

$$U_{OC} = R_s I_s$$

$$I_{SC} = I_s$$

实际电压源模型与实际电流源的等效变换如图 1.4.3 所示。

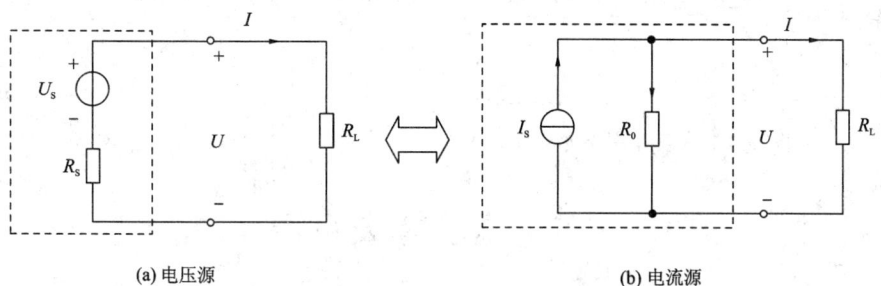

(a) 电压源　　　　　　　　　　　　　　　(b) 电流源

图 1.4.3　实际电压源模型与电流源模型的等效变换

由图 1.4.3(a)得

$$U = U_s - R_s I$$

由图 1.4.3(b)得

$$U = I_s R_0 - I R_0$$

可见，等效变换条件为

$$\begin{cases} U_s = R_0 I_s \\ R_0 = R_s \end{cases} \tag{1.4.3}$$

在进行电源等效变换时，要注意以下几点：

（1）实际电压源模型和实际电流源模型的等效关系只对外电路而言，对电源内部则是不等效的。例如当 $R_L = \infty$ 时，电压源模型的内阻 R_s 中不损耗功率，而电流源模型的内阻 R_0 中则损耗功率。

（2）等效变换时，两电源的参考方向要一一对应，如图 1.4.4 所示。

图 1.4.4　实际电压源与实际电流源等效互换

（3）理想电压源与理想电流源之间不能等效互换。

例 1.4.1　将如图 1.4.5(a)所示的实际电压源等效变换为实际电流源，将如图 1.4.5(b)所示的实际电流源等效变换为实际电压源。

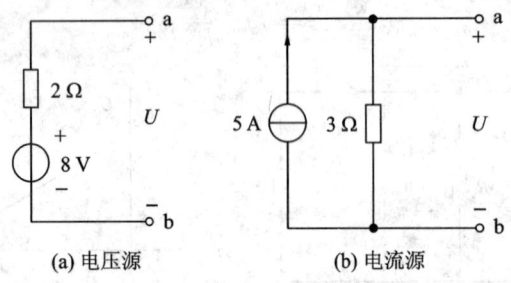

(a) 电压源　　　　　　　　(b) 电流源

图 1.4.5　例 1.4.1 电路图

解　转换过程如图 1.4.6 和图 1.4.7 所示。

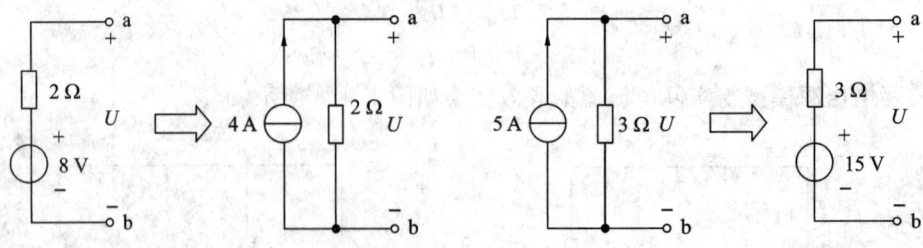

图 1.4.6　将所给电压源等效变换为电流源　　图 1.4.7　将所给电流源等效变换为电压源

1.5　基尔霍夫定律

基尔霍夫定律是分析与计算电路的基本定律，又分为电流定律和电压定律。

1.5.1 基尔霍夫电流定律(KCL)

电路中 3 个或 3 个以上电路元件的连接点称为节点。例如在如图 1.5.1 所示的电路中有 a 和 b 两个节点。具有节点的电路称为分支电路，不具有节点的电路称为无分支电路。两节点之间的每一条分支电路称为支路。支路中通过的电流是同一电流。在如图 1.5.1 所示电路中有 acb、adb、aeb 三条支路。

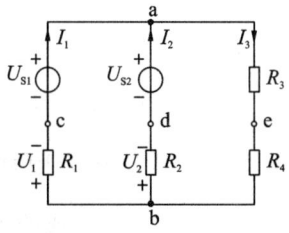

图 1.5.1 基尔霍夫定律

基尔霍夫电流定律(Kirchhoff's Current Law，KCL)是说明电路中任何一个节点上各部分电流之间相互关系的基本定律。由于电流的连续性，流入任何节点的电流之和必定等于流出该节点的电流之和。例如对如图 1.5.1 所示电路的节点 a 来说，有

$$I_1 + I_2 = I_3 \tag{1.5.1}$$

或写成

$$I_1 + I_2 - I_3 = 0$$

这就是说，如果流入节点的电流取正，流出节点的电流取负，那么节点 a 上电流的代数和就等于零。这一结论不仅适用于节点 a，显然也适用于任何电路的任何节点，而且不仅适用于直流电流，对任意波形的电流来说，上述结论在任一瞬间也是适用的。因此基尔霍夫电流定律可表述为：在电路的任何一个节点上，同一瞬间电流的代数和等于零。用公式表示，即

$$\sum i = 0 \tag{1.5.2}$$

在直流电路中为

$$\sum I = 0 \tag{1.5.3}$$

基尔霍夫电流定律不仅适用于电路中任何节点，而且还可以推广应用于电路中任何一个假定的闭合面。例如对于如图 1.5.2 所示的闭合面来说，电流的代数和应等于零，即

$$I_1 - I_3 - I_6 - I_7 = 0 \tag{1.5.4}$$

由于闭合面具有与节点相同的性质，因此称为广义节点。

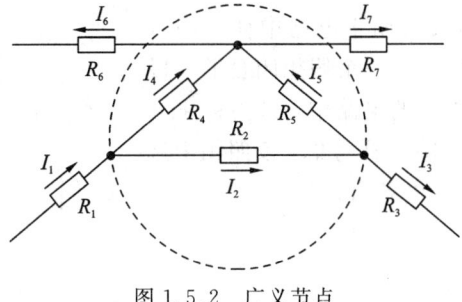

图 1.5.2 广义节点

例 1.5.1　如图 1.5.2 所示，已知 $I_1 = 3$ A，$I_3 = -2$ A，$I_6 = 7$ A，求 I_7。

解　根据图中标出的电流参考方向，应用基尔霍夫电流定律，分别由节点对图中假想一封闭面(如图 1.5.2 中虚线所示)，列出电流方程(称为节点电流方程)：

$$I_1 - I_3 - I_6 - I_7 = 0$$

$$I_7 = I_1 - I_3 - I_6 = 3 - (-2) - 7 = -2 \ (\text{A})$$

I_7 为负值，说明实际方向与正方向相反。

1.5.2　基尔霍夫电压定律(KVL)

由电路元件组成的闭合路径称为回路，在如图 1.5.1 所示的电路中有 adbca、adbea、aebca 三个回路。未被其他支路分割的单孔回路称为网孔，例如图 1.5.1 中有 adbca、adbea 两个网孔。

基尔霍夫电压定律(Kirchhoff's Voltage Law，KVL)是说明电路中任何一个回路中各部分电压之间相互关系的基本定律。例如对如图 1.5.1 所示电路中的回路 adbca 来说，由于电位的单值性，若从 a 点出发，沿回路环行一周又回到 a 点，电位的变化应等于零，因而在该回路中，与回路环行方向一致的电压(电位降)之和必定等于与回路环行方向相反的电压(电位升)之和，即

$$U_{S2} + U_1 = U_{S1} + U_2$$

或改写成

$$U_{S2} + U_1 - U_{S1} - U_2 = 0 \qquad (1.5.5)$$

这就是说，如果与回路环行方向一致的电压取正，与回路环行方向相反的电压取负，那么该回路中电压的代数和应等于零。这一结论不仅适用于回路 adbca，显然也适用于任何电路的任一回路。而且不仅适用于直流电压，对任意波形的电压来说，上述结论在任一瞬间也是适用的。因此基尔霍夫电压定律可表述为：在电路的任何一个回路中，沿同一方向循行，同一瞬间电压的代数和等于零。用公式表示，即

$$\sum u = 0 \qquad (1.5.6)$$

在直流电路中为

$$\sum U = 0 \qquad (1.5.7)$$

基尔霍夫电压定律不仅适用于电路中任一闭合的回路，而且还可以推广到任何一个假想闭合的一段电路，例如在如图 1.5.3 所示的电路中，只要将 a、b 两点间的电压作为电阻电压降一样考虑，按照图中选取的回路方向，由式(1.5.7)可列出：

$$U_S - IR_0 - U_{ab} = 0$$

则

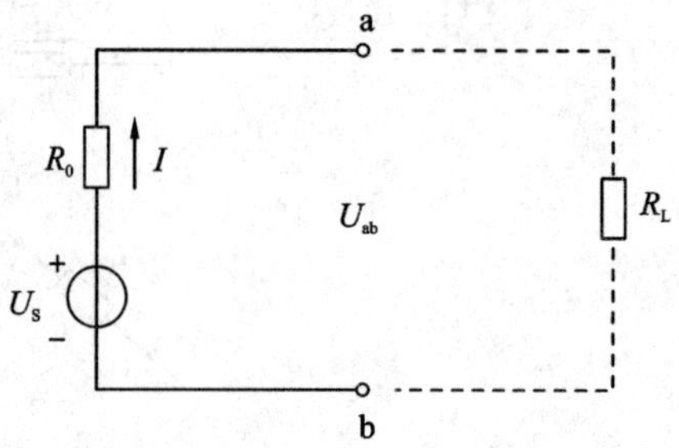

图 1.5.3　KVL 推广电路

$$U_{ab} = U_S - IR_0$$

例 1.5.2　在如图 1.5.4 所示的回路中，已知 $U_{S1} = 20$ V，$U_{S2} = 10$ V，$U_{ab} = 4$ V，$U_{cd} = -6$ V，$U_{ef} = 5$ V，试求 U_{ed} 和 U_{ad}。

解　由回路 abcdefa，根据 KVL 可列出：

$$U_{ab} + U_{cd} + U_{ef} = U_{S1} - U_{S2} - U_{ed}$$

$$U_{\text{ed}} = U_{\text{S1}} - U_{\text{S2}} - U_{\text{ab}} - U_{\text{cd}} - U_{\text{ef}}$$
$$= 20 - 10 - 4 - (-6) - 5$$
$$= 7(\text{V})$$

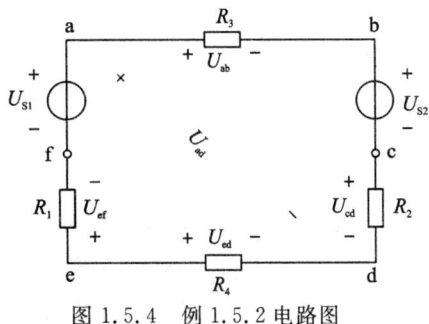

由假想的回路 abcda，根据 KVL 可列出：
$$U_{\text{ad}} = U_{\text{ab}} + U_{\text{S2}} + U_{\text{cd}}$$
求得
$$U_{\text{ad}} = 4 + 10 + (-6) = 8(\text{V})$$

图 1.5.4 例 1.5.2 电路图

1.6 支 路 电 流 法

支路电流法是求解复杂电路最基本的方法，它是以支路电流为求解对象，直接应用基尔霍夫定律，分别对节点和回路列出所需的方程组，然后解出各支路电流。现以如图 1.6.1 所示电路为例，解题的一般步骤如下：

（1）确定支路数，选择各支路电流的参考方向。图 1.6.1 所示电路有 3 条支路，即有 3 个待求支路电流。解题时，需列出 3 个独立的方程式。选择各支路电流的参考方向，如图 1.6.1 所示。

（2）确定节点数，列出独立的节点电流方程式。

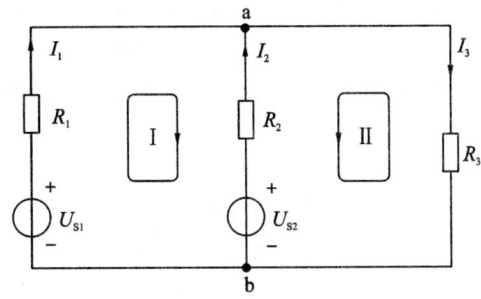

图 1.6.1 支路电流法

在如图 1.6.1 所示电路中，有 a、b 两个节点。利用 KCL 列出的节点方程式如下：
对节点 a：
$$I_1 + I_2 = I_3$$
对节点 b：
$$I_3 = I_1 + I_2$$

这是两个相同的方程，所以对于两个节点只能有 1 个方程是独立的。一般来说，如果电路有 n 个节点，那么它只能列出 $n-1$ 个独立的节点方程式，解题时可在 n 个节点中任选其中 $n-1$ 个结点列出方程式。

（3）确定余下所需的方程式数目，列出独立的回路电压方程式。如前所述，本题共有 3 条支路，只能列出 1 个独立的节点方程式，剩下的 2 个方程式可利用 KVL 列出。

对如图 1.6.1 所示的电路，选择网孔的回路方向如图中虚线所示，列出的回路方程式如下：
回路 I：

$$-U_{S1}+R_1I_1-R_2I_2+U_{S2}=0 \qquad\qquad (1.6.1)$$

回路Ⅱ：

$$U_{S2}-R_3I_3-R_2I_2=0 \qquad\qquad (1.6.2)$$

回路Ⅲ：

$$-U_{S1}+R_1I+R_3I_3=0 \qquad\qquad (1.6.3)$$

然而式(1.6.1)、式(1.6.2)、式(1.6.3)不独立，即式(1.6.2)加式(1.6.3)等于式(1.6.1)。

为了得到独立的 KVL 方程，应该使每次所选的回路至少包含 1 条前面未曾用过的新支路，通常选用网孔列出的回路方程式一定是独立的。一般来说，电路所列出的独立回路方程式数加上独立的节点方程式数正好等于支路数。

（4）解联立方程式，求出各支路电流的数值。

例 1.6.1 在如图 1.6.2 所示的电路中，已知 $U_{S1}=12$ V，$U_{S2}=12$ V，$R_1=1$ Ω，$R_2=2$ Ω，$R_3=2$ Ω，$R_4=4$ Ω，求各支路电流。

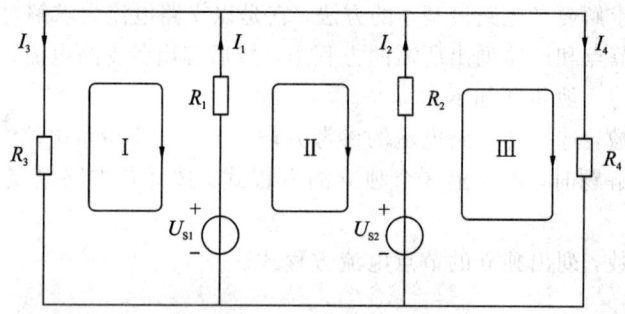

图 1.6.2　例 1.6.1 电路图

解　（1）设各电流的参考方向和回路方向如图 1.6.2 所示。对节点 a 列电流方程：

$$I_1+I_2-I_3-I_4=0$$

（2）选网孔回路为顺时针方向，得回路电压方程：

网孔Ⅰ：

$$-R_1I_1-R_3I_3+U_{S1}=0$$

网孔Ⅱ：

$$R_1I_1-R_2I_2-U_{S1}+U_{S2}=0$$

网孔Ⅲ：

$$R_2I_2+R_4I_4-U_{S2}=0$$

（3）将已知数据代入方程式，整理后得

$$I_1+I_2-I_3-I_4=0$$
$$-I_1-2I_3+12=0$$
$$I_1-2I_2+12=0$$
$$2I_2+4I_4-12=0$$

最后解得　　　　　$I_1=4$ A，$I_2=2$ A，$I_3=4$ A，$I_4=2$ A

1.7　叠 加 定 理

在有多个电源作用的线性电路中，任意支路中的电流都可认为是由各个电源单独作用时分别在该支路中产生的电流的代数和。对于各个元件上的电压也是一样,可认为是各个电源单独作用时分别在该支路中产生的电压的代数和。这就是叠加定理,如图 1.7.1 所示。

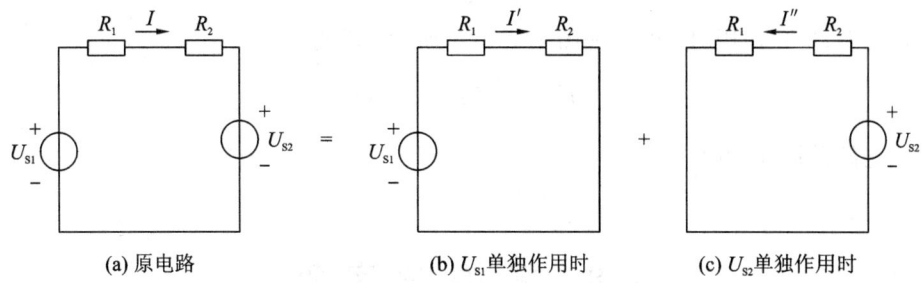

图 1.7.1　叠加定理

例如在如图 1.7.1(a)所示的电路中,R_1、R_2、U_{S1}、U_{S2} 已知,求该电路中电流 I。

$$I=\frac{U_{S1}-U_{S2}}{R_1+R_2}=\frac{U_{S1}}{R_1+R_2}-\frac{U_{S2}}{R_1+R_2}=I'-I''$$

式中,$I'=\dfrac{U_{S1}}{R_1+R_2}$,$I''=\dfrac{U_{S2}}{R_1+R_2}$。

由上式可以看出,电流 I 可分为 I' 和 I'' 两部分。其中 I' 为 U_{S1} 单独作用时产生,I'' 为 U_{S2} 单独作用时产生,与之相对应的电路如图 1.7.1(b)、(c)所示,所以图 1.7.1(a)可看做是这两个图的叠加。

应用叠加定理时,要注意以下几点:

(1) 在考虑某一电源单独作用时,应令其他电源中的 $U_S=0$ 和 $I_S=0$,即应将其他电压源短路,将其他电流源开路。

(2) 最后叠加时,一定要注意各个电源单独作用时的电流和电压分量的参考方向是否与总电流和电压的参考方向一致,一致时取正,不一致时取负。

(3) 叠加定理只适用于线性电路,不能用于非线性电路。

(4) 叠加定理只能用来分析和计算电流和电压,不能用来计算功率。因为电功率与电流、电压的关系不是线性关系,而是平方关系。例如图 1.7.1 中电阻 R_1 消耗的功率为

$$P_1=R_1 \cdot I^2=R_1(I'-I'')^2=R_1 I'^2-2R_1 I'I''+R_1 I''^2 \neq R_1 I'^2+R_1 I''^2$$

例 1.7.1　用叠加原理如图 1.7.2(a)所示电路中的电流 I。已知 $R_1=1\ \Omega$,$R_2=2\ \Omega$,$R_3=3\ \Omega$,$R_4=4\ \Omega$,$U_S=35\ V$,$I_S=7\ A$。

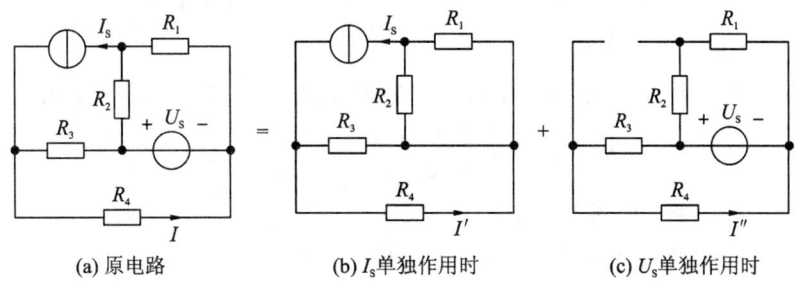

图 1.7.2　例 1.7.1 电路图

解　电流源 I_S 单独作用时，电路如图 1.7.2(b)所示，求得

$$I' = \frac{R_3}{R_3 + R_4} I_S = 3(A)$$

电压源 U_S 单独作用时，电路如图 1.7.2(c)所示，求得

$$I'' = \frac{U_S}{R_3 + R_4} = 5(A)$$

两个电源共同作用时

$$I = I' + I'' = 8(A)$$

1.8　戴维宁定理

戴维宁定理又称等效电源定理。该定理指出，对外部电路而言，任何一个线性有源二端网络都可以用一个理想电压源 U_{SO} 和内阻 R_0 相串联来代替，如图 1.8.1 所示。戴维宁等效电源中的电压源 U_{SO} 等于该网络的开路电压 U_{OC}，内阻 R_0 等于有源二端网络中除去所有电源(电压源短路，电流源开路)后所得到的无源二端网络的等效电阻 R_0，也等于原有源二端网络的开路电压 U_{OC} 与短路电流 I_{SC}。

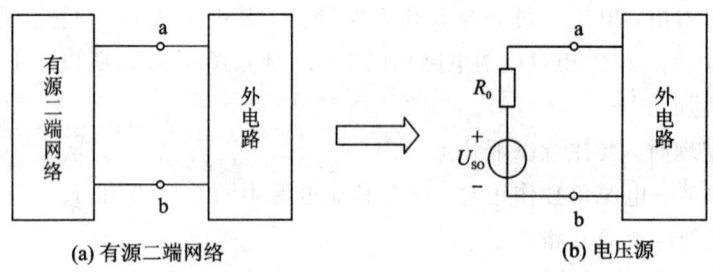

(a) 有源二端网络　　　　　　　　　　　　　(b) 电压源

图 1.8.1　戴维宁定理

所谓二端网络，就是有两个出线端的部分电路。二端网络中没有电源时称为无源二端网络，二端网络中含有电源时称为有源二端网络。

　　例 1.8.1　电路如图 1.8.2(a)所示，已知 $U_{S1} = 40$ V，$U_{S2} = 20$ V，$R_1 = R_2 = 4$ Ω，$R_3 = 13$ Ω，试用戴维宁定理求电流 I_3。

　　解　(1) 断开待求支路，如图 1.8.2(b)所示。求等效电源电压的 U_{OC}。

$$U_{OC} = U_{S2} + IR_2 = U_{S2} + \frac{U_{S1} - U_{S2}}{R_1 + R_2} R_2 = 20 + \frac{40 - 20}{4 + 4} \times 4 = 30 \ (V)$$

　　(2) 求等效电源的内阻 R_0。

除去所有电源(理想电压源短路，理想电流源开路)，如图 1.8.2(c)所示，可求得

$$R_0 = R_1 /\!/ R_2 = \frac{R_1 \times R_2}{R_1 + R_2} = \frac{4 \times 4}{4 + 4} = 2(\Omega)$$

　　(3) 画出等效电路，如图 1.8.2(d)所示。

　　(4) 利用简化后的电路求出待求电流 I_3，即

$$I_3 = \frac{U_{OC}}{R_0 + R_3} = \frac{30}{2 + 13} = 2(A)$$

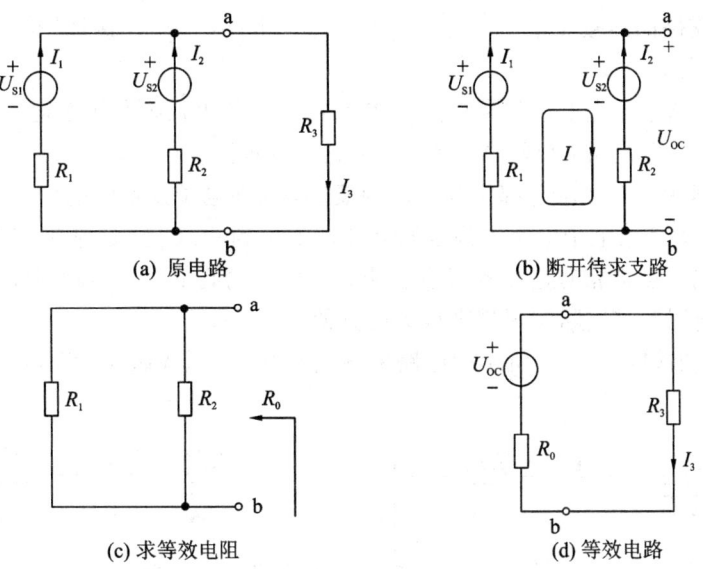

(a) 原电路　　　　　　　　　　　(b) 断开待求支路

(c) 求等效电阻　　　　　　　　　(d) 等效电路

图 1.8.2　例 1.8.1 电路图

例 1.8.2　求如图 1.8.3(a)所示电路的戴维宁等效电路，已知 $R_1 = 20\ \Omega$，$R_2 = 30\ \Omega$，$R_3 = 2\ \Omega$，$U_\mathrm{S} = 50\ \mathrm{V}$，$I_\mathrm{S} = 1\ \mathrm{A}$。

解　(1) 计算开路电压。可以用叠加原理，即为电压源在端口处的电压 U'_OC 与 1 A 电流源在端口处的电压 U''_OC 之和：

$$U_\mathrm{OC} = U'_\mathrm{OC} + U''_\mathrm{OC} = U_\mathrm{S}\frac{R_1}{R_1 + R_2} + I_\mathrm{S}\frac{R_2 R_1}{R_2 + R_1} = 50 \times \frac{30}{20 + 30} + 1 \times \frac{30 \times 20}{30 + 20} = 42(\mathrm{V})$$

(2) 计算等效电阻。将有源二端网络内部的电源置为零，如图 1.8.3 (b)所示，有

$$R_0 = R_3 + \frac{R_1 R_2}{R_1 + R_2} = 2 + \frac{20 \times 30}{20 + 30} = 14(\Omega)$$

(3) 图 1.8.3(c)中 42 V 电压源 U_OC 与 14 Ω 等效电阻 R_0 的串联即为图 1.8.3(a)中有源二端网络的戴维宁等效电路。

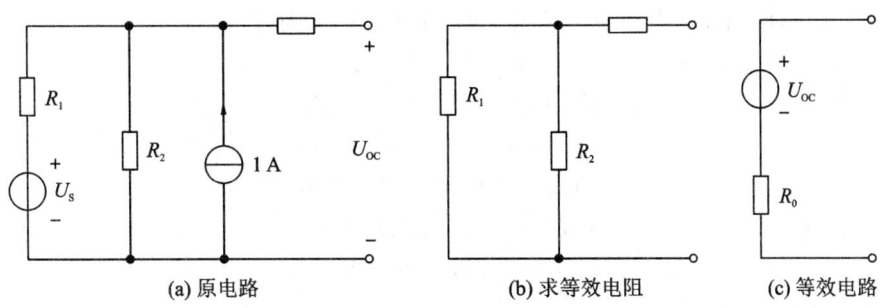

(a) 原电路　　　　　　　　(b) 求等效电阻　　　　　(c) 等效电路

图 1.8.3　例 1.8.2 电路图

1.9　电　　位

电路中只要讲到电位，就会涉及电路参考点，工程中常选大地为参考点，在电子线路

·16· 电工电子技术及应用

中则常以多数支路的连接点作为参考点。参考点在电路图中以"接地"符号标出。所谓"接地",并非真与大地相接。

实际上,电路中某点电位就是该点到参考点之间的电压。电压在电路中用 u 来表示,通常采用双脚标;电位用 V(或 u)表示,一般只用单脚标。

在电工技术中大多数场合都用到电压的概念,而在电子技术中电位的概念则得到普遍应用。因为,绝大多数电子电路中许多元器件都汇集到一点上,通常把这个汇集点选为电位参考点,其他各点都相对这一参考点表明各自电位的高低。这样做不仅简化了电路的分析与计算,还给测量与实际应用带来很大的方便。

例 1.9.1 求如图 1.9.1 所示的电路中各点的电位 V_a、V_b、V_c、V_d 及各点间的电位差(即电压)。

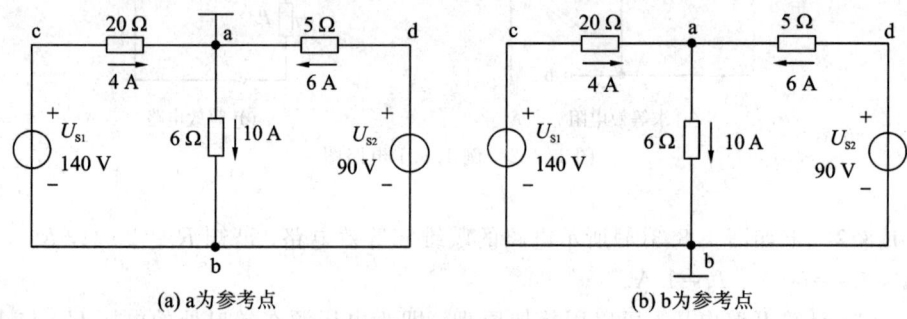

图 1.9.1 例 1.9.1 电路图

解 如图 1.9.1(a)所示,设 a 为参考点,即 $V_a=0$ V,则有

$$V_b=U_{ba}= -10\times6 = -60 \text{ (V)}$$
$$V_c=U_{ca}= 4\times20 = 80 \text{ (V)}$$
$$V_d=U_{da}= 6\times5 = 30 \text{ (V)}$$
$$U_{ab}= 10\times6 = 60 \text{ (V)}$$
$$U_{cb}= U_{S1} = 140 \text{ (V)}$$
$$U_{db}= U_{S2} = 90 \text{ (V)}$$

如图 1.9.1(b)所示,设 b 为参考点,即 $V_b=0$(V),则有

$$V_a = U_{ab} =10\times6 = 60 \text{ (V)}$$
$$V_c = U_{cb} = U_{S1} = 140 \text{ (V)}$$
$$V_d = U_{db} = U_{S2} = 90 \text{ (V)}$$
$$U_{ab} = 10\times6 = 60 \text{ (V)}$$
$$U_{cb} = U_{S1} = 140 \text{ (V)}$$
$$U_{db} = U_{S2} = 90 \text{ (V)}$$

从上面的结果可以看出:

(1) 电位值是相对的,参考点选取得不同,电路中各点的电位也将随之改变。

(2) 电路中两点间的电位差即电压值是固定的,不会因参考点的不同而变,即与零电位参考点的选取无关。

为简化电路,常常不画出电源元件,只标明电源正极或负极的电位值。尤其在电子线路中,连接的元件较多,电路较为复杂,采用这种画法常常可以使电路更加清晰明了,分析问题更加方便。例图 1.9.1(b)可简化为如图 1.9.2 所示的电路。

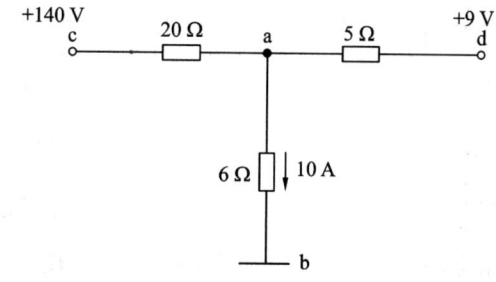

图 1.9.2　电位简化标法

例 1.9.2　如图 1.9.3 所示电路，计算开关 S 断开和闭合时 A 点的电位 V_A。

解　(1) 当开关 S 断开时，如图 1.9.3(a)所示，可知：电流 $I_1 = I_2 = 0$ A，电位 $V_A = 6$ V。

(2) 当开关 S 闭合时，电路如图 1.9.3(b)所示，可知：电流 $I_2 = 0$ A，电位 $V_A = 0$ V。

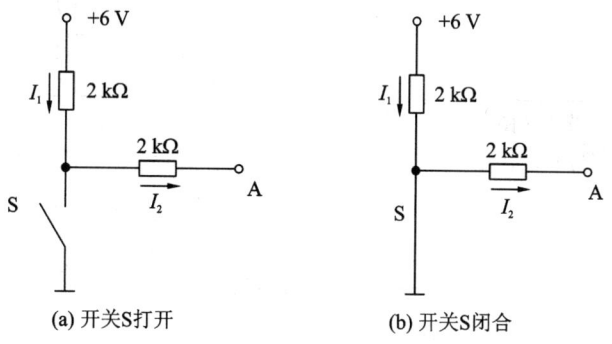

(a) 开关S打开　　　　　(b) 开关S闭合

图 1.9.3　例 1.9.2 电路图

习　　题

1.1　试求题 1.1 图所示电路中等效电阻 R_{ab}。

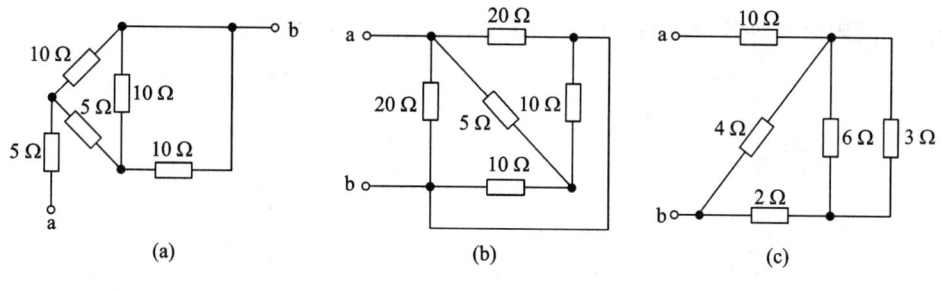

题 1.1 图

1.2　试求题 1.2 图所示电路中电流 I、电压 U 及 3 Ω 电阻的功率。

1.3　试求题 1.3 图所示电路中的端口电压 U_{ab}。

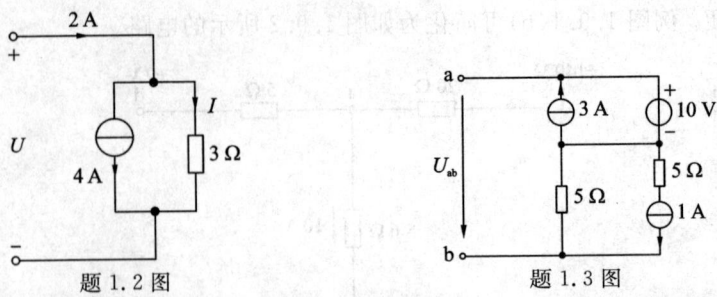

题 1.2 图　　　　　　　　　题 1.3 图

1.4　在题 1.4 图所示电路中，已知 $U_S=6$ V，$I_S=2$ A，$R_1=2$ Ω，$R_2=1$ Ω。求开关 S 断开时开关两端的电压和开关 S 闭合时通过开关的电流（在图中注明所选的参考方向）。

1.5　试求题 1.5 图所示电路中电流源两端的电压 U_1、U_2 及其功率，并说明是起电源作用还是起负载作用。

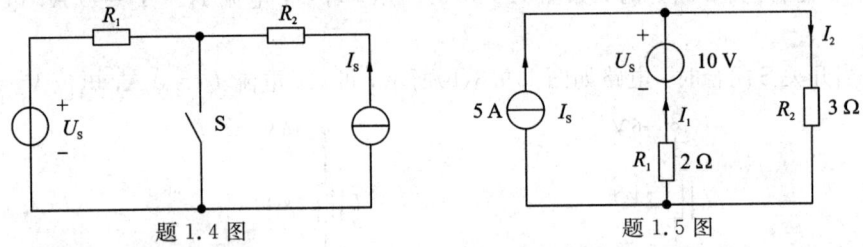

题 1.4 图　　　　　　　　　题 1.5 图

1.6　在题 1.6 图所示电路中，当 $U_S=16$ V 时，$U_{ab}=8$ V，试用叠加定理求 $U_S=0$ 时的 U_{ab}。

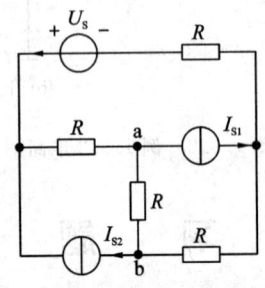

题 1.6 图

1.7　试用电源等效变换的方法求题 1.7 图所示电路中的 U_{ab}。

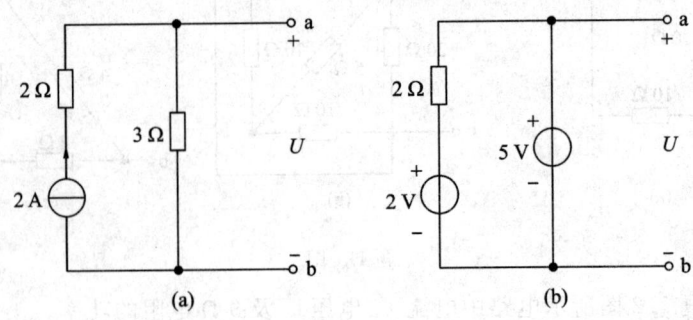

(a)　　　　　　　　　　　(b)

题 1.7 图

1.8 用戴维宁定理,试求题1.8图所示电路中的电流 I。

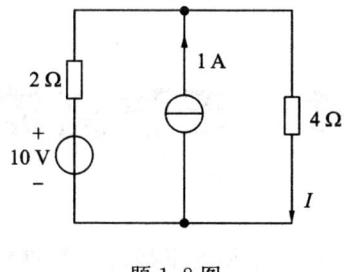

题 1.8 图

1.9 试求题1.9图所示电路中开关S闭合和断开的两种情况下,a、b、c三点的电位。

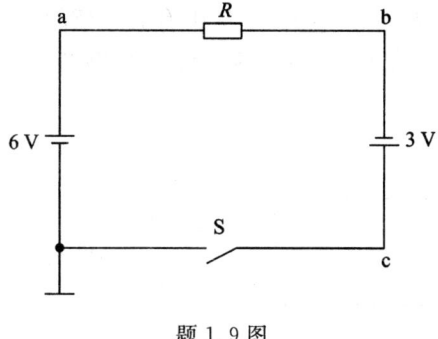

题 1.9 图

第 2 章 正弦交流电路

在第 1 章的直流电路里讨论的电压和电流都是直流的形式，即电压和电流的大小、方向均不随时间变化，如图 2.1(a)所示。而本章要讨论的是交流电路，所谓交流，是指电压和电流的大小、方向均随时间作周期性的变化，图 2.1(b)、图 2.1(c)、图 2.1(d)所示为几种常见的交流信号。交流在人们的生产和生活中有着广泛的应用。常用的交流电是正弦交流电，即电压和电流的大小、方向按正弦规律变化，如图 2.1(b)所示。正弦交流电是目前供电和用电的主要形式。

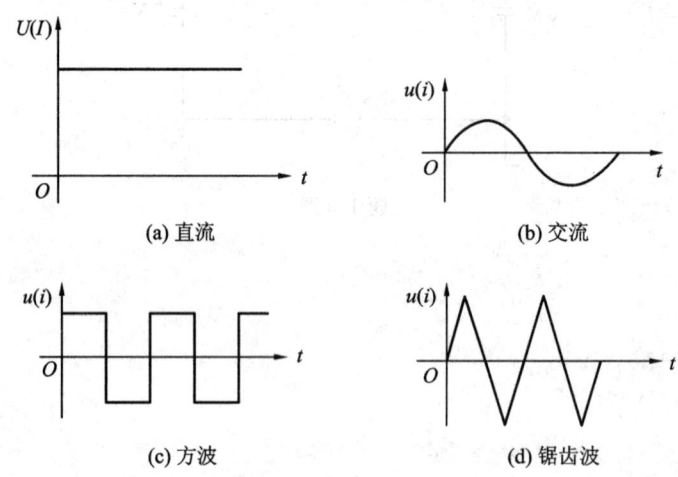

(a) 直流   (b) 交流

(c) 方波   (d) 锯齿波

图 2.1 常用电信号

本章首先介绍正弦交流电的基本概念和表征方法，然后重点讨论不同结构、不同参数的几种正弦交流电路中电压电流的关系及功率。

2.1 正弦交流电的基本概念

正弦交流电包括正弦电压和正弦电流，以电流为例，其波形如图 2.1.1 所示，其数学表达式为

$$i = I_m \sin(\omega t + \Psi_i) \tag{2.1.1}$$

式中：i 为电流的瞬时值，I_m 为电流的最大值或幅值，ω 为角频率，Ψ_i 为初相位或初相角。只要最大值、角频率和初相位一定，则正弦交流电与时间的函数关系也就确定了，所以将这三个量称为正弦交流电的三要素。分析正弦交流电时也应从以下三个方面进行。

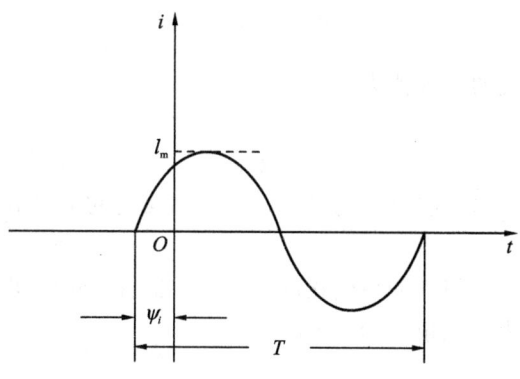

图 2.1.1　正弦电流的波形图

2.1.1　交流电的周期、频率和角频率

正弦量交变一次所需要的时间称为周期 T，单位为 s（秒）。每秒内完成的周期数称为频率 f，单位是 Hz（赫兹）。所以 T 与 f 是互为倒数的关系，即

$$f = \frac{1}{T} \tag{2.1.2}$$

每秒内完成的弧度数称为角频率 ω，单位为 rad/s（弧度每秒）。一个周期内经历的弧度是 2π，所以角频率与周期、频率的关系为

$$\omega = \frac{2\pi}{T} = 2\pi f \tag{2.1.3}$$

在我国和大多数国家都采用 50 Hz 作为电力标准频率，有些国家（如美国、日本等）采用 60 Hz。这种频率在工业上应用广泛，习惯上也称为工频。除工频外，某些领域还需要采用其他的频率，如无线电通信的频率为 30 kHz～3×10^4 MHz，有线通信的频率为 300～5000 Hz 等。

2.1.2　交流电的瞬时值、最大值和有效值

正弦量在任一瞬间的值称为瞬时值，用小写字母表示，如 i、u 和 e 分别表示瞬时电流、瞬时电压和瞬时电动势。最大的瞬时值称为最大值或幅值，用带下标 m 的大写字母来表示，如 I_m、U_m 和 E_m 分别表示电流、电压和电动势的幅值。

正弦电流、电压和电动势的大小往往不是用它们的幅值来计量，而是用有效值来计量。有效值是根据电流的热效应规定的，定义为：如果一个交流电流 i 和一个直流电流 I 在相等的时间内通过同一个电阻而产生的热量相等，那么这个交流电流 i 的有效值在数值上就等于这个直流电流 I。

设有一电阻 R，通以交变电流 i，在一周期 T 内产生的热量为

$$Q_{ac} = \int_0^T Ri^2 \, dt \tag{2.1.4}$$

同是该电阻 R，通以直流电流 I，在时间 T 内产生的热量为

$$Q_{dc} = RI^2 T \tag{2.1.5}$$

根据上述定义，热效应相等的条件为 $Q_{ac} = Q_{dc}$，即

$$\int_0^T Ri^2\,\mathrm{d}t = RI^2 T$$

由此可得出交流电流的有效值为

$$I = \sqrt{\frac{1}{T}\int_0^T i^2\,\mathrm{d}t} \tag{2.1.6}$$

即交流电流的有效值等于瞬时值的平方在一个周期内的平均值的开方，故有效值又称为均方根值。

有效值的定义适用于任何周期性变化的量，但不能用于非周期量。

假设这个交流电流为正弦量 $i = I_m\sin\omega t$，则

$$I = \sqrt{\frac{1}{T}\int_0^T I_m^2\sin^2\omega t\,\mathrm{d}t}$$

因为

$$\int_0^T \sin^2\omega t\,\mathrm{d}t = \int_0^T \frac{1-\cos2\omega t}{2}\,\mathrm{d}t = \frac{1}{2}\int_0^T \mathrm{d}t - \frac{1}{2}\int_0^T \cos2\omega t\,\mathrm{d}t = \frac{T}{2}$$

所以

$$I = \sqrt{\frac{1}{T}I_m^2\frac{T}{2}} = \frac{I_m}{\sqrt{2}} \tag{2.1.7}$$

式(2.1.7)给出的就是交流电流的有效值与最大值的关系。同理，正弦交流电压和电动势的有效值与它们的最大值的关系为

$$\begin{cases} U = \dfrac{U_m}{\sqrt{2}} \\ E = \dfrac{E_m}{\sqrt{2}} \end{cases} \tag{2.1.8}$$

有效值都用大写字母表示(和表示直流的字母一样)。式(2.1.7)和式(2.1.8)中的 I、U 和 E 分别表示交流电流、交流电压和交流电动势的有效值。

一般所讲的正弦电压或正弦电流的大小，如交流电压 380 V 或 220 V、电器设备的额定值等，都是指它的有效值。一般交流电表的刻度数值也是指它们的有效值。

2.1.3　交流电的相位、初相位和相位差

交流电在不同的时刻 t 具有不同的 $(\omega t+\Psi)$ 值，交流电也就变化到不同的位置。所以 $(\omega t+\Psi)$ 代表了交流电的变化进程，因此称 $(\omega t+\Psi)$ 为在不同的时刻 t 的相位或相位角。$t=0$ 时的相位称为初相位或初相位角 Ψ。显然，初相位与所选时间的起点有关，正弦量所选的计时起点不同，正弦量的初相位就不同，其初始值也就不同。原则上，计时起点是可以任意选择的，不过，在进行交流电路的分析和计算时，同一个电路中所有的电流、电压和电动势只能有一个共同的计时起点。因而只能任选其中某一个的初相位为零的瞬间作为计时起点。这个初相位被选为零的正弦量称为参考量，这时其他各量的初相位就不一定等于零了。

任何两个同频率正弦量的相位角之差称为相位差，用 φ 表示。例如：

$$u = U_m\sin(\omega t+\Psi_u)$$
$$i = I_m\sin(\omega t+\Psi_i)$$

它们的相位差为

$$\varphi = (\omega t + \Psi_u) - (\omega t + \Psi_i) = \Psi_u - \Psi_i \tag{2.1.9}$$

可见，相位差也等于初相位之差。相位差与时间无关。

因为 u 和 i 的初相位不同，所以它们的变化步调不一致，即不是同时到达正的幅值或零值。那么它们在相位上的关系有常见的四种，如图 2.1.2 所示。

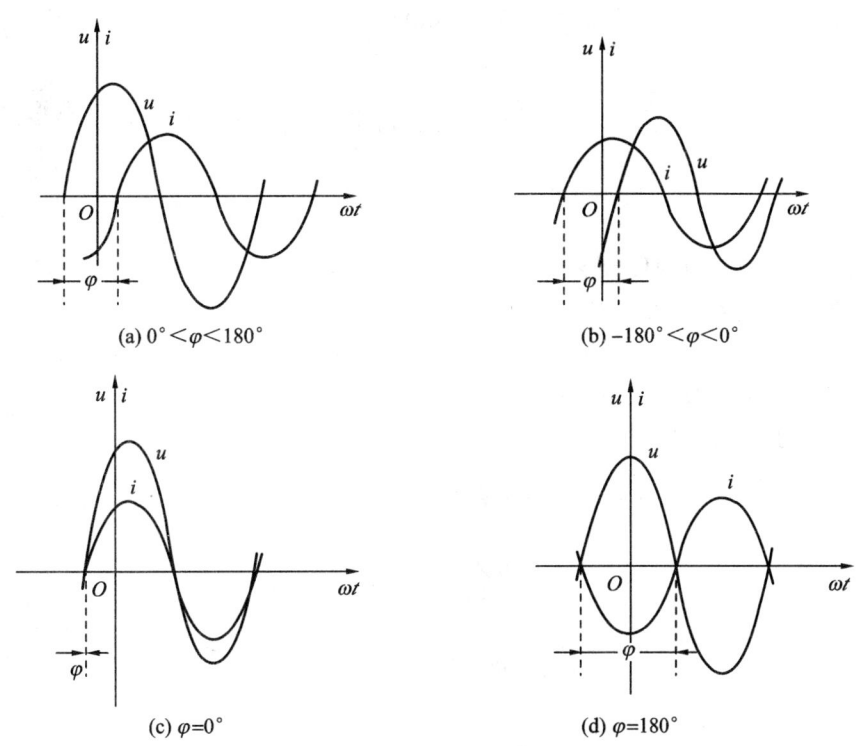

图 2.1.2　同频率正弦量的相位关系

2.2　正弦交流电的相量表示法

前面讨论了正弦量的两种表示法：① 三角函数式表示，如 $i = I_m \sin(\omega t + \Psi_i)$；② 正弦波形表示，如图 2.1.1 所示。但是这两种表示法在进行电路分析和计算时非常困难和不便，因此下面重点讨论正弦量的第三种表示法——相量表示法。相量表示法的基础是复数，也就是用复数来表示正弦量，这样可以把复杂的三角运算简化成简单的复数形式的代数运算。首先在此回顾一下曾经学过的复数的一些相关知识。

2.2.1　矢量的复数形式及复数的运算法则

1. 复数的四种形式及相互转换

复平面中的任一矢量都可以用复数来表示，如图 2.2.1 所示，该直角坐标的横轴为 ± 1，称为实轴，纵轴为 $\pm j$，称为虚轴，$j = \sqrt{-1}$，称为虚数单位，在数学中用 i 表示虚数，而在电工学里，为

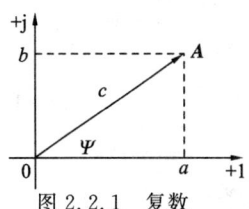

图 2.2.1　复数

了与电流瞬时值的符号相区别，改用 j 来表示。设一矢量 $\boldsymbol{A}$，在实轴上的投影长度为 a，称为复数的实部，在纵轴上的投影长度为 b，称为复数的虚部，长度 c 称为复数的模，它与正实轴之间的夹角 $\boldsymbol{\Psi}$ 称为复数的辐角。

它们之间的关系为

$$\begin{cases} a = c\cos\boldsymbol{\Psi} \\ b = c\sin\boldsymbol{\Psi} \\ c = \sqrt{a^2 + b^2} \\ \boldsymbol{\Psi} = \arctan \dfrac{b}{a} \end{cases} \tag{2.2.1}$$

所以

$$\boldsymbol{A} = a + \mathrm{j}b \tag{2.2.2}$$

式(2.2.2)称为复数的代数形式。

将式(2.2.1)代入式(2.2.2)，得

$$\boldsymbol{A} = c\cos\boldsymbol{\Psi} + \mathrm{j}c\sin\boldsymbol{\Psi} = c(\cos\boldsymbol{\Psi} + \mathrm{j}\sin\boldsymbol{\Psi}) \tag{2.2.3}$$

式(2.2.3)称为复数的三角形式。

由数学中的欧拉公式：

$$\begin{cases} \cos\boldsymbol{\Psi} = \dfrac{\mathrm{e}^{\mathrm{j}\boldsymbol{\Psi}} + \mathrm{e}^{-\mathrm{j}\boldsymbol{\Psi}}}{2} \\ \sin\boldsymbol{\Psi} = \dfrac{\mathrm{e}^{\mathrm{j}\boldsymbol{\Psi}} - \mathrm{e}^{-\mathrm{j}\boldsymbol{\Psi}}}{2\mathrm{j}} \end{cases} \tag{2.2.4}$$

得出

$$\cos\boldsymbol{\Psi} + \mathrm{j}\sin\boldsymbol{\Psi} = \mathrm{e}^{\mathrm{j}\boldsymbol{\Psi}} \tag{2.2.5}$$

则

$$\mathrm{e}^{\mathrm{j}90°} = \mathrm{j},\ \mathrm{e}^{\mathrm{j}(-90°)} = -\mathrm{j},\ \mathrm{e}^{\mathrm{j}0°} = 1,\ \mathrm{e}^{\mathrm{j}180°} = -1$$

j 既是一个虚数单位，同时又是一个 90°旋转因子。任何相量与 j 相乘意味着该相量按逆时针方向旋转了 90°，与(−j)相乘意味着该相量按顺时针方向旋转了 90°。

根据式(2.2.5)，可将式(2.2.3)写成

$$\boldsymbol{A} = c\mathrm{e}^{\mathrm{j}\boldsymbol{\Psi}} \tag{2.2.6}$$

或简写成

$$\boldsymbol{A} = c\angle\boldsymbol{\Psi} \tag{2.2.7}$$

式(2.2.6)为复数的指数形式。式(2.2.7)为复数的极坐标形式。

2. 复数的运算法则

设两个复数分别为

$$\boldsymbol{A}_1 = a_1 + \mathrm{j}b_1$$
$$\boldsymbol{A}_2 = a_2 + \mathrm{j}b_2$$

则

$$\boldsymbol{A}_1 \pm \boldsymbol{A}_2 = (a_1 + \mathrm{j}b_1) \pm (a_2 + \mathrm{j}b_2) = (a_1 \pm a_2) + \mathrm{j}(b_1 \pm b_2)$$
$$\boldsymbol{A}_1 \cdot \boldsymbol{A}_2 = c_1 \mathrm{e}^{\mathrm{j}\boldsymbol{\Psi}_1} \cdot c_2 \mathrm{e}^{\mathrm{j}\boldsymbol{\Psi}_2} = c_1 c_2 \mathrm{e}^{\mathrm{j}(\boldsymbol{\Psi}_1 + \boldsymbol{\Psi}_2)}$$

或

第 2 章　正弦交流电路　　　　　　　　　　　　　　· 25 ·

$$\boldsymbol{A}_1 \cdot \boldsymbol{A}_2 = c_1 \angle \Psi_1 \cdot c_2 \angle \Psi_2 = c_1 c_2 \angle (\Psi_1 + \Psi_2)$$

$$\frac{\boldsymbol{A}_1}{\boldsymbol{A}_2} = \frac{c_1 e^{j\Psi_1}}{c_2 e^{j\Psi_2}} = \frac{c_1}{c_2} e^{j(\Psi_1 - \Psi_2)}$$

或

$$\frac{\boldsymbol{A}_1}{\boldsymbol{A}_2} = \frac{c_1 \angle \Psi_1}{c_2 \angle \Psi_2} = \frac{c_1}{c_2} \angle (\Psi_1 - \Psi_2)$$

小结：复数的这四种形式可以相互转换。复数在进行加减运算时，应采用代数形式或三角形式，实部与实部相加减，虚部与虚部相加减；在进行乘除运算时，应采用指数形式或极坐标形式，模与模相乘除，辐角与辐角相加减。

例 2.2.1　已知复数 $\boldsymbol{A} = -8 + j6$，$\boldsymbol{B} = 3 + j4$，求 $\boldsymbol{A} + \boldsymbol{B}$，$\boldsymbol{A} - \boldsymbol{B}$，$\boldsymbol{A} \cdot \boldsymbol{B}$，$\dfrac{\boldsymbol{A}}{\boldsymbol{B}}$ 的值。

解

$$\boldsymbol{A} + \boldsymbol{B} = (-8 + 3) + j(6 + 4) = -5 + j10$$

$$\boldsymbol{A} - \boldsymbol{B} = (-8 - 3) + j(6 - 4) = -11 + j2$$

根据运算法则，乘除时要先把代数形式转化为指数形式或极坐标形式。所以

$$\boldsymbol{A} = \sqrt{(-8)^2 + 6^2} \angle \arctan\left(-\frac{6}{8}\right) = 10 \angle 143°$$

$$\boldsymbol{B} = \sqrt{3^2 + 4^2} \angle \arctan \frac{4}{3} = 5 \angle 53°$$

$$\boldsymbol{A} \cdot \boldsymbol{B} = 10 \angle 143° \cdot 5 \angle 53° = 50 \angle 196° = 50 \angle -164°$$

$$\frac{\boldsymbol{A}}{\boldsymbol{B}} = \frac{10 \angle 143°}{5 \angle 53°} = 2 \angle 90° = j2$$

2.2.2　旋转矢量和正弦量之间的关系

设有一正弦电流 $i = I_m \sin(\omega t + \Psi_i)$，其复平面中的旋转矢量如图 2.2.2(a)所示，其波形图如图 2.2.2(b)所示。图 2.2.2(a)中，右边是一旋转有向线段 $\boldsymbol{A}$，在复平面中，有向线段 OA 的长度 c 等于正弦量的幅值 I_m，它的初始位置与实轴正方向的夹角等于正弦量的初相位 Ψ，则矢量在虚轴上的投影为 $b = c\sin\Psi$。当这个矢量以 c 为半径，以正弦量的角频率 ω 作为角速度在复平面内作逆时针方向的匀速旋转时，任意时刻这个旋转矢量在虚轴上的投影为 $b = c\sin(\omega t + \Psi)$。可见，这一旋转有向线段具有正弦量的三个特征，与正弦量的表达式有着相同的形式，故可用来表示正弦量。正弦量在任意时刻的瞬时值就可以用这个旋转有向线段任意瞬间在纵轴上的投影表示出来。例如：当 $t = 0$ 时，$i_0 = I_m \sin\Psi$；当 $t = t_1$ 时，$i_1 = I_m \sin(\omega t_1 + \Psi_i)$。

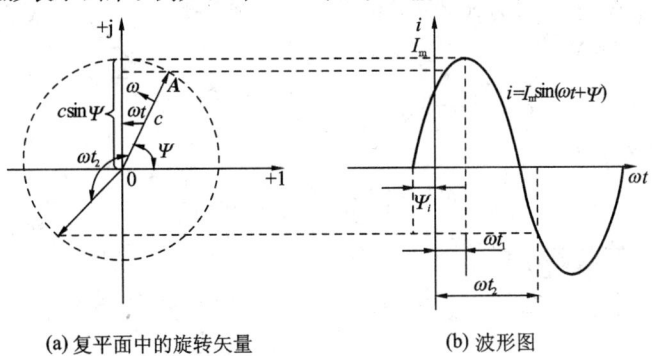

(a) 复平面中的旋转矢量　　　　(b) 波形图

图 2.2.2　正弦量在复平面中的旋转矢量及波形图

2.2.3 相量及相量图

以上分析说明，正弦量可以用旋转有向线段来表示，而有向线段可用复数来表示，所以正弦量也可用复数来表示。用以表示正弦量的矢量或复数称为相量。复数的模即为正弦量的幅值或有效值，复数的辐角即为正弦量的初相位。模长等于最大值的相量称为最大值相量，模长等于有效值的相量称为有效值相量。那么，既然相量就是复数，因而相量也有四种形式。由于相量是用来表示正弦量的复数，为了与一般的复数相区别，在相量的字母顶部打上"·"。例如表示正弦电压 $u = U_m \sin(\omega t + \Psi_u)$ 的相量为

$$\dot{U}_m = U_{am} + jU_{bm} = U_m(\cos\Psi_u + j\sin\Psi_u) = U_m e^{j\Psi_u} = U_m \angle \Psi_u$$

或

$$\dot{U} = U_a + jU_b = U(\cos\Psi_u + j\sin\Psi_u) = U e^{j\Psi_u} = U \angle \Psi_u$$

其中：$\dot{U}_m$ 称为电压的最大值相量，$\dot{U}$ 称为电压的有效值相量。最大值相量与有效值相量之间的关系为

$$\dot{U}_m = \sqrt{2}\dot{U} \qquad\qquad (2.2.8)$$

同频率的若干相量画在同一个复平面上构成了相量图。在相量图上能清晰地看出各正弦量的大小和相位关系。

最后还要注意以下几点：

(1) 相量只是表示正弦量，而不是等于正弦量。

例如 $\dot{U}_m = U_m \angle \Psi_u \neq U_m \sin(\omega t + \Psi_u)$，相量是个复数，而正弦量是个时间函数。相量只是正弦量进行运算时的一种表示方法和主要工具。

(2) 只有正弦量才能用相量表示，非正弦量不能用相量表示。

(3) 只有同频率的正弦量才能进行相量运算，才能画在同一个相量图上进行比较。

例 2.2.2 写出下列正弦量的有效值相量形式，要求用代数形式表示，并画出相量图。

(1) $u_1 = 10\sqrt{2}\sin\omega t (\text{V})$

(2) $u_2 = 10\sqrt{2}\sin(\omega t + 90°)(\text{V})$

(3) $u_3 = 10\sqrt{2}\sin\left(\omega t - \dfrac{3}{4}\pi\right)(\text{V})$

解 (1) $\dot{U}_1 = 10\angle 0° = 10(\cos 0° + j\sin 0°)$
$$= 10(\text{V})$$

(2) $\dot{U}_2 = 10\angle 90° = 10(\cos 90° + j\sin 90°)$
$$= j10(\text{V})$$

(3) $\dot{U}_3 = 10\angle -\dfrac{3}{4}\pi = 10\left[\cos\left(-\dfrac{3}{4}\pi\right) + j\sin\left(-\dfrac{3}{4}\pi\right)\right]$
$$= 10\left[\dfrac{-\sqrt{2}}{2} - j\dfrac{\sqrt{2}}{2}\right] = -5\sqrt{2} - j5\sqrt{2}(\text{V})$$

相量图如图 2.2.3 所示。

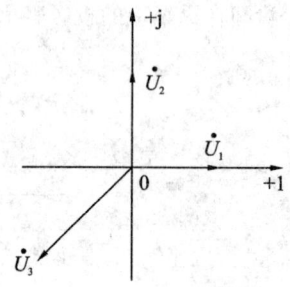

图 2.2.3　例 2.2.2 的相量图

例 2.2.3　写出下列相量所代表的正弦量，设频率为 50 Hz，并画出相量图。

(1) $\dot{I}_{\mathrm{m}} = 4 - j3\,(\mathrm{A})$

(2) $\dot{U} = -8 + j6\,(\mathrm{V})$

(3) $\dot{I} = -12 - j16\,(\mathrm{A})$

解　只要知道正弦量的三要素，就可以正确地写出正弦量的表达式，一般将相量的代数形式转换成指数形式或极坐标形式，可以很方便地得出最大值和初相位，角频率为

$$\omega = 2\pi f = 2 \times 3.14 \times 50 = 314\,(\mathrm{rad/s})$$

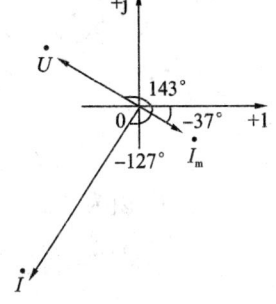

(1) $\dot{I}_{\mathrm{m}} = \sqrt{4^2 + 3^2} \angle \arctan\left(-\dfrac{3}{4}\right) = 5\angle -37°\,(\mathrm{A})$

$$i = 5\sin(314t - 37°)\,(\mathrm{A})$$

(2) $\dot{U} = \sqrt{(-8)^2 + 6^2} \angle \arctan\left(-\dfrac{6}{8}\right) = 10\angle 143°\,(\mathrm{V})$

$$u = 10\sqrt{2}\sin(314t + 143°)\,(\mathrm{V})$$

(3) $\dot{I} = \sqrt{(-12)^2 + (-16)^2} \angle \arctan\left(\dfrac{16}{12}\right) = 20\angle -127°\,(\mathrm{A})$

$$i = 20\sqrt{2}\sin(314t - 127°)\,(\mathrm{A})$$

图 2.2.4　例 2.2.3 的相量图

相量图如图 2.2.4 所示。

例 2.2.4　电路图如图 2.2.5 所示，已知 $i_1 = 100\sqrt{2}\sin(\omega t + 45°)\,(\mathrm{A})$，$i_2 = 60\sqrt{2}\sin(\omega t - 30°)\,(\mathrm{A})$。

试求：

(1) 总电流 i；

(2) 画相量图；

(3) 说明 i 的最大值是否等于 i_1 和 i_2 的最大值之和，i 的有效值是否等于 i_1 和 i_2 的有效值之和？为什么？

解　(1) 因为正弦电流 i_1 和 i_2 的频率相同，可用相量求得。

① 先作最大值相量：

$$\dot{I}_{1\mathrm{m}} = 100\sqrt{2}\angle 45°\,(\mathrm{A}),\ \dot{I}_{2\mathrm{m}} = 60\sqrt{2}\angle -30°\,(\mathrm{A})$$

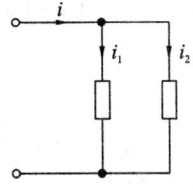

② 用相量法求总电流的最大值相量：

$$\dot{I}_{\mathrm{m}} = \dot{I}_{1\mathrm{m}} + \dot{I}_{2\mathrm{m}} = 100\sqrt{2}\angle 45° + 60\sqrt{2}\angle -30° = 182.7\angle 18.4°\,(\mathrm{A})$$

图 2.2.5　例 2.2.4 的电路图

③ 将电流的最大值相量变换成电流的瞬时值表达式：

$$i = 182.7\sin(\omega t + 18.4°)\,(\mathrm{A})$$

也可以用有效值相量进行计算，方法如下：

① 先作有效值相量：

$$\dot{I}_1 = 100\angle 45°\,(\mathrm{A}),\ \dot{I}_2 = 60\angle -30°\,(\mathrm{A})$$

② 用相量法求总电流的有效值相量：

$$\dot{I} = \dot{I}_1 + \dot{I}_2 = 100\angle 45° + 60\angle -30° = 129\angle 18.4°\,(\mathrm{A})$$

③ 将总电流的有效值相量变换成电流的瞬时值表达式：

$$i = 129\sqrt{2}\sin(\omega t + 18.4°)(\text{A})$$

（2）相量图如图 2.2.6 所示。

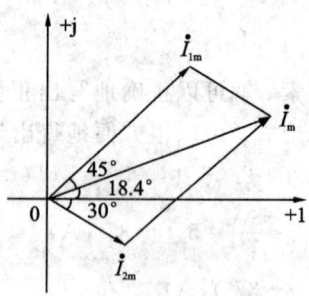

图 2.2.6　例 2.2.4 的相量图

（3）很显然，i 的最大值不等于 i_1 和 i_2 的最大值之和，i 的有效值也不等于 i_1 和 i_2 的有效值之和。因为它们的初相位不同，即起始位置不同，到达最大值的时刻也不相同，所以不能简单地将它们的最大值或有效值相加来计算。

2.3　单一参数的正弦交流电路

了解了正弦交流电及其相量表示法后，现在可以讨论正弦交流电路了。首先讨论只含有一种无源元件的电路。

2.3.1　纯电阻电路

1. 电压和电流的关系

图 2.3.1(a)所示为一个线性电阻元件的交流电路，电压和电流的参考方向如图中所示。两者的关系由欧姆定律确定，即

$$u = Ri$$

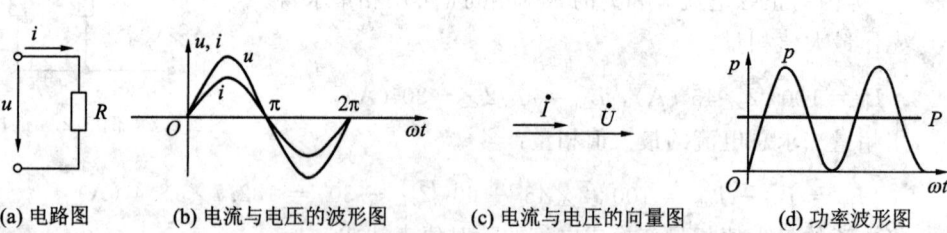

(a) 电路图　　　(b) 电流与电压的波形图　　　(c) 电流与电压的向量图　　　(d) 功率波形图

图 2.3.1　纯电阻电路

为了分析方便，选电流为参考量，也就是令电流的初相位为零，即

$$i = I_\text{m}\sin\omega t \tag{2.3.1}$$

则

$$u = Ri = RI_\text{m}\sin\omega t = U_\text{m}\sin\omega t \tag{2.3.2}$$

比较式(2.3.1)和式(2.3.2)，不难看出 i 和 u 有如下关系：

（1）u 和 i 是同频率的正弦量。

（2）u 和 i 相位相同。

（3）u 和 i 的最大值之间和有效值之间的关系为

$$\begin{cases} U_{\mathrm{m}} = RI_{\mathrm{m}} \\ U = RI \end{cases} \tag{2.3.3}$$

式中：R 为电阻，单位为 Ω。

（4）u 和 i 的最大值相量之间和有效值相量之间的关系分别为

$$\begin{cases} \dot{U}_{\mathrm{m}} = R\dot{I}_{\mathrm{m}} \\ \dot{U} = R\dot{I} \end{cases} \tag{2.3.4}$$

可见，在纯电阻电路中，各种形式均符合欧姆定律。

波形图和相量图分别如图 2.3.1(b)、图 2.3.1(c) 所示。

2. 功率

1）瞬时功率

在任意瞬间，电压瞬时值 u 与电流瞬时值 i 的乘积，称为瞬时功率，用小写字母 p 表示。

$$\begin{aligned} p = ui &= U_{\mathrm{m}}\sin\omega t \times I_{\mathrm{m}}\sin\omega t = U_{\mathrm{m}}I_{\mathrm{m}}\sin^2\omega t \\ &= \sqrt{2}U\sqrt{2}I\sin^2\omega t = 2UI\frac{1-\cos 2\omega t}{2} \\ &= UI(1-\cos 2\omega t) = UI - UI\cos 2\omega t \end{aligned} \tag{2.3.5}$$

由上式可见，p 是由两部分组成的，第一部分是常数 UI，第二部分是幅值为 UI，角频率为 2ω 的正弦量，p 随时间变化的波形如图 2.3.1(d) 所示。

由图 2.3.1(d) 可以看出，$p \geqslant 0$，这也正是因为交流电路中电阻元件的 u 和 i 同相位，即同正同负，所以 p 总为正值。p 为正，表示外电路消耗能量。在这里表示电阻元件将电能转换为热能，说明电阻是一个耗能元件。

2）平均功率

一个周期内电路消耗电能的平均值，即瞬时功率在一个周期内的平均值，称为平均功率，也叫有功功率，用大写字母 P 表示。

$$\begin{aligned} P &= \frac{1}{T}\int_0^T p\,\mathrm{d}t = \frac{1}{T}\int_0^T (UI - UI\cos 2\omega t)\,\mathrm{d}t \\ &= UI = I^2 R = \frac{U^2}{R} \end{aligned} \tag{2.3.6}$$

平均功率的波形图如图 2.3.1(d) 所示。

例 2.3.1　如图 2.3.1(a) 所示，已知通过电阻 $R = 10\ \Omega$ 的电流为 $i = 2\sin(t + 30°)$（A），求电阻两端的电压 u，并画相量图。

解　由电压和电流关系得

$$\dot{U}_{\mathrm{m}} = R\dot{I}_m = 10 \times 2\angle 30° = 20\angle 30°\text{(V)}$$

则

$$u = 20\sin(t + 30°)\text{(V)}。$$

相量图如图 2.3.2 所示。

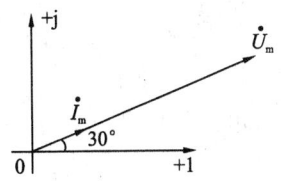

图 2.3.2　例 2.3.1 的相量图

2.3.2　纯电感电路

1. 电压和电流的关系

图 2.3.3(a)是一个线性电感元件的交流电路，电压和电流的参考方向如图中所示。为了分析方便，选电流为参考量，即

$$i = I_m \sin\omega t \qquad (2.3.7)$$

则

$$u = L\frac{\mathrm{d}i}{\mathrm{d}t} = L\frac{\mathrm{d}I_m\sin\omega t}{\mathrm{d}t} = \omega L I_m \cos\omega t = U_m \sin(\omega t + 90°) \qquad (2.3.8)$$

比较式(2.3.7)和式(2.3.8)，不难看出 i 和 u 有如下关系：

(1) u 和 i 是同频率的正弦量。

(2) u 在相位上超前 i 90°。

(3) u 和 i 的最大值之间和有效值之间的关系分别为

$$\begin{cases} U_m = X_L I_m \\ U = X_L I \end{cases} \qquad (2.3.9)$$

式中，X_L 为感抗，$X_L = \omega L = 2\pi f L$，单位为 Ω。电压一定时，$X_L$ 越大，则电流越小，所以 X_L 是表示电感对电流阻碍作用大小的物理量。X_L 的大小与 L 和 f 成正比，L 越大，f 越高，X_L 就越大。在直流电路中，由于 $f = 0$，$X_L = 0$，所以电感可视为短路，故电感有短直的作用。

(4) u 和 i 的最大值相量之间和有效值相量之间的关系分别为

$$\begin{cases} \dot{U}_m = jX_L \dot{I}_m \\ \dot{U} = jX_L \dot{I} \end{cases} \qquad (2.3.10)$$

波形图和相量图分别如图 2.3.3(b)、图 2.3.3(c)所示。

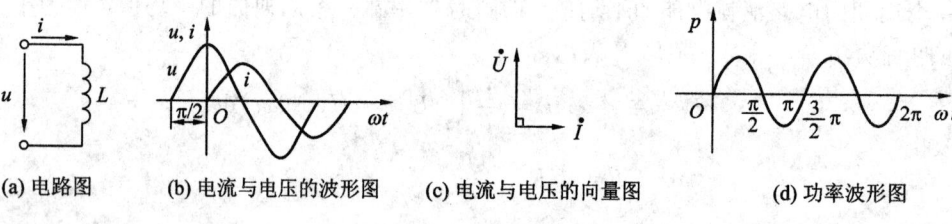

(a) 电路图　　(b) 电流与电压的波形图　　(c) 电流与电压的向量图　　(d) 功率波形图

图 2.3.3　纯电感电路

2. 功率

1) 瞬时功率

电感的瞬时功率为

$$p = ui = U_m\sin(\omega t + 90°) \times I_m\sin\omega t = U_m\cos\omega t \times I_m\sin\omega t = \frac{1}{2}U_m I_m\sin2\omega t$$

$$= \frac{1}{2}\sqrt{2}U \times \sqrt{2}I\sin2\omega t = UI\sin2\omega t \qquad (2.3.11)$$

波形图如图 2.3.3(d)所示。由图可知，瞬时功率 p 有正有负，$p > 0$ 时，$|i|$ 在增加，这时电感中储存的磁场能在增加，电感将电能转换成磁场能；$p < 0$ 时，$|i|$ 在减小，这时电

感中储存的磁场能转换成电能送回电源。电感的瞬时功率的这一特点说明了以下两点：

(1) 电感不消耗电能，它是一种储能元件。

(2) 电感与电源之间有能量的互换。

2) 平均功率

$$P=\frac{1}{T}\int_0^T p\mathrm{d}t=\frac{1}{T}\int_0^T UI\sin 2\omega t\,\mathrm{d}t=0 \tag{2.3.12}$$

从平均功率(有功功率)为零这一特点也可以看出，电感是一储能元件而不是耗能元件。

3) 无功功率

刚才提到了电感和电源之间有能量的互换，这个互换功率的大小通常用瞬时功率的最大值来衡量。由于这部分功率并没有被消耗掉，所以称为无功功率，用 Q 表示，为与有功功率区别，Q 的单位用 var (乏)表示。根据定义，电感的无功功率为

$$Q=UI=I^2X_L=\frac{U^2}{X_L} \tag{2.3.13}$$

例 2.3.2　如图 2.3.3(a)所示，已知电感两端的电压 $u=6\sin(10t+30°)$ (V)，$L=0.2$ H，求通过电感的电流 i，并画相量图。

解

$$\dot{U}=\frac{6}{\sqrt{2}}\angle 30°\ (\text{V})$$

$$X_L=\omega L=10\times 0.2=2\ (\Omega)$$

$$\dot{I}=\frac{\dot{U}}{\mathrm{j}X_L}=\frac{\frac{6}{\sqrt{2}}\angle 30°}{2\angle 90°}=\frac{3}{\sqrt{2}}\angle -60°(\text{A})$$

$$i=3\sin(10t-60°)(\text{A})$$

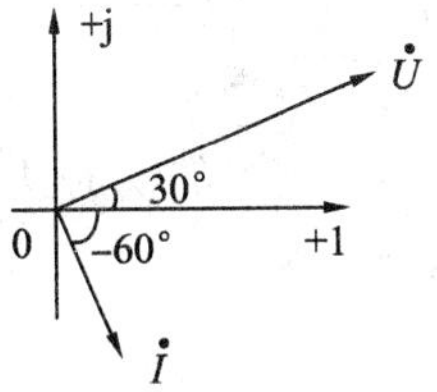
+j
U̇
30°
0
-60°
+1
İ

图 2.3.4　例 2.3.2 的相量图

相量图如图 2.3.4 所示。

2.3.3　纯电容电路

1. 电压和电流的关系

图 2.3.5(a)是一个线性电容元件的交流电路，电压和电流的参考方向如图中所示。为了分析方便，选电压为参考量，即

$$u=U_\mathrm{m}\sin\omega t \tag{2.3.14}$$

则

$$i=C\frac{\mathrm{d}u}{\mathrm{d}t}=C\frac{\mathrm{d}U_\mathrm{m}\sin\omega t}{\mathrm{d}t}=\omega CU_\mathrm{m}\cos\omega t=I_\mathrm{m}\sin(\omega t+90°) \tag{2.3.15}$$

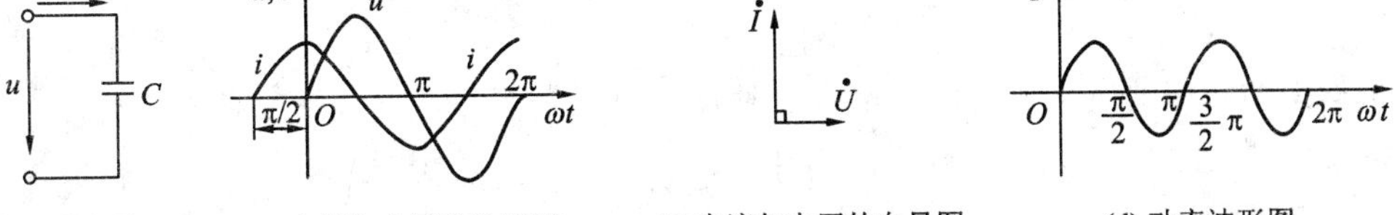
i
u
C
u, i
u
i
π
i
2π
π/2
O
ωt
İ
U̇
p
O
π/2
π
3/2 π
2π ωt
(a) 电路图
(b) 电流与电压的波形图
(c) 电流与电压的向量图
(d) 功率波形图

图 2.3.5　纯电容电路

比较式(2.3.14)和式(2.3.15)，不难看出 i 和 u 有如下关系：

（1）u 和 i 是同频率的正弦量。

（2）u 在相位上滞后 i 90°。

（3）u 和 i 的最大值之间和有效值之间的关系分别为

$$\begin{cases} U_{\mathrm{m}} = X_C I_{\mathrm{m}} \\ U = X_C I \end{cases} \tag{2.3.16}$$

式中：X_C 为容抗，$X_C = \dfrac{1}{\omega C} = \dfrac{1}{2\pi f C}$，单位为 Ω。电压一定时，$X_C$ 越大，则电流越小，所以 X_C 是表示电容对电流阻碍作用大小的物理量。X_C 的大小与 C 和 f 成反比，C 越大，f 越高，X_C 就越小。在直流电路中，由于 $f = 0$，$X_C \to \infty$，所以电容可视为开路，所以电容有隔直的作用。

（4）u 和 i 的最大值相量之间和有效值相量之间的关系分别为

$$\begin{cases} \dot{U}_{\mathrm{m}} = -\mathrm{j} X_C \dot{I}_{\mathrm{m}} \\ \dot{U} = -\mathrm{j} X_C \dot{I} \end{cases} \tag{2.3.17}$$

波形图和相量图分别如图 2.3.5(b)、图 2.3.5(c) 所示。

2. 功率

1）瞬时功率

电容的瞬时功率

$$\begin{aligned} p = ui &= U_{\mathrm{m}} \sin\omega t \times I_{\mathrm{m}} \sin(\omega t + 90°) \\ &= U_{\mathrm{m}} \sin\omega t \times I_{\mathrm{m}} \cos\omega t = \frac{1}{2} U_{\mathrm{m}} I_{\mathrm{m}} \sin 2\omega t \\ &= \frac{1}{2} \sqrt{2} U \times \sqrt{2} I \sin 2\omega t = UI \sin 2\omega t \end{aligned} \tag{2.3.18}$$

波形图如图 2.3.5(d) 所示。由图可知，瞬时功率 p 有正有负，$p > 0$ 时，$|u|$ 在增加，这时电容在充电，电容将电能转换成电场能；$p < 0$ 时，$|u|$ 在减小，这时电容在放电，电容中储存的电场能又转换成电能送回电源。电容的瞬时功率的这一特点说明了以下两点：

（1）电容不消耗电能，它是一种储能元件。

（2）电容与电源之间有能量的互换。

2）平均功率

$$P = \frac{1}{T} \int_0^T p \, \mathrm{d}t = \frac{1}{T} \int_0^T UI \sin 2\omega t \, \mathrm{d}t = 0 \tag{2.3.19}$$

从平均功率（有功功率）为零这一特点也可以得出电容是一储能元件而非耗能元件的结论。

3）无功功率

根据无功功率的定义，电容的无功功率为

$$Q = UI = I^2 X_C = \frac{U^2}{X_C} \tag{2.3.20}$$

例 2.3.3　如图 2.3.5(a) 所示，已知流过电容的电流 $i = 5\sin(10^6 t + 15°)$ (A)，$C = 0.2 \, \mu\mathrm{F}$，求电容两端的电压 u，并画相量图。

解
$$\dot{I} = \frac{5}{\sqrt{2}} \angle 15° \text{ (A)}$$

$$X_C = \frac{1}{\omega C} = \frac{1}{10^6 \times 0.2 \times 10^{-6}} = 5 \text{ (Ω)}$$

$$\dot{U} = -\mathrm{j} X_C \dot{I} = -\mathrm{j} 5 \times \frac{5}{\sqrt{2}} \angle 15° = \frac{25}{\sqrt{2}} \angle -75° \text{ (V)}$$

$$u = 25\sin(10^6 t - 75°) \text{ (V)}$$

相量图如图 2.3.6 所示。

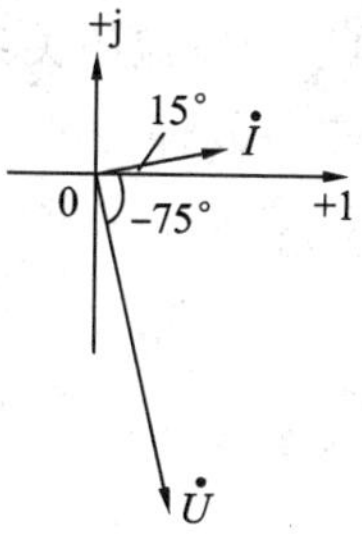

图 2.3.6　例 2.3.3 的相量图

小结：

（1）X_C、X_L 与 R 一样，有阻碍电流的作用。

（2）单一参数的正弦交流电路适用欧姆定律，X_C、X_L 等于相应的电压、电流有效值之比。

（3）X_L 与 f 成正比，X_C 与 f 成反比，R 与 f 无关。

（4）对直流电 $f=0$，$X_L=0$，L 可视为短路；$X_C=0$，C 可视为开路。

（5）对交流电，f 愈高，X_L 愈大，X_C 愈小。

三种电路的对应关系如表 2.3.1 所示。

表 2.3.1　三种电路的对应关系比较

元件	瞬时值关系	有效值关系	相量关系	相位关系	相位差	有功功率	无功功率
电阻	$u=Ri$	$U=RI$	$\dot{U}=R\dot{I}$	同相	$0°$	UI	0
电感	$u=L\dfrac{\mathrm{d}i}{\mathrm{d}t}$	$U=X_L I$	$\dot{U}=\mathrm{j}X_L\dot{I}$	u 超前 $i\,90°$	$90°$	0	UI
电容	$i=C\dfrac{\mathrm{d}u}{\mathrm{d}t}$	$U=X_C I$	$\dot{U}=-\mathrm{j}X_C\dot{I}$	u 滞后 $i\,90°$	$-90°$	0	UI

2.4　串联交流电路

2.4.1　RLC 串联电路

图 2.4.1(a) 为电阻、电感和电容元件串联的交流电路。图 2.4.1 (b) 为该电路的相量模型，即图中各参数都用相量的形式标出。在分析交流电路的时候通常是在相量模型上进行分析及计算的。

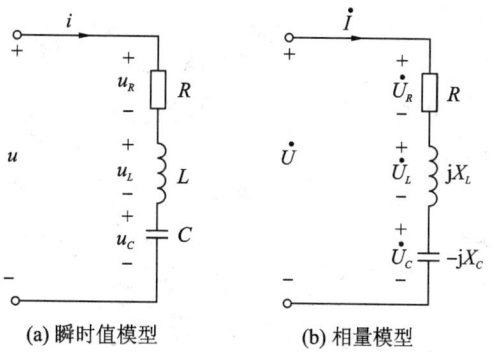

(a) 瞬时值模型　　　　　　(b) 相量模型

图 2.4.1　串联交流电路

1. 电压和电流的关系

电路中各元件通过同一电流，电流与各个电压的参考方向如图 2.4.1 所示。根据基尔霍夫电压定律可用相量形式列出电压方程，即

$$\dot{U}=\dot{U}_R+\dot{U}_L+\dot{U}_C$$

因为

$$\dot{U}_R=\dot{R I}, \quad \dot{U}_L=jX_L\dot{I}, \quad \dot{U}_C=-jX_C\dot{I}$$

所以

$$\dot{U}=R\dot{I}+jX_L\dot{I}-jX_C\dot{I}=[R+j(X_L-X_C)]\dot{I}=(R+jX)\dot{I} \tag{2.4.1}$$

其中：X 为电抗，单位为 Ω，$X=X_L-X_C$。

在第 2.3 节中分别讨论了纯电阻、纯电感和纯电容交流电路的电压和电流的关系，那么可以在同一个相量图上画出各元件的电压和总电压之间的关系，因为是串联电路，各元件上的电流一样，因此选择电流为参考相量比较方便，即假设电流的初相位为 0，图 2.4.2 所示为电压相量图，可见，$\dot{U}$、$\dot{U}_R$ 及 $(\dot{U}_L+\dot{U}_C)$ 构成了一个直角三角形，称为"电压三角形"，利用这个电压三角形，可求得电压的有效值，即

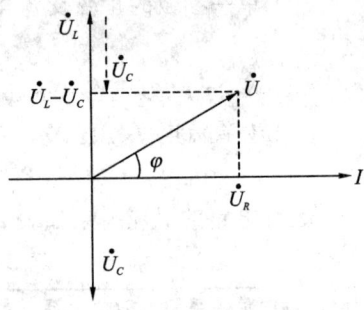

图 2.4.2　串联交流电路的相量图

$$\begin{aligned}
U &= \sqrt{U_R^2+(U_L-U_C)^2} \\
&= \sqrt{(RI)^2+(X_L I-X_C I)^2} \\
&= I\sqrt{R^2+X^2}
\end{aligned}$$

由相量图不难看出，总电压是各部分电压的相量和而不是代数和，因此交流电路中总电压的有效值可能会小于电容或电感电压的有效值，总电压小于某部分电压，这在直流电路中是不可能出现的。

2. 阻抗、阻抗模、阻抗角

式(2.4.1)类似于欧姆定律的形式，因此

$$\frac{\dot{U}}{\dot{I}}=R+jX$$

令

$$Z=R+jX \tag{2.4.2}$$

式中：Z 为阻抗，单位为 Ω。可见阻抗的实部为"阻"，虚部为"抗"，阻抗也是一个复数。因此可用极坐标的形式写成

$$Z=|Z|\angle\varphi$$

其中

$$|Z|=\sqrt{R^2+X^2} \tag{2.4.3}$$

$$\varphi=\arctan\frac{X}{R} \tag{2.4.4}$$

式(2.4.3)中，$|Z|$ 称为阻抗模，单位为 Ω，它也具有对电流起阻碍作用的性质。式(2.4.4)中，φ 称为阻抗角。很显然，$|Z|$、R 和 X 是一直角三角形的三条边，R 是 $|Z|$ 的实部，X 是 $|Z|$ 的虚部，这个三角形称为"阻抗三角形"，如图 2.4.3 所示。

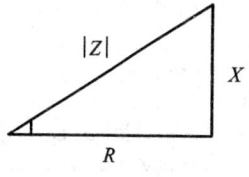

图 2.4.3 阻抗三角形

又因为

$$Z = \frac{\dot{U}}{\dot{I}} = \frac{U \angle \Psi_u}{I \angle \Psi_i} = \frac{U}{I} \angle \Psi_u - \Psi_i = |Z| \angle \varphi$$

所以阻抗模和阻抗角又可以分别写为

$$|Z| = \frac{U}{I} \tag{2.4.5}$$

$$\varphi = \Psi_u - \Psi_i \tag{2.4.6}$$

式(2.4.5)和式 (2.4.6)表明：阻抗既反映了电路中电压和电流的大小关系，也反映了电压和电流的相位关系。阻抗为电压和电流的相量的比值，阻抗模为电压和电流的有效值的比值，阻抗角为电压和电流的相位差。

上面讨论的串联电路中包含了三种性质不同的参数，是具有一般意义的典型电路。单一参数交流电路或者只含有某两种参数的串联电路都可以视为 RLC 串联电路的特例。

3. 电路的性质

从式(2.4.6)可看出，φ 角的大小是由电路(负载)的参数决定的。即 φ 角的大小由 R、L 和 C 决定。随着电路参数的不同，电压 u 与电流 i 之间的相位差 φ 也不同，即阻抗角也不同。

根据电压电流的相位关系，可将电路分为以下三种情况：

(1) 如果 $0 < \varphi < 90°$，即 $X_L > X_C$，则在相位上电压超前电流 φ 角，电路的性质介于纯电阻和纯电感之间，这种电路称为电感性电路。

(2) 如果 $-90° < \varphi < 0$，即 $X_L < X_C$，则在相位上电压滞后电流 φ 角，电路的性质介于纯电阻与纯电容之间，这种电路称为电容性电路。

(3) 如果 $\varphi = 0°$，即 $X_L = X_C$，则电压与电流同相位，这种电路称为电阻性电路。这种特殊现象称为谐振，相关知识在以后的章节中会详细讨论。

例 2.4.1 在 RLC 串联电路中，已知：$R = 30 \ \Omega$，$L = 127 \ \text{mH}$，$C = 40 \ \mu\text{F}$，电源电压 $u = 220\sqrt{2}\sin(314t + 20°)$ (V)，试求：

(1) 感抗、容抗和阻抗；

(2) 判断电路的性质；

(3) 电流的有效值和瞬时值的表达式；

(4) 各元件上的电压的有效值和瞬时值的表达式；

(5) 画相量图。

解 (1) 由 $\omega = 314 \ \text{rad/s}$ 可知

$$X_L = \omega L = 314 \times 127 \times 10^{-3} = 40 \ (\Omega)$$

$$X_C = \frac{1}{\omega C} = \frac{1}{314 \times 40 \times 10^{-6}} = 80 (\Omega)$$

$$Z = R + \text{j}(X_L - X_C) = (30 - \text{j}40) = 50 \angle -53° (\Omega)$$

(2) 因为 $\varphi = -53° < 0°$，电路为电容性电路。

（3）
$$I = \frac{U}{|Z|} = \frac{220}{50} = 4.4 (A)$$

$$i = 4.4\sqrt{2}\sin(314t + 20° + 53°) = 4.4\sqrt{2}\sin(314t + 73°)(A)$$

（4）$U_R = IR = 4.4 \times 30 = 132 (V)$

$u_R = iR = 132\sqrt{2}\sin(314t + 73°)(V)$

$U_L = X_L I = 40 \times 4.4 = 176 (V)$

$u_L = 176\sqrt{2}\sin(314t + 163°)(V)$

$U_C = X_C I = 80 \times 4.4 = 352 (V)$

$u_C = 352\sqrt{2}\sin(314t - 17°)(V)$

（5）相量图如图 2.4.4 所示。

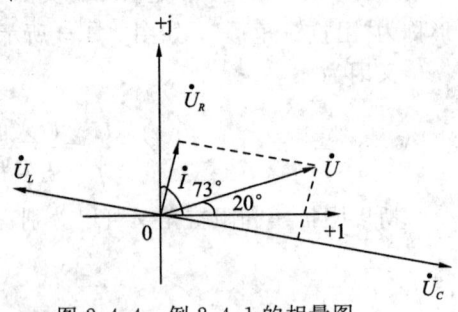

图 2.4.4　例 2.4.1 的相量图

2.4.2　阻抗串联电路

图 2.4.5 是两个阻抗串联的电路，根据图中的参考方向，可列出电压方程为

$$\dot{U} = \dot{U}_1 + \dot{U}_2 = Z_1\dot{I} + Z_2\dot{I}$$
$$= (Z_1 + Z_2)\dot{I}$$
$$= Z\dot{I} \qquad (2.4.7)$$

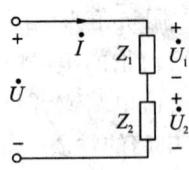

图 2.4.5　两个阻抗串联

等效阻抗为

$$Z = Z_1 + Z_2 \qquad (2.4.8)$$

2.4.3　阻抗并联电路

图 2.4.6 为两个阻抗并联的电路，根据图中的参考方向，可列出电流方程为

$$\dot{I} = \dot{I}_1 + \dot{I}_2 = \frac{\dot{U}}{Z_1} + \frac{\dot{U}}{Z_2} = \dot{U}\left(\frac{1}{Z_1} + \frac{1}{Z_2}\right) = \frac{\dot{U}}{Z} \qquad (2.4.9)$$

等效阻抗为

$$Z = \frac{1}{\frac{1}{Z_1} + \frac{1}{Z_2}} = \frac{Z_1 Z_2}{Z_1 + Z_2} \qquad (2.4.10)$$

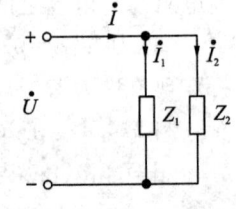

图 2.4.6　两个阻抗并联

例 2.4.2　已知 $\omega = 10^4$ rad/s，求如图 2.4.7(a)所示电路的总阻抗 Z_{ab}。

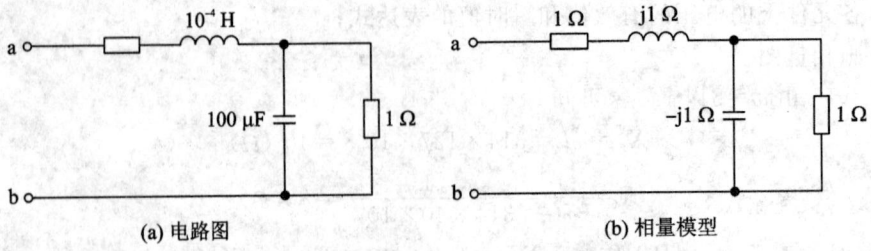

(a) 电路图　　　　　　　　　(b) 相量模型

图 2.4.7　例 2.4.2 图

解
$$X_L = \omega L = 10^4 \times 10^{-4} = 1(\Omega)$$

$$X_C = \frac{1}{\omega C} = \frac{1}{10^4 \times 100 \times 10^{-6}} = 1(\Omega)$$

原电路图的相量模型如图 2.4.7(b)所示，所以有

$$Z_{ab} = 1 + j1 + \frac{1 \times (-j1)}{1 - j1} = 1 + j1 - \frac{j}{1 - j} = (1.5 + j0.5)(\Omega)$$

例 2.4.3 已知：$R_1 = 3\ \Omega$，$R_2 = 8\ \Omega$，$X_L = 4\ \Omega$，$X_C = 6\ \Omega$，电路模型如图 2.4.8 所示，电源电压 $u = 220\sqrt{2}\sin 314t(\text{V})$，求：

(1) 总电流 i、i_1 和 i_2；

(2) 画出相量图。

解 (1) 求各电流

方法一：

$$Z_1 = R_1 + jX_L = 3 + j4 = 5\angle 53°(\Omega)$$

$$Z_2 = R_2 - jX_C = 8 - j6 = 10\angle -37°(\Omega)$$

$$\dot{I}_1 = \frac{\dot{U}}{Z_1} = \frac{220\angle 0°}{5\angle 53°} = 44\angle -53°(\text{A})$$

$$i_1 = 44\sqrt{2}\sin(314t - 53°)(\text{A})$$

$$\dot{I}_2 = \frac{\dot{U}}{Z_2} = \frac{220\angle 0°}{10\angle -37°} = 22\angle 37°(\text{A})$$

$$i_2 = 22\sqrt{2}\sin(314t + 37°)(\text{A})$$

$$\dot{I} = \dot{I}_1 + \dot{I}_2 = 49.2\angle -26.5°(\text{A})$$

$$i = 49.2\sqrt{2}\sin(314t - 26.5°)(\text{A})$$

方法二：

$$Z = \frac{Z_1 Z_2}{Z_1 + Z_2} = 4.47\angle 26.5°(\Omega)$$

$$\dot{I} = \frac{\dot{U}}{Z} = \frac{220\angle 0°}{4.47\angle 26.5°} = 49.2\angle -26.5°(\text{A})$$

$$i = 49.2\sqrt{2}\sin(314t - 26.5°)(\text{A})$$

$$i_1 = \frac{Z_2}{Z_1 + Z_2}i = 44\angle -53°(\text{A})$$

$$i_2 = \frac{Z_1}{Z_1 + Z_2}i = 22\angle 37°(\text{A})$$

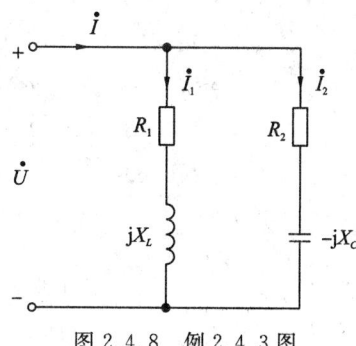

图 2.4.8 例 2.4.3 图

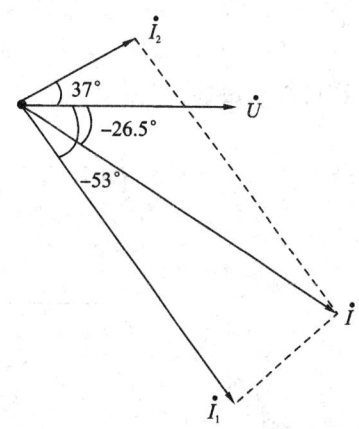

图 2.4.9 例 2.4.3 相量图

(2) 相量图如图 2.4.9 所示。

2.5 交流电路的功率

在单一参数交流电路里，分别讨论了电阻电路、电感电路和电容电路的瞬时功率、有

功功率和无功功率的情况。那么当电路中同时含有电阻元件和储能元件时，电路的功率既包含电阻元件消耗的功率，又包含储能元件与电源交换的功率。那么对于这种一般的交流电路来说，它的有功功率和无功功率与电压电流之间有什么关系呢？

对于一般的交流电路，在此写出它的瞬时电压和瞬时电流的一般通式，即设

$$u = U_m \sin(\omega t + \Psi_u)$$
$$i = I_m \sin(\omega t + \Psi_i)$$

因为相位差为

$$\varphi = \Psi_u - \Psi_i$$

所以瞬时电流可写为

$$i = I_m \sin(\omega t + \Psi_u - \varphi)$$

则瞬时功率为

$$\begin{aligned}
p &= ui = U_m \sin(\omega t + \Psi_u) \times I_m \sin(\omega t + \Psi_u - \varphi) \\
&= 2UI \sin(\omega t + \Psi_u) \sin(\omega t + \Psi_u - \varphi) \\
&= UI[\cos(\omega t + \Psi_u - \omega t - \Psi_u + \varphi) - \cos(\omega t + \Psi_u + \omega t + \Psi_u - \varphi)] \\
&= UI[\cos\varphi - \cos(2\omega t + 2\Psi_u - \varphi)]
\end{aligned} \qquad (2.5.1)$$

有功功率为

$$\begin{aligned}
P &= \frac{1}{T}\int_0^T p\,\mathrm{d}t = \frac{1}{T}\int_0^T UI[\cos\varphi - \cos(2\omega t + 2\Psi_u - \varphi)]\mathrm{d}t \\
&= \frac{UI}{T}\int_0^T \cos\varphi\,\mathrm{d}t - \frac{UI}{T}\int_0^T \cos(2\omega t + 2\Psi_u - \varphi)\,\mathrm{d}t \\
&= UI\cos\varphi
\end{aligned} \qquad (2.5.2)$$

式(2.5.2)就是一般的交流电路中有功功率的通式，它是根据定义从公式推出来的。还可以从相量图上推出这个式子，如图 2.5.1 所示。

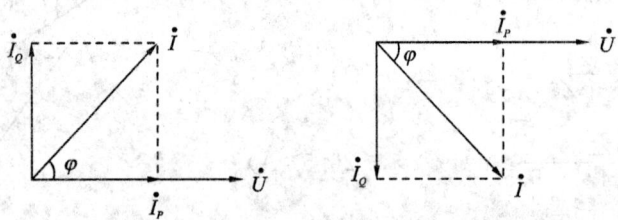

图 2.5.1　电流的有功分量和无功分量

在单一参数交流电路的分析中，当电流与电压同相时，电路为纯电阻电路，只消耗有功功率，没有无功功率，这时电路中的电流是用来传递有功功率的；当电流与电压的相位差 90°时，电路为纯电感电路或纯电容电路，只有无功功率，没有有功功率，这时电路中的电流是用来传递无功功率的。在一般的交流电路中，电流与电压的相位差 φ 既不为 0°，也不为 90°，这时可将 $\dot{I}$ 分解成两个分量，其中与 $\dot{U}$ 同相的分量 $\dot{I}_P$ 是用来传递有功功率的，称为电流的有功分量；与 $\dot{U}$ 相位相差 90°的分量 $\dot{I}_Q$ 是用来传递无功功率的，称为电流的无功分量。它们与电流 I 之间的关系为

$$\begin{cases} I_P = I\cos\varphi \\ I_Q = I\sin\varphi \end{cases}$$

因此可以得出有功功率和无功功率的一般通式为

$$\begin{cases} P = UI\cos\varphi \\ Q = UI\sin\varphi \end{cases} \tag{2.5.3}$$

电压与电流有效值的乘积定义为视在功率，用 S 表示，单位为 V·A（伏安），即

$$S = UI \tag{2.5.4}$$

在直流电路里，UI 就等于负载消耗的功率。而在交流电路中，负载消耗的功率为 $UI\cos\varphi$，所以 UI 一般不代表实际消耗的功率，除非 $\cos\varphi = 1$。视在功率用来说明一个电气设备的容量。

由式(2.5.2)～式(2.5.4)可以得出三种功率间的关系为

$$\begin{cases} P = S\cos\varphi \\ Q = S\sin\varphi \\ S = \sqrt{P^2 + Q^2} \end{cases}$$

P、Q、S 三者之间符合直角三角形的关系，如图 2.5.2 所示，这个三角形称为功率三角形。不难看出，电压三角形、阻抗三角形和功率三角形是三个相似三角形。

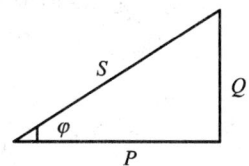

图 2.5.2　功率三角形

在接有负载的电路中，不论电路的结构如何，电路总功率与局部功率的关系如下：

（1）总的有功功率等于各部分有功功率的算术和。因为有功功率是实际消耗的功率，所以电路中的有功功率总为正值，并且总的有功功率就等于电阻元件的有功功率的算术和，即

$$P = \sum P_i = \sum R_i I_i^2 \tag{2.5.5}$$

（2）在同一电路中，电感的无功功率为正，电容的无功功率为负。因此，电路总的无功功率等于各部分的无功功率的代数和，即

$$Q = Q_L + Q_C = |Q_L| - |Q_C| \tag{2.5.6}$$

（3）视在功率是功率三角形的斜边，所以一般情况下总的视在功率不等于各部分视在功率的代数和，即 $S \neq \sum S_i$，只能用公式进行计算。

例 2.5.1　已知条件同例 2.4.3，求电路的 P、Q、S。

解　用三种方法求有功功率。

方法一：

$$P = UI\cos\varphi = 220 \times 49.2 \times \cos 26.5° = 9680(\text{W})$$

方法二：

$$P = I_1^2 R_1 + I_2^2 R_2 = 44^2 \times 3 + 22^2 \times 8 = 9680(\text{W})$$

方法三：

$$P = P_1 + P_2 = UI_1\cos\varphi_1 + UI_2\cos\varphi_2$$
$$= 220 \times 44 \times \cos 53° + 220 \times 22 \times \cos(-37°)$$
$$= 9680(\text{W})$$
$$Q = UI\sin\varphi = 220 \times 49.2 \times \sin 26.5° = 4843(\text{var})$$
$$S = UI = 220 \times 49.2 = 10\ 824(\text{V} \cdot \text{A})$$

2.6　电路的功率因数

在交流电路中，有功功率与视在功率的比值称为电路的功率因数，用 λ 表示，即

$$\lambda = \frac{P}{S} = \cos\varphi \tag{2.6.1}$$

因而电压与电流的相位差 φ 也就是阻抗角也被称为功率因数角。同样它是由电路的参数决定的。在纯电阻电路中，$P=S$，$Q=0$，$\lambda=1$，功率因数最高。在纯电感和纯电容电路中，$P=0$，$Q=S$，$\lambda=0$，功率因数最低。可见，只有在纯电阻的情况下，电压和电流才同相，功率因数为 1，对其他负载来说，功率因数都是介于 0 和 1 之间，只要功率因数不等于1，就说明电路中发生了能量的互换，出现了无功功率 Q。因此功率因数是一项重要的经济指标，它反映了用电质量，从充分利用电器设备的观点来看，应尽量使 λ 提高。

1. 功率因数低带来的影响

1）发电设备的容量不能充分利用

容量 S_N 一定的供电设备能够输出的有功功率为

$$P = S_N\cos\varphi$$

若 $\cos\varphi$ 太低了，P 则太小，设备的利用率也就太低了。

2）增加线路和供电设备的功率损耗

负载从电源取用的电流为

$$I = \frac{P}{U\cos\varphi}$$

因为线路的功率损耗为 $P=rI^2$，与 I^2 成正比，所以在 P 和 U 一定的情况下，$\cos\varphi$ 越低，I 就越大，供电设备和输电线路的功率损耗都会增多。

2. 功率因数低的原因

目前的各种用电设备中，电感性负载居多。并且很多负载如日光灯、工频炉等本身的功率因数也很低。电感性负载的功率因数之所以小于 1，是因为负载本身需要一定的无功功率，从技术经济观点出发，要解决这个矛盾，实际上就是要解决如何减少电源与负载之间能量互换的问题。

3. 提高功率因数的方法

提高功率因数，常用的方法就是在电感性负载两端并联电容。以日光灯为例来说明并联电容前后整个电路的工作情况，电路图和相量图如图 2.6.1 所示。

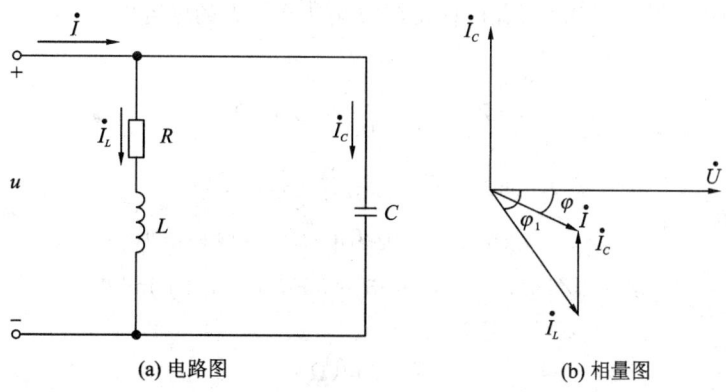

図 2.6.1　提高功率因数的电路图和相量图

1）并联电容前

（1）电路的总电流为 $\dot{I}_L = \dfrac{\dot{U}}{R + \mathrm{j}X_L}$。

（2）电路的功率因数就是负载的功率因数，即 $\cos\varphi_1 = \dfrac{R}{\sqrt{R^2 + X_L{}^2}}$。

（3）有功功率为 $P = UI_L\cos\varphi_1 = I_L^2 R$。

2）并联电容后

（1）电路的总电流为 $\dot{I} = \dot{I}_L + \dot{I}_C$。

（2）电路中总的功率因数为 $\cos\varphi$。

（3）有功功率 $P = UI\cos\varphi = I_L^2 R$。

从相量图上不难看出，$\varphi < \varphi_1$，所以 $\cos\varphi > \cos\varphi_1$，功率因数得到了提高，只要 C 值选得恰当，便可将电路的功率因数提高到希望的数值。从公式中可以看出，并联电容后，负载的电流 $\dot{I}_L$ 没有变，负载本身的功率因数 $\cos\varphi_1$ 没有变，因为负载的参数都没有变，提高功率因数不是提高负载的功率因数，而是提高了整个电路的功率因数，这样对电网而言提高了利用率。因为有功功率就是负载消耗的功率，即电阻消耗的功率，因为电感和电容的有功功率都为 0，电阻上的电流不变，所以并联电容前后的有功功率没有变。

要想将功率因数提高到希望的数值，应该并联多大的电容呢？如图 2.6.1(b) 所示，在相量图上可以求出 I_C，即

$$I_C = I_L\sin\varphi_1 - I\sin\varphi$$

又因为

$$U = X_C I_C = \omega C I_C$$

所以

$$C = \frac{I_C}{\omega U}$$

例 2.6.1　图 2.6.1(a) 所示为日光灯电路图，L 为铁芯电感，$U = 220$ V，$f = 50$ Hz，日光灯功率为 40 W，额定电流为 0.4 A，求：

（1）R、L 的值；

（2）要使 $\cos\varphi$ 提高到 0.8，需在日光灯两端并联多大的电容？

解

（1）
$$|Z|=\frac{U}{I}=\frac{220}{0.4}=550(\Omega)$$

$$\cos\varphi_1=\frac{P}{UI}=\frac{40}{220\times0.4}=0.45$$

$$\varphi_1=\pm63°(\text{取}+\text{，因为电路为电感性电路})$$

$$Z=|Z|\angle\varphi_1=550\angle63°=550(\cos63°+\text{j}\sin63°)$$
$$=(250+\text{j}490)(\Omega)$$
$$R=250(\Omega)$$
$$X_L=490(\Omega)$$

$$L=\frac{X_L}{2\pi f}=\frac{490}{2\times3.14\times50}=1.56(\text{H})$$

（2）以 $\dot{U}$ 为参考相量，设 $\dot{U}=220\angle0°(\text{V})$

$$I'=\frac{P}{U\cos\varphi_2}=\frac{40}{220\times0.8}=0.227(\text{A})$$

$$\varphi_2=37°$$

$$I_C=I\sin\varphi_1-I'\sin\varphi_2=0.4\sin63°-0.22\sin37°=0.22\,(\text{A})$$

$$C=\frac{I_C}{\omega U}=\frac{0.22}{2\times3.14\times50\times220}=3.2(\mu\text{F})$$

还有一种方法，就是用无功功率去计算电容值。
$$Q_C=Q_1-Q_2=P\tan\varphi_1-P\tan\varphi_2=P(\tan\varphi_1-\tan\varphi_2)$$
式中：Q_1 为并联电容器之前的电路的无功功率；Q 为并联电容器之后的电路的无功功率；Q_C 为电容器提供的无功功率。

又因为
$$Q_C=\frac{U^2}{X_C}=\omega CU^2$$

故
$$C=\frac{P}{\omega U^2}(\tan\varphi_1-\tan\varphi_2)$$

2.7　电路中的谐振

在含有电感、电容和电阻的电路中，如果等效电路中的感抗作用和容抗作用相互抵消，使整个电路呈电阻性，这种现象称为谐振。根据电路的结构有串联谐振和并联谐振两种情况。

2.7.1　串联谐振

1. 串联谐振的条件

图 2.7.1 为 RLC 串联电路及谐振时的相量图。电路的阻抗 $Z=R+\text{j}(X_L-X_C)$。要使

电路呈电阻性，阻抗的虚部应为零，故得串联谐振的条件为 $X_L = X_C$，即 $2\pi f L = \dfrac{1}{2\pi f C}$，由此得谐振频率为

$$f = f_0 = \frac{1}{2\pi \sqrt{LC}} \qquad (2.7.1)$$

式中：f_0 称为电路的固有频率，它取决于电路参数 L 和 C，是电路的一种固有属性。当电源的频率等于固有频率时，RLC 串联电路就产生谐振。若电源的频率是固定的，那么调整 L 或 C 的数值，使电路固有频率等于电源频率，也会产生谐振。

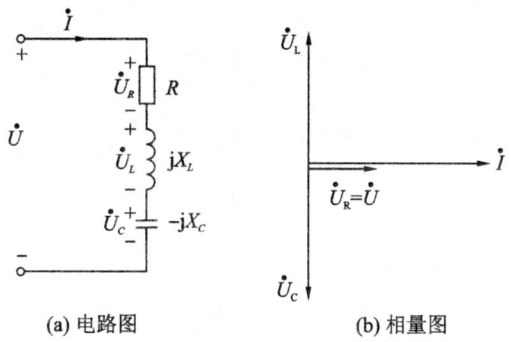

(a) 电路图　　　　　　　　　　　(b) 相量图

图 2.7.1　RLC 串联电路及谐振时的相量图

2. 串联谐振的特征

(1) 串联谐振时电路的阻抗模最小，此时：

$$|Z| = \sqrt{R^2 + (X_L - X_C)^2} = R$$

$$I = \frac{U}{|Z|} = \frac{U}{R}$$

所以，若电源电压 U 为定值，谐振时电流最大。

(2) 电压与电流同相，电路的 $\cos\varphi = 1$。

(3) $U_L = U_C$，$U_L + U_C = 0$；若 $X_L = X_C > R$，则 $U_L = U_C > U$，即电路电感和电容元件的电压大于总电压，可从图 2.7.1(b) 中看出。如果电压过高，可能会击穿线圈和电容器的绝缘。因此，在电力工程中一般应避免发生串联谐振。但在无线电工程中则常利用串联谐振以获得较高电压，电容或电感元件上的电压常高于电源电压几十倍或几百倍。

串联谐振时，电感电压与电容电压大小相等，相位相反，互相抵消，因此串联谐振也称为电压谐振。

例 2.7.1　在 RLC 串联电路中，已知 $R = 20\ \Omega$，$L = 500\ \mu H$，$C = 161.5\ pF$。

(1) 求谐振频率 f_0；

(2) 若信号电压为 $1\ mV$，求 U_L。

解　(1) 谐振频率：

$$f_0 = \frac{1}{2\pi\sqrt{LC}} = \frac{1}{2\pi\ \sqrt{500 \times 10^{-6} \times 161.5 \times 10^{-12}}} = 560\ (\text{kHz})$$

(2)
$$\frac{\omega_0 L}{R} = \frac{2\pi f_0 L}{R} = \frac{2\pi \times 560 \times 10^3 \times 500 \times 10^{-6}}{20} = 88$$

则
$$U_L = I X_L = \frac{U}{R} X_L = \frac{\omega_0 L}{R} U = \frac{2\pi f_0 L}{R} U = 88 \times 1 = 88\ (\text{mV})$$

可见，通过串联谐振可使信号电压从 1 mV 提高到 88 mV。

2.7.2　并联谐振

1. 并联谐振的条件

图 2.7.2 是线圈 RL 与电容器 C 的并联电路及相量图。当电路谐振时 $\dot{I}$ 与 $\dot{U}$ 同相，故从相量图可得谐振条件为

$$I_L \sin\varphi_1 = I_C \qquad\qquad (2.7.2)$$

由于

$$I_L = \frac{U}{\sqrt{R^2 + X_L^2}}$$

$$\sin\varphi_1 = \frac{X_L}{\sqrt{R^2 + X_L^2}}$$

$$I_C = \frac{U}{X_C}$$

将以上各式代入式(2.7.2)，得

$$\frac{U}{\sqrt{R^2 + X_L^2}} \times \frac{X_L}{\sqrt{R^2 + X_L^2}} = \frac{U}{X_C}$$

用 $X_L = 2\pi fL, X_C = \dfrac{1}{2\pi fC}$ 代入上式，整理后得谐振频率：

$$f_0 = f = \frac{1}{2\pi}\sqrt{\frac{1}{LC} - \frac{R^2}{L^2}} \qquad\qquad (2.7.3)$$

如果线圈的电阻较小，上式可近似认为

$$f_0 = \frac{1}{2\pi\ \sqrt{LC}} \qquad\qquad (2.7.4)$$

将式(2.7.4)与式(2.7.1)比较，可见在这种情况下，并联谐振的条件与串联谐振相同。

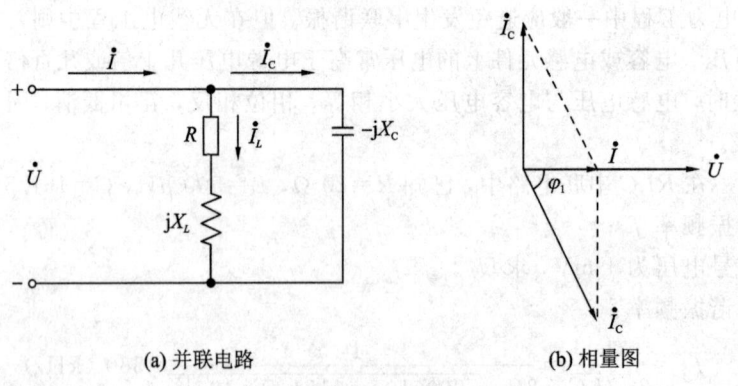

(a) 并联电路　　　　　　　　　　　　　　(b) 相量图

图 2.7.2　RL 与 C 并联电路及相量图

2. 并联谐振的特征

(1) 从相量图可知，若 $R \ll X_L$，$\varphi_1 \approx 90°$，且 $I_C \approx I_L$，$I \approx 0$。换言之，电路在谐振时呈现

出最大的等效阻抗,这与串联谐振时的情况相反。

(2) 电压与总电流相同,电路的 $\cos\varphi=1$。

(3) 若 R 较小,线圈和电容器中的电流会比总电流大,即支路电流大于总电流,这从相量图可以看出。

因为

$$I=I_L\cos\varphi_1=I_L\frac{R}{\sqrt{R^2+X_L^2}}$$

若 $R\ll X_L$,可认为

$$I=I_L\frac{R}{X_L}$$

因 $R\ll X_L$,且 $I_L\approx I_C$,故得

$$I_L=I_C=I\frac{X_L}{R}\gg1 \tag{2.7.5}$$

并联谐振时电感电流与电容电流大小相等,相位相反,互相抵消,因此并联谐振又称为电流谐振。

并联谐振在电工和电子技术中也有广泛的用途。利用并联电容器来提高电感性电路的功率因数时,若将功率因数提高到 1,电路就处于并联谐振状态。

例 2.7.2　在图 2.7.2(a)中,已知 $L=500\ \mu H$,$C=234\ pF$,$R=20\ \Omega$。

(1) 求 f_0;

(2) 设 $I=1\ \mu A$,求谐振时的 I_C。

解　(1)　　　　$\sqrt{LC}=\sqrt{500\times10^{-6}\times234\times10^{-12}}=342\times10^{-9}$

故得

$$f_0=\frac{1}{2\pi\ \sqrt{LC}}=\frac{1}{2\pi\times342\times10^{-9}}=465\ (\text{kHz})$$

(2)　　　　$X_L=2\pi f_0L=2\pi\times465\times10^3\times500\times10^{-6}=1460(\Omega)$

应用式(2.7.5),得谐振时:

$$I_C=I\frac{X_L}{R}=1\times\frac{1460}{20}=73(\mu A)$$

所以电容器电流是总电流的 73 倍。

2.8　三相交流电路

目前世界上电力系统采用的供电方式绝大多数是三相制的,也就是采用三相电源供电。上一节讨论的交流电路只是三相电路中的其中一相。本节主要讲述三相电源、三相负载的连接方式,电压、电流和功率的计算,以及中性线的作用。

2.8.1　三相电源

1. 三相电源的组成和产生

当前各类发电厂都是利用三相同步发电机供电的,图 2.8.1(a)是一台具有两个磁极的三相同步发电机的结构示意图。发电机的静止部分称为定子,定子铁芯由硅钢片叠成,内

壁有槽，槽内嵌放着形状、尺寸和匝数都相同、轴线互差 120°的三个独立线圈，称为三相绕组。每相绕组的首端用 L_1、L_2、L_3 或 A、B、C 表示，末端用 L_1'、L_2'、L_3' 或 X、Y、Z 表示。图 2.8.1(b)是绕组的结构示意图。发电机的转动部分称为转子，它的磁极由直流电流 I_f 通过励磁绕组而形成，产生沿空气隙按正弦规律分布的磁场。

当原动机(水轮机或汽轮机等)带动转子沿顺时针方向恒速旋转时，定子三相绕组切割转子磁极的磁感线，分别产生了 e_1、e_2、e_3 三个正弦感应电动势，取其参考方向如图 2.8.1(c)所示。由于三个绕组的结构完全相同，又是以同一速度切割同一转子磁极的磁感线，只是绕组的轴线互差 120°，所以 e_1、e_2、e_3 是三个频率相同、幅值相等、相位互差 120°的电动势，称为对称三相电动势。产生对称三相电动势的电源称为对称三相电源，简称三相电源。

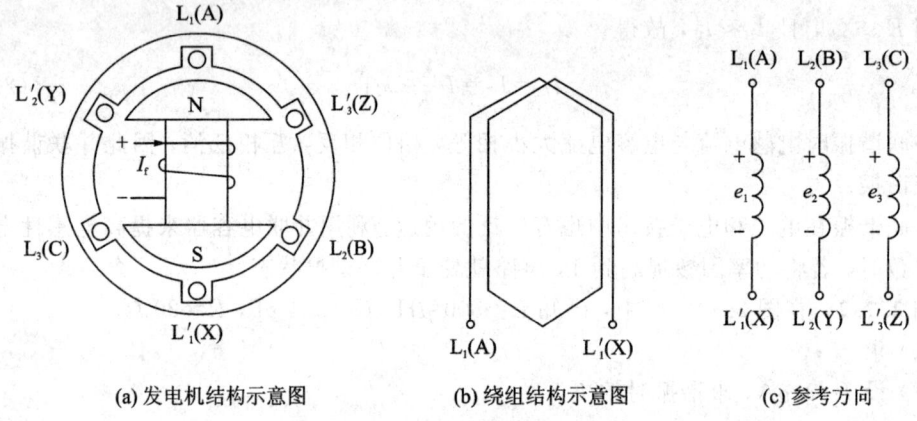

(a) 发电机结构示意图　　　(b) 绕组结构示意图　　　(c) 参考方向

图 2.8.1　三相同步发电机

1) 三相电源的表示形式

如果选择 e_1 为参考量，则对称三相电动势可表示为

$$\begin{cases} e_1 = E_m \sin\omega t \\ e_2 = E_m \sin(\omega t - 120°) \\ e_3 = E_m \sin(\omega t - 240°) = E_m \sin(\omega t + 120°) \end{cases} \quad (2.8.1)$$

式中：E_m 为电动势的最大值。e_1、e_2、e_3 的波形如图 2.8.2 (a)所示，若用有效值相量表示，则为

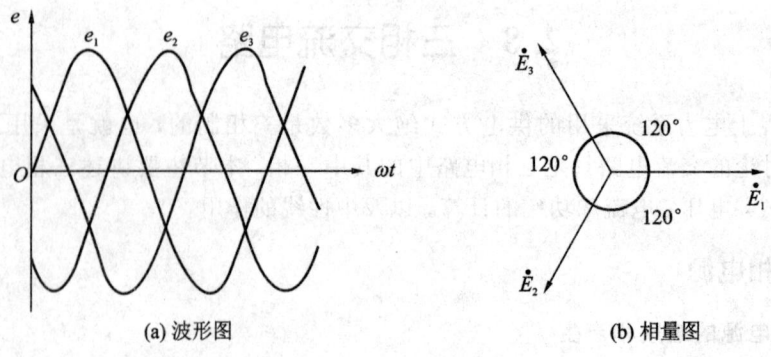

(a) 波形图　　　　　(b) 相量图

图 2.8.2　三相电动势的波形图和相量图

$$\begin{cases} \dot{E}_1 = E\angle 0° \\ \dot{E}_2 = E\angle -120° \\ \dot{E}_3 = E\angle 120° \end{cases} \tag{2.8.2}$$

式中：E 为电动势的有效值。相量图如图 2.8.2(b)所示。

2）三相电源的连接方式

三相发电机或三相变压器的三个独立绕组都可各自接上负载成为三个独立的单相电路，这种接法在电源与负载之间需要 6 根连接导线，体现不出三相供电的优越性。在三相制的电力系统中，电源的三个绕组不是独立向负载供电，而是按一定方式连接起来，形成一个整体。连接的方式有星形连接（Y 形连接）和三角形连接（△形连接）两种。较为常见的星形连接的三相四线制供电系统的接法如图 2.8.3(a)所示。

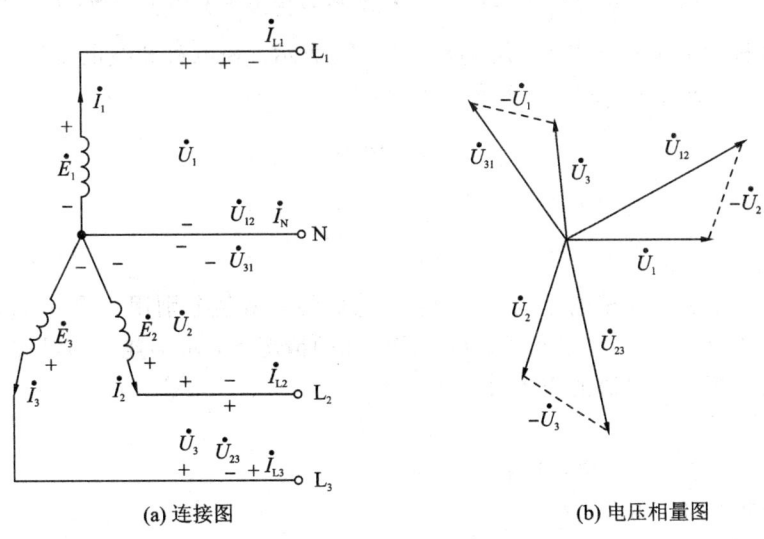

(a) 连接图　　　　　　　　　　　　　　　(b) 电压相量图

图 2.8.3　三相电源的星形连接

（1）三相电源的星形连接。

星形连接时，三个绕组的末端 L_1'、L_2'、L_3' 接在一起，成为一个公共点，称为中性点，用字母 N 表示。从中性点引出的导线称为中性线，低压系统的中性点通常接地，故中性线又称为零线或地线。

三相绕组的三个首端 L_1、L_2、L_3 引出的导线称为相线或端线。相线对地有电位差，能使验电笔发光，故常称为火线。

三根相线和一根中性线都引出的供电方式称为三相四线制供电，不引出中性线的方式称为三相三线制供电。

采用三相四线制供电方式可以向用户提供两种电压：相线与中性线之间的电压称为电源的相电压，用 $\dot{U}_1$、$\dot{U}_2$、$\dot{U}_3$ 表示。相线与相线之间的电压称为电源的线电压，用 $\dot{U}_{12}$、$\dot{U}_{23}$、$\dot{U}_{31}$ 表示。在图 2.8.3(a)所示的参考方向下，根据 KVL，线电压与相电压之间的关系为

$$\begin{cases} \dot{U}_{12} = \dot{U}_1 - \dot{U}_2 \\ \dot{U}_{23} = \dot{U}_2 - \dot{U}_3 \\ \dot{U}_{31} = \dot{U}_3 - \dot{U}_1 \end{cases} \tag{2.8.3}$$

由于三相电动势对称，三相绕组的内阻抗一般都很小，因而三个相电压也可以认为是对称的，其有效值用 U_P 表示，即 $U_1=U_2=U_3=U_P$。以 $\dot{U}_1$ 为参考相量，根据式（2.8.3）画出电压相量图，如图 2.8.3(b) 所示。显然三个线电压也是对称的，其有效值用 U_L 表示，即 $U_{12}=U_{23}=U_{31}=U_L$。在相量图上用几何方法可以求得线电压和相电压的关系为

① $U_L=\sqrt{3}U_P$；

② 线电压在相位上超前相电压 $30°$。

三相电源工作时，每相绕组中的电流称为电源的相电流，用 $\dot{I}_1$、$\dot{I}_2$、$\dot{I}_3$ 表示。由端点输送出去的电流称为电源的线电流，用 $\dot{I}_{L1}$、$\dot{I}_{L2}$、$\dot{I}_{L3}$ 表示。相电流和线电流的大小和相位均与负载有关。星形连接时，线电流就是相电流，即

$$\begin{cases} \dot{I}_{L1} = \dot{I}_1 \\ \dot{I}_{L2} = \dot{I}_2 \\ \dot{I}_{L3} = \dot{I}_3 \end{cases} \tag{2.8.4}$$

如果线电流对称，则相电流也一定对称，它们的有效值分别用 I_L 和 I_P 表示，即 $I_{L1}=I_{L2}=I_{L3}=I_L$，$I_1=I_2=I_3=I_P$。可见，在电流对称的情况下，星形连接的对称三相电源中，线电流的有效值等于相电流的有效值，即

$$I_L = I_P \tag{2.8.5}$$

在相位上，线电流与相电流的相位相同。

（2）三相电源的三角形连接。

将三相电源中每相绕组的首端依次与另一相绕组的末端连接在一起，形成一个闭合回路，然后从三个连接点引出三根供电线，这种连接方式称为三相电源的三角形连接，如图 2.8.4(a) 所示。显然这种供电方式只能是三相三线制。

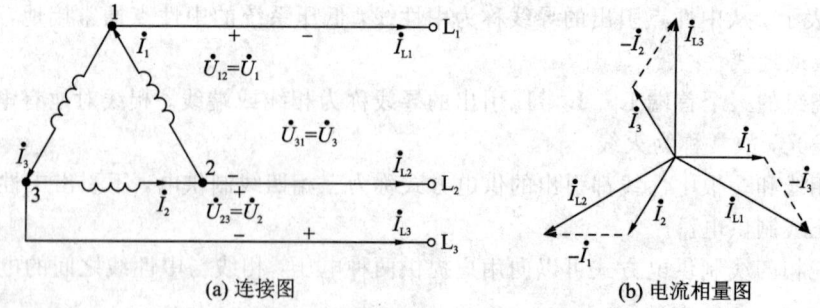

(a) 连接图　　　　(b) 电流相量图

图 2.8.4　三相电源的三角形连接

从图 2.8.4(a) 可以看出，三角形连接时，线电压就是对应的相电压，即

$$U_L = U_P \tag{2.8.6}$$

在相位上，线电压与对应的相电压的相位相同。

在图 2.8.4(a)所示的参考方向下，根据 KCL，线电流与相电流的关系为

$$\begin{cases} \dot{I}_{L1} = \dot{I}_1 - \dot{I}_3 \\ \dot{I}_{L2} = \dot{I}_2 - \dot{I}_1 \\ \dot{I}_{L3} = \dot{I}_3 - \dot{I}_2 \end{cases} \qquad (2.8.7)$$

当它们对称时，其相量图如图 2.8.4(b)所示。在相量图上用几何方法可以求得线电流和相电流的关系为

① $I_L = \sqrt{3} I_P$；

② 线电流在相位上滞后相电流 30°。

2.8.2 三相负载

由三相电源供电的负载称为三相负载。三相负载可以根据对电压的要求连接成星形或三角形。

1. 三相负载的星形连接

图 2.8.5 为三相四线制供电线路上星形连接的负载。三相负载的三个末端连接在一起，接到电源的中性线上，三相负载的三个首端分别接到电源的三根相线上。如果不计连接导线的阻抗，负载承受的电压就是电源的相电压，而且每相负载与电源构成一个单独回路，任何一相负载的工作都不受其他两相工作的影响，所以各相电流的计算方法和单相电路一样，即

$$\begin{cases} \dot{I}_1 = \dfrac{\dot{U}_1}{Z_1} \\[2mm] \dot{I}_2 = \dfrac{\dot{U}_2}{Z_2} \\[2mm] \dot{I}_3 = \dfrac{\dot{U}_3}{Z_3} \end{cases} \qquad (2.8.8)$$

根据图 2.8.5 中电流的参考方向，中性线电流为

$$\dot{I}_N = \dot{I}_1 + \dot{I}_2 + \dot{I}_3 \qquad (2.8.9)$$

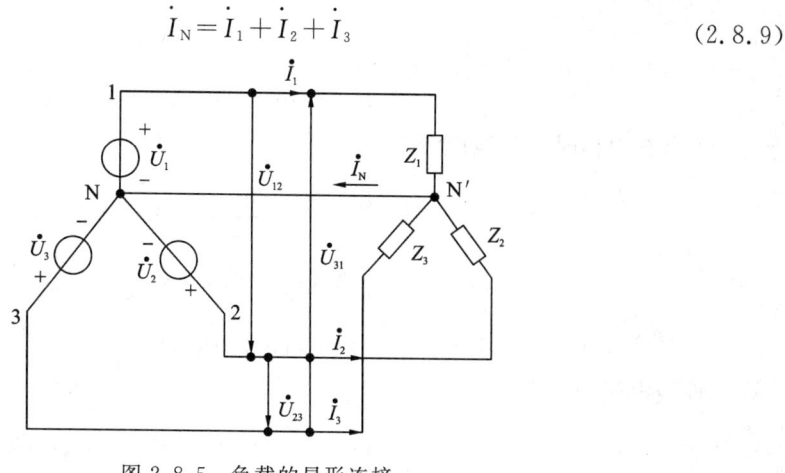

图 2.8.5　负载的星形连接

如果三相负载是对称的，即阻抗 $Z_1=Z_2=Z_3$，则电流 $\dot{I}_1$、$\dot{I}_2$ 和 $\dot{I}_3$ 的有效值也相等，在相位上互差 $120°$，是一组对称的三相电流。所以中性线电流：

$$\dot{I}_N=\dot{I}_1+\dot{I}_2+\dot{I}_3=0$$

既然中性线电流为零，此时三根导线中电流的代数和为零，就可以取消中性线，电路变成三相三线制星形连接，而前面得到的线电压与相电压、线电流与相电流的关系仍然成立。

如果负载不对称，中性线的电流不为零，中性线便不能省去。不对称的各相负载上的电压将不再等于电源的相电压，有的相电压偏高，有的相电压偏低，将使负载损坏或不能正常工作。所以中性线的作用是保证星形连接负载的相电压等于电源的相电压。

例 2.8.1　一星形连接的三相电路如图 2.8.6 所示，电源电压对称。设电源线电压 $u_{12}=380\sqrt{2}\sin(314t+30°)$（V），负载为电灯组。

（1）若 $R_1=R_2=R_3=5\ \Omega$，求线电流及中性线电流 I_N；

（2）若 $R_1=5\ \Omega$，$R_2=10\ \Omega$，$R_3=20\ \Omega$，求线电流及中性线电流 I_N。

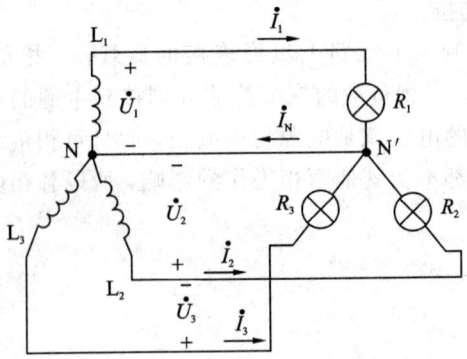

图 2.8.6　例 2.8.1 电路图

解　已知：

$$\dot{U}_{12}=380\angle30°(\text{V})$$
$$\dot{U}_1=220\angle0°(\text{V})$$
$$\dot{U}_2=220\angle-120°(\text{V})$$
$$\dot{U}_3=220\angle120°(\text{V})$$

（1）负载对称时得各线电流为

$$\dot{I}_1=\frac{\dot{U}_1}{R_1}=\frac{220\angle0°}{5}=44\angle0°(\text{A})$$
$$\dot{I}_2=44\angle-120°(\text{A})$$
$$\dot{I}_3=44\angle120°(\text{A})$$

中性线电流为

$$\dot{I}_N=\dot{I}_1+\dot{I}_2+\dot{I}_3=0$$

（2）三相负载不对称（$R_1=5\ \Omega$，$R_2=10\ \Omega$，$R_3=20\ \Omega$）。

分别计算各线电流为

$$\dot{I}_1 = \frac{\dot{U}_1}{R_1} = \frac{220\angle 0°}{5} = 44\angle 0°(\text{A})$$

$$\dot{I}_2 = \frac{\dot{U}_2}{R_2} = \frac{220\angle -120°}{10} = 22\angle -120°(\text{A})$$

$$\dot{I}_3 = \frac{\dot{U}_3}{R_3} = \frac{220\angle 120°}{20} = 11\angle 120°(\text{A})$$

中性线电流：

$$\dot{I}_N = \dot{I}_1 + \dot{I}_2 + \dot{I}_3 = 44\angle 0° + 22\angle -120° + 11\angle 120° = 29\angle -19°(\text{A})$$

例 2.8.2　照明系统故障分析。

已知条件同例 2.8.1，试分析下列情况：

(1) L_1 相短路：

中性线未断时，求各相负载电压；

中性线断开时，求各相负载电压。

(2) L_1 相断路：

中性线未断时，求各相负载电压；

中性线断开时，求各相负载电压。

解　(1) L_1 相短路：

① 中性线未断，电路如图 2.8.7 所示。

此时 L_1 相短路电流很大，将 L_1 相熔断丝熔断，而 L_2 相和 L_3 相未受影响，其相电压仍为 220 V，正常工作。

② L_1 相短路，中性线断开时，如图 2.8.8 所示。此时负载中性点 N′ 即为 L_1，因此负载各相电压为

$$\begin{cases} U_1' = 0 \\ U_2' = U_{12}' = 380 \ (\text{V}) \\ U_3' = U_{31} = 380 \ (\text{V}) \end{cases}$$

此情况下，L_2 相和 L_3 相的电灯组由于承受的电压都超过额定电压（220 V），这是不允许的。

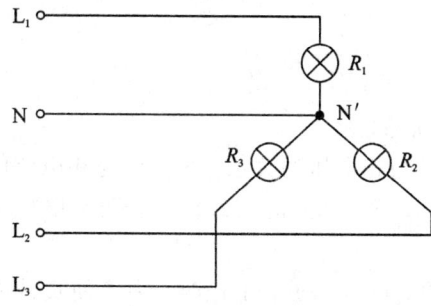

图 2.8.7　L_1 相短路，中性线未断时的电路

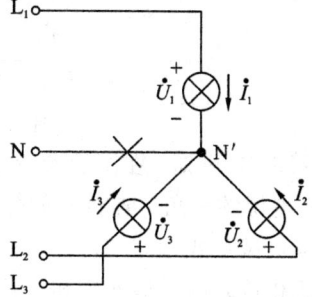

图 2.8.8　L_1 相短路，中性线断开时的电路

（2）L_1 相断路：

① 中性线未断时，L_2、L_3 相灯仍承受 220 V 电压，正常工作。

② 中性线断开时，电路变为单相电路，如图 2.8.9 所示，由图可求得

$$I=\frac{U_{23}}{R_2+R_3}=\frac{380}{10+20}=12.7(\mathrm{A})$$

$$U_2'=IR_2=12.7\times10=127(\mathrm{V})$$

$$U_3'=IR_3=12.7\times20=254(\mathrm{V})$$

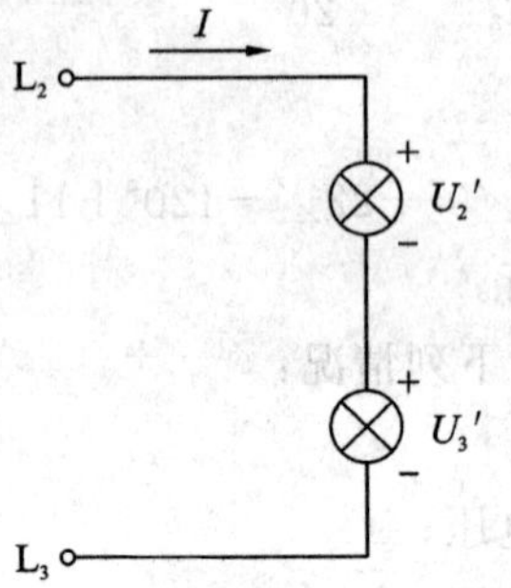

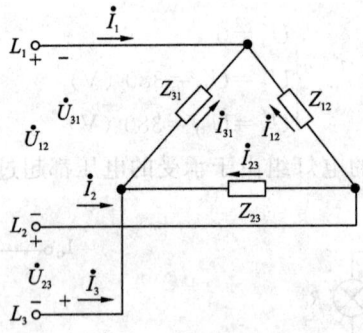

图 2.8.9　L_1 相断开，中性线断开

从例 2.2.7 中可以看出，中性线的作用就在于能保持负载中性点和电源中性点电位一致，从而在三相负载不对称时，负载的相电压仍然是对称的。因此，在三相四线制电路中，中性线不允许断开，也不允许安装熔断器等短路或过电流保护装置。

2. 三相负载的三角形连接

图 2.8.10 是三相负载为三角形连接时的电路，每相负载的首端都依次与另一相负载的末端连接在一起，形成闭合回路，然后，将三个连接点分别接到三相电源的三根相线上。三角形连接的特点是每相负载所承受的电压等于电源的线电压。显然，这种连接方法只能是三相三线制，即不需要中性线。

图 2.8.10　负载的三角形连接

由图 2.8.10 可知，在图示参考方向下，线电压与相电压的关系、线电流与相电流的关系，与三相电源的三角形连接中的公式相同，符合式(2.8.6)和式(2.8.7)，而相电压与相电流的关系仍满足式(2.8.8)。

通过三相负载的星形连接和三角形连接的讨论，可以知道，工作时，为了使负载的实际相电压等于某额定相电压，当负载的额定相电压等于电源线电压的 $1/\sqrt{3}$ 时，负载应采用星形连接；当负载的额定相电压等于电源线电压时，负载应采用三角形连接。

2.8.3　三相功率

在三相负载中，不论如何连接，总的有功功率等于各相有功功率之和，即

$$P = P_1 + P_2 + P_3 = U_1 I_1 \cos\varphi_1 + U_2 I_2 \cos\varphi_2 + U_3 I_3 \cos\varphi_3 \tag{2.8.10}$$

若三相负载对称，则各相功率相同，故三相总功率可简化为

$$P = 3 U_P I_P \cos\varphi \tag{2.8.11}$$

式中：U_P 为相电压；I_P 为相电流；$\cos\varphi$ 为每相负载的功率因数。同理，无功功率和视在功率分别为

$$Q = 3 U_P I_P \sin\varphi \tag{2.8.12}$$

$$S = 3 U_P I_P = \sqrt{P^2 + Q^2} \tag{2.8.13}$$

三相功率若以线电压和线电流表示，对于三相对称星形负载，由于 $U_P = U_L / \sqrt{3}$，$I_P = I_L$，故得

$$P_Y = 3 U_P I_P \cos\varphi = 3 \frac{U_L}{\sqrt{3}} I_L \cos\varphi = \sqrt{3} U_L I_L \cos\varphi$$

对于三相对称三角形负载，由于 $U_P = U_L$，$I_P = \dfrac{I_L}{\sqrt{3}}$，故得

$$P_\triangle = 3 U_P I_P \cos\varphi = 3 U_L \frac{I_L}{\sqrt{3}} \cos\varphi = \sqrt{3} U_L I_L \cos\varphi$$

可见，对于三相对称负载，不论是星形或三角形连接，都可以用一个公式来表示，即

$$P = \sqrt{3} U_L I_L \cos\varphi \tag{2.8.14}$$

$$Q = \sqrt{3} U_L I_L \sin\varphi \tag{2.8.15}$$

$$S = \sqrt{3} U_L I_L \tag{2.8.16}$$

例 2.8.3　有一三角形连接的三相负载，每相阻抗均为 $Z = (6 + j8)(\Omega)$，电源电压对称，已知电源为星型对称连接，相电压为 $u_1 = 220\sqrt{2}\sin(\omega t - 30°)(V)$。求：

(1) 各相的线电流的相量形式；

(2) 电路的有功功率 P、无功功率 Q 和视在功率 S。

解　(1) 已知相电压为 $\dot{U}_1 = 220\angle{-30°}(V)$

则各相的线电压分别为

$$\begin{cases} \dot{U}_{12} = 380\angle 0°(V) \\ \dot{U}_{23} = 380\angle{-120°}(V) \\ \dot{U}_{31} = 380\angle 120°(V) \end{cases}$$

负载各相的相电流分别为

$$\begin{cases} \dot{I}_1 = \dfrac{\dot{U}_{12}}{Z} = \dfrac{380\angle 0°}{10\angle 53°} = 38\angle{-53°}(A) \\ \dot{I}_2 = 38\angle{-173°}(A) \\ \dot{I}_3 = 38\angle 67°(A) \end{cases}$$

根据相、线电流的关系，可得各相的线电流分别为

$$\begin{cases} \dot{I}_{L1}=38\sqrt{3}\angle-83°(A) \\ \dot{I}_{L2}=38\sqrt{3}\angle157°(A) \\ \dot{I}_{L3}=38\sqrt{3}\angle37°(A) \end{cases}$$

(2)　　　　$P=3U_P I_P\cos\varphi=3\times220\times38\times\cos53°=15.048(kW)$

　　　　$Q=3U_P I_P\sin\varphi=3\times220\times38\times\sin53°=20.064(kvar)$

　　　　$S=3U_P I_P=3\times220\times38=25.08(kV\cdot A)$

习　题

2.1　已知 $I_m=10\ mA$，$f=50\ Hz$，$\varphi=60°$。试写出 i 的正弦函数表达式，并求 $t=1\ ms$ 时的 i。

2.2　已知某正弦电流，当其相位角为 $\dfrac{\pi}{6}$ 时，其值为 5 A，该电流的有效值是多少？若此电流的周期为 10 ms，且在 $t=0$ 时正处于由正值过渡到负值时的零值，写出电流的瞬时值表达式 i 及相量 $\dot{I}$。

2.3　已知 $A=8+j6$，$B=8\angle-45°$。求：

(1) $A+B$；

(2) $A-B$；

(3) $A\cdot B$；

(4) $\dfrac{A}{B}$。

2.4　求串联交流电路中，下列三种情况下电路中的 R 和 X 各为多少？指出电路的性质和电压对电流的相位差。

(1) $Z=(6+j8)\ (\Omega)$；

(2) $\dot{U}=50\angle30°\ (V)$，$\dot{I}=2\angle30°\ (A)$；

(3) $\dot{U}=100\angle-30°\ (V)$，$\dot{I}=4\angle40°\ (A)$。

2.5　已知 $i_1=10\sin(\omega t+30°)\ (A)$，$i_2=10\sin(\omega t-60°)\ (A)$。用相量法试求它们的和与差。

2.6　将一个电感线圈接到 20 V 直流电源时，通过的电流为 1 A，将此线圈改接于 2000 Hz、20 V 的电源时，电流为 0.8 A。求该线圈的电阻 R 和电感 L。

2.7　在题 2.7 图中，已知 $Z=(2+j2)\Omega$，$R_2=2\ \Omega$，$X_C=2\ \Omega$，$U_{ab}=10\angle0°\ V$。求 $\dot{U}$。

2.8　在题 2.8 图所示的电路中，已知 $Z_1=(2+j2)\ \Omega$，$Z_2=(3+j3)\ \Omega$，$\dot{I}_S=5\angle0°\ A$。求各支路电流 $\dot{I}_1$、$\dot{I}_2$ 和电流源的端电压 $\dot{U}$。

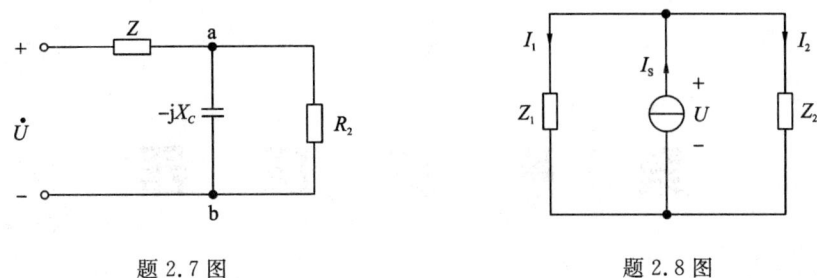

题 2.7 图　　　　　　　　　　　　题 2.8 图

2.9　已知电感性负载的有功功率为 300 kW，功率因数为 0.65，若要将功率因数提高到 0.9，求：

（1）电容器的无功功率；

（2）若电源电压 $U=220$ V，$f=50$ Hz，试求电容量。

2.10　有一电源和负载都是星形连接的对称三相电路，已知电源相电压为 220 V，负载每相阻抗模 $|Z|=10$ Ω，试求负载的相电流和线电流、电源的相电流和线电流。

2.11　有一电源和负载都是三角形连接的对称三相电路，已知电源的相电压为 220 V，负载每相阻抗模 $|Z|=10$ Ω，试求负载的相电流和线电流、电源的相电流和线电流。

2.12　有一电源为三角形连接，而负载为星形连接的对称三相电路，已知电源的相电压为 220 V，每相负载的阻抗模为 10 Ω，试求负载和电源的相电流和线电流。

第3章　变　压　器

变压器和电机都是以电磁感应作为工作基础的。本章主要介绍磁路的基本概念，然后讨论变压器、仪表变压器的基本原理和基本特性。

3.1　磁路的基本概念与基本定律

常用的电气设备，如变压器、电动机等，在工作时都会产生磁场。为了把磁场聚集在一定的空间范围内，以便加以控制和利用，就必须用高磁导率的铁磁材料做成一定形状的铁芯，使之形成一个磁通的路径，使磁通的绝大部分通过这一路径而闭合。故把磁通经过的闭合路径称为磁路。为了分析和计算磁场，下面简要介绍一下有关磁路的基础知识。

3.1.1　铁磁材料

根据导磁性能的好坏，自然界的物质可分为两大类。一类称为铁磁材料，如铁、钢、镍、钴等，这类材料的导磁性能好，磁导率 μ 值大；另一类为非铁磁材料，如铜、铝、纸、空气等，此类材料的导磁性能差，μ 值小（接近真空的磁导率 μ_0）。铁磁材料是制造变压器、电动机、电器等各种电工设备的主要材料，铁磁材料的磁性能对电磁器件的性能和工作状态有很大影响。铁磁材料的磁性能主要表现为高导磁性、磁饱和性和磁滞性。

1. 高导磁性

铁磁材料具有很强的导磁能力，在外磁场作用下，其内部的磁感应强度会大大增强，相对磁导率可达几百、几千甚至几万。这是因为在铁磁材料的内部存在许多磁化小区，称为磁畴。每个磁畴就像一块小磁铁，体积约为 $9\sim10\ \mathrm{cm}^3$。在无外磁场作用时，这些磁畴的排列是不规则的，对外不显示磁性，如图 3.1.1(a) 所示。

在一定强度的外磁场作用下，这些磁畴将顺着外磁场的方向趋向规则地排列，产生一个附加磁场，使铁磁材料内的磁感应强度大大增强，如图 3.1.1(b) 所示，这种现象称为磁化。非铁磁材料没有磁畴结构，不具有磁化特性。通电线圈中放入铁芯后，磁场会大大增强，这时的磁场是线圈产生的磁场和铁芯被磁化后产生的附加磁场之叠加。变压器、电动机和各种电器的线圈中都放有铁芯，在这种具有铁芯的线圈中通入励磁电流，便可产生足够大的磁感应强度和磁通。

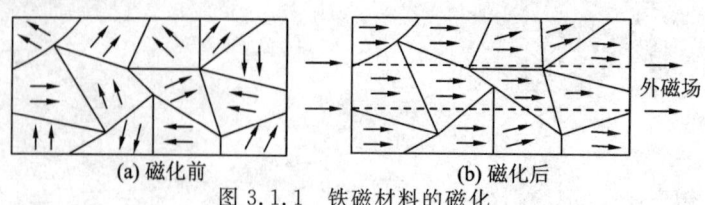

(a) 磁化前　　　　　　　　　　(b) 磁化后

图 3.1.1　铁磁材料的磁化

2. 磁饱和性

在铁磁材料的磁化过程中，随着励磁电流的增大，外磁场和附加磁场都将增大，但当励磁电流增大到一定值时，几乎所有的磁畴都与外磁场的方向一致，附加磁场就不再随励磁电流的增大而继续增强，这种现象称为磁饱和现象。

材料的磁化特性可用磁化曲线 $B_o = f(H)$ 表示，铁磁材料的磁化曲线如图 3.1.2 所示，它大致上可分为 4 段，其中 Oa 段的磁感应强度 B 随磁场强度 H 增加较慢；ab 段的磁感应强度 B 随磁场强度 H 差不多成正比地增加；b 点以后，B 随 H 的增加速度又减慢下来，逐渐趋于饱和；过了 c 点以后，其磁化曲线近似于直线，且与真空或非铁磁材料的磁化曲线 $B_o = f(H)$ 平行。工程上称 a 点为跗点，称 b 点为膝点，称 c 点为饱和点。

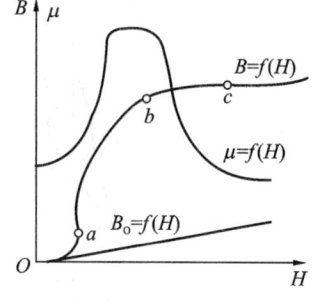

图 3.1.2 磁化曲线

由于铁磁材料的 B 与 H 的关系是非线性的，故由 $B = \mu H$ 的关系可知，其磁导率的数值将随磁场强度 H 的变化而改变，如图 3.1.2 中的 $B = f(H)$ 曲线。铁磁材料在磁化起始的 Oa 段和进入饱和以后，μ 值均不大，但在膝点 b 的附近，μ 达到最大值。所以电气工程上通常要求铁磁材料工作在膝点附近。

3. 磁滞性

如果励磁电流是大小和方向都随时间变化的交变电流，则铁磁材料将受到交变磁化。在电流交变的一个周期中，磁感应强度 B 随磁场强度 H 变化的关系如图 3.1.3 所示。由图 3.1.3 可见，当磁场强度 H 减小时，磁感应强度 B 并不沿着原来这条曲线回降，而是沿着一条比它高的曲线缓慢下降。当 H 减速到 0 时，B 并不等于 0 而仍保留一定的磁性。这说明铁磁材料内部已经排齐的磁畴不会完全回复到磁化前杂乱无章的状态，这部分剩留的磁性称为剩磁，用 B_r 表示。如要去掉剩磁，使 $B = 0$，应施加一反向磁场强度 H_c。H_c 的大小称为矫顽磁力，它表示铁磁材料反抗退磁的能力。

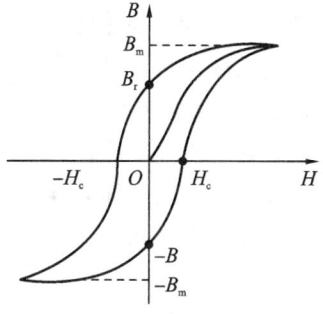

图 3.1.3 磁滞回线

若再反向增大磁场，则铁磁材料将反向磁化；当反向磁场减小时，同样会产生反向剩磁(B_r)。随着磁场强度不断正反向变化，得到的磁化曲线为一封闭曲线。在铁磁材料反复磁化的过程中，磁感应强度的变化总是落后于磁场强度的变化，这种现象称为磁滞现象。这一封闭曲线称为磁滞回线。

铁磁材料按其磁性能又可分为软磁材料、硬磁材料和矩磁材料三种类型，如图 3.1.4 所示是不同类型的磁滞回线。其中，图 3.1.4(a)是软磁材料，图 3.1.4(b)是硬磁材料，图 3.1.4(c)是矩磁材料。软磁材料的剩磁和矫顽力较小，磁滞回线形状较窄，但磁化曲线较陡，即磁导率较高，所包围的面积较小。它既容易磁化，又容易退磁，一般用于有交变磁场的场合，如用来制造镇流器、变压器、电动机以及各种中、高频电磁元件的铁芯等。常见的软磁材料有纯铁、硅钢、玻莫合金以及非金属软磁铁氧体等。硬磁材料的剩磁和矫顽力较大，磁滞回线形状较宽，所包围的面积较大，适用于制作永久磁铁，如扬声器、耳机、电话机、录音机以及各种磁电式仪表中的永久磁铁都是硬磁材料制成的。常见的硬磁材料有碳钢、钴钢及铁镍铝钴合金等。矩磁材料的磁滞回线近似于矩形，剩磁很大，接近饱和磁感应强度，但矫顽力较小，易于翻转，常在计算机和控制系统中用做记忆元件和开关元件，矩磁材料有镁锰铁氧体及某些铁镍合金等。

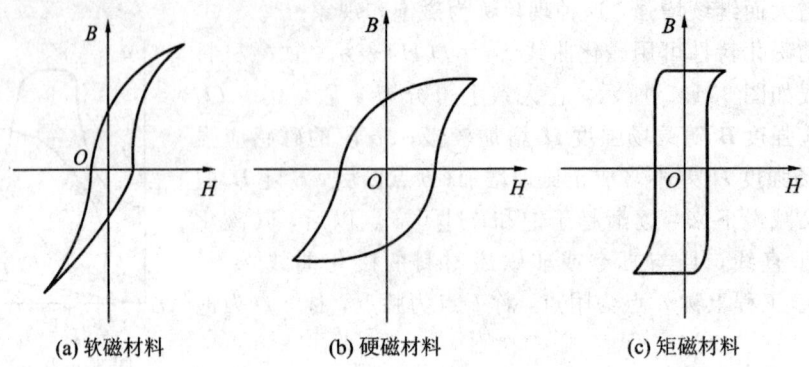

(a) 软磁材料　　　　　　(b) 硬磁材料　　　　　　(c) 矩磁材料

图 3.1.4　不同类型的磁滞回线

3.1.2　磁路的概念

在通有电流的线圈周围和内部存在着磁场。但是空心载流线圈的磁场较弱，一般难以满足电工设备的需要。工程上为了得到较强的磁场并有效地加以应用，常采用导磁性能良好的铁磁材料做成一定形状的铁芯，而将线圈绕在铁芯上。当线圈中通过电流时，铁芯即被磁化，使得其中的磁场大为增强，故通电线圈产生的磁通主要集中在由铁芯构成的闭合路径内，这种磁通集中通过的路径便称为磁路。用于产生磁场的电流称为励磁电流，通过励磁电流的线圈称为励磁线圈或励磁绕组。

图 3.1.5 所示是几种常见电气设备的磁路。其中，图 3.1.5(a) 为变压器，图 3.1.5(b) 为电磁铁，图 3.1.5(c) 为磁电式仪表，图 3.1.5(d) 为直流电机。现以电磁铁为例来说明磁路的概念。电磁铁包括励磁绕组、静铁芯和动铁芯几个部分。静铁芯和动铁芯都用铁磁材料制成，它们之间存在着空气隙。当励磁绕组通过电流时，绕组产生的磁通绝大部分将沿着导磁性能良好的静铁芯、动铁芯，并穿过它们之间的空气隙而闭合（电磁铁的空气隙是变化的）。也就是说，由于铁芯材料的导磁性能比空气好得多，励磁绕组产生的磁通绝大部分都集中在铁芯里，磁通的路径由铁芯的形状决定。

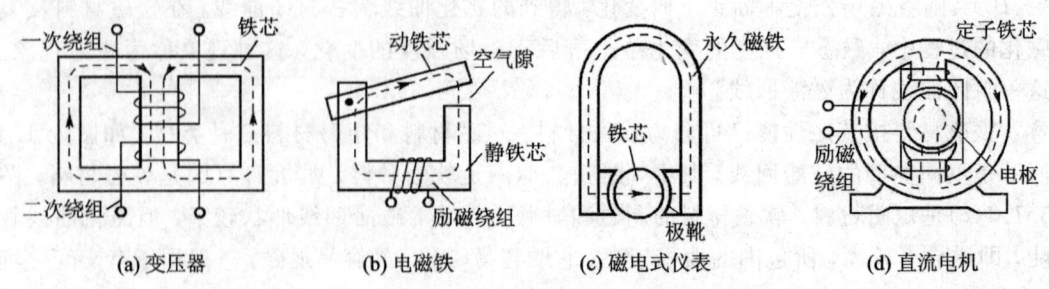

(a) 变压器　　　　　(b) 电磁铁　　　　　(c) 磁电式仪表　　　　　(d) 直流电机

图 3.1.5　几种电气设备的磁路

在其他电气设备中，也常有不大的空气隙，即磁路的大部分由铁磁材料构成，小部分由空气隙或其他非磁性材料构成。空气隙虽然不大，但它对磁路的工作情况却有很大的影响。电路有直流和交流之分，磁路也分为直流磁路(如直流电磁铁和直流电动机)和交流磁路(如变压器、交流电磁铁和交流电动机)，它们各具有不同的特点。此外，也有用永久磁铁构成磁路的(如磁电式仪表)，它不需要励磁绕组。

3.1.3 磁路的主要物理量

1. 磁感应强度 B

磁感应强度 B 是表示磁场内某点的磁场强弱及方向的物理量。它是一个矢量，其方向与该点磁力线切线方向一致，与产生该磁场的电流之间的方向关系符合右手螺旋定则。若磁场内各点的磁感应强度大小相等、方向相同，则为均匀磁场。在国际单位制中磁感应强度的单位是 T(特斯拉，简称特)。

2. 磁通 Φ

在均匀磁场中，磁感应强度 B 与垂直于磁场方向的面积 S 的乘积称为通过该面积的磁通 Φ，即 $\Phi=BS$ 或 $B=\Phi/S$。

可见，磁感应强度 B 在数值上等于与磁场方向垂直的单位面积上通过的磁通，故 B 又称为磁通密度。在国际单位制中，磁通的单位是 Wb(韦伯，简称韦)。

3. 磁导率

磁导率是表示物质导磁性能的物理量，它的单位是 H/m(亨/米)。真空的磁导率 $\mu_0=4\pi\times10^{-7}$ H/m。任意一种物质的磁导率与真空的磁导率之比称为相对磁导率，用 $\mu_r=\mu/\mu_0$ 表示。

4. 磁场强度 H

磁场强度 H 是进行磁场分析时引用的一个辅助物理量，为了从磁感应强度 B 中除去磁介质的因素，故定义为 $H=B/\mu$。磁场强度也是矢量，只与产生磁场的电流以及这些电流的分布情况有关，而与磁介质的磁导率无关，它的单位是 A/m(安/米)。

3.1.4 磁路欧姆定律

图 3.1.6 所示为绕有线圈的铁芯，当线圈通入电流 I，在铁芯中就会有磁通通过。

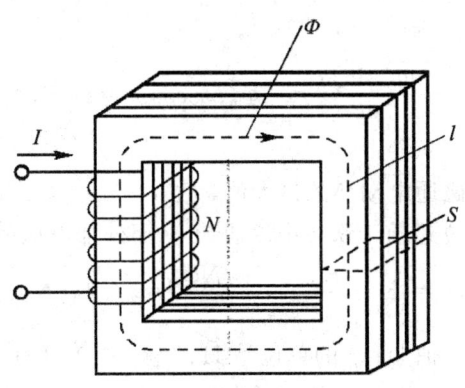

图 3.1.6 磁路欧姆定律

实验表明，铁芯中的磁通必与通过线圈的电流 I、线圈匝数 N 以及磁路的截面积 S 成正比，与磁路的长度 l 成反比，还与组成磁路的材料磁导率成正比，即

$$\Phi = \frac{INS\mu}{l} = \frac{IN}{\dfrac{l}{S\mu}} = \frac{F}{R_m} \tag{3.1.1}$$

式中：$F = IN$，称为磁通势；R_m 为磁阻。即磁通 Φ 正比于磁通势 F，反比于磁阻 R_m。这种比例关系与电路中的欧姆定律相似，因而称之为磁路欧姆定律。

应该指出，磁路与电路虽然有许多相似之处，但它们的实质是不同的。而且由于铁芯磁路是非线性元件，其磁导率是随工作状态剧烈变化的，因此，一般不宜直接用磁路欧姆定律和磁阻公式进行定量计算，但在很多场合可以用来进行定性分析。

3.2　交流铁芯线圈电路

交流铁芯线圈由交流电来励磁，产生的磁通是交变的，其电磁和功率消耗相对于直流铁芯线圈更加复杂。在讨论变压器以前，应先了解交流铁芯线圈的一些特性。

3.2.1　电磁关系

图 3.2.1 所示是交流铁芯线圈电路，线圈匝数为 N，当在线圈两端加上正弦交流电压 u 时，就有交变励磁电流 i 流过，在交变磁通势 Ni 的作用下产生交变的磁通，其绝大部分磁通通过铁芯，称为主磁通 Φ，但还有很小部分磁通从附近空气中通过，称为漏磁通 Φ_σ。这两种交变的磁通都将在线圈中产生感应电动势。设线圈电阻为 R，主磁通在线圈上产生的感应电动势为 e。漏磁通产生的感应电动势为 e_σ，它们与磁通的参考方向之间符合右手螺旋定则，由基尔霍夫电压定律可得铁芯线圈中的电压、电流与电动势之间的关系为

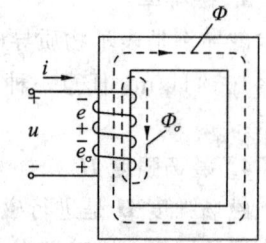

图 3.2.1　交流铁芯绕组电路

$$u = Ri - e - e_\sigma \tag{3.2.1}$$

由于线圈电阻上的电压降 Ri 和漏磁通感应电动势 e_σ 都很小，与主磁通电动势 e 比较，可以忽略不计，故上式可写为 $u \approx -e$。

设主磁通 $\Phi = \Phi_m \sin\omega t$，则

$$e = -N\frac{d\Phi}{dt} = -\frac{d\Phi_m \sin\omega t}{dt} = -\Phi_m N\omega\cos\omega t = 2\pi f N\Phi_m \sin(\omega t - 90°)$$
$$= E_m \sin(\omega t - 90°)$$

式中：$E_m = 2\pi f N\Phi_m$ 是主磁通电动势的最大值，故 $u \approx -e = E_m \sin(\omega t + 90°)$。

可见，外加电压的相位超前于铁芯中磁通 $90°$，而外加电压的有效值为

$$U = E = \frac{E_m}{\sqrt{2}} = \frac{2\pi f N\Phi_m}{\sqrt{2}} \approx 4.44 f N\Phi_m \tag{3.2.2}$$

式中：Φ_m 的单位是 Wb（韦[伯]）；f 的单位是 Hz（赫[兹]）；U 的单位是 V（伏[特]）。

式（3.2.2）给出了铁芯线圈在正弦交流电压作用下，铁芯中磁通最大值与电压有效值的数量关系。在忽略线圈电阻和漏磁通的条件下，当线圈匝数 N 和电源频率 f 一定时，铁芯中的磁通最大值 Φ_m 近似与外加电压有效值 U 成正比，而与铁芯的材料及尺寸无关。也就是说，当线圈匝数 N、外加电压 U 和频率 f 都一定时，铁芯中的磁通最大值 Φ_m 将保持

基本不变。这个结论对于分析交流电动机、电器及变压器的工作原理是十分重要的。

3.2.2 功率损耗

在交流铁芯线圈电路中，除了在线圈电阻上有功率损耗外，铁芯中也会有功率损耗。线圈上损耗的功率称为铜损耗；铁芯中损耗的功率称为铁损耗，铁损耗包括磁滞损耗和涡流损耗两部分。

(1) 磁滞损耗。铁磁材料交变磁化的磁滞现象所产生的功率损耗称为磁滞损耗。它是由铁磁材料内部磁畴反复转向，磁畴间相互摩擦引起铁芯发热而造成的损耗。铁芯单位体积内每周期产生的磁滞损耗与磁滞回线所包围的面积成正比。为了减小磁滞损耗，交流铁芯均由软磁材料制成。

(2) 涡流损耗。铁磁材料不仅有导磁能力，同时也有导电能力，因而在交变磁通的作用下，铁芯内将产生感应电动势和感应电流，感应电流在垂直于磁通的铁芯平面内围绕磁力线呈旋涡状，如图 3.2.2(a)所示，故称为涡流。涡流使铁芯发热，其功率损耗称为涡流损耗。为了减小涡流，可采用硅钢片叠成的铁芯，它不仅有较高的磁导率，还有较大的电阻率，可使铁芯的电阻增大，涡流减小，同时硅钢片的两面涂有绝缘漆，使各片之间互相绝缘，可把涡流限制在一些狭长的截面内流动，从而减小了涡流损失，如图 3.2.2(b)所示。所以各种交流电动机、电器和变压器的铁芯普遍用硅钢片叠成。

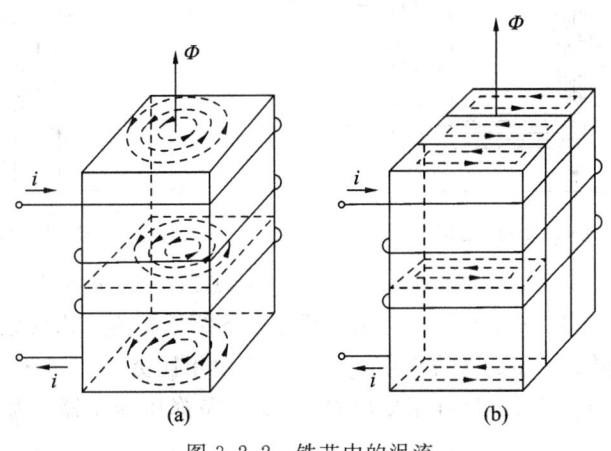

(a)   (b)

图 3.2.2 铁芯中的涡流

3.3 变 压 器

变压器是利用电磁感应原理传输电能或信号的器件，具有变压、变流、变阻抗和隔离的作用。它的种类很多，应用广泛，但基本结构和工作原理相同。

3.3.1 变压器的基本结构

变压器由铁芯和绕在铁芯上的两个或多个线圈(又称绕组)组成。

铁芯的作用是构成变压器的磁路。为了减小涡流损耗和磁滞损耗，铁芯采用硅钢片交错叠装或卷绕而成。根据铁芯结构形式的不同，变压器分为壳式和心式两种，如图 3.3.1

所示。图3.3.1(a)所示是心式变压器，特点是线圈包围铁芯。功率较大的变压器多采用心式结构，以减小铁芯体积，节省材料。壳式变压器则是铁芯包围线圈，如图3.3.1(b)所示。其特点是可以省去专门的保护包装外壳。

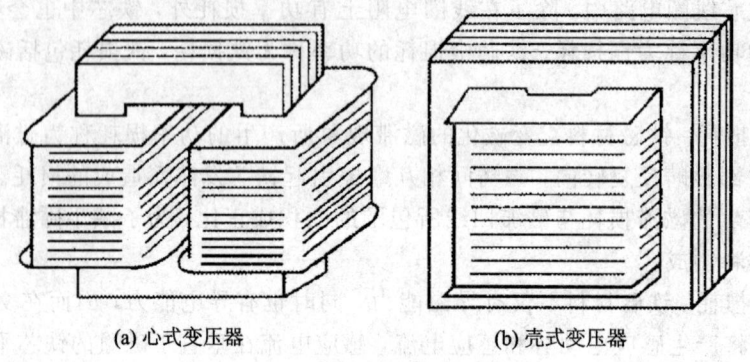

(a) 心式变压器　　　　　　　　(b) 壳式变压器

图 3.3.1　变压器结构

图3.3.2所示为一个单相双绕组变压器的原理结构示意图及其图形符号。两个绕组中与电源相连接的一方称为一次绕组。表示一次绕组各量的字母均标注下标"1"，如一次绕

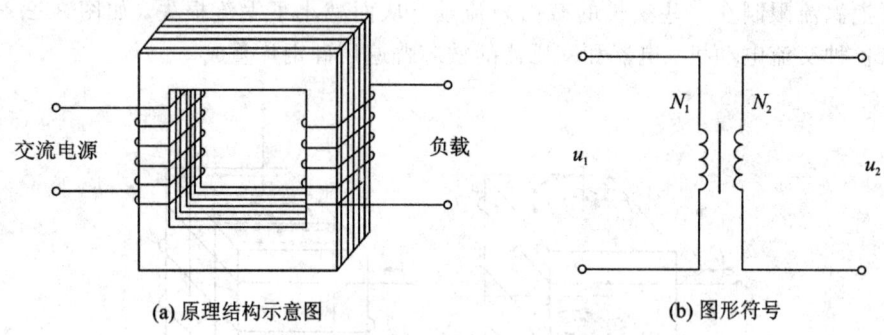

(a) 原理结构示意图　　　　　　　　(b) 图形符号

图 3.3.2　单相双绕组变压器结构示意图及其图形符号

组电压 u_1、一次绕组匝数 N_1、……。与负载相连接的绕组称为二次绕组。表示二次绕组各量的字母均标注下标"2"，如二次绕组电压 u_2、二次绕组匝数 N_2、……。二次绕组电压 u_2 高于一次绕组电压 u_1 的变压器是升压变压器；反之，是降压变压器。为了防止变压器内部短路，内部部件应具有良好的绝缘性。

3.3.2　变压器的工作原理

1. 空载运行

变压器的一次绕组接上交流电压 u_1，二次侧开路，这种运行状态称为空载运行。这时二次绕组中的电流 $i_2=0$，电压为开路电压 u_{2o}，一次绕组通过的电流为空载电流 i_{1o}，如图3.3.3所示，各量的方向按习惯参考方向选取。图中 N_1 为一次绕组的匝数，N_2 为二次绕组的匝数。由于二次侧开路，这时变压器的一次侧电路相当于一个交流铁芯线圈电

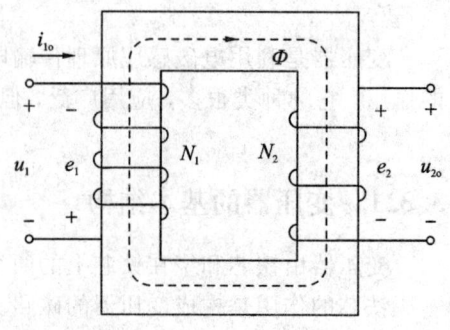

图 3.3.3　变压器空载运行

路，通过的空载电流 i_0 就是励磁电流。磁通势 $N_1 i_0$ 在铁芯中产生的主磁通 Φ 通过闭合铁芯，既穿过一次绕组，也穿过二次绕组，于是在一、二次绕组中分别感应出电动势 e_1、e_2。当 e_1、e_2 与 Φ 的参考方向之间符合右手螺旋定则时，如图 3.3.3 所示，由法拉第电磁感应定律可知：

$$e_1 = -N_1 \frac{\mathrm{d}\Phi}{\mathrm{d}t} \qquad E_1 = 4.44 f N_1 \Phi_m \qquad (3.3.1)$$

式中：f 为交流电源的频率；Φ_m 为主磁通的最大值；E_1 为 e_1 的有效值。

若略去漏磁通的影响，不考虑绕组上电阻的压降，则可认为绕组上电动势的有效值近似等于绕组上电压的有效值，即 $U_1 \approx E_1$。

同理可推出：

$$U_{2o} \approx E_2 = 4.44 f N_2 \Phi_m \qquad (3.3.2)$$

所以

$$\frac{U_1}{U_{2o}} \approx \frac{4.44 f N_1 \Phi_m}{4.44 f N_2 \Phi_m} = \frac{N_1}{N_2} = k \qquad (3.3.3)$$

由式(3.3.3)可见，变压器空载运行时，一、二次绕组上电压的比值等于原、副边线圈的匝数比，这个比值 k 称为变压器的变压比或变比。当一、二次绕组匝数不同时，变压器就可以把某一数值的交流电压变换为同频率的另一数值的电压，这就是变压器的电压变换作用。当一次绕组匝数 N_1 比二次绕组匝数 N_2 多时，即 $k>1$，这种变压器称为降压变压器；反之，若 $N_1 < N_2$，$k < 1$，则称为升压变压器。

2. 负载运行

如果变压器的二次绕组接上负载，则在二次绕组感应电动式 e_2 的作用下，将产生二次绕组电流 i_2。这时，一次绕组的电流由 i_{10} 增大为 i_1，如图 3.3.4 所示。二次侧电流 i_2 越大，一次侧电流也越大。因为二次绕组有了电流 i_2 时，二次侧的磁通势 $N_2 i_2$ 也要在铁芯中产生磁通，即变压器铁芯中的主磁通是由一、二次绕组的磁通势共同产生的。

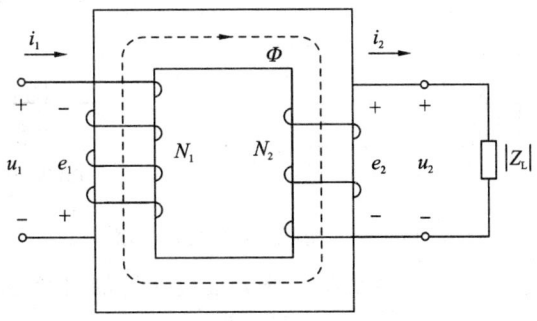

图 3.3.4　变压器的负载运行

显然，$N_2 i_2$ 的出现，将有改变铁芯中原有主磁通的趋势。但是，在一次绕组的外加电压(电源电压)不变的情况下，由 $E = 4.44 f N \Phi_m$ 可知，主磁通基本保持不变，因而一次绕组的电流将由 i_{10} 增大为 i_1，使得一次绕组的磁通势由 $N_1 i_{10}$ 变成 $N_1 i_1$，以抵消二次绕组磁动势 $N_2 i_2$ 的作用。也就是说，变压器负载时的总磁通势应与空载时的磁通势基本相等，用公式表示，即 $N_1 \dot{I}_1 + N_2 \dot{I}_2 = N_1 \dot{I}_{10}$，称为变压器的磁通势平衡方程式。

可见变压器负载运行时,一、二次绕组的磁通势方向相反,即二次侧电流 I_2 对一次侧电流 I_1 产生的磁通有去磁作用。当负载阻抗减小,二次侧电流 I_2 增大时,铁芯中的主磁通将减小,于是一次侧电流 I_1 必然增加,以保持主磁通基本不变。无论负载怎样变化,一次侧电流 I_1 总能按比例自动调节,以适应负载电流的变化。由于空载电流较小,一般不到额定电流的 10%,因此当变压器额定运行时,若忽略空载电流,可认为 $N_1 I_1 = -N_2 I_2$,于是得变压器一、二次侧电流有效值的关系为

$$\frac{I_1}{I_2} = \frac{N_2}{N_1} = \frac{1}{k} \tag{3.3.4}$$

由此可知,当变压器额定运行时,一、二次侧电流之比近似等于其匝数比的倒数。改变一、二次绕组的匝数,可以改变一、二次绕组电流的比值,这就是变压器的电流变换作用。

3. 阻抗变换作用

如图 3.3.5 所示,变压器的一次侧接电源为 u_1,二次侧接负载阻抗为 $|Z_L|$,对于电源来说,图中点画线框内的电路可用另一个阻抗 $|Z_1'|$ 来等效代替。当忽略变压器的漏磁和损耗时,等效阻抗的计算式为

$$|Z_1'| = \frac{U_1}{I_1} = \frac{(N_1/N_2)U_2}{(N_2/N_1)I_2} = (N_1/N_2)^2 \frac{U_2}{I_2} = k^2 |Z_L| \tag{3.3.5}$$

式中:$|Z_L| = \dfrac{U_2}{I_2}$ 为变压器副边的负载阻抗。此式说明,在变比为 k 的变压器副边接阻抗为 $|Z_L|$ 的负载,相当于在电源上直接接一个阻抗 $|Z_1'| = k^2 |Z_L|$。通过选择合适的变比 k,可把实际负载阻抗变换为所需的数值,这就是变压器的阻抗变换作用。

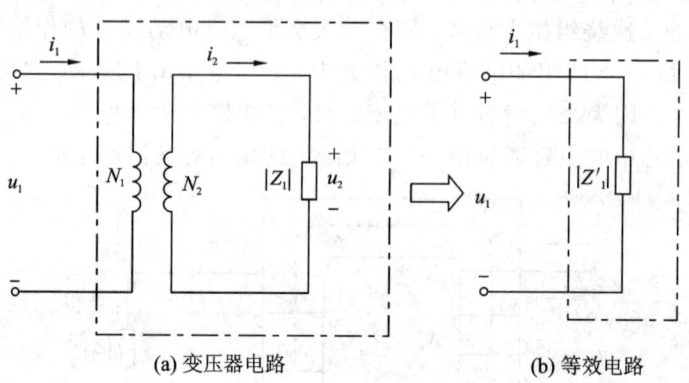

(a) 变压器电路　　　　　　　　　　(b) 等效电路

图 3.3.5　变压器阻抗变换作用

在电子电路中,为了提高信号的传输功率,常用变压器将负载阻抗变换为适当的数值,这种做法即为阻抗匹配。

3.3.3　变压器的技术参数

1. 额定电压 U_{1N}、U_{2N}

一次侧额定电压 U_{1N} 是指绝缘强度和允许发热所规定的应加在一次绕组上的正常工作电压有效值。二次侧额定电压 U_{2N} 在电力系统中是指变压器一次侧施加额定电压时的二次侧空载电压有效值;在仪器仪表中通常是指变压器一次侧施加额定电压、二次侧接额定负载时的输出电压有效值。

2. 额定电流 I_{1N}、I_{2N}

一、二次侧额定电流 I_{1N} 和 I_{2N} 是指变压器连续运行时一、二次绕组允许通过的最大电流有效值。

3. 额定容量 S_N

额定容量 S_N 是指变压器二次侧额定电压和额定电流的乘积，即 $S_N = U_{2N}I_{2N}$，S_N 为二次侧的额定视在功率。额定容量反映了变压器所能传送电功率的能力，但不要把变压器的实际输出功率与额定容量相混淆。变压器实际使用时的输出功率取决于二次侧负载的大小和性质。

4. 额定频率 f_N

额定频率 f_N 是指变压器应接入的电源频率，我国电力系统的标准频率为 50 Hz。

5. 变压器的型号

变压器的型号表示变压器的特征和性能。如 SL7 - 1000/10，其中 SL7 是基本型号（S：三相；D：单相；F：油浸风冷；油浸自冷无文字表示；L：铝线；铜线无文字表示；7：设计序号）；1000 是指变压器的额定容量为 1000 kV·A；10 表示变压器高压绕组额定线电压为 10 kV。

3.3.4　变压器的外特性

运行中的变压器，当电源电压 U_1 及负载功率因数 $\cos\varphi$ 为常数时，二次绕组输出电压 U_2 随负载电流 I_2 的变化关系可用曲线 $U_2 = f(I_2)$ 来表示，该曲线称为变压器的外特性曲线，如图 3.3.6 所示。

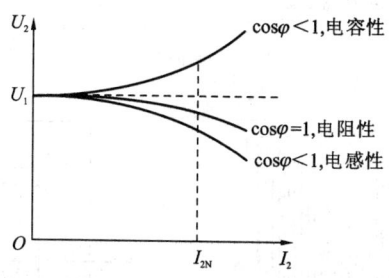

图 3.3.6　变压器的外特性曲线

图 3.3.6 表明，当负载为电阻性和电感性时，U_2 随 I_2 的增加而下降，且感性负载比阻性负载下降更明显；对于容性负载，U_2 随 I_2 的增加而上升。二次绕组的电压变化程度说明了变压器的性能，即

$$\Delta U\% = \frac{U_{2N} - U_2}{U_{2N}} \times 100\% \tag{3.3.6}$$

式中：U_{2N} 为变压器二次额定电压，即空载电压；U_2 为当负载为额定负载（即电流为额定电流）时的二次电压。电压变化率越小，变压器的稳定性越好。一般变压器的电压变化率为 $4\% \sim 6\%$。

3.3.5　变压器的损耗与效率

当变压器二次绕组接负载后，在电压 U_2 的作用下，有电流通过，负载吸收功率。对于

单相变压器，负载吸收的有功功率为

$$P_2 = U_2 I_2 \cos\varphi_2 \tag{3.3.7}$$

式中：$\cos\varphi_2$ 为负载的功率因数。这时一次绕组从电源吸收的有功功率为

$$P_1 = U_1 I_1 \cos\varphi_1 \tag{3.3.8}$$

式中：φ_1 是 $\dot{U}_1$ 与 $\dot{I}_1$ 的相位差。变压器从电源得到的有功功率 P_1 不会全部由负载吸收，传输过程中有能量损耗，即铜损耗 P_{Cu} 和铁损耗 P_{Fe}。这些损耗均变为热量，使变压器温度升高。根据能量守恒定律：

$$P_1 = P_2 + P_{Cu} + P_{Fe} \tag{3.3.9}$$

变压器的效率为

$$\eta = \frac{P_2}{P_1} \times 100\% \tag{3.3.10}$$

变压器的效率通常很高，对于大容量的变压器，其效率一般可以达到 $95\% \sim 99\%$。

3.4　几种常用变压器

3.4.1　三相电力变压器

在电力系统中，用于变换三相交流电压、输送电能的变压器，称为三相电力变压器。如图 3.4.1 所示，它有三个心柱，各套有一相的一、二次绕组。图 3.4.1(a)所示为其外形图，图 3.4.1(b)所示为其结构示意图。

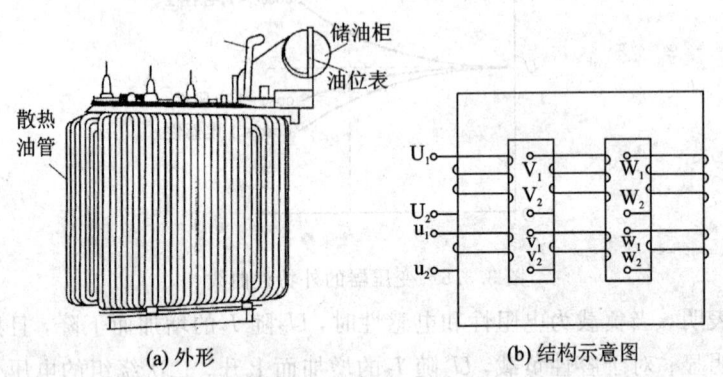

(a) 外形　　　　　　　　(b) 结构示意图

图 3.4.1　三相电力变压器

由于三相一次绕组所加的电压是对称的，因此三相磁通也是对称的，二次侧的电压也是对称的。为了散去运行时变压器本身的损耗所发出的热量，通常铁芯和绕组都浸在装有绝缘油的油箱中，通过油管将热量散发于大气中。考虑到油会热胀冷缩，故在变压器油箱上置一储油柜和油位表，此外还装有一根防爆管，一旦发生故障(例如短路事故)，产生大量气体时，高压气体将冲破防爆管前端的塑料薄片而释放，从而避免变压器发生爆炸。

三相变压器的一、二次绕组可以根据需要分别接成星形或三角形。三相电力变压器的常见连接方式是 Yyn（即 Y/Y）和 Yd（即 Y/△），如图 3.4.2 所示。其中 Yyn 连接常用于车间配电变压器，yn 表示有中性线引出的星形连接，这种接法不仅给用户提供了三相电源，

同时还提供了单相电源。通常使用的动力和照明混合供电的三相四线制系统，就是用这种连接方式的变压器供电的；以 Yd 方式连接的变压器主要用在变电站作降压或升压用。

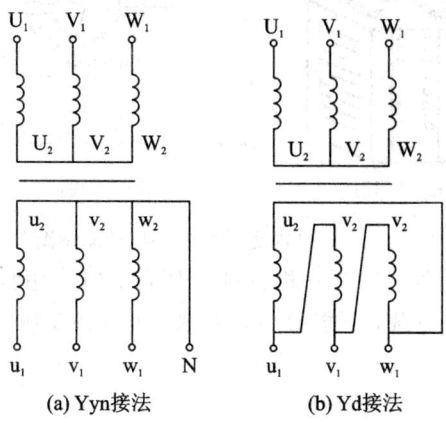

(a) Yyn接法   (b) Yd接法

图 3.4.2 三相变压器的两种接法

三相变压器一、二次侧线电压的比值，不仅与匝数比有关，而且与接法有关。设一、二次侧的线电压为 U_{L1}、U_{L2}，相电压为 U_{P1}、U_{P2}，匝数分别为 N_1、N_2，则作 Yyn 连接时，有

$$\frac{U_{L1}}{U_{L2}}=\frac{\sqrt{3}U_{P1}}{\sqrt{3}U_{P2}}=\frac{N_1}{N_2}=k \tag{3.4.1}$$

作 Yd 连接时，有

$$\frac{U_{L1}}{U_{L2}}=\frac{\sqrt{3}U_{P1}}{U_{P2}}=\frac{\sqrt{3}N_1}{N_2}=\sqrt{3}k \tag{3.4.2}$$

三相电力变压器的额定值含义与单相变压器相同，但三相变压器的额定容量 S_N 是指三相总额定容量，可用下式进行计算：

$$S_N=\sqrt{3}U_{2N}I_{2N} \tag{3.4.3}$$

三相电力变压器的额定电压 U_{1N}、U_{2N} 和额定电流 I_{1N}、I_{2N} 是指线电压和线电流。其中二次侧额定电压 U_{2N} 是指变压器一次侧施加额定电压 U_{1N} 时二次侧的空载电压，即 U_{2o}。

3.4.2 自耦变压器

自耦变压器的结构特点为二次绕组是一次绕组的一部分，而且一、二次绕组不仅有磁的耦合，还有电的联系，上述变压、变流和变阻抗的关系都适用于自耦变压器。自耦变压器电路原理如图 3.4.3 所示。

由图 3.4.3 可列出

$$\frac{U_1}{U_2}=\frac{N_1}{N_2}=\frac{I_2}{I_1} \tag{3.4.4}$$

式中：U_1、I_1 为一次绕组的电压和电流；U_2、I_2 为二次绕组的电压和电流。

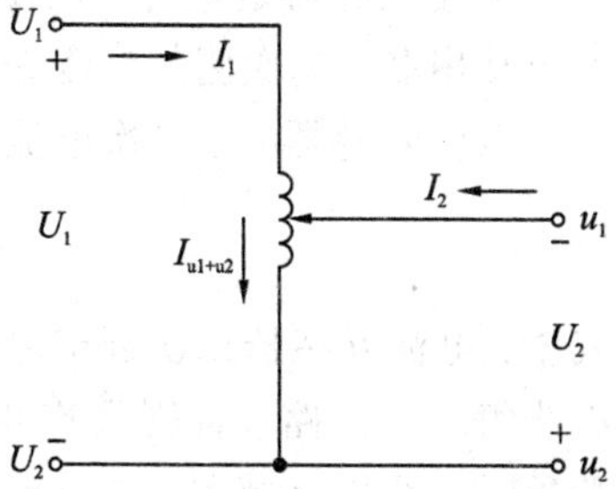

图 3.4.3 自耦变压器电路原理

实验室中常用的变压器就是一种可改变二次绕组匝数的特殊自耦变压器，它可以均匀地改变输出电压。图 3.4.4 所示是单相自耦变压器的外形和原理图。

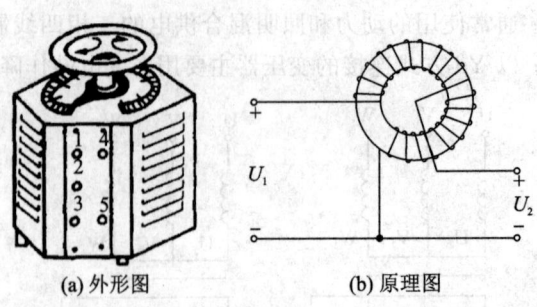

(a) 外形图   (b) 原理图

图 3.4.4　自耦变压器的外形和原理图

除了单相自耦变压器之外，还有三相自耦变压器。但使用自耦变压器时应注意：输入端应接交流电源，输出端接负载，不能接错，否则，可能将变压器烧坏。使用完毕后，手柄应退回零位。

3.4.3　互感器

互感器是配合测量仪表专用的小型变压器，使用互感器可以扩大仪表的测量范围，使仪表与高压隔开，保证仪表的安全使用。根据用途不同，互感器分为电压互感器和电流互感器两种。

1. 电压互感器

电压互感器是一台一次绕组匝数较多而二次绕组匝数较少的小型降压变压器。一次侧与被测电压的负载并联，而二次侧与电压表相接，二次额定电压一般为 100 V，如图 3.4.5 所示。

电压互感器一次与二次电压的关系为

$$U_1 = \frac{N_1}{N_2} U_2 \qquad (3.4.5)$$

使用电压互感器，正常运行时二次绕组不应短路，否则将会烧坏互感器。同时为了保证人员安全，高压电路与仪表之间应用良好的绝缘材料隔开，而且，铁芯与二次侧的一端应安全接地，以免绕组间绝缘击穿而引起触电。

图 3.4.5　电压互感器

2. 电流互感器

电流互感器是一台一次匝数很少而二次匝数很多的小型变压器。其一次侧与被测电压的负载串联，二次侧与电流表相接，如图 3.4.6 所示。

电流互感器一、二次电流的关系为

$$I_1 = \frac{N_2}{N_1} I_2 \qquad (3.4.6)$$

其中：电流互感器二次额定电流一般为 5 A。使用电流互感器时，二次绕组不能开路，否则会产生高压危险，而且会使铁芯温度升高，严重时会烧毁互感器，同时要求二次绕组一端与铁芯共同接地。

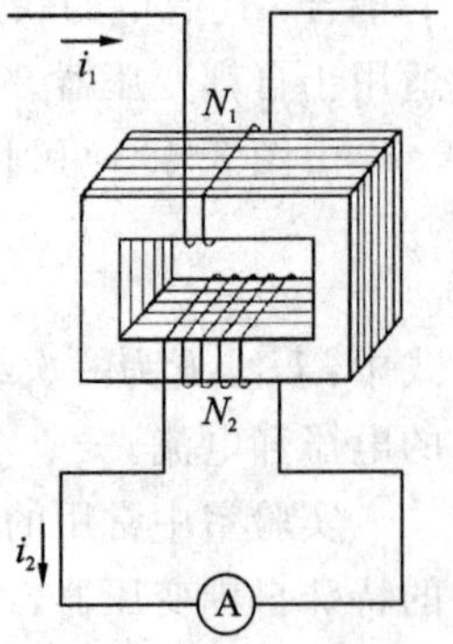

3.4.4　电焊变压器

电焊变压器的工作原理与普通变压器相同，但它们的性能却有

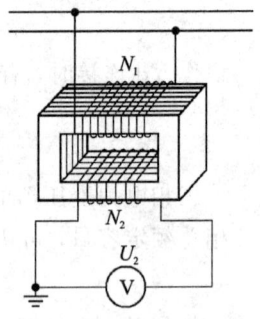

图 3.4.6　电流互感器

很大差别。电焊变压器的一、二次绕组分别装在两个铁芯柱上，两个绕组漏抗都很大。电焊变压器与可变电抗器组成交流电焊机，如图 3.4.7 所示。

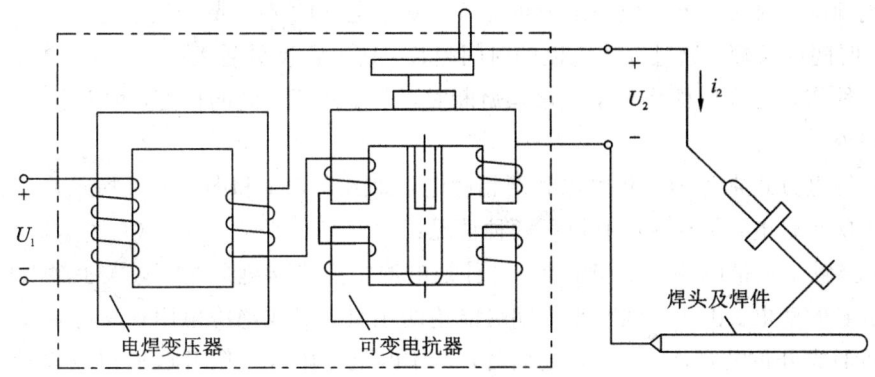

图 3.4.7　电焊变压器结构图

电焊机具有如图 3.4.8 所示的陡降外特性，空载时 $I_2 = 0$，I_1 很小，漏磁通很小，电抗无压降，有足够的电弧点火电压，其值约为 $60 \sim 80$ V；开始焊接时，交流电焊机的输出端被短路，但由于漏抗且有交流电抗器的感抗作用，短路电流虽然较大但并不会剧烈增大。

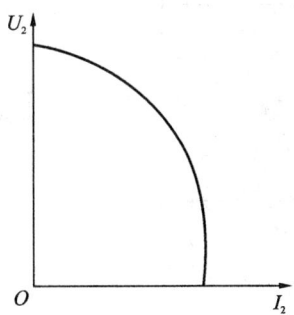

图 3.4.8　电焊变压器的外特性

焊接时，焊条与焊件之间的电弧相当于一个电阻，电阻上的电压降约为 30 V。当焊件与焊条之间的距离发生变化时，相当于电阻的阻值发生了变化，但由于电路的电抗比电弧的阻值大得多，所以焊接时电流变化不明显，从而保证了电弧的稳定燃烧。

3.5　安 全 用 电

3.5.1　触电

人体因触电可能受到不同程度的伤害，这种伤害可分为电击和电伤两种。

电击造成的伤害最严重，它可使内部器官受伤，甚至造成死亡。分析与研究证实，人体因触电造成的伤害程度与以下几个因素有关。

(1) 人体电阻。人体电阻越大，伤害程度就越轻。大量实验表明，完好干燥的皮肤角质外层人体电阻约为 $10 \sim 100$ kΩ，受破坏的角质外层人体电阻约为 $0.8 \sim 11$ kΩ。

（2）电流的大小。当通过人体的电流大于 50 mA 时，将会有生命危险。一般情况下人体接触 36 V 电压时，通过人体的电流不会超过 50 mA，因此把 36 V 电压称为安全电压。如果环境潮湿，则安全电压值规定为正常环境安全电压的 2/3 或 1/3。

（3）时间的长短。通过人体电流的时间越长，伤害程度就越大。

另一种伤害是在电弧作用下或熔丝熔断时，人体外部受到的伤害，称为电伤，如烧伤、金属溅伤等。

人体触电方式常见为单相触电和两相触电，如图 3.5.1 和图 3.5.2 所示，大部分触电事故属于单相触电，单相触电有以下两种情况：

（1）接触正常带电体的单相触电。一种是电源中点未接地的情况，人手触及电源任一根端线引起的触电。由于端线与地面间可能绝缘不良，形成绝缘电阻；或交流情况下导线与地面间形成分布电容，当人站在地面时，人体电阻与绝缘电阻并联而组成并联回路，使电流通过人体，对人体造成伤害。另一种是电源中性点接地，人站在地面上，当手触及端线时，有电流通过人体到达中性点。

（2）接触正常不带电的金属体的触电。如电机绕组绝缘损坏而使外壳带电，人手触及外壳，相当于单相触电。这种事故最为常见，应对电气设备采用保护接地和接零措施。

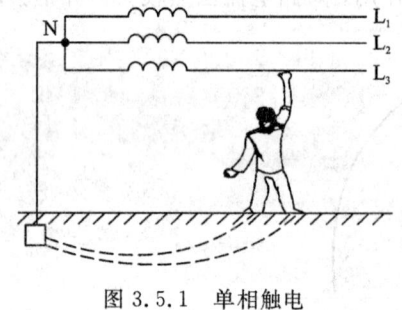
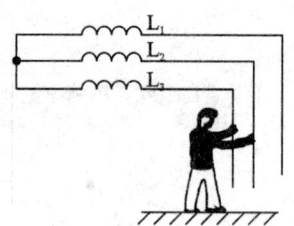

　　图 3.5.1　单相触电　　　　　　　　　　图 3.5.2　两相触电

3.5.2　接地

将与电力系统的中性点或电气设备金属外壳连接的金属导体埋入地中，并直接与大地接触，称为接地。

出于运行及安全的需要，常将电力系统的中性点接地，这种接地方式称为工作接地。它是将电气设备的某一部分通过接地线与埋在地下的接地体连接起来的。三相发电机或变压器的中性点接地属于工作接地。工作接地的目的是当一相接地而人体接触另一相时，触电电压降低到相电压，从而可降低电气设备和输电线的绝缘水平。当单相短路时，接地电流较大，保险装置断开。

在中性点不接地的低压系统中，将电气设备不带电的金属外壳接地，称为保护接地。接地的具体接法如图 3.5.3 所示。保护接地只适用于中性点不接地的供电系统。对于中性点接地的三相四线制供电系统，电气设备的金属外壳若采用保护接地，不能保证安全，其原因可用图 3.5.4 来说明。当电气设备绝缘损坏时，将增大接地电阻，若电气设备功率较大，可能使电气设备得不到保护。此时设备外壳对地电压大于人体安全电压，对人体是不安全的。

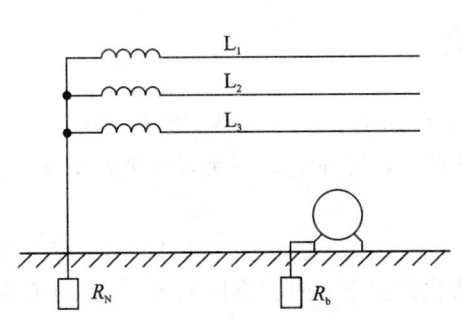

图 3.5.3 工作接地和保护接地

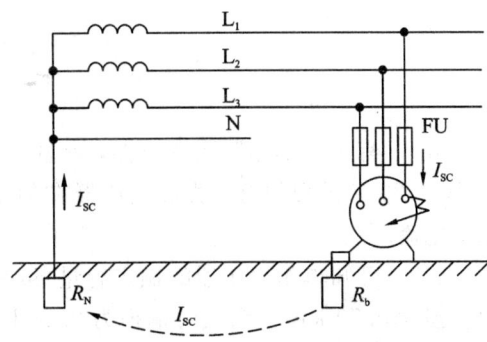

图 3.5.4 中性点接地系统不应采用保护接地

因存在保护接地,人体接触不带电金属而触电时,人体电阻与绝缘电阻并联,而通常人体电阻远大于接地电阻,所以通过人体的电流很小,不会有危险。若没有实施保护接地,那么人体触及外壳时,人体电阻与绝缘电阻串联,故障点流入地的电流大小决定于这一串联电路。当绝缘下降时,其绝缘电阻减小,就有触电的危险。

3.5.3 保护接零和重复接地

在低压系统中,将电气设备的金属外壳接到零线(中线)上,称为保护接零,如图 3.5.5 所示。

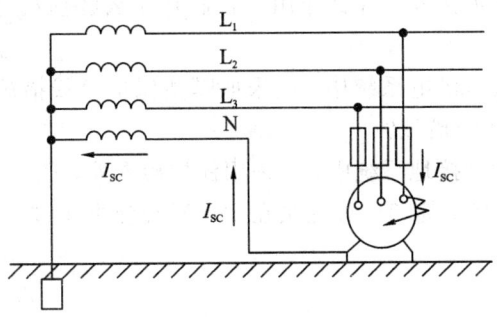

图 3.5.5 中性点接地系统应采用保护接零

此外,在工作接地系统中还常常同时采用保护接零与重复接地(将零线相隔一定距离,多处进行接地),如图 3.5.6 所示。由于多处重复接地的接地电阻并联,使外壳对地电压大大降低。在三相四线制系统中,为了确保设备外壳对地电压为零而专设一根保护零线。工作零线在进入建筑物入口处要接地,进户后再另外专设一根保护零线。这样三相四线制就成为三相五线制,以确保设备外壳不带电。

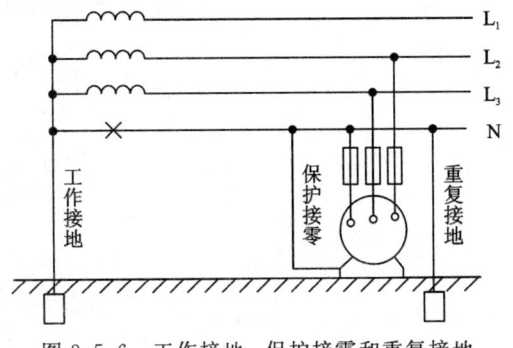

图 3.5.6 工作接地、保护接零和重复接地

习　　题

3.1　有一台单相照明变压器，容量为 10 kVA，电压为 3300/220 V。欲在二次侧接上 60 W、220 V 的白炽灯，若要变压器在额定负载下运行，这种电灯可接多少个？试求一、二次电流。

3.2　已知单相变压器的额定容量 $S_N = 200$ kV·A，额定电压为 6000/250 V，变压器的铁损为 0.70 kW，满载时铜损为 2.20 kW。在满载情况下，向功率因数为 0.85 的负载供电时，二次绕组的端电压为 230 V。试求：

（1）变压器的效率；

（2）变压器一次侧的功率因数；

（3）该变压器是否允许接入 150 kW、功率因数为 0.7 的负载？

3.3　已知一台自耦变压器的额定容量为 50 kV·A，$U_{1N} = 220$ V，$N_1 = 880$，$U_{2N} = 200$ V，试求：

（1）应在线圈的何处抽出一线端？

（2）满载时 I_1 和 I_2 各是多少？

3.4　保护接地和保护接零有什么作用？它们有什么区别？为什么同一供电系统中只采用一种保护措施？

3.5　三相三线制低压供电系统中，应采取哪些保护接线措施？在三相四线制低压供电系统中，应采取哪种接线措施？

3.6　为什么在中性点接地系统中，除采用保护接零外，还要采用重复接地？

3.7　人为了安全，将电烤箱的外壳接在 220 V 交流电源进线的中线上，这样对吗？

第4章　三相异步电动机

电机是实现机械能与电能相互转换的装置。发电机将机械能转换为电能；电动机将电能转换为机械能。电动机可分为直流电动机与交流电动机，交流电动机又分为异步电动机与同步电动机。

异步电动机由于结构简单、工作可靠、维护方便、价格便宜，所以应用最广泛。本章介绍异步电动机的基本结构、工作原理、技术性能和使用方法。

4.1　三相异步电动机的结构和工作原理

4.1.1　三相异步电动机的基本结构

三相异步电动机主要由定子(固定部分)和转子(旋转部分)两个基本部分组成。图 4.1.1所示为笼型转子的三相异步电动机的结构。

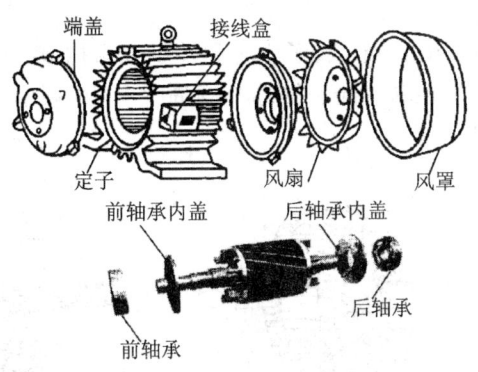

图 4.1.1　笼型转子的三相异步电动机的结构

1. 定子

异步电动机的定子主要由机座、定子铁芯和定子绕组构成。机座用铸钢或铸铁制成，定子铁芯用涂有绝缘漆的硅钢片叠成，并固定在机座中。在定子铁芯的内圆周上有均匀分布的槽用来放置定子绕组，如图 4.1.2 所示。定子绕组由绝缘导线绕制而成。三相异步电动机具有三相对称的定子绕组，称为三相绕组。

三相定子绕组引出 U_1、U_2、V_1、V_2，W_1、W_2 六个出线端，其中 U_1、V_1、W_1 为首端，U_2、V_2、W_2 为末端，如图 4.1.3(a)所示。使用时可以连接成星形或三角形两种方式。如果电源的线电压等于电动机每相绕组的额定电压，那么三相定子绕组应采用三角形连接方式，如图 4.1.3(b)所示。如果电源线电压等于电动机每相绕组额定电压的 $\sqrt{3}$ 倍，那么三相定子绕组应采用星形连接，如图 4.1.3(c)所示。

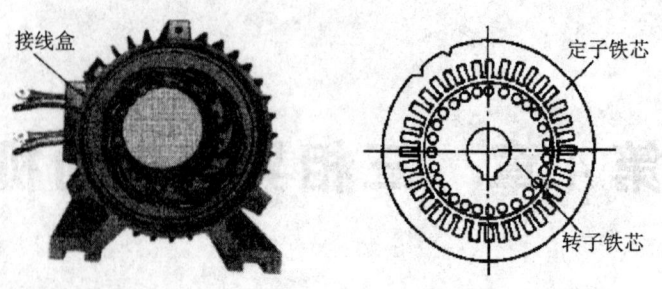

图 4.1.2　三相异步电动机定子铁芯

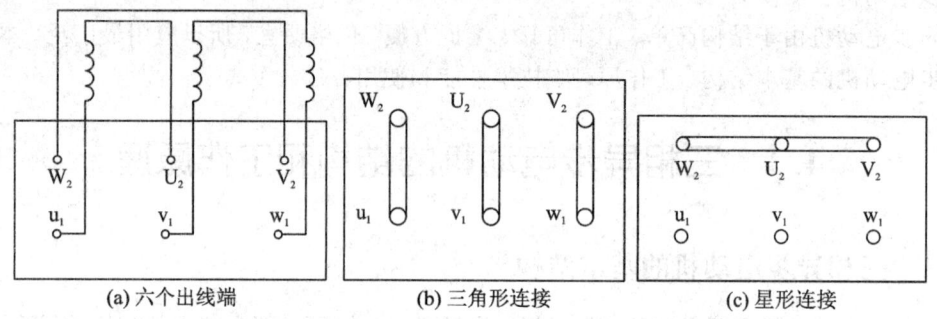

(a) 六个出线端　　　　　(b) 三角形连接　　　　　(c) 星形连接

图 4.1.3　三相定子绕组接线

2. 转子

异步电动机的转子主要由转轴、转子铁芯和转子绕组构成。转子铁芯用涂有绝缘漆的硅钢片叠成圆柱形，并固定在转轴上。铁芯外圆周上有均匀分布的槽，如图 4.1.4 所示。这些槽用于放置转子绕组。

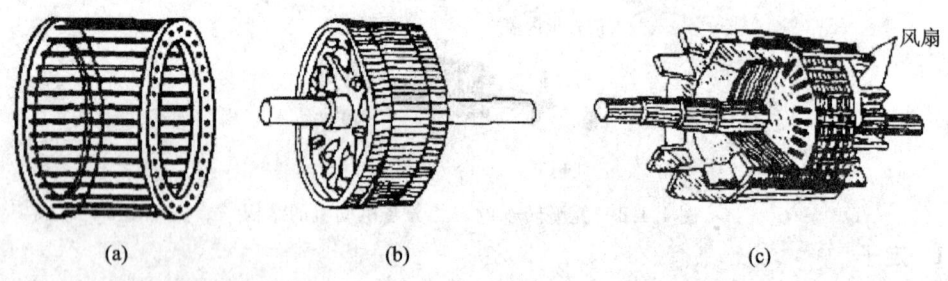

(a)　　　　　　　　　(b)　　　　　　　　　(c)

图 4.1.4　笼型转子

异步电动机转子绕组按结构不同可分为笼型转子和绕线转子两种。前者称为笼型三相异步电动机，后者称为绕线型三相异步电动机。

笼型电动机的转子绕组是由嵌放在转子铁芯槽内的导电条组成的。在转子铁芯的两端各有一个导电端环，并把所有的导电条连接起来。因此，如果去掉转子铁芯，剩下的转子绕组很像一个鼠笼子，如图 4.1.4(a)所示，所以称为笼型转子。中小型(100 kW 以下)笼型电动机的笼型转子绕组普遍采用铸铝制成，并在端环上铸出多片风叶作为冷却用的风扇，如图 4.1.4(c)所示。图 4.1.5 所示是一台三相笼型电动机拆散后的形状图。

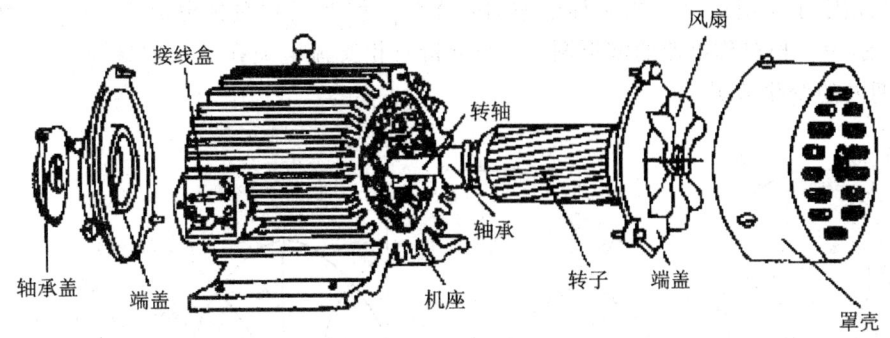

图 4.1.5　三相笼型电动机拆散后的形状图

　　绕线型电动机的转子绕组为三相绕组，各相绕组的一端连在一起（星形连接），另一端接到三个彼此绝缘的滑环上。滑环固定在电动机转轴上和转子一起旋转，并与安装在端盖上的电刷滑动接触来和外部的可变电阻相连，如图 4.1.6 所示。这种电动机在使用时可通过调节外接的变电阻 R_P 来改变转子电路的电阻，从而改善电动机的某些性能。

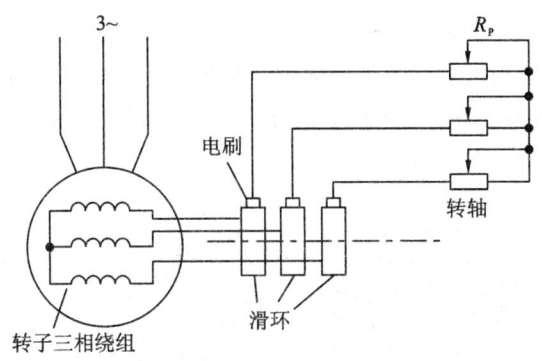

图 4.1.6　绕线转子异步电动机的转子结构

　　绕线转子异步电动机的转子结构比笼型的要复杂得多，但绕线转子异步电动机能获得较好的启动与调速性能，在需要大启动转矩时（如起重机械）往往采用绕线转子异步电动机。

4.1.2　三相异步电动机的工作原理

1. 旋转磁场

　　为了理解三相异步电动机的工作原理，先讨论三相异步电动机的定子绕组接至三相电源后，在电动机中产生磁场的情况。

　　图 4.1.7 所示为三相异步电动机定子绕组的简单模型。三相绕组 U_1、U_2，V_1、V_2，W_1、W_2 在空间互成 $120°$，每相绕组一匝，连接成星形。给定子绕组通入三相交流电流，以 A 相电流为参考，即

$$i_A = I_m \sin\omega t$$

$$i_B = I_m \sin(\omega t - 120°)$$

$$i_c = I_m \sin(\omega t - 240°) = I_m \sin(\omega t + 120°)$$

　　参考方向如图 4.1.7 所示，图中 ⊙ 表示导线中电流从里面流出来，⊗ 表示电流向里流进去。

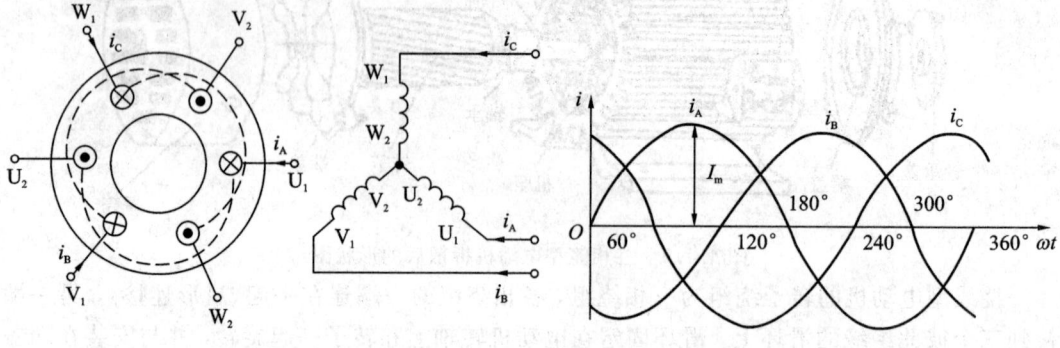

当三相定子绕组接至三相对称电源时，绕组中就有三相对称电流 i_A、i_B，i_C 通过。图 4.1.8 所示为三相对称电流的波形图。下面分析三相交流电流在定子内共同产生的磁场在一个周期内的变化情况。

图 4.1.7　三相异步电动机定子绕组　　　　　图 4.1.8　三相对称电流

（1）当 $\omega t=0°$ 时，$i_A=0$，$i_B=-\frac{\sqrt{3}}{2}I_m<0$，$i_C=\frac{\sqrt{3}}{2}I_m>0$，此时 U 相绕组电流为零；V 相绕组电流为负值，i_B 的实际方向与参考方向相反；W 相绕组电流为正值，i_C 的实际方向与参考方向相同。按右手螺旋定则可得到各个导体中电流所产生的合成磁场，如图 4.1.9（a）所示，它是一个具有两个磁极的磁场。电机磁场的磁极数常用磁极对数 p 来表示，例如上述两个磁极称为一对磁极，用 $p=1$ 表示。

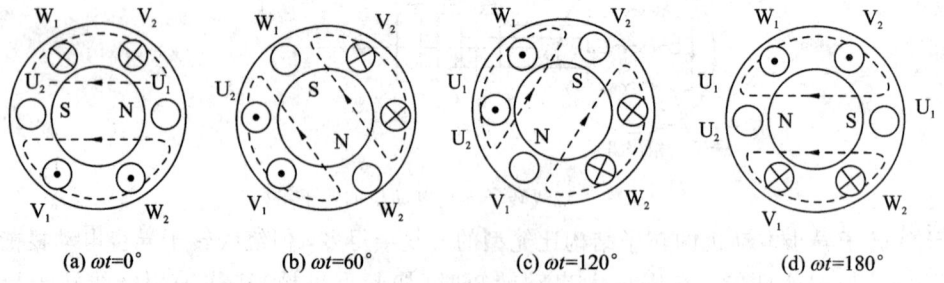

　(a) $\omega t=0°$　　　(b) $\omega t=60°$　　　(c) $\omega t=120°$　　　(d) $\omega t=180°$

图 4.1.9　两极旋转磁场

（2）当 $\omega t=60°$ 时，$i_A=\frac{\sqrt{3}}{2}I_m>0$，$i_B=-\frac{\sqrt{3}}{2}I_m<0$，$i_C=0$，此时的合成磁场如图 4.1.9（b）所示，它也是一个两极磁场。但这个两极磁场的空间位置和 $\omega t=0°$ 时相比，已按顺时针方向在空间上转了 60°。

（3）当 $\omega t=120°$ 时，$i_A=\frac{\sqrt{3}}{2}I_m>0$，$i_B=-\frac{\sqrt{3}}{2}I_m<0$，$i_C=0$，此时的合成磁场如图 4.1.9（c）所示，它也是一个两极磁场。但这个两极磁场的空间位置和 $\omega t=0°$ 时相比，已按顺时针方向在空间上转了 120°。

（4）当 $\omega t=180°$ 时，$i_A=0$，$i_B=\frac{\sqrt{3}}{2}I_m>0$，$i_C=\frac{\sqrt{3}}{2}I_m>0$，此时的合成磁场如图 4.1.9（d）所示，它也是一个两极磁场。但这个两极磁场的空间位置和 $\omega t=0°$ 时相比，已按顺时针方向在空间上转了 180°。

按上面的分析可以证明：当三相电流不断地随时间变化时，所建立的合成磁场也不断地在空间旋转。由此可以得出结论：三相正弦交流电流通过电机的三相对称绕组，在电机中所建立的合成磁场是一个不断旋转的磁场，该磁场称为旋转磁场。

2. 旋转磁场的转向

从对图 4.1.9 的分析中可以看出，旋转磁场的旋转方向是 $U_1 \to V_1 \to W_1$（顺时针方向），即与通入三相绕组的三相电流相序 $i_A \to i_B \to i_C$ 是一致的。

如果把三相绕组接至电源的三根引线中的任意两根对调，例如把 i_A 通入 V 相绕组，i_B 通入 U 相绕组，i_C 仍然通入 W 相绕组。利用图 4.1.9 的分析方法，可以得到此时旋转磁场的旋转方向将会是 $U_1 \to V_1 \to W_1$，旋转磁场按逆时针方向旋转。

由此可以得出结论：旋转磁场的旋转方向与三相电流的相序一致。要改变电动机的旋转方向只需改变三相电流的相序。实际上只要把电动机与电源的三根连接线中的任意两根对调，电动机的转向便与原来相反了。

3. 三相异步电动机的转速

三相异步电动机的转速与旋转磁场的转速有关，旋转磁场的转速由磁场的极数所决定。在 $p=1$ 的情况下，参见图 4.1.9，当 ωt 从 $0°$ 变到 $120°$ 时，磁场在空间也旋转了 $120°$，当电流变化了 $360°$ 时，旋转磁场恰好在空间旋转一周。设电流的频率为 f，即电流每秒钟变化 f 次，每分钟变化 $60f$ 次，于是旋转磁场的转速为 $n_0 = 60f$，其单位为 r/min（转每分）。在旋转磁场具有两对磁极的情况下，当电流也从 $\omega t = 0°$ 变到 $\omega t = 60°$ 时，磁场在空间只转了 $30°$。也就是说，当电流变化一周时，磁场仅旋转了半周，比 $p=1$ 时的转速慢了 $1/2$，即

$$n_0 = \frac{60f}{2} \tag{4.1.1}$$

同理，在三对磁极的情况下，电流交变一周，磁场在空间仅旋转了 $1/3$ 周，只有 $p=1$ 时转速的 $1/3$，即 $n_0 = 60f/3$。

由此可推广到 p 对磁极的旋转磁场的转速为

$$n_0 = \frac{60f}{p} \tag{4.1.2}$$

旋转磁场的转速 n_0 又称同步转速，它由电源的频率 f 和磁极对数 p 所决定，而磁极对数 p 又由三相绕组的安排情况所确定，由于受所用线圈、铁芯的尺寸大小、电动机体积等条件的限制，p 不能无限增大。

我国工业交流电频率是 50 Hz，对某一电动机，磁对数 p 是固定的，因此 n_0 也是不变的。表 4.1.1 中列出了电动机磁极对数所对应的同步转速。

表 4.1.1　同 步 转 速

p	1	2	3	4	5	6
$n_0 /(\text{r}/\min)$	3000	1500	1000	750	600	500

电动机转速 n 接近而略小于旋转磁场的同步转速 n_0，只有这样定子和转子之间才存在相对运动。

异步电动机的转子转速 n 与旋转磁场的同步转速 n_0 之差是保证异步电动机工作的必要因素。这两个转速之差称为转差。转差与同步转速之比称为转差率，用 S 表示，即

$$S = \frac{n_0 - n}{n} \qquad\qquad (4.1.3)$$

或

$$n = (1-S)n_0$$

　　转差率 S 是异步电动机的重要参数指标，由于异步电动机的转速 $n < n_0$，且 $n > 0$，故转差率 S 在 0 到 1 的范围内，即 $0 < S < 1$。对于常用的异步电动机，在额定负载时的额定转速 n_N 接近同步转速，所以它的额定转差率 S_N 较小，约 $0.01 \sim 0.07$，转差率有时也用百分数表示。

　　例 4.1.1　一台异步电动机的额定转速 $n_N = 712.5$ r/min，电源频率为 50 Hz，求其磁极对数 p、额定转差率 S。

　　解　因为异步电动机的额定转速 n 略低于同步转速 n_0，而当电源频率 $f = 50$ Hz 时，$n_0 = \dfrac{60f}{p}$ 略高于 $n_N = 712.5$ r/min，n_0 只能是 750 r/min，故磁极对数 $p = 4$。

　　该电动机的额定转差率为

$$S = \frac{n_0 - n}{n} = \frac{750 - 712.5}{712.5} = 0.05$$

4. 三相异步电动机的工作原理

　　三相异步电动机的工作原理如图 4.1.10 所示。当三相定子绕组接至三相电源后，三相绕组内将流过三相电流并在电机内建立旋转磁场。当 $p = 1$ 时，图中用一对旋转的磁铁来模拟该旋转磁场，它以恒定转速 n 顺时针方向旋转。

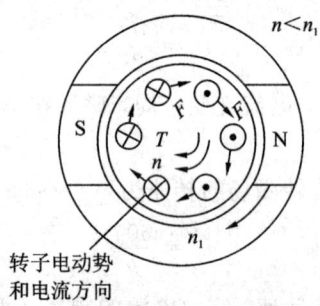

图 4.1.10　异步电动机工作原理示意图

　　在该旋转磁场的作用下，转子导体逆时针方向切割磁通而产生感应电动势。根据右手定则可知，在 N 极下的转子导体的感应电动势的的方向是向外的，而在 S 极下的转子导体的感应电动势的方向是向里的。因为转子绕组是短接的，所以在感应电动势的作用下，产生感应电流，即转子电流。也就是说，异步电动机的转子电流是由电磁感应而产生的。因此这种电动机又称为感应电动机。

　　根据安培定律，载流导体与磁场会相互作用而产生电磁力 F，其方向按左手定则判断。各个载流导体在旋转磁场作用下受到的电磁力，对于转子转轴所形成的转矩称为电磁转矩 T，在它的作用下，电动机转子转动起来。由图 4.1.10 可见，转子导体所受电磁力形成的电磁转矩与旋转磁场的转向一致，故转子旋转的方向与旋转磁场的方向相同。

　　但是，电动机转子的转速 n 必定低于旋转磁场转速 n_0，如果转子转速达到 n_0，那么转子与旋转磁场之间就没有相对运动，转子导体将不切割磁力线，于是转子导体中不会产生感应电动势和转子电流，也不可能产生电磁转矩，所以电动机转子不可能维持在转速 n_0 状态下运行。可见异步电动机只有在转子转速 n 低于同步转速 n_0 的情况下，才能产生电磁转矩来驱动负载，维持稳定运行。因此这种电动机称为异步电动机。

4.1.3　电磁转矩

由三相异步电动机的工作原理可知，驱动电动机旋转的电磁场转矩是由转子导条中的电流与旋转磁场每极磁通相互作用而产生的。因此，电磁转矩 T 的大小与 I_2 和 $\cos\varphi_2$ 成正比。因为转子电路同时存在电阻和感抗（电路呈感性），故转子电流 I_2 滞后于转子感应电动势 E_2 一个相位角 φ_2，转子电路的功率因数为 $\cos\varphi_2$。又由于只有转子电流的有功分量 $I_2\cos\varphi_2$ 与旋转磁场相互作用时，才能产生电磁转矩，可见异步电动机的电磁转矩 T 还与转子电路的功率因数成正比。故异步电动机转子上电磁转矩 T 可表示为

$$T = K_m \Phi_m I_2 \cos\varphi_2 \tag{4.1.4}$$

式中：K_m 是决定于电动机结构的常数；电磁转矩 T 的单位为 N·m（牛顿·米）。

1. 定子电动势 E_1

图 4.1.11 是三相异步电动机每相电路图，和变压器相比，定子绕组相当于变压器的一次绕组，转子绕组相当于变压器的二次绕组，且其电磁关系也类似变压器。三相异步电动机每相电路图和单相变压器相类似，所以定子电路每相的电压方程和变压器原绕组电路一样，即定子电动势有效值：

$$E_1 = 4.44 f_1 N_1 \Phi_m \approx U_1 \tag{4.1.5}$$

定子和转子的每相绕组的匝数分别为 N_1 和 N_2，f_1 为 e_1 的频率。

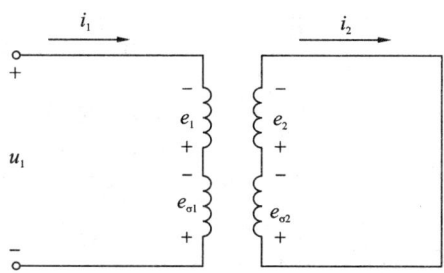

图 4.1.11　三相异步电动机每相电路图

2. 转子电动势 E_2

转子电路电动势 e_2 的有效值为

$$E_2 = 4.44 f_2 N_2 \Phi_m \tag{4.1.6}$$

式中，f_2 为转子频率，它和定子频率 f_1 的关系如下：

因为旋转磁场和转子间的相对转速为 $(n_0 - n)$，故转子频率 $f_2 = \dfrac{p(n_0 - n)}{60}$ 也可写成：

$$f_2 = \frac{p(n_0 - n)}{60} = \frac{n_0 - n}{n_0} \times \frac{pn_0}{60} = S f_1 \tag{4.1.7}$$

可见转子电路的电流频率 f_2 与定子电路的电流频率 f_1 并不相等，这一点和单相变压器有显著的不同，f_2 和转差率 S 密切相关。转差率 S 大，转子频率 f_2 随之增加。

将式（4.1.7）代入到式（4.1.6），可得到 E_2 与定子电路电流频率间的关系为

$$E_2 = 4.44Sf_1N_2\Phi_m \qquad (4.1.8)$$

当 $n=0$，即 $S=1$ 时，转子电动势为

$$E_{20} = 4.44f_1N_2\Phi_m \qquad (4.1.9)$$

3. 转子感抗 X_2

由感抗的定义可知：

$$X_2 = 2\pi f_2 L_{\sigma 2}$$

又据式(4.1.7)，可得

$$X_2 = 2\pi Sf_1 L_{\sigma 2} \qquad (4.1.10)$$

当 $n=0$，即 $S=1$ 时，转子感抗为

$$X_{20} = 2\pi f_1 L_{\sigma 2} \qquad (4.1.11)$$

比较式(4.1.10)和式(4.1.11)，可得

$$X_2 = SX_{20} \qquad (4.1.12)$$

可见，转子电路感抗 X_2 与转差率 S 成正比。

4. 转子电路电流 I_2

转子电路的每相电流 I_2 的有效值为

$$I_2 = \frac{E_2}{\sqrt{R_2^2 + X_2^2}} = \frac{SE_{20}}{\sqrt{R_2^2 + (SX_{20})^2}} \qquad (4.1.13)$$

5. 转子电路的功率因数 $\cos\varphi_2$

由于转子有漏磁通，相应的感抗为 X_2，因此 $\dot{I}_2$ 比 $\dot{E}_2$ 滞后 φ_2 角，故转子电路的功率因数为

$$\cos\varphi_2 = \frac{R_2}{\sqrt{R_2^2 + X_2^2}} = \frac{R_2}{\sqrt{R_2^2 + (SX_{20})^2}} \qquad (4.1.14)$$

由式(4.1.4)、式(4.1.13)和式(4.1.14)，可得出电磁转矩的参数方程为

$$\begin{aligned}
T &= K_m\Phi_m I_2\cos\varphi_2 = K_m\frac{U_1}{4.44f_1N_1}\frac{4.44f_1N_2S\Phi}{\sqrt{R_2^2+(SX_{20})^2}}\frac{R_2}{\sqrt{R_2^2+(SX_{20})^2}}\\
&= K_m\frac{U_1N_2}{N_1}\frac{SR_2}{R_2^2+(SX_{20})^2}\frac{U_1}{4.44f_1N_1}\\
&= K_m\frac{N_2}{4.44f_1N_1^2}\frac{SR_2}{R_2^2+(SX_{20})^2}U_1^2\\
&= KU_1^2 \qquad (4.1.15)
\end{aligned}$$

式中：K 为电动机系数；f_1 为电流频率；S 为转差率；R_2 为转子电路每相的电阻；X_{20} 为电动机启动时(转子尚未转起来时)的转子感抗。

式(4.1.15)更为明确地说明了异步电动机电磁转矩 T 受电源电压 U_1、转差率 S 等外部条件及电路自身参数的影响很大，这是三相异步电动机的不足之处，也是它的特点之一。

当电源电压 U_1 和频率 f_1 一定，且 R_2、X_{20} 都是常数时，电磁转矩只随转差率 S 变化。电磁转矩 T 与转差率 S 之间的关系可用转矩特性 $T=f(S)$ 函数来表示，其特性曲线如图4.1.12 所示。

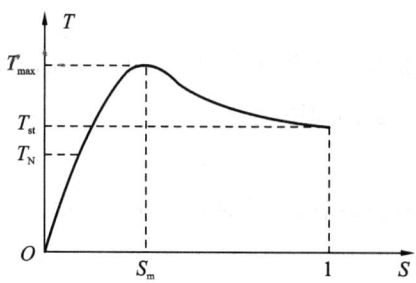

图 4.1.12　转矩特性 $T=f(S)$ 曲线图

4.1.4　机械特性曲线

图 4.1.12 所示的转矩特性曲线 $T=f(S)$ 只是间接表示出电磁转矩与转速之间的关系。而在实际工作中常用异步电动机的机械特性曲线来分析问题，机械特性反映了电动机的转速 n 与电磁转矩 T 之间的函数关系，如图 4.1.13 所示。

机械特性可从转矩特性得到，把转矩特性 $T=f(S)$ 的坐标轴 S 变成 n，再把 T 轴平行移到 $n=0$，即 $S=1$ 处，并将坐标轴顺时针旋转 90°，就得到图 4.1.13 所示的机械特性曲线。

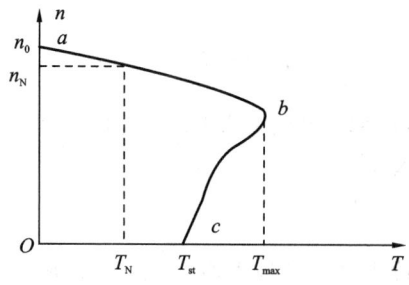

图 4.1.13　机械特性 $T=f(n)$ 曲线

由图 4.1.12 可知，S_m 作为临界转差率，将曲线 $T=f(S)$ 分为对应 S 的两个不同性质区域。同样，在图 4.1.13 的 $T=f(n)$ 曲线上也相应地存在两个不同性质运行区域：稳定工作区 ab 和不稳定工作区 bc。通常三相异步电动机都工作在特性曲线的 ab 段，当负载转矩 T_L 增大时，在最初瞬间电动机的转矩 $T < T_L$，所以它的转速 n 开始下降。随着 n 的下降，电动机的转矩 T 相应增加，因为这时 T_L 增加的影响超过 $\cos\varphi_2$ 减少的影响；当转矩增加到 $T=T_L$ 时，电动机在新的稳定状态下运行，这时转速较之前低。

由图 4.1.13 的机械特性曲线可见，ab 段比较平坦，当负载在空载与额定值之间变化时，电动机的转速变化不大。这种特性称为硬机械特性。三相异步电动机的这种硬机械特性适用于当负载变化时对转速要求变化不大的笼型电动机。

研究机械特性的目的是为了分析电动机的运行性能。在机械特性曲线上，下面将讨论三个重要的转矩。

1）额定转矩 T_N

异步电动机的额定转矩是指其工作在额定状态下产生的电磁转矩。由于电磁转矩 T 必须与阻转矩 T_C 相等才能稳定运行，即

$$T = T_C \tag{4.1.16}$$

而 T_C 又是由电动机轴上的输出机械负载转矩 T_L 和空载损耗转矩 T_0 共同构成的，通常 T_0 很小，可忽略，故

$$T = T_0 + T_L \approx T_L \tag{4.1.17}$$

又据电磁功率与转矩的关系可得

$$T \approx T_2 = \frac{P_2}{\omega} \tag{4.1.18}$$

式中：P_2 为电机轴上输出的机械功率，单位是 W（瓦）；转矩的单位是 N·m（牛·米）；角速度的单位是 rad/s（弧度/秒）。功率单位若为 kW 时，则得

$$T = \frac{P_2}{\omega} = \frac{P_2 \times 1000}{\frac{2\pi n}{60}} = 9550 \frac{P_2}{n} \tag{4.1.19}$$

若电机处于额定状态，则可从电机的铭牌上查到额定功率和额定转速的大小，可得额定转矩的计算公式：

$$T_N = 9550 \frac{P_{2N}}{n_N} \tag{4.1.20}$$

式中：P_{2N} 为电动机额定输出功率，单位为 kW；n_N 为电动机额定转速，单位为 r/min；T_N 为电动机额定转矩，单位为 N·m。

2）最大转矩 T_{max}

从机械特性曲线上看，转矩有一个最大值 T_{max}，称为最大转矩或临界转矩。对应于最大转矩的转差率为 S_m，若将转矩 T 对转差率 S 求导，并令 $\frac{dT}{dS} = 0$，即

$$S_m = \frac{R_2}{X_{20}} \tag{4.1.21}$$

将式（4.1.21）带入式（4.1.13）得到最大转矩 T_{max} 为

$$T_{max} = K \frac{U_1^2}{2X_{20}} \tag{4.1.22}$$

分析式（4.1.21）和式（4.1.22）可得到如下结论：

（1）最大转差率 S_m 与转子电阻 R_2 成正比，R_2 越大，S_m 也越大，图 4.1.14 表示了不同转子电阻（$R_1 > R_2$）与机械特性的关系，可见若要调低电机的转速可采用在转子电路串电阻的方法，反之，减少转子电路的电阻可相应地增加转速。

（2）最大转矩 T_{max} 与 R_2 无关，它仅与电源电压的平方（U_1^2）成正比。所以供电电压的波动将影响电动机的运行情况。图 4.1.15 表示了电压变化（$U_1 > U_2$）对机械特性的影响，若要实现电机转速的改变，也可采用调压的方法实现。

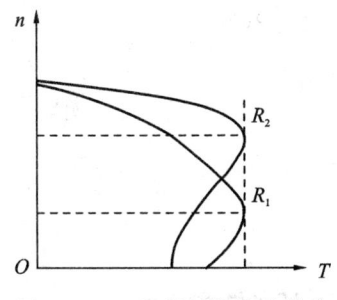
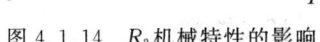

图 4.1.14 R_2 机械特性的影响

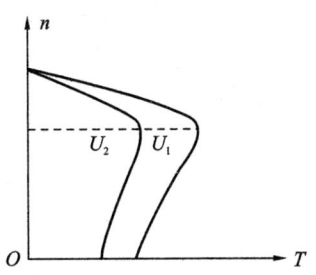

图 4.1.15 U_1 机械特性的影响

一般情况下，允许电动机的负载转矩在较短的时间内超过其额定转矩，但不能超过最大转矩。因此最大转矩也表示电动机短时容许的过载能力。电动机的额定转矩 T_N 应低于最大转矩 T_{max}，两者之比称为过载系数 λ，即

$$\lambda = \frac{T_{max}}{T_N} \tag{4.1.23}$$

当电动机工作电流超过它所允许的额定值时，这种工作状态称为过载。为了避免过热，不允许电动机长期过载运行。

在温升时，可以允许电动机短时间的过载。但这时的负载转矩不得超过最大转矩 T_{max}，否则就会发生"堵转"而烧毁电动机。所以最大转矩 T_{max} 反映了异步电动机短时的过载能力，通常将它与额定转矩 T_N 的比值 λ 称为电动机的转矩过载系数或过载能力，λ 是衡量电动机短时过载能力和稳定运行的一个重要参数。λ 值越大的电动机过载能力越大，通常三相异步电动机的过载系数为 $1.8 \sim 2.2$。

3) 启动转矩 T_{st}

电动机刚启动（$n=0$）时的转矩称为启动转矩 T_{st}。启动转矩必须大于负载转矩（$T_{st} > T_L$），电动机才能启动。通常用启动转矩与额定转矩的比值来表示异步电动机的启动能力 λ_{st}，即

$$\lambda_{st} = \frac{T_{st}}{T_N} \tag{4.1.24}$$

通常三相异步电动机的启动系数约为 $0.8 \sim 2.0$。

例 4.1.2 某台笼式异步电动机为三角形连接，额定功率 $P_N = 40$ kW，额定转速 $n_N = 1460$ r/min，过载系数 $\lambda = 2.0$，试求：

（1）其额定转矩 T_N、额定转差率 S_N 和最大转矩 T_{max}；

（2）当电源下降到 $U'_N = 0.9 U_N$ 时的转矩。

解 电动机的额定转矩：

$$T_N = 9550 \frac{P_{2N}}{n_N} = 9550 \times \frac{40}{1460} = 261.6 (N \cdot m)$$

由于额定转速 $n_N = 1460$ r/min，可得出同步转速 $n_0 = 1500$ r/min

所以额定转差率：

$$S_N = \frac{n_0 - n_N}{n_N} = \frac{1500 - 1460}{1460} \times 100\% \approx 2.67\%$$

由 $\lambda = \frac{T_{max}}{T_N}$ 可得最大转矩：

$$T_{max} = \lambda T_N = 2.0 \times 261.6 = 523.2 (\text{N} \cdot \text{m})$$

$$U'_N = 0.9 U_N$$

由式(4.1.22)得

$$\frac{T'_N}{T_N} = \left(\frac{U'_N}{U_N}\right)^2 = (0.9)^2$$

$$T'_N = (0.9)^2 T_N = 218.9 (\text{N} \cdot \text{m})$$

4.2　三相异步电动机的启动

将一台三相异步电动机接上交流电,使之从静止状态开始旋转直至稳定运行,这个过程称为启动。研究电动机启动就是研究接通电源后,怎样使电动机转速从零开始上升直至达到稳定转速(额定转速)的稳定工作状态。电动机能够启动的条件是启动转矩 T_{st} 必须大于负载转矩 T_L。

电动机刚接通电源的瞬间,$n = 0$,$S = 1$,即转子尚未转动,定子电流(启动电流)I_{st} 很大,大约为电动机额定电流的 $5 \sim 7$ 倍。例如 Y 120M—4 型电动机的额定电流为 15.4 A,则启动电流可达 $77 \sim 107.8$ A。启动电流虽然很大,但启动时间一般都很短,小型电动机只有 $1 \sim 3$ s,而且启动电流随转速的上升而迅速下降。因此,只要电动机不处在频繁启动状态中,一般不会引起电动机过热。但启动电流过大时,会产生较大的线路压降,影响到同一线路上其他设备的正常工作。例如,可能使同一线路中其他运行中的电动机转速下降,甚至"堵转",白炽灯突然变暗等。电动机容量越大,这种影响也越大。

启动电流虽然很大,但转子电流频率最高($f_2 = f_1$),所以转子感抗也很大,而转子的功率因数 $\cos\varphi_2$ 很低,所以,启动转矩并不大,仅为额定转矩的 $1 \sim 2$ 倍。但启动电流较大是异步电动机的主要缺点,必须采用适当的启动方法,以减少启动电流。三相异步笼式电动机常用的启动方法有直接启动和降压启动等。

4.2.1　直接启动

直接启动是将额定电压通过隔离开关或接触器直接加在定子绕组上使电动机启动。这种方法简单、可靠,而且启动迅速;缺点是启动电流大。一般容量较小、不频繁启动的电动机采用这种方法。

一台异步电动机能否直接启动要视情况而定,那么究竟多大功率的异步电动机可直接启动呢?这与供电线路变压器容量大小及电动机功率大小有关。通常直接启动时电网的电压降不得超过额定电压的 $5\% \sim 15\%$,否则不允许直接启动。

4.2.2　降压启动

在不允许直接启动的情况下,对容量较大的笼式电动机,常采用降压启动的方法。即启动时先降低加在定子绕组上的电压,当电动机转速接近额定转速时,再加上额定电压运行。由于启动时降低了加在定子绕组上的电压,从而减少了启动电流,但由于 $T \propto U_1^2$,因此会同时减少电动机的启动转矩。所以降压启动只适合于轻载、空载启动或对启动转矩要求不高的场合。

　　降压启动的方法有多种。下面将详细介绍星形-三角形换接启动法。星形-三角形换接启动法简记为 Y-△启动法，适用于正常工作时电动机定子绕组是三角形接法的异步电动机，如图 4.2.1 所示。

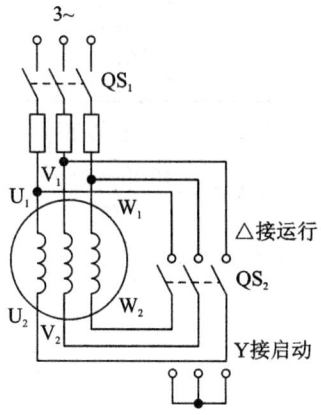

图 4.2.1　简单的 Y-△换接法

　　当开关 QS_2 投至"启动"位置时，电动机定子绕组接成星形，开始降压启动，这时定子绕组只承受 $U_{N1}/\sqrt{3}$ 的额定电压；当电动机转速接近额定值时，迅速将 QS_2 投至"运行"位置，电动机定子绕组接成三角形而全压运行。

　　下面讨论 Y-△启动时的启动电流和启动转矩。设供电电源线电压为 U_L，定子绕组的每相阻抗为 $|Z|$，Y 连接启动时，启动电流为线电流 I_L，且

$$I_L = I_{Ph} = \frac{U_L}{\sqrt{3}\,|Z|}$$

当定子绕组接成三角形直接启动时，其线电流为

$$I_{L\Delta} = \sqrt{3}\,I_{Ph} = \sqrt{3}\,\frac{U_L}{|Z|} \tag{4.2.1}$$

所以

$$I_{LY} = \frac{1}{3}I_{L\triangle} \tag{4.2.2}$$

又因为 $T \propto U_1^2$，则有

$$\frac{(T_{st})}{T_N} = \left(\frac{U_L/\sqrt{3}}{U_L}\right)^2 = \frac{1}{3} \tag{4.2.3}$$

　　可见，采用 Y-△换接启动法，可使启动电流减少到直接启动时的 1/3。又由于 $T \propto U_1^2$，所以启动转矩，也减少至直接启动时的 1/3。因此，Y-△换接启动法的优点是设备简单、成本低、寿命长、动作可靠、没有附加损耗，这种方法仅适用于空载或轻载启动。

　　例 4.2.1　已知一台 Y 280M—6 型三相异步电动机的技术数据见表 4.2.1，试求：

　　(1) 电动机的磁极对数 p；

　　(2) 额定转差率 S_N；

　　(3) 额定转矩 T_N；

　　(4) 启动电流 I_{st}；

　　(5) 启动转矩 T_{st}；

（6）最大转矩 T_{max}。

表 4.2.1　Y 280M—6 型三相异步电动机技术数据

P_N/kW	U_N/V	I_N/A	f_1/Hz	$n_N/(rad/min)$
55	380	104.9	50	980
$\eta\%$	$\cos\varphi_2$	I_{st}/I_N	T_{st}/T_N	T_{max}/T_N
91.6	0.87	6.5	1.8	2.0

解　$n_N=980$ rad/min，则磁极对数 $p=3$，所以有

$$s_N=\frac{n_0-n_N}{n_N}\times100\%=\frac{1000-980}{980}\times100\%=2\%$$

$$T_N=9550\frac{P_N}{n_N}=9550\frac{55}{980}=536(\text{N}\cdot\text{m})$$

由 $I_{st}/I_N=6.5$ 得

$$I_{st}=6.5I_N=6.5\times104.9=681.9(\text{A})$$

由 $T_{st}/T_N=1.8$ 得

$$T_{st}=1.8\,T_N=1.8\times536=964.8(\text{N}\cdot\text{m})$$

由 $T_{max}/T_N=2.0$ 得

$$T_{max}=2.0T_N=2.0\times536=1072(\text{N}\cdot\text{m})$$

除 Y-△换接启动法外，常见的还有定子绕组串电抗启动和自耦变压器降压启动。前者通常用于绕线式异步电机的启动。只要在转子电路中接入适当的启动电阻，既可达到减小启动电流的目的又可增大启动转矩。后者的原理是利用三相自耦变压器将电动机在启动过程中的端电压降低，从而减少启动电流，当然启动转矩也会相应减少。

4.3　三相异步电动机的制动

制动问题研究的是怎样使稳定运行的异步电动机在断电后，在最短的时间内克服电动机的转动部分及其拖动的生产机械的惯性而迅速停车，以达到静止状态。对电动机进行准确制动不仅能保证工作安全，而且还能提高生产效率。

三相异步电动机的制动方式有机械制动和电气制动两大类。其中电气制动主要有：能耗制动、反接制动和发电反馈制动等。本节将对能耗制动和反接制动进行详细阐述。

4.3.1　能耗制动

能耗制动的原理如图 4.3.1 所示。在断开电动机的交流电源的同时把 QS 投至"制动"，给任意两相定子绕组通入直流电源。定子绕组中流过的直流电流在电动机内部产生一个不旋转的恒定直流磁场 H（磁通 Φ）。断电后，电动机转子由于惯性作用还按原方向转动，从而切割直流磁场产生感应电动势和感应电流，其方向用右手法则确定。转子电流与直流磁场相互作用，使转子导体受到力 F 的作用，F 的方向用左手法则确定。F 所产生的转矩方向与电动机原旋转方向相反，因而起制动作用，即产生制动转矩。制动转矩的大小与通入的直流电源的大小有关，一般为电动机额定电流的 0.5～1 倍。这种制动方法是利用转子惯性转动的能量切割磁场而产生制动转矩，其实质是将转子动能转换成电能，并最终变成热

能消耗在转子回路的电阻上，故称能耗制动。

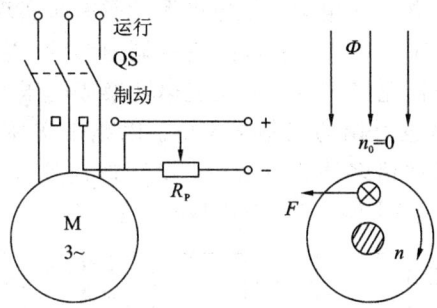

图 4.3.1 能耗制动原理

能耗制动的特点是制动平稳、准确、能耗低，但需配备直流电源。

4.3.2 反接制动

图 4.3.2 所示为反接制动的原理图。当电动机需要停车时，在断开 QS_1 的同时，接通 QS_2，目的是为了改变电动机的三相电源相序，从而导致定子旋转磁场反向，使转子产生一个与原转向相反的制动力矩，迫使转子迅速停转。当转速接近零时，必须立即断开 QS_2，切断电源，否则电动机将在反向磁场的作用下反转。

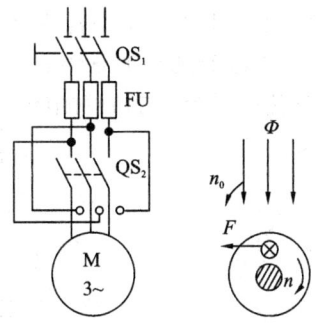

图 4.3.2 反接制动原理

在反接制动时，旋转磁场与转子的相对转速（$n+n_0$）很大，定子绕组电流也很大，为确保运行安全，不至于因电流过大导致电动机过热损坏，必须在定子电路（笼型）或转子电路（绕线式）中串入限流电阻。

反接制动具有制动方法简单、制动效果好等特点，但能耗大、冲击大。在启停不频繁、功率较小的电力拖动中常用这种制动方式。

4.3.3 三相异步电动机的调速

在实际生产过程中，为满足机械生产的需要，需要人为地改变电动机的转速，这就是通常说的调速。电动机调速的方法较多，根据式 $n=(1-S)n_0=(1-S)\dfrac{60f_1}{p}$ 可知，改变电源频率 f_1、电动机的极数 p 或转差率 S 均能改变电动机的转速。其中改变电源频率和磁极对数常用于笼型电动机的调速；改变转差率 S，则用于绕组式电动机的调速。

1. 变频调速

变频调速指通过改变三相异步电动机供电电源的频率来实现调速。近年来该项调速技术发展得较快,当前主要采用图 4.3.3 所示的变频调速装置。它主要由整流器、逆变器和控制电路三部分组成。整流器先将 50 Hz 的交流电转换成电压可调的直流电,再由逆变器变换成频率连续可调、电压也可调的三相交流电。以此来实现三相异步电动机的无级调速。由于在交流异步电动机的诸多调速方法中,变频调速具有调速性能好、调速范围广、运行效率高等特点,使得变频调速技术的应用日益广泛。

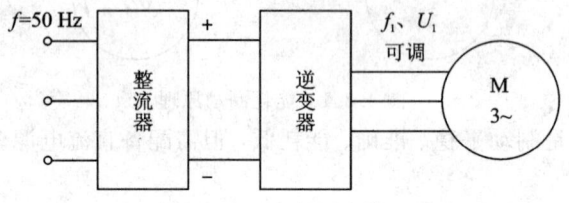

图 4.3.3　变频调速装置

2. 变极调速

变极调速就是通过改变旋转磁场的磁极对数来实现对三相异步电动机的调速。由 $n_0 = 60 f_1/p$ 可知,磁极对数 p 的增减必将改变 n_0 的大小,从而达到改变电动机转速的目的。

三相异步电动机定子绕组接法的不同是引起旋转磁场磁极对数改变的根本原因。例如,设定子绕组的 A 相绕组由两个线圈($A_1 X_1$ 和 $A_2 X_2$)组成,当这两个线圈并联时,则定子旋转磁场是一对磁极,即 $p=1$,见图 4.3.4(a);若两个线圈串联,则定子旋转磁场是两对磁极,即 $p=2$,见图 4.3.4(b)。从这个例子可看出,这种调速方法不能实现无级调速,是有级调速,这是因为旋转磁场的磁极对数只能成对地改变。

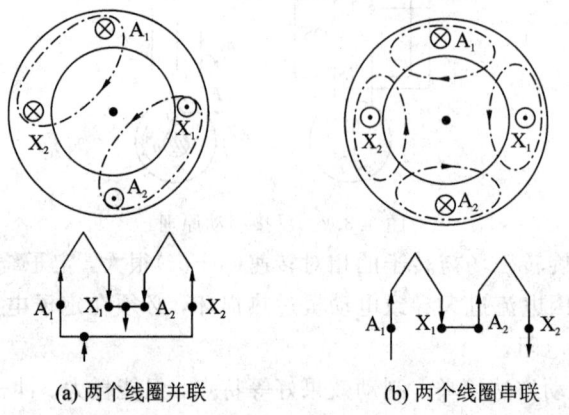

(a) 两个线圈并联　　　　　　　(b) 两个线圈串联

图 4.3.4　改变磁极对数的调速方法

变极调速电动机受磁极对数的限制,转速级别不会太多,否则电动机就会结构复杂、体积庞大,不利于生产应用。常用的变极调速电动机有双速或三速电机等,其中双速电动机应用最广。

3. 变转差率调速

在三相异步电动机的结构中,前面提及绕线式转子的三根引出线,通过滑环、电刷等最终会接到启动装置或调速用的变阻器 R_2 上。只要改变调速变阻器 R_2 的大小,就可平滑调速。譬如增大调速电阻 R_2,电动机的转差率 S 增大,转速 n 下降。反之,转速 n 上升。从而实现调速。变转差率调速的优点在于投资少、调速设备简单,但使用不够经济,耗能大。

这种调速方法大多应用于起重机等设备中。

4.3.4 三相异步电动机的铭牌数据

要想正确、安全地使用电动机,首先必须全面系统地了解电动机的额定值,看懂铭牌上所有信息及使用说明书上的操作规程。不当的使用不仅浪费资源,甚至有可能损坏电动机。图 4.3.5 所示为 Y 120M—4 型异步电动机的铭牌数据,下面将以它为例说明各技术数据及各字母的含义。

三相异步电动机					
型　号	Y 120M—4	功　率	7.5 kW	频　率	50 Hz
电　压	380 V	电　流	15.4 A	接　法	△
转　速	1440 r/min	绝缘等级	B	工作方式	连续
年　　月		编　号			××电机厂

图 4.3.5　电动机铭牌数据

此外,它的主要技术数据还有:功率因数(0.85)、效率(87%)。

1. 型号

电动机产品的型号是电动机的类型和规格代号。它由汉语拼音大写字母及国际通用符号和阿拉伯数字组成。例如:

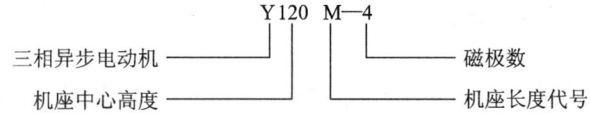

Y 120M—4,Y 表示三相异步电动机,120 表示机座中心高度为 120 mm,4 表示磁极数为 4 极,M 为机座长度代号(S—短机座;M—中机座;L—长机座)。

产品代号中,除 Y 表示三相异步电动机外,还有 YR 表示绕线式异步电动机,YB 表示防爆异步电动机,YQ 表示高启动转矩异步电动机。常用的异步电动机型号、结构、用途可从电工手册中查询。

2. 额定功率与效率

额定功率表示电动机在额定工作状态下运行时,转轴上输出的机械功率值(P_2),单位为 kW(千瓦)。电动机的输出功率 P_2 并不等于从电源输入的功率 P_1,其差值为电动机本身的损耗功率 ΔP(如铜损 ΔP_{Cu}、铁损 ΔP_{Fe}、机械损耗等)。即 $\Delta P = P_1 - P_2$。电动机的效率 η 就是输出功率与输入功率的比值。

以 Y 120M—4 型电动机为例:

输入功率:

$$P_1 = \sqrt{3} U_{1N} I_{1N} \cos\varphi = \sqrt{3} \times 380 \times 15.4 \times 0.85 = 8.6(kW)$$

输出功率:

$$P_2 = 7.5 \text{ kW}$$

效率:

$$\eta = \frac{P_2}{P_1} \times 100\% = \frac{7.5}{8.6} \times 100\% = 87.2\%$$

一般三相异步电动机额定运行时效率约为 72%~93%,当电动机在额定功率的 75%

左右运行时效率最高。

3. 频率 f

频率是指电动机所接的电源频率。我国的工频为 50 Hz。

4. 电压 U_N

铭牌上所标的电压值是指电动机额定运行时定子绕组上应加的额定线电压值 U_N。一般规定电动机运行时的电压不应高于或低于额定值的 5%。若铭牌上有两个电压值，表示定子绕组在两种不同接法时的线电压。例如 380/220 Y/△是指：线电压 380 V 时采用 Y 接法；线电压 220 V 时采用△接法。

5. 电流 I_N

铭牌上所标的电流值为电动机在额定电压下，转轴上输出额定功率时定子绕组上的额定线电流值 I_N。若铭牌上有两个电流值，表示定子绕组在两种不同接法时的线电流。

6. 接法

铭牌上的接法指的是三相定子绕组的连接方式。在实际应用中，为便于采用 Y -△换接启动，三相异步电动机系列的功率较大时（4 kW 以上），一般采用三角形接法。

7. 转速

铭牌上转速表示电动机定子加额定线电压，转轴上输出额定功率时每分钟的转数，用 n_N 表示。不同磁极对数的异步电动机有不同的转速等级。生产中最常用的是四个极的（$n_0 = 1500$ r/min）Y 系列电动机。

8. 绝缘等级

绝缘等级是由电动机各绕组及其他绝缘部件所用的绝缘材料在使用时容许的极限温度来分级的，见表 4.3.1。

表 4.3.1　绝缘等级

绝缘等级	Y	A	E	B	F	H	C
最高允许温度/℃	90	105	120	130	155	180	大于 180

9. 工作方式

工作方式是指电动机在额定状态下工作时，为保证其温升不超过最高允许值，可持续运行的时限。电动机的工作方式主要有三大类。

连续工作制（代号 S_1）电动机可在额定状态下长时间连续运转，温度不会超出允许值；短时工作制（代号 S_2）电动机只允许在规定时间内按额定值运行，否则会造成电动机过热，带来安全隐患，规定时间分 10 min、30 min、60 min 和 90 min 四种；连续周期工作制（代号 S_3）电动机按系列相同的工作周期运行，每期包括一段恒定负载运行时间和一段停机、断路时间。

4.4　继电接触器控制系统

4.4.1　常用控制电器

1. 按钮

按钮是一种简单的手动电器，通常用来接通或断开电流较小的电路。按钮与接触器、继电器等联用，就可以对电动机等设备实现自动控制。按钮的结构和符号如图 4.4.1 所示。其中图 4.4.1(a)为动断按钮，又称停止按钮；图 4.4.1(b)为动合按钮，又称启动按钮；图 4.4.1(c)为组合按钮，兼有动合和动断功能。

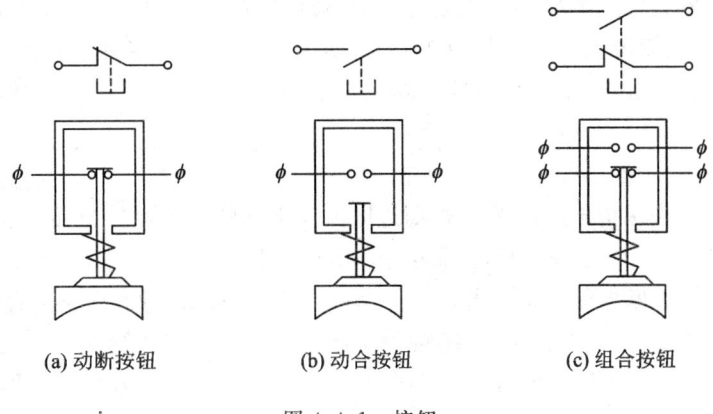

(a) 动断按钮　　　　　　(b) 动合按钮　　　　　　(c) 组合按钮

图 4.4.1　按钮

按钮的额定电压一般为 500 V，电流为 5 A。

2. 交流接触器

交流接触器由铁芯、线圈和触点等组成，图 4.4.2 为接触器的外形图、结构原理图及符号图。

铁芯由硅钢片叠成，分上铁芯与下铁芯两部分。下铁芯固定不动，上铁芯能上下移动，从而推动触点的开合。线圈装在下铁芯上，如图 4.4.2(b)所示。

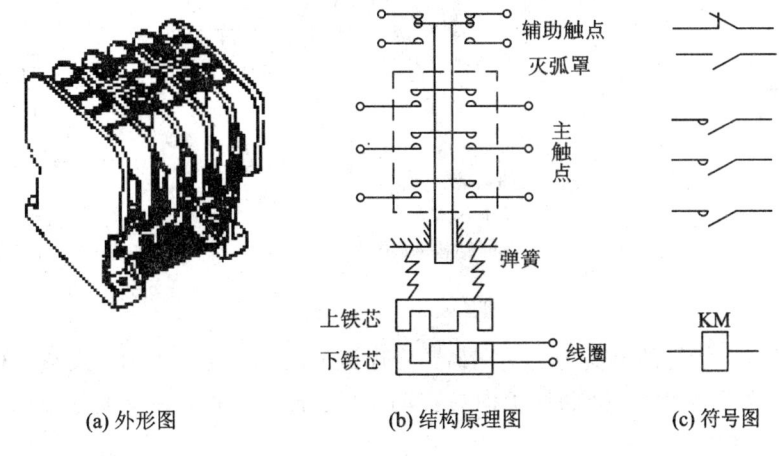

(a) 外形图　　　　　　(b) 结构原理图　　　　　　(c) 符号图

图 4.4.2　交流接触器

当线圈中无电流时，铁芯无电磁吸力，由于弹簧的作用，使上下铁芯分开，故动断触点闭合，动合触点断开。

当线圈中有电流通过时，铁芯中产生交变磁通和电磁吸力，导致下铁芯吸合上铁芯，通过连杆，使动断触点断开，动合触点闭合。

动合、动断触点及线圈的符号如图 4.4.2(c)所示。触点分主触点与辅助触点两种，主触点一般有三个，触点接触面积大，允许通过的电流也大，接在电动机工作的主电路中，控制着电动机的启动与停止。辅助触点一般有两个动合、两个动断，触点接触面积小，允许通过的电流也小，接在控制电路中。

交流接触器的技术数据主要是额定电压和额定电流。额定电压是指线圈的工作电压，常用的 CJ10 系列接触器的线圈电压有 127 V、220 V、380 V 等多种。额定电流是指主触点允许通过的电流，常用的 CJ10 系列接触器主触点有 5 A、10 A、20 A、40 A、60 A 直到 600 A 等多种。

3. 热继电器

热继电器是用来保护电动机免受长期过电流而损坏的一种保护电器。电动机在运行过程中，如果过载、欠压或者缺一相电源运行，都将使电流超过额定值。但若过电流的数值不足以使电路中的熔断器熔断时，电动机绕组就会因过电流而导致过热，直至烧坏。

图 4.4.3 是热继电器的外形图、结构示意图及符号图。在实际产品中，有两个发热元件的热继电器，也有三个发热元件的热继电器。使用时，三个发热元件分别串接在电动机定子绕组主电路中，而动触点与定触点组成的动断触点则串接在控制电路中。

在图 4.4.3(b) 中，当电动机定子绕组的电流在热继电器的整定电流以下时，发热元件产生的热量不多，主双金属元件无变形，导板不动，动断触点闭合，电动机正常运行。

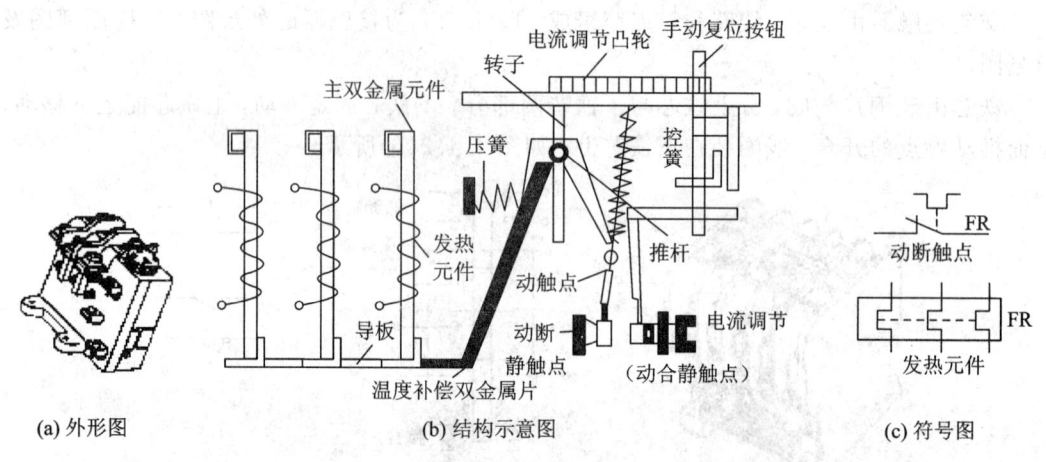

(a) 外形图　　　　　　　　(b) 结构示意图　　　　　　　　(c) 符号图

图 4.4.3　热继电器

当电动机定子绕组的电流为热继电器整定电流值的 1.2 倍以上时，发热元件产生的热量使主双金属片受热弯曲，推动导板向右移动，通过推杆机构，使动断触点断开，电动机就停止运行而得到保护。

热继电器动作以后，动断触点已断开，若要重新工作，必须按一下复位按钮。

温度补偿双金属片的受热弯曲方向与主双金属元件的受热弯曲方向一致。因此，当环境温度变化时，二者原始位置移动的大小与方向相同（均向左或右弯曲），从而使热继电器的动作特性基本不受环境温度变化的影响。

国产热继电器有 JR0、JR10 及 JR16 等系列。主要技术数据为发热元件的额定电流。国产热继电器的保护特性见表 4.4.1。

实际使用热继电器时，是按照电动机的额定电流进行整定的。

表 4.4.1　热继电器保护特性

整定电流倍数	动作时间	原始状态
1	长期不动作	
1.2	小于 20 min	从热态开始
1.5	小于 2 min	从热态开始
6	小于 5 s	从冷态开始

4. 自动空气断路器

自动空气断路器又称自动空气开关，是常用的一种低压开关，可实现短路、过载和失压保护。它的结构形式很多，图 4.4.4 所示为其结构原理图。

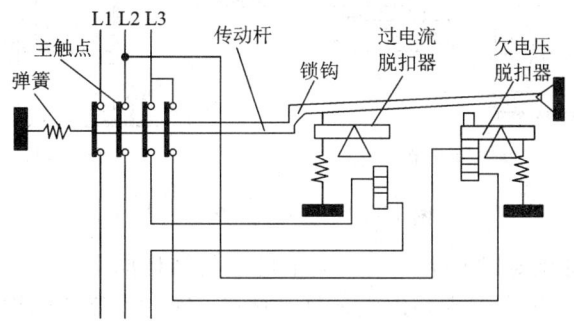

图 4.4.4　自动空气断路器

当任何一相主电路的电流超过一定的数值时，过电流脱扣器（图中只画出一相）产生的电磁吸力使衔铁克服弹簧的拉力而使脱扣器向顺时针方向转动，直到顶开锁钩，使主触点分断。同理，当主电路电压消失或降低至一定数值以下时，能使欠电压脱扣器顶开锁钩，使电路分断。

自动空气开关有良好的保护特性，能在较短的时间内分断电路，广泛用于电动机的不频繁启动以及电路的通断控制。

5. 行程开关

利用运动部件到达一定位置时对电动机进行的某种控制称为行程控制。例如，行车到达终点位置时，要求自动停车；刨床的工作台到达预定位置时，要求自动返回；等等。

用于限位控制和自动往返控制的开关称为限位开关或行程开关。行程开关的种类很多，但结构基本相似，差别是传动方式不一样。图 4.4.5 是一种组合按钮式的行程开关的结构图和符号图，其中有一对动合触点和一对动断触点。它们是由安装在运动部件上的撞块撞击行程开关上的压头而产生动作的。

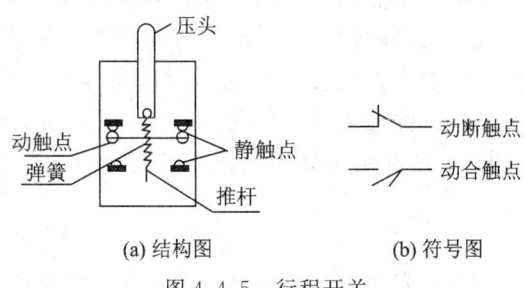

(a) 结构图　　　　　　　(b) 符号图

图 4.4.5　行程开关

6. 时间继电器

时间继电器的种类很多,结构原理也不一样,常用的交流时间继电器有空气式、电动式和电子式等。这里只介绍自动控制电路中应用较多的空气式时间继电器,如图4.4.6所示。

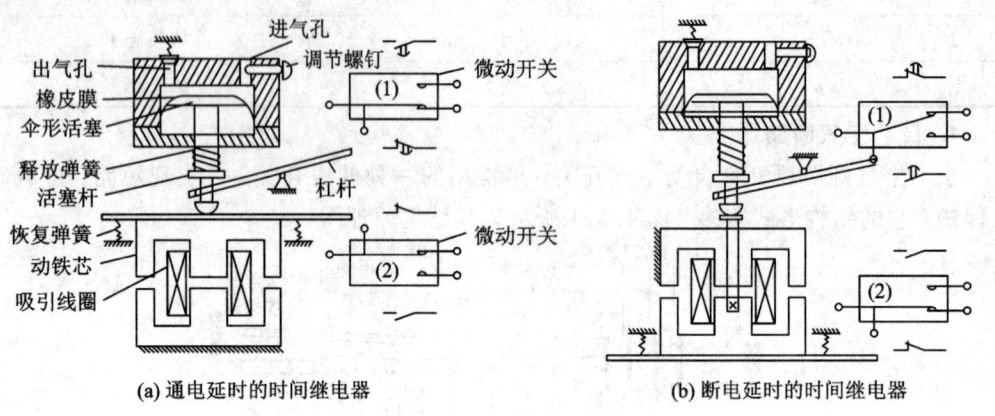

(a) 通电延时的时间继电器　　　　　　　　　　**(b) 断电延时的时间继电器**

图 4.4.6　空气式时间继电器

图 4.4.6(a)是通电延时的空气式时间继电器的结构原理图。它是利用空气阻尼的原理来实现延时的。时间继电器主要由电磁铁、触点、气室和传动机构等组成。当线圈通电后,将动铁芯和固定在动铁芯上的托板吸下,使微动开关(1)中的各触点瞬时动作。与此同时,活塞杆及固定在活塞杆上的撞块失去托板的支持,在释放弹簧的作用下,也要向下移动,但由于与活塞杆相连的橡皮膜跟着向下移动时,受到空气的阻尼作用,所以活塞杆和撞块只能缓慢地下移。经过一定时间后,撞块才触及杠杆,使微动开关(2)中的动合触点闭合,动断触点断开。从线圈通电开始到微动开关(2)中触点完成动作为止的这段时间就是继电器的延时时间。延时时间的长短可通过延时调节螺钉调节气室进气孔的大小来改变。延时范围有 0.4~60 s 和 0.4~180 s 两种。

线圈断电后,依靠恢复弹簧的作用复原,气室中的空气经排气孔(单向阀门)迅速排出,微动开关(2)和(1)中的各对触点都瞬时复位。

图 4.4.6(a)所示的时间继电器是通电延时的,它有两副延时触点:一副是延时断开的动断触点;一副是延时闭合的动合触点。此外,还有两副瞬时动作的触点:一副动合触点和一副动断触点。

时间继电器也是可以做成断电延时的,如图 4.4.6(b)所示,只要把铁芯倒装即可。它也有两副延时触点:一副是延时闭合的动断触点,一副是延时断开的动合触点。此外还有两副瞬时动作的触点:一副动合触点和一副动断触点。

近年来,有一种组件式交流接触器,在需要使用时间继电器时,只需将空气阻尼组件插入交流接触器的座槽中,接触器的电磁机构兼做时间继电器的电磁机构,从而可以减小体积、降低成本、节省电能。除此之外,目前体积小、耗电少、性能好的电子式时间继电器已得到了广泛的应用。它是利用半导体器件来控制电容的充放电时间以实现延时功能的。

7. 熔断器

熔断器主要是作为短路保护的电器,通常串联在被保护的电路中,一旦发生短路或严重过载时,熔断器中的熔件(熔丝或熔片)发热自动熔断,从而把电路断开,起到保护作用。

在小电流的电路中,熔断器的熔件材料一般为铅锡合金等低熔点材料,在大电流电路中,常用高熔点材料,如铜、银等。

熔件熔断所需时间与电流的大小有关。电流越大,熔断越快。表 4.4.2 为 RLS 系列螺旋式快速熔断器的保护特性。

表 4.4.2 RLS 系列熔断器的保护特性

额定电流倍数	熔断时间
1.1	5 h 内不熔断
1.3	1 h 不熔断
1.75	1 h 内熔断
4	<0.2 s
6	<0.02 s

从保护特性可以看出,熔断器用于过载保护时是不灵敏的,它主要用于短路保护。

熔断器和其中的熔件,只有经过正确的选择才能起到应有的保护作用。选择熔断器的原则一般如下:

(1) 根据电源电压选择相应电压等级的熔断器。

(2) 根据可能出现的故障短路电流,选择相应分断能力的熔断器。

(3) 对照明支路的熔件可取:熔件额定电流≥支路中所有电灯的工作电流。

(4) 对不经常启动或轻载启动(如机床)的电动机,熔件可取:熔件额定电流≥(1.5～2.5)×电动机的额定电流;对经常启动或满载启动(如吊车)的电动机,熔件可取:熔件额定电流≥(3～3.5)×电动机的额定电流;对多台电动机同时保护的总熔断器的熔件可取:熔件额定电流≥(1.5～2.5)×容量最大的电动机的额定电流＋其余电动机额定电流的总和。

(5) 用作晶闸管(可控硅)短路保护时,要采用快速熔断器。对于额定电流在 200 A 以下的晶闸管:快速熔件额定电流(有效值)＝1.57×晶闸管元件额定电流(平均值)。

4.4.2 鼠笼电动机的常用控制原理图

在控制线路的原理图中,各种电器都用统一的符号来代表。常用电器符号见表 4.4.3 和表 4.4.4。

在原理图中,同一电器的各部件是分散的(如交流接触器的线圈和触点)。为识别起见,它们用同一符号来表示。

在不同的工作阶段,各电器元件的动作不同,触点时闭时开,但原理图中只能表示一种情况。因此,规定所有电器触点均表示在起始情况时的位置。如接触器是动铁芯未被吸合时的位置,按钮是未按下去的位置,等等。在起始情况下,如果触点是断开的,称为动合触点或常开触点,如果触点是闭合的,则称为动断触点或常闭触点。

表 4.4.3　部分电机和电器的图形符号

名称		符号	名称		符号	名称		符号
三相笼型异步电动机		M 3~	熔断器			行程开关	动合触点	
刀开关			热继电器	发热元件			动断触点	
断路器				动断触点		时间继电器	线圈	
							瞬时动作动合触点	
按钮	动合	E-\	交流接触器	线圈		时间继电器	瞬时动作动断触点	
							延时闭合动合触点	
				动合主触点			延时闭合动断触点	
	动断	E-7					延时断开动合触点	
	复合	E		动合辅助触点			延时断开动断触点	

表 4.4.4 部分常用基本文字符号

设备、装置和元器件种类	基本文字符号		设备、装置和元器件种类		基本文字符号	
	单字母	双字母			单字母	双字母
电阻器	R		控制、信号电路的开关器件	控制开关	S	SA
电容器	C			按钮开关		SB
电感器	L			行程开关		SQ
变压器	Tr		保护器件	熔断器	F	FU
电动机	M			热继电器		FR
发电机	G		接触器继电器	接触器	K	KM
电力电路开关器件	Q			时间继电器		KT

以下为常见的几种电机控制原理图:

图 4.4.7 为中、小容量鼠笼型电动机直接启动的控制线路,按下启动按钮 SB_1,交流接触器 KM 的线圈通电,动铁芯被吸合而将三对主触点闭合,电动机 M 启动;松开 SB_1,交流接触器 KM 的线圈断电,三对主触点断开,电机停转。

图中熔断器 FU 起短路保护作用,热继电器 FR 起过载保护作用。

在图 4.4.8 中启动按钮上并联交流接触器的一对常开辅助触点,可对电动机实现自锁控制。

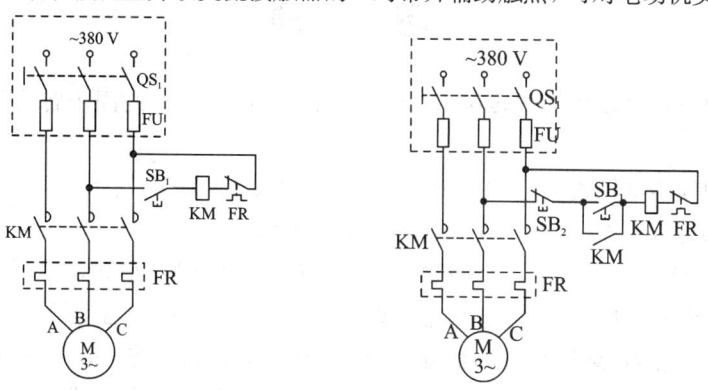

图 4.4.7 点动控制电路   图 4.4.8 自锁控制电路

图 4.4.9 为同一电机正转或反转的控制线路,以实现生产上要求的运动部件向正反两个方向运动的要求。例如,机床工作台的前进与后退,主轴的正转与反转,起重机的上升与下降,等等。

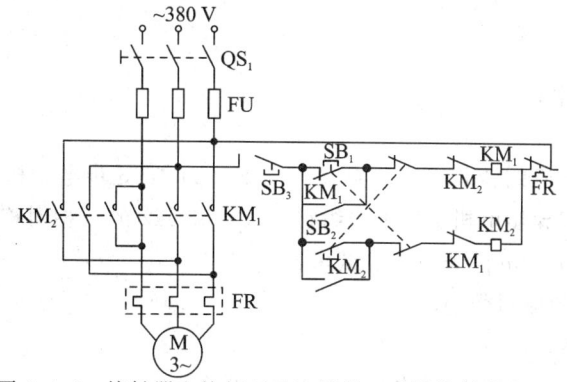

图 4.4.9 接触器和按钮双重连锁的正反转控制线路

图 4.4.10 为按时间原则控制三相鼠笼型异步电动机的顺序控制线路。

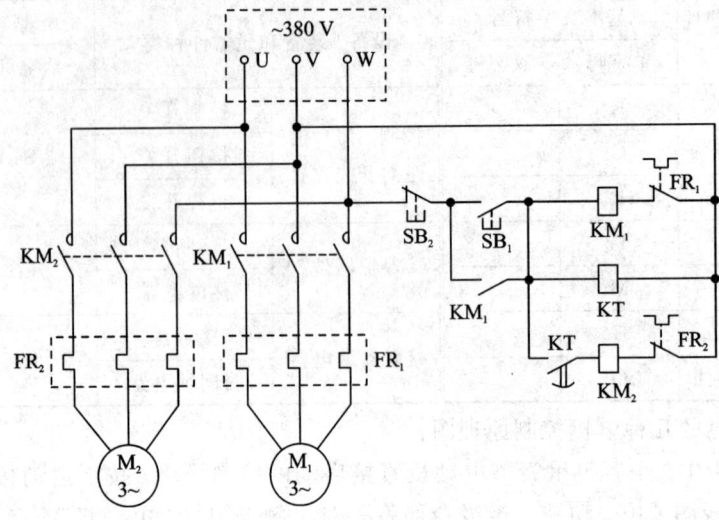

图 4.4.10　时间控制电路

请读者自行分析其工作原理。

习　　题

4.1　已知异步电动机额定转速为 730 r/min，试问电动机的同步转速是多少？有几对磁极？

4.2　三相异步电动机额定数据 $P_N=40$ kW，$U_N=380$ V，$\eta=0.84$，$n_N=950$ r/min，$\cos\varphi=0.97$，试求输入功率 P_1、线电流 I 及额定转矩 T_N。

4.3　Y160M—2 三相异步电动机额定功率 $P_N=11$ kW，额定转速 $n_N=2930$ r/min，$\lambda_m=2.2$，启动转矩倍数 $\lambda_{st}=2$，求额定转矩 T_n、最大转矩 T_{rn}、启动转矩 T_{st}。

4.4　一台三相异步电动机的额定功率为 10 kW，三角形 - 星形连接，额定电压为 220/380 V，功率因数为 0.85，效率为 85%，试求这两种接法下的线电流。

4.5　已知某电动机铭牌数据为 3 kW，三角形 - 星形连接，220/380 V，11.25/6.5 A，50 Hz，$\cos\varphi=0.86$，1430 r/min，试求：

(1) 额定效率；

(2) 额定转矩；

(3) 额定转差率；

(4) 磁极对数。

4.6　异步电动机的转差率有何意义？当 $S=1$ 时，异步电动机的转速怎样？

4.7　一台三相异步电机，定子绕组接在 $f=50$ Hz 的三相对称电源上，已知它运行在额定转速 $n_N=960$ r/min 的条件下，试求：

(1) 该电动机的极对数 p；

(2) 额定转差率 S；

(3) 额定转速运行时，转子电动势的频率 f_2。

4.8 有些三相异步电动机有 380/220 V 两种额定电压,定子绕组可接成星形,也可接成三角形,试问两种额定电压分别对应何种接法?

4.9 已知某三相异步电动机的技术数据见题 4.9 表。

题 4.9 表 技 术 数 据

p_N/kW	U_N/V	I_N/A	f/Hz	n_N/(r/min)	η_N/%	I_{st}/I_N	T_{st}/T_N
3	220/380	11/6.34	50	2880	82.5	6.5	2.4

试求:

(1) 磁极对数 p;

(2) 额定转差率 S_N;额定功率因数 $\cos\varphi$;

(3) 额定转矩 T_N,启动电流 I_{st};

(4) 在线电压为 220 V 时,用 Y -△启动法启动的电流 I_{st} 和启动转矩 T_{st};

(5) 当负载转矩为额定转矩的 30% 时,电动机能否启动?

4.10 有一台三相异步电动机,其输出功率 $p_2 = 32$ kW,$I_{st}/I_N = 7.0$,如果供电变压器的容量为 $S_N = 350$ kV·A,试问该电动机能否直接启动?

4.11 同一台三相异步电动机在空载或满载下启动时,启动电流与启动转矩的大小是否一致?启动过程是否一样快?

第5章　半导体二极管及其应用电路

5.1　半导体基础知识

多数现代电子器件是由性能介于导体与绝缘体之间的半导体材料制造而成的。为了从电路的观点理解这些器件的性能，首先必须从物理的角度了解它们是如何工作的。这里着重从半导体材料的特殊物理性质以及这些性质对形成电子器件的伏安特性的原理来讨论。

半导体器件是现代电子技术的重要组成部分，由于它具有体积小、重量轻、使用寿命长、输入功率小和功率转换效率高等优点而得到广泛的应用。

本章将介绍半导体的基础知识，讨论半导体器件的基础——PN结，并重点研究二极管、三极管和场效应管的物理结构、工作原理、特性曲线和主要参数，以及二极管基本电路及其分析方法与应用。

5.1.1　导体、绝缘体和半导体

物质按导电能力的不同，可分为导体、绝缘体和半导体。半导体的导电能力介于导体和绝缘体之间，在常态下更接近于绝缘体，但它在掺入杂质或受热、受光照后，其导电能力明显增强而接近于导体，利用半导体的这些特性，可将它制成具有特殊功能的元器件，如晶体管、集成电路、整流器、激光器以及各种光电探测器件、微波器件等。常见的半导体材料有锗、硅、硒、硼、碲、锑等。其中硅和锗是主要的半导体材料，而硅占据了90%以上的半导体材料份额。

半导体除了在导电能力方面与导体和绝缘体不同外，它还具有不同于其他物质的独特性质。这些独特的性质集中体现在它的电阻率可以因某些外界因素的改变而明显地变化，具体体现在以下三个方面：

（1）热敏性。一些半导体对温度的反应很灵敏，其电阻率随着温度的升高而明显下降，利用这种特性很容易制成各种热敏器件，如热敏电阻、温度传感器等。

（2）光敏性。有些半导体的电阻率会随着光照的增强而显著地下降，利用这种特性可以做成各种光敏器件，如光敏电阻和光电管等。

（3）掺杂性。半导体的电阻率受掺入"杂质"的影响极大，在半导体中即使掺入的杂质十分微量，也能使电阻率大大下降，其导电能力也会显著地增加。利用这种独特的性质可以制成各种各样的半导体器件。

为了理解以上这些特点，必须了解半导体的结构。

5.1.2　本征半导体

常用于制作半导体器件的材料是硅和锗。它们都是四价元素,其原子核的最外层轨道上有四个电子。为了制作半导体器件,它们被提纯而制成单晶体。所以,通常把完全纯净的、结构完整的半导体晶体称为本征半导体。

在本征硅或锗的单晶体中,其原子都按一定间隔排列成有规律的空间点阵(称为晶格)。由于原子间相距很近,外层轨道上电子不仅受到自身原子核的约束,还要受到相邻原子核的吸引,使得每个电子为相邻原子所共有,从而形成共价键。此时,把共价键中的电子称为价电子。这样四个价电子与相邻的四个原子中的价电子分别组成四对共价键,依靠共价键使晶体中的原子紧密地结合在一起。图 5.1.1 是单晶硅和锗的共价键结构平面示意图。

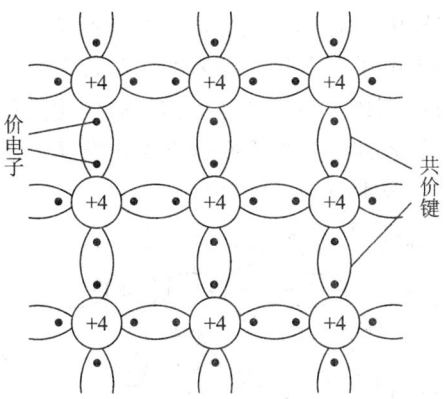

图 5.1.1　单晶硅和锗的共价键结构平面示意图

本征半导体的价电子虽受共价键的束缚而使每个原子的最外层电子为八个,处于较为稳定的状态,然而和绝缘体相比,这种束缚仍是比较弱的。当温度为绝对零度时,晶体不呈现导电性。而当温度升高时,本征半导体共价键结构中的价电子获得一定能量就可挣脱共价键的束缚,成为自由电子,而在这些自由电子原有的位置上留下一个空位置,称为空穴。空穴因失去电子而带正电荷。空穴是不能移动的,但由于正负电荷的相互吸引,空穴附近的电子会填补这个空位置,于是又产生新的空穴,该空穴又会有相邻的电子来替补。如此继续下去,就相当于空穴在运动。空穴运动的方向与价电子的运动方向相反,因此空穴运动相当于正电荷的运动。空穴作定向运动,也能使半导体导电。

半导体中的空穴和自由电子均能参与导电,它们是运载电流的粒子,故称为载流子。半导体的重要物理特性是它的电导率,电导率与材料内单位体积中所含的电荷载流子的数目有关。电荷载流子的浓度愈高,其电导率愈高。半导体内载流子的浓度取决于许多因素,它包括材料的基本性质、温度值以及杂质的存在。由于半导体中电子和空穴同时参与导电,导致半导体导电和导体导电有着本质的区别。

本征半导体中,外界激发所产生的自由电子和空穴总是成对出现,称为电子-空穴对。这种现象称为本征激发,而本征激发产生的自由电子和空穴的数量是十分有限的。实际上,自由电子和空穴成对产生的同时,还存在复合,即自由电子和空穴相遇而释放能量,使电子-空穴对消失。

在本征半导体中，随着温度的升高或光照的增强，电子-空穴对的数量将大大增加，导电能力也将大大增加，这就是半导体具有光敏性和热敏性的基本原理。

5.1.3　杂质半导体

常温下，本征激发产生的电子-空穴对数目极少。故本征半导体的导电能力很低。为了提高半导体的导电性能，就必须提高载流子的浓度，为此只要在本征半导体中掺入微量三价元素（如硼、铟）或五价元素（如磷、砷），就能使半导体的导电性能发生明显变化。通常把掺入的元素称为杂质，掺杂后的半导体称为杂质半导体。

根据掺入杂质的性质不同，可将杂质半导体分为 N 型半导体和 P 型半导体两大类。

1. N 型半导体

在本征半导体中掺入微量的五价元素（如磷）后，就可形成 N 型半导体，如图 5.1.2 所示。此时，半导体的晶体结构中磷原子在顶替掉一个硅原子而与周围的四个硅原子以共价键结合起来后，还多余了一个电子，该电子因为不在共价键中，故受磷原子核的束缚十分脆弱，它极易摆脱原子核束缚而成为自由电子，使原来的中性磷原子成为不能移动的正离子。所以，五价元素因给出多余的自由电子被称为施主杂质。施主杂质在提供自由电子的同时不产生新的空穴，这是它与本征激发的区别。

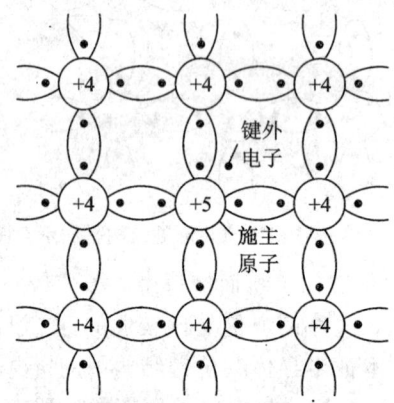

图 5.1.2　N 型半导体的内部结构平面示意图

在加入施主杂质产生自由电子的同时，虽然不产生新的空穴，但原来的本征晶体由于本征激发仍会产生少量的电子-空穴对。所以，控制掺入杂质的多少，便可控制自由电子的数量。故在 N 型半导体中，自由电子数远大于空穴数，因而自由电子称为多数载流子，简称多子，空穴称为少数载流子，简称少子。

2. P 型半导体

在本征半导体中掺入少量的三价元素（如硼），可形成 P 型半导体，如图 5.1.3 所示。此时半导体的晶体结构中，硼原子最外层的三个价电子在和相邻的四个硅原子组成共价键时因缺少一个价电子而产生一个空位。当邻近的电子填补该空位时，硼原子成为不能移动的负离子。三价元素能够接收电子，故称为受主杂质。受主杂质在提供空穴的同时不产生新的自由电子。

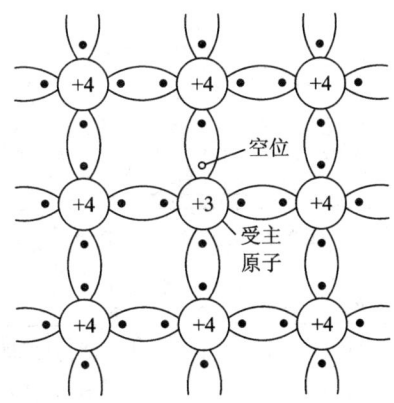

图 5.1.3　P 型半导体的内部结构平面示意图

因此，在 P 型半导体中，总的载流子数目（空穴）大为增强，导电能力增强，其空穴是多数载流子——多子，自由电子是少数载流子——少子。

综上所述，半导体掺入杂质后，载流子的数目都有相当程度的增加。N 型半导体和 P 型半导体中的多子主要由杂质提供，与温度几乎无关。所以，多子浓度由掺杂浓度决定；而少子浓度由本征激发产生，与温度和光照等外界因素有关。

不论何种类型的杂质半导体，它们对外都显示电中性。不同的是，在外加电场的作用下，N 型半导体中电流的主体是电子；P 型半导体中电流的主体是空穴。

5.2　PN　结

通过掺杂工艺，把本征硅（或锗）片的一边做成 P 型半导体，另一边做成 N 型半导体，这样在它们的交界面处会形成一个很薄的特殊物理层，称为 PN 结。PN 结是构造半导体器件的基本单元。其中，普通晶体二极管就是由 PN 结构成的。

5.2.1　PN 结的形成

物质总是从浓度高的地方向浓度低的地方运动，这种由于浓度差而产生的运动称为扩散运动。当 P 型半导体和 N 型半导体有机地结合在一起时，因为 P 区一侧空穴是多子，自由电子是少子，而 N 区一侧电子是多子，空穴是少子，所以在它们的交界面处存在空穴和电子的浓度差，且两种载流子的浓度差很大。浓度差的存在使载流子由高浓度区域向低浓度区域进行扩散，形成的电流称为扩散电流。于是 P 区中的多子空穴会向 N 区扩散，并在 N 区与电子相遇而复合。N 区中的多子电子也会向 P 区扩散，并在 P 区与空穴相遇而复合，上述过程如图 5.2.1(a) 所示。这样在 P 区和 N 区的交界面处分别留下了不能移动的受主负离子和施主正离子，结果使交界面的两侧形成了由等量正、负离子组成的空间电荷区，在这个区域内，多数载流子已扩散到对方并复合，或者说消耗尽了。因此，空间电荷区又称为载流子耗尽区。它的电阻率很高，扩散越强，空间电荷区越宽。

空间电荷区出现以后，正负离子的相互作用在空间电荷区形成了一个电场，其方向是从带正电的 N 区指向带负电的 P 区。由于这个电场是在空间电荷区内部形成的，不是外加电压形成的，故称为内电场。显然，内电场的方向阻止多子继续扩散，故又称为阻挡层。在

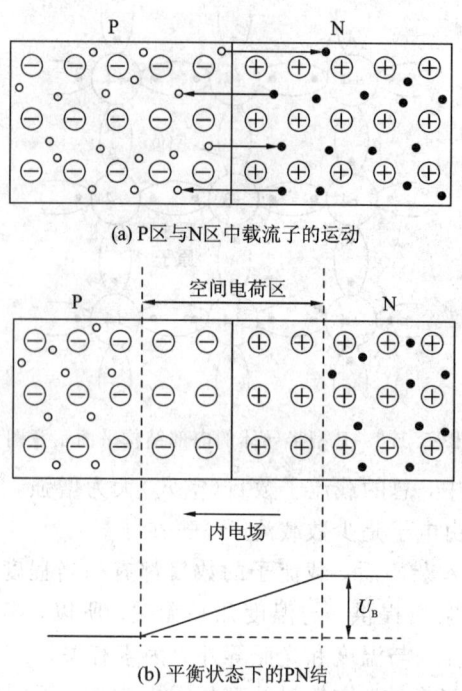

(a) P区与N区中载流子的运动

空间电荷区

内电场

U_B

(b) 平衡状态下的PN结

图 5.2.1　PN 结的形成

内电场的作用下，载流子将受力作定向移动。对于空穴而言，其移动方向与电场方向相同，而电子则是逆着电场的方向移动。这种由于电场作用而导致载流子的定向运动称为漂移运动，即在内电场作用下，P 区少子——电子向 N 区漂移，N 区少子——空穴向 P 区漂移。多子扩散运动形成的扩散电流和少子漂移运动形成的漂移电流的方向相反。

从 N 区漂移到 P 区的空穴补充了原来交界面上 P 区失去的空穴，而从 P 区漂移到 N 区的电子补充了原来交界面上 N 区所失去的电子，这就使空间电荷减少。因此，漂移运动能使空间电荷区变窄，其作用与扩散运动相反。扩散运动和漂移运动既互相联系又互相对立，扩散运动使空间电荷区加宽，电场增强，多数载流子扩散的阻力增大，但使少数载流子的漂移增强；而漂移使空间电荷区变窄，电场减弱，又使扩散容易进行。当漂移运动和扩散运动相等时，空间电荷区便处于动态平衡状态。一旦二者达到动态平衡时，空间电荷区的宽度保持相对稳定，正负离子数亦不再变化。这个处于动态平衡的空间电荷区被称为 PN 结。另外，空间电荷区内，电子要从 N 区到 P 区必须克服内电场力做功，使电子势能提高，故空间电荷区也称为势垒区，势垒电压 U_B 描述内电场的大小，如图 5.2.1（b）所示。

5.2.2　PN 结的单向导电性

如果在 PN 结的两端外加电压，将破坏 PN 结原来的平衡状态。此时，扩散电流不再等于漂移电流，因而 PN 结将有电流流过。当外加电压极性不同时，PN 结表现出截然不同的导电性能，即呈现出单向导电性。

1. PN 结外加正向电压时的导电情况

PN 结外加正向电压（即 P 正 N 负）时的导电情况如图 5.2.2 所示。外加的正向电压有一部分降落在 PN 结区，方向与 PN 结内电场方向相反，它削弱了内电场。使内电场对多子扩散运动的阻碍减弱，扩散电流加大，扩散电流远大于漂移电流。此时，可忽略漂移电流的影响，PN 结呈现低阻性。

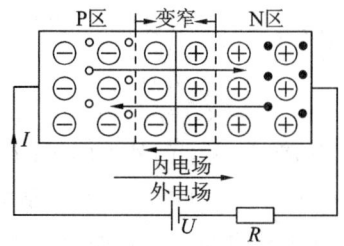

图 5.2.2　PN 结外加正向电压时的导电情况

这是由于在外加电场作用下，PN 结的平衡状态被打破，P 区中的多数载流子空穴和 N 区中的多数载流子电子都要向 PN 结移动，即 P 区空穴进入 PN 结后，要与原来的一部分负离子中和，使 P 区的空间电荷量减少。同样，N 区电子进入 PN 结后，要中和部分正离子，使 N 区的空间电荷量减少，结果 PN 结变窄。内电场强度减小，有利于 P 区和 N 区中多数载流子的扩散运动，形成较大的扩散电流。N 区电子不断扩散到 P 区，P 区空穴不断扩散到 N 区。PN 结内的电流便由起支配地位的扩散电流决定，并在外电路上形成一个流入 P 区的电流，称为正向电流。当外加电压升高时，PN 结电场便进一步减弱，扩散电流随之增加，在正常工作范围内，PN 结上外加电压只要稍有变化，便能引起电流的显著变化。因此，电流 I 是随外加电压急速上升的。故正向的 PN 结表现为一个阻值很小的电阻，也称 PN 结导通或 PN 结正向偏置。

2. PN 结外加反向电压时的导电情况

PN 结外加反向电压（即 P 负 N 正）时的导电情况如图 5.2.3 所示。

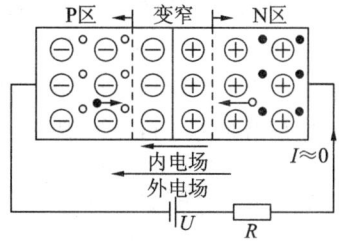

图 5.2.3　PN 结外加反向电压时的导电情况

外加的反向电压有一部分降落在 PN 结区，方向与 PN 结内电场方向相同，它增强了内电场，使多子扩散运动受阻，扩散电流大大减小。此时，PN 结区的少子在内电场的作用下形成的漂移电流大于扩散电流，由于漂移电流本身就很小，PN 结呈现高阻性。反向电压使 N 区和 P 区中的少数载流子更容易产生漂移运动，因此这种情况下，PN 结内的电流由起支配地位的漂移电流来决定。漂移电流的方向与扩散电流相反，表现在外电路上有一个流入 N 区的反向电流 I，由于少数载流子的浓度很低，所以 I 很小，一般硅管为微安级，PN 结此时呈现为一个阻值很大的电阻，可认为它基本上不导电，称 PN 结截止，也称 PN 结反偏。

所以，PN 结外加正向电压时，结电阻很小，电流较大，它是多数载流子的扩散运动形成的，即 PN 结导通；外加反向电压时，结电阻很大，电流很小，它是少数载流子漂移运动形成的。即 PN 结截止，这就是它的单向导电性。PN 结具有单向导电性的关键在于它存在耗尽区，且其宽度随外加电压而变化。

3. PN 结的 U-I 特性表达式

在 PN 结的两端施加正、反向电压时，通过管子的电流如图 5.2.4 所示。根据理论分析，PN 结的 U-I 特性可表示为

$$i = I_S(e^{\frac{u}{U_T}} - 1) \tag{5.2.1}$$

式中：i 为通过 PN 结的电流；u 为 PN 结两端的外加电压；U_T 为电压温度当量，$U_T = kT/q$，其中 k 为玻耳兹曼常数（1.38×10^{-23} J/K），T 为热力学温度，即绝对温度（单位为 K，0 K=273 ℃），q 为电子电荷量（1.6×10^{-19} C）。常温（300 K）下，$U_T \approx 26$ mV；e 为自然对数的底；I_S 为反向饱和电流。对于分立器件，其典型值约在 10^{-14} A~10^{-8} A 的范围内。

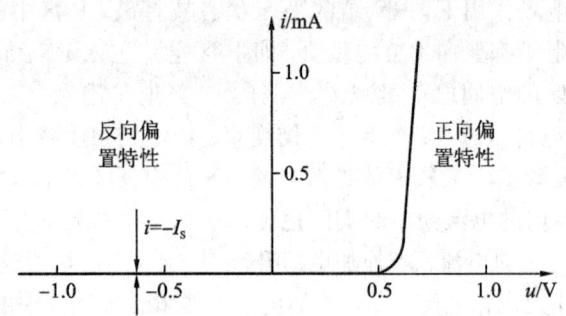

图 5.2.4　PN 结的 U-I 特性

关于式(5.2.1)，可分析如下：

（1）当 PN 结两端加正向电压时，电压 u 为正值，当 $u \gg U_T$ 时，式(5.2.1)中 $e^{\frac{u}{U_T}}$ 远大于 1，括号中的 1 可以忽略，$i \approx I_S e^{\frac{u}{U_T}}$，即电流 i 与电压 u 成指数关系，如图 5.2.4 中的正向电压部分所示。

（2）当 PN 结两端加反向电压时，u 为负值。若 $|u| \gg U_T$ 时，指数项趋近于零，因此 $i = -I_S$，如图 5.2.4 中的反向电压部分所示。可见当温度一定时，反向饱和电流是个常数 I_S，不随外加反向电压的大小而变化。

4. PN 结的反向击穿

当加到 PN 结两端的反向电压增大到一定数值时，反向电流突然增加，这个现象称为 PN 结的反向击穿（电击穿），如图 5.2.5 所示。发生击穿所需的反向电压 U_{BR} 称为反向击穿

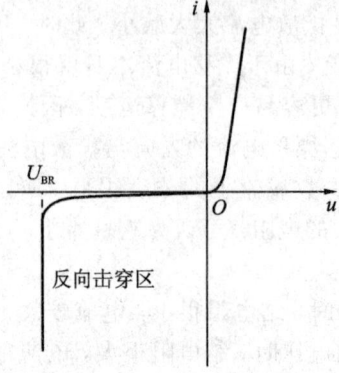

图 5.2.5　PN 结的反向击穿

电压。PN 结击穿后，电流很大，容易使 PN 结发热，导致结电流、结温的进一步升高，直至烧毁 PN 结，此时，电击穿就转化成了破坏性的热击穿了。反向击穿电压的大小与 PN 结的制造参数有关。

PN 结电击穿主要有两个原因：

（1）当 PN 结反向电压增加时，空间电荷区中的电场随之增强。产生漂移运动的少数载流子通过空间电荷区时，在很强的电场作用下获得足够的动能，与晶格中的原子发生碰撞，从而打破共价键的束缚，形成更多的自由电子-空穴对，这种现象称为碰撞电离。新产生的电子和空穴与原有的电子和空穴一样，在强电场作用下获得足够的能量，继续碰撞电离，再产生电子-空穴对，这就是载流子的倍增效应。当反向电压增大到某一数值后，载流子的倍增情况就像在陡峻的积雪山坡上发生雪崩一样，载流子增加得多而快，使反向电流急剧增大，于是 PN 结被击穿，这种击穿称为雪崩击穿。

（2）当反向电压加至一定值后，PN 结空间电荷区的电场很强，它能够破坏共价键的束缚，将电子分离出来产生电子-空穴对，在电场作用下，电子移向 N 区，空穴移向 P 区，从而形成较大的反向电流，这种击穿现象称为齐纳击穿。发生齐纳击穿需要的电场强度约为 2×10^5 V/cm，这只有在杂质浓度很高，空间电荷区内电荷密度大，且空间电荷区很窄的 PN 结中才能达到。

齐纳击穿的物理过程和雪崩击穿完全不同。一般整流二极管掺杂浓度没有这么高，它在电击穿中多数是雪崩击穿造成的。齐纳击穿多数出现在特殊的二极管中，如齐纳二极管（稳压管）。

必须指出，上述两种电击穿过程是可逆的，当加在稳压管两端的反向电压降低后，管子仍可以恢复原来的状态。但它有一个前提条件，就是反向电流和反向电压的乘积不能超过 PN 结容许的耗散功率，否则，会因为热量散不出去而使 PN 结温度上升，直到过热而烧毁，这种现象就是热击穿。所以热击穿和电击穿的概念是不同的，但往往电击穿与热击穿共存。电击穿可为人们所利用（如稳压管），而热击穿则是必须尽量避免的。

5.2.3　PN 结的电容效应

在一定条件下，PN 结存在电容效应，根据产生原因的不同分为势垒电容和扩散电容。

（1）势垒电容 C_B。势垒电容是由空间电荷区离子薄层形成的。当 PN 结外加电压发生变化时，空间电荷区的宽度也相应地随之变化，即耗尽层的电荷量随外加电压而增大或减小，这种现象与电容器的充放电过程相同，故称为势垒电容效应，用 C_B 表示。显然，势垒电容效应在 PN 结处于反向偏置时表现得较为明显；而 PN 结正偏时，其电容效应可忽略不计。势垒电容具有非线性，它与结面积、耗尽层宽度、半导体的介电常数以及外加电压有关。

（2）扩散电容 C_D。扩散电容是由多子扩散后，在 PN 结的另一侧积累而形成的。当 PN 结处于正向偏置时，如前所述，P 区的空穴将向 N 区扩散，其结果导致在 N 区靠近结的边缘有高于正常情况时的空穴浓度存在，这种超量的空穴浓度可视为电荷存储到 PN 结的邻域。存储电荷量的大小，取决于 PN 结上所加正向电压的大小。离结区愈远，空穴浓度会随之减小，形成了一定的空穴浓度梯度分布曲线。同理，N 区的电子向 P 区扩散的情况也是如此，在 P 区内也形成类似的电子浓度梯度分布曲线。当外加正向电压变化时，扩散电流的大小也就发生变化。所以，PN 结两侧堆积的多子浓度梯度分布也不相同，这就相当于电容的充放电过程。PN 结正偏时，积累在 P 区的电子和 N 区的空穴随正向电压的增加而增加，扩散电容较大；PN 结反偏时，由于扩散电流很小，因此扩散电容数值很小，一般可以忽略。

由上可见，PN 结的电容效应是扩散电容 C_D 和势垒电容 C_B 的综合反映，由于 C_D 和 C_B 一般都很小，对于低频信号呈现出很大的容抗，其作用可忽略不计。但在高频运用时，必须考虑 PN 结的电容影响。PN 结电容的大小除了与本身结构和工艺有关外，还与外加电压有关。当 PN 结处于正向偏置时，结电容较大（主要由扩散电容 C_D 决定）；当 PN 结处于反向偏置时，结电容较小（主要由势垒电容 C_B 决定）。

5.3　半导体二极管

5.3.1　二极管的结构和类型

将 PN 结用外壳封装起来，并加上电极引线就构成了半导体二极管，简称二极管。接在二极管 P 区的引出线称为二极管的阳极，接在 N 区的引出线称为二极管的阴极。二极管有许多类型。从工艺上分，有点接触型、面接触型和平面型；点接触型二极管是由一根金属丝经过特殊工艺与半导体表面相接形成 PN 结，因而结面积很小，不能通过较大电流，结电容也很小，但工作频率可达 100 MHz 以上，点接触型二极管不能承受高的反向电压和大的电流，故适用于高频电路和数字电路。面接触型和平面型二极管的 PN 结是用合金法或扩散法做成的，这种二极管的 PN 结面积大，可承受较大的电流，结电容也很大。这类二极管适用于整流，而不宜在高频电路中使用。图 5.3.1 所示为不同结构的二极管。

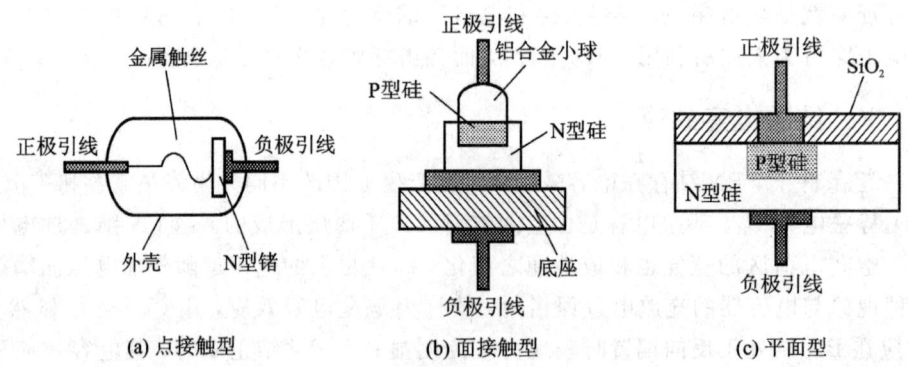

(a) 点接触型　　　　　　　(b) 面接触型　　　　　　　(c) 平面型

图 5.3.1　不同结构的二极管

图 5.3.2 所示为二极管的符号。由 P 端引出的电极是正极，由 N 端引出的电极是负极，箭头的方向表示正向电流的方向，VD 是二极管的文字符号。

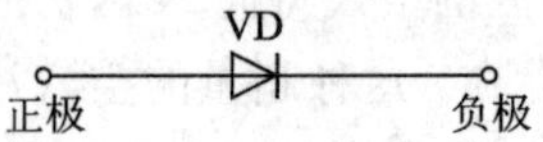

图 5.3.2　二极管的符号

常见的二极管有金属、塑料和玻璃三种封装形式。按照应用的不同，二极管分为整流、检波、开关、稳压、发光、光电、快恢复和变容二极管等。根据使用的不同，二极管的外形各异，图 5.3.3 所示为几种常见的二极管外形实物图。

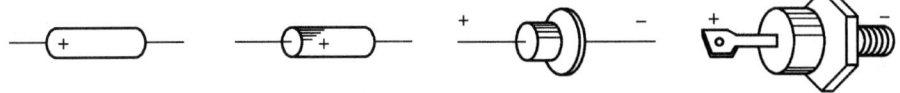

图 5.3.3　常见的二极管外形实物图

5.3.2　二极管的特性

1. 伏安特性

一般用伏安特性曲线来表示二极管特性。伏安特性是指二极管两端的电压与流过二极管的电流之间的关系。二极管既然是一个 PN 结，当然就具有单向导电性，其伏安特性如图 5.3.4 所示。

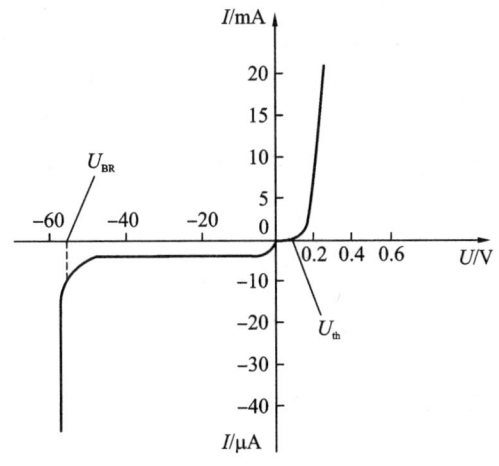

图 5.3.4　二极管的伏安特性曲线

由图 5.3.4 可见，二极管外加正向电压时，电流和电压的关系称为二极管的正向特性。当二极管所加正向电压比较小时（$0<U<U_{th}$），二极管上流经的电流几乎为 0 mA，管子仍截止，此区域称为死区，U_{th} 称为死区电压（门槛电压）。由于正向电压小于死区电压，它还不足以克服 PN 结内电场对多数载流子扩散运动的阻挡作用，所以使这一区段二极管正向电流很小。死区电压的大小与二极管的材料有关，并受环境温度的影响。通常，硅材料二极管的死区电压约为 0.5 V，锗材料二极管的死区电压约为 0.2 V。当正向电压超过死区电压值时，外电场抵消了内电场，正向电流随外加电压的增加而明显增大，呈指数规律，这时二极管正向电阻变得很小。当二极管完全导通后，正向压降将基本维持不变，称为二极管正向导通压降，硅管约为 0.6~0.8 V，锗管约为 0.2~0.3 V。

二极管外加反向电压时，电流和电压的关系称为二极管的反向特性。由图 5.3.4 可见，二极管外加反向电压时，反向电流很小，而且在相当宽的反向电压范围内，反向电流几乎不变，因此称此电流值为二极管的反向饱和电流。当二极管承受反向电压时，外电场与内电场方向一致，只有少数载流子的漂移运动，形成的反向饱和电流极小（一般硅管的反向电流为几微安以下，锗管的反向电流较大，为几十到几百微安），这时二极管反向截止。当反向电压增大到某一数值 U_{BR} 时，反向电流将随反向电压的增加而急剧增大，这种现象称为二极管反向击穿。利用二极管的反向击穿特性，可以做成稳压二极管，但一般二极管不允许工作在反向击穿区。

2. 主要参数

二极管的特性除用伏安特性曲线表示外，还可用一些数据来说明，这些数据就是二极管的参数。二极管参数是正确选择和使用二极管的依据。其主要参数有：

（1）最大整流电流 I_F：二极管长期工作时允许通过的最大正向平均电流，其值与 PN 结面积及外部散热条件有关。使用时正向平均电流若超过此值会导致 PN 结过热而损坏。

（2）最高反向工作电压 U_{RM}：为防止二极管被击穿而规定的最大反向工作电压，一般为反向击穿电压 U_{BR} 的 1/2 或 2/3。

（3）反向饱和电流 I_R：在规定的反向电压和室温下，二极管未击穿时的反向电流值。其值越小，二极管的单向导电性能越好，I_R 对温度非常敏感。

（4）最高工作频率 f_M：二极管正常工作时的上限频率值。它的大小与 PN 结的结电容有关。当二极管的工作频率超过 f_M 时，其单向导电性能变差。

应当指出，由于制造工艺所限，半导体器件参数具有分散性，同一型号管子的参数值也会有相当大的差距，因而手册上往往给出的是参数的上限值、下限值或范围。此外，使用时应特别注意手册上每个参数的测试条件，当使用条件与测试条件不同时，参数也会发生变化。

实际应用中，应根据二极管的使用场合，按其承受的最高反向电压、最大正向平均电流、工作频率、环境温度等条件，选择满足要求的二极管。

3. 二极管的温度特性

二极管是对温度非常敏感的器件。实验表明，随着温度升高，二极管的正向特性曲线向左移，正向压降会减小，即二极管的正向压降具有负的温度系数；温度升高，反向饱和电流会增大，反向伏安特性下移。在室温附近，温度每升高 1 ℃，正向压降减小 2～2.5 mV；温度每升高 10 ℃，反向电流大约增加一倍。可见二极管特性对温度很敏感。

5.3.3　半导体二极管等效电路

工程上，通常在一定条件下，利用简化模型代替二极管非线性特性来分析二极管电路会使分析大为简化。简化模型分析方法是非常简单有效的工程近似分析方法。在一定条件下近似用线性电路来等效实际的二极管，这种电路称为二极管等效电路。本书仅介绍理想二极管等效电路和考虑二极管正向压降后的等效电路。

1. 理想二极管等效电路

图 5.3.5(a)所示为理想二极管的伏安特性曲线，其中的虚线表示实际二极管的伏安特性，图 5.3.5(b)是它的等效电路。由图可见，对于理想二极管而言，在正向偏置时，理想二极管的管压降为零，相当于开关闭合；而在反向偏置时，可认为二极管等效电阻为无穷大，电流为零，相当于开关断开。这种等效电路实际上忽略了二极管的正向压降和反向饱和电流，而将二极管等效为一个理想开关。在实际的电路分析中，当电源电压远比二极管的管压降大时，利用此模型来近似分析是可行的。

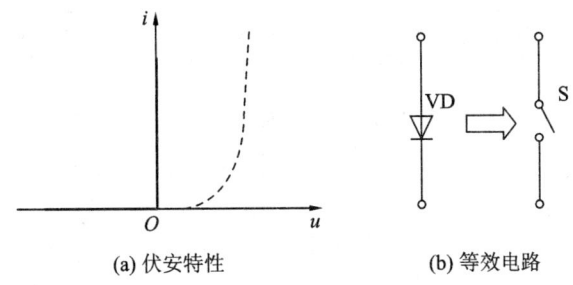

(a) 伏安特性　　　　　　　(b) 等效电路

图 5.3.5　二极管的理想模型

2. 考虑二极管正向压降的等效电路

　　如图 5.3.6(a)所示为考虑二极管正向导通压降时的伏安特性曲线，其中的虚线表示实际二极管的伏安特性，图 5.3.6(b)是它的等效电路。由图可见，当外加正向电压大于 U_{ON} 时，二极管导通，开关闭合，二极管两端的压降为 U_{ON}；当外加电压小于 U_{ON} 时，二极管截止，开关断开。其基本思想是当二极管导通后，其管压降认为是恒定的，不随电流而变，典型值为 0.7 V(硅管)或 0.3 V(锗管)。该等效电路适合于二极管充分导通且工作电流不是很大的场合。

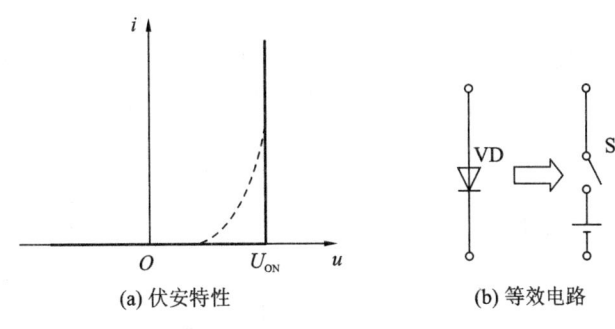

(a) 伏安特性　　　　　　　(b) 等效电路

图 5.3.6　二极管的恒压降模型

5.4　半导体二极管的应用

　　二极管是电子电路中最常用的半导体器件。利用其单向导电性及导通时正向压降很小的特点，可用来进行整流、钳位、电平选择、限幅以及元件保护等各项工作。

5.4.1　直流稳压电源

1. 整流电路

　　整流电路是把交流电转换为直流电的电路。大多数整流电路都与变压器、滤波器及稳压电路组合构成直流稳压电源。下面就将整流电路与直流稳压电源结合起来进行介绍。

　　几乎所有的电子仪器都需要直流供电，而直流发电机和干电池提供的直流电压往往又难以符合各种特定的要求。为此，采用最经济而简便的方法是直接通过交流电网来获得所需的直流电压。为了得到直流电压，常利用具有单向导电性能的电子元器件(如二极管)将交流电变换为直流电。故通常把交流电变换为直流电的装置称为直流稳压电源。它主要由变压器、整流电路、滤波电路和稳压电路四部分组成，如图 5.4.1 所示。

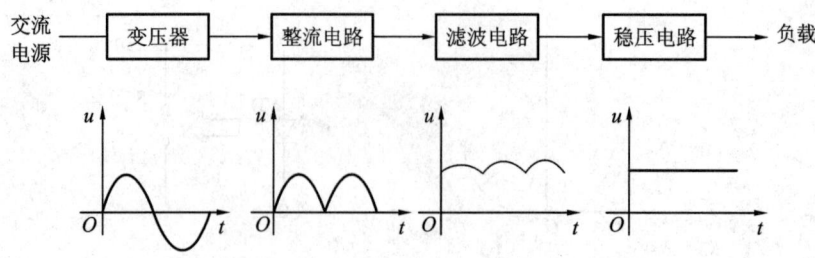

图 5.4.1　直流稳压电源框图

变压器将交流电网电压变换成整流电路所需的交流电压，经整流电路之后把交流电压变换成单方向的脉动电压，再利用滤波电路滤除脉动电压中的交流成分，最后经过稳压电路得到较平滑的直流电压。

1）单相半波整流电路

单相半波整流电路是一种最简单的整流电路。单相半波整流电路如图 5.4.2(a)所示，图中 T 为电源变压器，用来将市电 220 V 交流电压变换为整流电路所要求的交流低电压，同时保证直流电源与市电电源有良好的隔离。

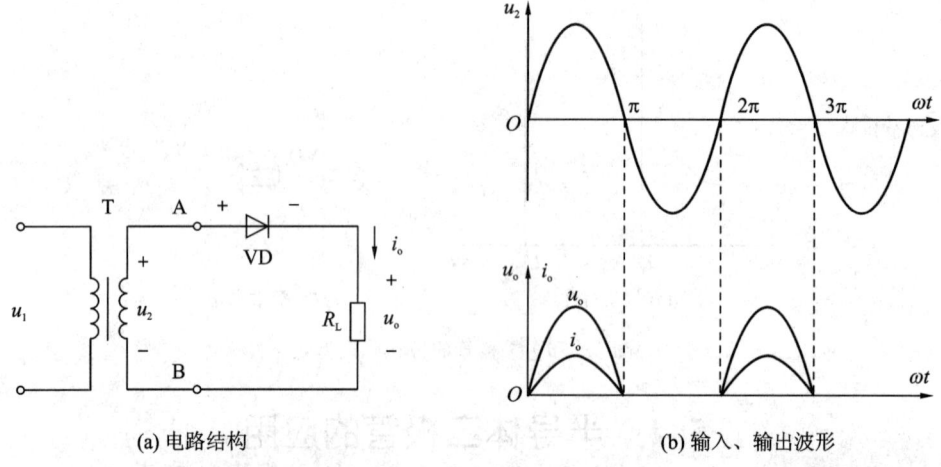

(a) 电路结构　　　　　　　　　　(b) 输入、输出波形

图 5.4.2　单相半波整流电路

若二极管为理想二极管，当输入为一正弦波时，根据二极管的单向导电性可知：正半周期时，二极管导通（相当于开关闭合），$u_o = u_2$；负半周期时，二极管截止（相当于开关断开），$u_o = 0$。其输入、输出波形见图 5.4.2(b)。由于流过负载的电流和加在负载两端的电压只有半个周期的正弦波，故称为半波整流。半波整流电路效率低，一般只作为原理电路加以介绍。

通过对电路原理的讨论可知，负载上的电压只有大小的变化而无方向的变化，故称 u_o 为单向脉动电压。这时负载上的直流电压即一个周期内脉动电压的平均值为

$$U_{o(av)} = \frac{1}{2\pi} \int_0^\pi \sqrt{2}\, U_2 \sin(\omega t)\, \mathrm{d}(\omega t) = \frac{\sqrt{2}}{\pi} U_2 \approx 0.45 U_2 \tag{5.4.1}$$

流过负载 R_L 上的直流电流为

$$I_o = \frac{U_o}{R_L} \approx \frac{0.45 U_2}{R_L} \tag{5.4.2}$$

式(5.4.1)说明，半波整流后，负载上脉动电压的平均值只有变压器二次侧电压有效值的 45%，可见，电路的电压利用率是比较低的。

另外，由电路可知，二极管正向导通时，压降几乎为零，电流等于负载电流 I_o；二极管反向截止时，它所承受的最大反向电压为 $\sqrt{2}U_2$，而流经二极管的电流几乎为零。

故单相半波整流电路中选择二极管的条件为：最大整流电流 I_{FM} 应大于负载电流；二极管最大反向工作电压应大于 u_2 的峰值电压，即

$$I_{FM} > 0.45U_2 / R_L, \ U_{RM} > \sqrt{2}U_2$$

考虑到电网电压的波动和其他因素，在具体选择二极管时，要留有 $1.5 \sim 2$ 倍的裕量。

2）单相桥式整流电路

为克服单相半波整流电压利用率低的缺点，常采用单相桥式整流电路，它由四个二极管接成电桥形式而构成。图 5.4.3 所示为单相桥式整流电路的几种画法。

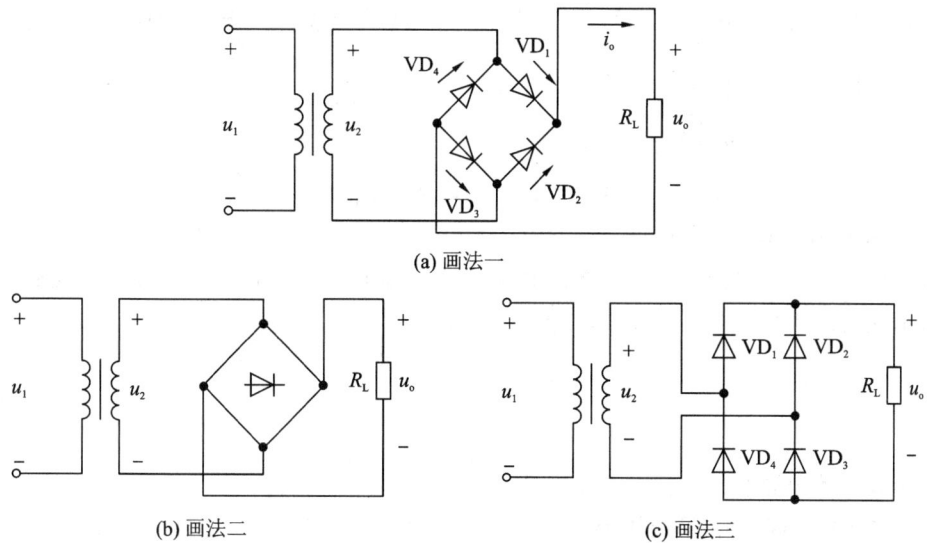

(a) 画法一

(b) 画法二   (c) 画法三

图 5.4.3 单相桥式整流电路的几种画法

电源变压器将电网电压变换成大小适当的正弦交流电压。如图 5.4.4(a) 所示，设变压器二次侧输出电压为 $u_2 = \sqrt{2}U_2 \sin\omega t$，当 u_2 为正半周期时（$0 \leqslant \omega t \leqslant \pi$），变压器二次侧 a 点的电位高于 b 点，二极管 VD_1、VD_3 导通、VD_2、VD_4 截止，电流的流通路径是 a→VD_1→R_L→VD_3→b。当 u_2 为负半周期时（$\pi \leqslant \omega t \leqslant 2\pi$），变压器二次侧 b 点的电位高于 a 点，二极管 VD_2、VD_4 导通，VD_1、VD_3 截止，电流的流通路径是 b→VD_2→R_L→VD_4→a。可见，在 u_2 变化的一个周期内，VD_1、VD_3 和 VD_2、VD_4 两组整流二极管轮流导通半周期，流过负载 R_L 上的电流方向一致，在 R_L 两端产生的电压极性始终为上正下负。图 5.4.4(b) 所示为单相桥式整流电路中各点的电压、电流波形。

将桥式整流电路的输出电压波形与半波整流电路的输出电压波形相比较，显然桥式整流电路的直流电压 U_o 比半波整流时增加了一倍，即

$$U_{o(av)} = \frac{1}{2\pi}\int_0^{2\pi} \sqrt{2}\,U_2 \sin(\omega t)\mathrm{d}(\omega t) = \frac{2\sqrt{2}}{\pi}U_2 \approx 0.9U_2 \qquad (5.4.3)$$

负载电流同样也增加了一倍，即

$$I_o = \frac{U_o}{R_L} \approx \frac{0.9 U_2}{R_L} \tag{5.4.4}$$

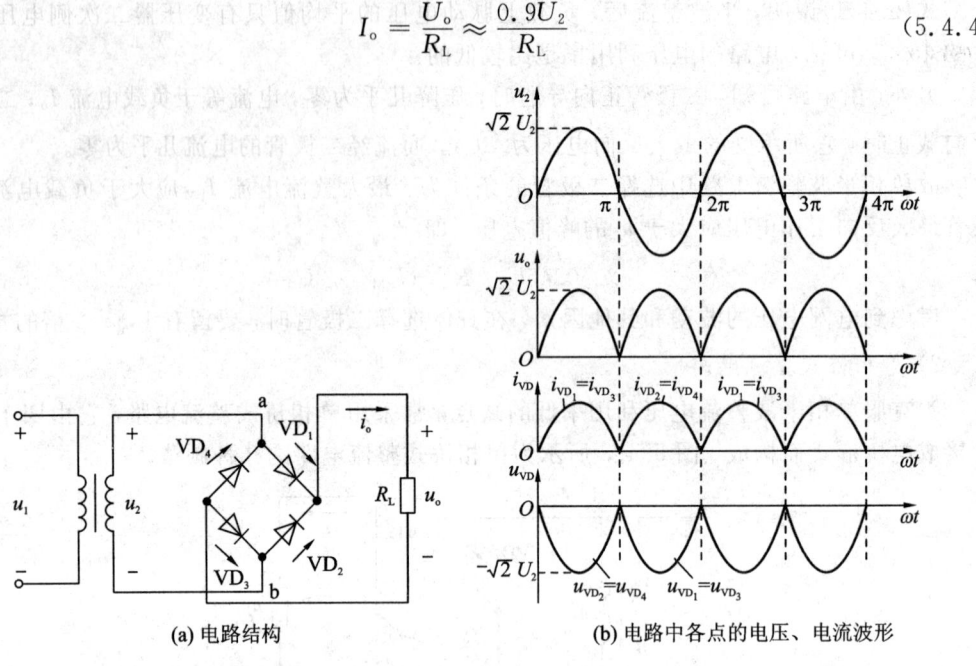

(a) 电路结构　　　　　　　　(b) 电路中各点的电压、电流波形

图 5.4.4　单相桥式整流电路

因为在桥式整流电路中，二极管 VD_1、VD_3 和 VD_2、VD_4 在电源电压变化的一个周期内是轮流导通的，所以流过每个二极管的电流都等于负载电流的一半；二极管在截止时管子两端承受的最大反向电压为 u_2 的峰值电压，即

$$I_{FM} > \frac{I_o}{2} = \frac{0.45 U_2}{R_L}$$

$$U_{RM} > \sqrt{2} U_2$$

与半波整流电路相比，桥式整流电路的优点是输出电压高、纹波小，同时电源变压器在正、负半周期均给负载供电，使电源变压器的利用率提高了。

目前封装成一个整体的多种规格的整流桥块已批量生产，它给使用者带来了不少方便。其外形如图 5.4.5 所示。使用时，只要将交流电压接到标有"～"的引脚上，从标有"＋"和"－"的引脚引出的就是整流后的直流电压。

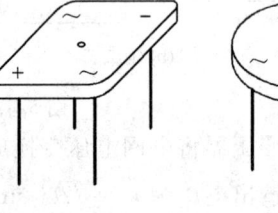

图 5.4.5　整流桥块外形图

例 5.4.1　设计一单相桥式整流电路，使其输出直流电压 110 V，直流电流 3 A，试求：

(1) 变压器二次侧电压和电流；

(2) 二极管所承受的最高反向电压和流过二极管的平均电流。

解　(1) 由式(5.4.3)可知，变压器二次侧电压的有效值为

$$U_2 = \frac{U_o}{0.9} = \frac{110}{0.9} \approx 122 (V)$$

则变压器二次侧电流的有效值为

$$I_2 = \frac{U_2}{R_L} = \frac{1}{0.9} I_o \approx 1.1 I_o = 1.1 \times 3 = 3.3 (\text{A})$$

（2）二极管承受的最高反向电压为

$$U_{RM} = \sqrt{2} U_2 = \sqrt{2} \times 122 \approx 172.5 (\text{V})$$

通过二极管的电流平均值为

$$I_{VD} = \frac{1}{2} I_o = \frac{1}{2} \times 3 = 1.5 (\text{A})$$

2. 滤波电路

整流电路虽然将交流电压变为脉动的直流电压，但其中仍含有较大的交流成分（即纹波电压）。这样的脉动电压作为电镀、蓄电池充电的电源还是允许的，但作为大多数电子设备的电源，将对电子设备的工作产生不良影响。所以，在整流电路之后，还需要加接滤波电路，尽量减小输出电压中的交流分量，使之接近于理想的直流电压。滤波电路的形式很多，所用元件或为电容，或为电感，或两者都用。

1）电容滤波电路

电容滤波电路在小功率电子设备中得到广泛的应用。图 5.4.6(a)所示为单相桥式整流电容滤波电路，它由电容 C 和负载 R_L 并联组成。其工作原理如下：

电容是一种可以存储电荷（即电场能量）的电路元件，利用电容两端电压不能突变的特点，将电容和负载电阻并联，可达到使输出电压波形平滑的目的。

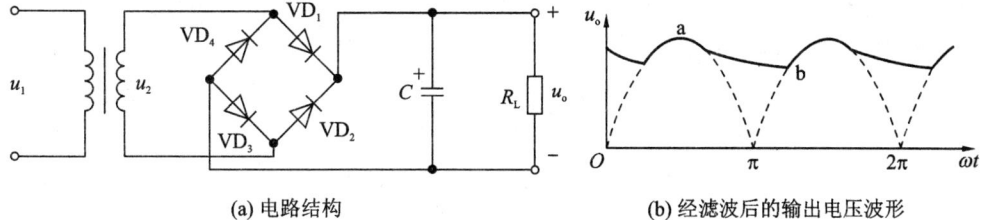

（a）电路结构　　　　　　　（b）经滤波后的输出电压波形

图 5.4.6　单相桥式整流电容滤波电路

假定在 $t=0$ 时接通电路，u_2 为正半周，当 u_2 由零上升时，二极管 VD_1、VD_3 导通，电容 C 充电。由于充电回路电阻很小，因而充电很快，u_C 和 u_2 变化基本同步，即 $u_o = u_C \approx u_2$，当 u_2 达到最大值时，u_o 也达到最大值，见图 5.4.6(b)中 a 点，之后 u_2 下降，此时因 $u_C > u_2$，二极管 $VD_1 \sim VD_4$ 截止，电容 C 通过负载电阻 R_L 放电，由于放电时间常数 $\tau = R_L C$ 一般较大，电容电压 u_C 按指数规律缓慢下降。放电过程直至 u_2 进入负半周后，当 $u_2 > u_C$ 时，见图 5.4.6(b)中 b 点，二极管 VD_2、VD_4 导通，电容 C 再次充电，输出电压增大，以后重复上述充、放电过程。

整流电路接入滤波电容后，不仅使输出电压波形变得平滑、纹波显著减小，同时输出电压的平均值也增大了。

输出电压的平均值为

$$U_o \approx 1.2 U_2 \tag{5.4.5}$$

为了得到较好的滤波效果，电容滤波电路的电容值 C 应满足：

$$C \geqslant (3 \sim 5) \frac{T}{2 R_L} \tag{5.4.6}$$

式中：T 为交流电网电压的周期。

加电容滤波后，二极管的导通时间缩短，导通角变小（$\theta<\pi$）。由于电容 C 充电的瞬时电流很大，形成了浪涌电流，容易损坏二极管。故在选择二极管时，必须留有的足够电流裕量。

电容滤波电路简单，输出电压平均值 U_o 较高，脉动较小，且放电时间常数越大，输出电压越平滑，但是二极管中有较大的冲击电流。因此，电容滤波电路一般适用于输出电压较高、负载电流较小并且变化也较小的场合。

例 5.4.2　一单相桥式整流电容滤波电路的输出电压 $U_o=30$ V，负载电流为 250 mA，试选择整流二极管的型号和滤波电容 C 的大小。

解　（1）选择整流二极管：

$$I_{VD}=\frac{1}{2}I_o=\frac{1}{2}\times250=125(\text{mA})$$

二极管承受的最大反向电压：

$$U_{RM}=\sqrt{2}U_2$$

又

$$U_o=1.2U_2$$

$$U_2=\frac{U_o}{1.2}=\frac{30}{1.2}=25(\text{V})$$

所以

$$U_{RM}=\sqrt{2}U_2=\sqrt{2}\times25\approx35(\text{V})$$

查半导体器件手册可选 2CP21A，其参数 $I_{FM}=3000$ mA，$U_{RM}=50$ V。

（2）选择滤波电容。根据：

$$R_LC\geqslant(3\sim5)\frac{T}{2}$$

$$R_L=\frac{U_o}{I_o}=\frac{30}{250}=0.12(\text{k}\Omega)$$

$$T=\frac{1}{f}=\frac{1}{50}=0.02(\text{s})$$

所以

$$C=\frac{5T}{2R_L}=\frac{5\times0.02}{2\times120}=0.000\ 417(\text{F})=417\ \mu\text{F}$$

2）电感滤波电路

为克服电容滤波电路存在的浪涌电流和带负载能力差的缺点，引入电感滤波电路。当用电感滤波时，主要是利用通过电感的电流不能突变的特点，所以将电感和负载电阻串联，可达到平滑输出电压的目的，如图 5.4.7 所示。

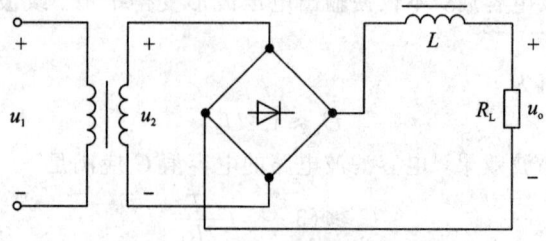

图 5.4.7　单相桥式整流电感滤波电路

　　整流滤波输出的电压，可以看成由直流分量和交流分量叠加而成。因电感线圈的直流电阻很小，交流电抗很大，故直流分量顺利通过，交流分量将全部降到电感线圈上，这样在负载 R_L 上得到比较平滑的直流电压。

　　也可以这样理解，根据电感的特点，当整流后电压的变化引起负载电流改变时，电感 L 上将感应出一个与整流输出电压变化相反的反电动势，两者的叠加使得负载上的电压比较平缓，输出电流基本保持不变。

　　电感滤波电路的输出电压为

$$U_o = 0.9U_2 \qquad\qquad (5.4.7)$$

　　显然，电感滤波对抑制电流波动效果非常明显，电感 L 越大，负载电阻 R_L 越小，滤波效果越好，所以电感滤波电路适用于负载电流较大、输出电压较低的场合。

　　3）复式滤波电路

　　为了得到更好的滤波效果，还可以将电容滤波和电感滤波混合使用而构成复式滤波电路。图 5.4.8(a)所示的 π 型滤波电路就是其中的一种。由于电感器的体积大、成本高，在负载电流较小（即 R_L 较大）时，可以用电阻替代电感，其电路如图 5.4.8(b)所示。因为 C_2 的容抗较小，所以脉动电压的交流分量较多地降落在电阻 R 两端，而 R_L 值又比 R 大，故直流分量只降落在 R_L 两端，使输出电压脉动减小。

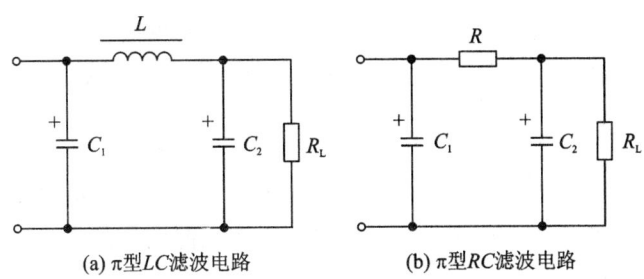

(a) π 型 LC 滤波电路　　　　　(b) π 型 RC 滤波电路

图 5.4.8　π 型滤波电路

5.4.2　其他二极管应用电路

1. 钳位

　　利用二极管正向导通时压降很小的特性，可组成钳位电路，如图 5.4.9 所示。若 A 点电压 $U_A=0$，二极管 VD 可正向导通，其压降很小，F 点的电位将被钳制在 0 V 左右，即 $U_F \approx 0$。

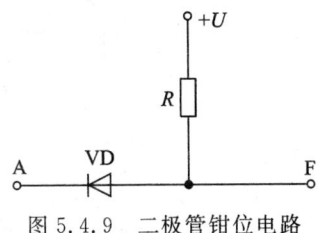

图 5.4.9　二极管钳位电路

2. 电平选择电路

　　从多路输入信号中选出最低或最高电平的电路，称为电平选择电路。图 5.4.10(a)所示为一种二极管低电平选择电路。设两路输入信号 u_1、u_2 均小于 E。表面上看，似乎 VD_1、VD_2 都能导通，实际上若 $u_1 < u_2$，则 VD_1 优先导通，而把 u_o 限制在低电平 u_1 上，使 VD_2 截

止。反之，若 $u_2 < u_1$，则 VD_2 优先导通，而把 u_o 限制在低电平 u_2 上，使 VD_1 截止。只有当 $u_1 = u_2$ 时，VD_1、VD_2 才能同时导通，$u_o = u_1 + 0.7$ V。

可见，该电路能选出任意时刻两路信号中的低电平信号。图 5.4.10(b) 画出了当 u_1、u_2 为方波时，输出端选出的低电平波形。

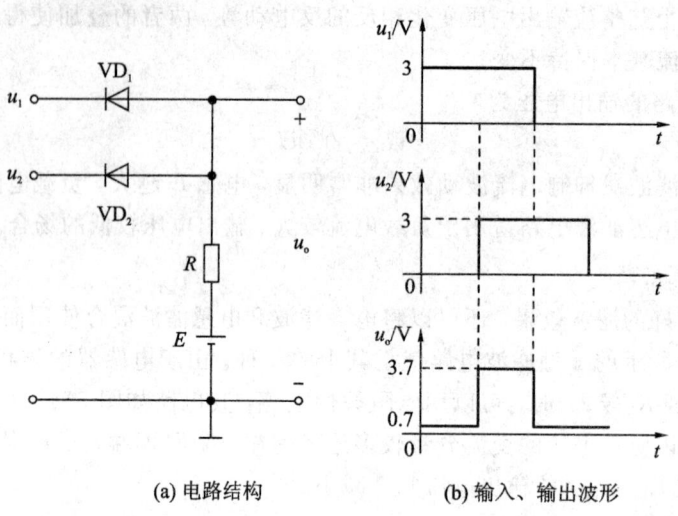

(a) 电路结构　　　　　　(b) 输入、输出波形

图 5.4.10　二极管构成的电平选择电路

若将如图 5.4.10(a) 所示电路中的 VD_1、VD_2 反接，E 改为负值，则电路就变为高电平选择电路。

3. 限幅

利用二极管正向导通后其两端电压很小且基本不变的特性，可以构成各种限幅电路，使输出电压幅度限制在某一电压值以内。二极管限幅电路的原理可由如图 5.4.11 所示的内容来分析说明。设输入电压 $u_i = 10\sin\omega t$（V），$U_{S1} = U_{S2} = 5$ V。当 $-U_{S2} < u_i < U_{S1}$ 时，VD_1、VD_2 都处于反向偏置而截止，因此 $i = 0$，$u_o = u_i$。当 $u_i > U_{S1}$ 时，VD_1 处于正向偏置而导通，VD_2 截止，使输出电压保持 U_{S2}。当 $u_i < -U_{S1}$ 时，VD_2 处于正向偏置而导通，VD_1 截止，输出电压将保持 $-U_{S2}$。由于输出电压 u_o 被限制在 $-U_{S2}$ 与 $+U_{S1}$ 之间，即 $|u_o| \leqslant 5$ V，很像将输入信号的高峰和低谷部分削掉一样，因此，这种电路又称为削波电路。

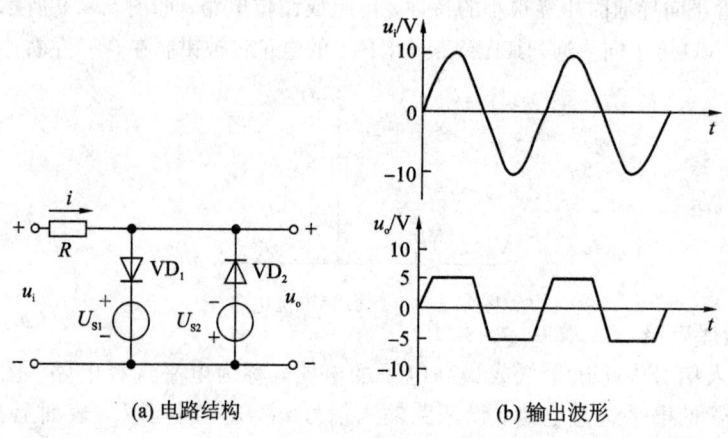

(a) 电路结构　　　　　　(b) 输出波形

图 5.4.11　二极管的限幅电路

4. 元件保护

在电子线路中，常用二极管来保护其他元器件免受过高电压的损害。图 5.4.12 所示为一种二极管元件保护电路。在开关 S 接通时，电源 E 给线圈供电，电感 L 中有电流流过，储存了磁场能量。在开关 S 由接通到断开的瞬时，电流突然中断，电感 L 中将产生一个高于电源电压很多倍的自感电动势 e_L，e_L 与 E 叠加后作用在开关 S 的两端子上，在 S 的两端子上产生电火花放电，这将影响设备的正常工作，使开关 S 寿命缩短。接入二极管 VD 后，e_L 通过二极管 VD 产生放电电流 i，使电感 L 中储存的能量不经过开关 S 释放，从而保护了开关 S。

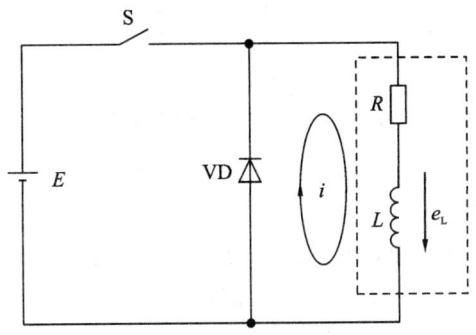

图 5.4.12　二极管元件保护电路

5.5　特殊二极管

特殊二极管包括稳压二极管、发光二极管、光电二极管、光电耦合器和变容二极管等。下面分别对这几种二极管进行简要描述。

5.5.1　稳压二极管

稳压二极管又名齐纳二极管，简称稳压管，是一种用特殊工艺制作的面接触型硅半导体二极管，它和普通二极管相比，正向特性相同，而反向击穿电压较低，且击穿时的反向电流在较大范围内变化时，击穿电压基本不变，体现恒压特性。稳压管正是利用反向击穿特性来实现稳压的。此时的击穿电压也是稳压管的稳定工作电压，用 U_Z 表示。稳压二极管广泛用于稳压电源与限幅电路中。

1. 稳压管的伏安特性

稳压管正向偏置时，其特性和普通二极管一样；反向偏置时，开始一段和二极管一样，当反向电压达到一定数值以后，反向电流突然上升，而且电流在一定范围内增长时，稳压管两端电压只有少许增加，变化很小，具有稳压性能。这种"反向击穿"是可恢复的，只要外电路限流电阻保障通过稳压管的电流在限定范围内，就不致引起热击穿而损坏稳压管。图 5.5.1 所示为稳压二极管的符号和伏安特性。

稳压管虽然工作于反向击穿区，但反向电流必须控制在一定的数值范围内，此时 PN 结的结温不会超过容许值而损坏，故这种反向击穿是可逆的，即去掉反向电压后，它可恢复正常。如果反向电流超出了容许值，稳压管会因为电流过大而发热损坏（热击穿），所以在使用时应串入限流电阻予以保护。此时，电流变化范围应控制在 $I_{Zmin} < I < I_{Zmax}$ 之内。

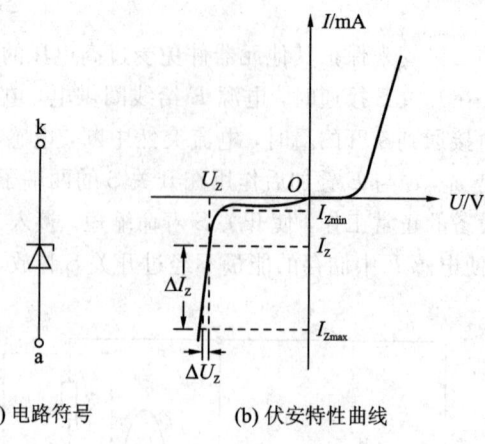

(a) 电路符号　　　　　　(b) 伏安特性曲线

图 5.5.1　稳压二极管

2. 稳压管的主要参数

（1）稳定电压 U_z：击穿后电流在规定值时，稳压管两端的电压。由于制造工艺的分散性，即使同型号的稳压管，U_z 的值也不一定相同。使用时可通过测量确定其准确值。

（2）额定功耗 P_z：由稳压管结温限制所限定的参数。P_z 与 PN 结所用的材料、结构及工艺有关，使用时不允许超过此值。只要不超过稳压管的额定功率，电流越大，稳压效果越好。

（3）稳定电流 I_z：稳压管工作在稳压状态时的参考电流。低于此值时稳压效果较差，甚至根本不稳压，大于此值时，稳压效果较好。但稳定电流受最大值 I_{Zmax} 的限制，即 $I_{Zmax}=P_z/U_z$。工作电流不允许超过此值，否则会烧坏稳压管

（4）动态电阻 r_z：稳压管工作在击穿状态下，两端电压变化量与其电流变化量的比值。反映在特性曲线上，是工作点处切线斜率的倒数。r_z 值越小，稳压性能越好。对于不同型号的稳压管，r_z 的变化范围为几欧到几十欧。对于同一只稳压管，工作电流越大，r_z 越小。

（5）电压温度系数 α：温度每变化 1 ℃所引起的稳压值的变化量，是反映稳定电压值受温度影响的参数。通常，稳定电压小于 4 V 的稳压管具有负温度系数（属于齐纳击穿，齐纳击穿具有负温度系数），即温度升高时稳定电压值下降；稳定电压大于 7 V 的稳压管具有正温度系数（属于雪崩击穿，雪崩击穿具有正温度系数），即温度升高时稳定电压值上升；而稳定电压在 4 V 到 7 V 之间的稳压管，温度系数非常小，近似为零（齐纳击穿和雪崩击穿均有）。

3. 稳压管稳压电路

稳压管稳压电路如图 5.5.2 所示。图中 U_i 为有波动的输入电压，并满足 $U_i>U_z$。R 为限流电阻，它与稳压管 VD_z 配合起稳压作用，R_L 为负载。由于负载 R_L 与稳压管并联，因而此稳压电路称为并联式稳压电路。

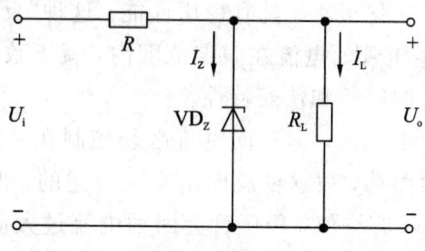

图 5.5.2　稳压管构成的并联式稳压电路

引起 U_o 电压不稳定的原因是电网电压的波动和负载电流的变化，下面分析在这两种情况下稳压电路的作用。

(1) 当负载电阻不变而电网电压波动使输出电压 U_o 变化(如电网电压上升而使输入电压 U_i 增大)时：

当电网电压增大，整流滤波输出电压 U_i 增大，经限流电阻和负载电阻分压，使 U_o(即 U_z)增大。U_z 增大将导致 I_z 剧增，流过限流电阻的电流也要增大，从而限流电阻上的压降 U_R 增大，因为 $U_o = U_i - U_R$，即抵消了 U_i 的增大。该调整过程可表示为

$$U_i \uparrow \to U_o \uparrow \to U_z \uparrow \to I_z \uparrow \uparrow \to I_R \uparrow \uparrow \to U_R \uparrow \uparrow \to U_o \downarrow$$

当电网电压减小时，上述变化过程刚好相反，结果同样使 U_o 稳定。

(2) 当电网电压不变而负载电阻变化使输出电压变化(如负载电阻 R_L 减小而使输出电压 U_o 下降)时：

假设电网电压保持不变，整流滤波输出电压 U_i 就不变，负载电阻 R_L 减小，I_L 增大时，使流过限流电阻 R 上的电流增大而压降升高，输出电压 U_o(即 U_z)下降。当稳压管两端电压 U_z 有所下降时，电流 I_z 将急剧减小，流过限流电阻的电流也要减小，从而使限流电阻上的压降 U_R 减小，因为 $U_o = U_i - U_R$，即抵消了 U_o 的减小。该调整过程可表示为

$$R_L \downarrow \to U_o \downarrow \to U_z \downarrow \to I_z \downarrow \downarrow \to I_R \downarrow \downarrow \to U_R \downarrow \downarrow \to U_o \uparrow$$

当负载电阻增大时，上述变化过程刚好相反，结果同样使 U_o 稳定。

由以上分析可见，电路稳压的实质在于通过稳压管调整电流的作用和通过电阻 R 的调压作用达到稳压的目的。

由稳压管组成的并联式稳压电路，其结构简单，可在输出电流不大(几毫安到几十毫安)、输出电压固定、稳压要求不高的场合应用。

4. 集成稳压电路

随着半导体集成技术的发展，从 20 世纪 70 年代开始，集成稳压电路迅速发展起来，并得到日益广泛的应用。集成稳压电路分为线性集成稳压电路和开关集成稳压电路两种。前者适用于功率较小的电子设备，后者适用于功率较大的电子设备。

这里将介绍一种目前国内外使用最广、销售量最大的三端集成稳压器，它具有体积小、使用方便、内部含有过流和过热保护电路、使用安全可靠等优点。三端集成稳压器又分为三端固定式集成稳压器和三端可调式集成稳压器两种，前者输出电压是固定的，后者输出电压是可调的。

1) 三端固定式集成稳压器

国产三端固定式集成稳压器的型号有 CW78×× 系列和 CW79×× 系列两种，外形如图 5.5.3 所示，它只有三个引脚。CW78×× 系列为正电压输出的集成稳压器，引脚 1 为输入端，2 为输出端，3 为公共端，接线图如图 5.5.4 所示。CW79×× 系列为负电压输出的集成稳压器，引脚 1 为公共端，2 为输出端，3 为输入端，接线图如图 5.5.5 所示。输入和输出端各接有电容 C_i 和 C_o，C_i 用于抵消输入端接线较长时的电感效应，防止产生振荡。一般 CW78×× 系列为 $0.33~\mu F$，CW79×× 系列为 $2.2~\mu F$。C_o 是为了在负载电流瞬时增减时，不致引起输出电压有较大的波动。一般 CW78×× 系列为 $0.1~\mu F$，CW79×× 系列为 $1~\mu F$。输出电压有 5 V、6 V、8 V、9 V、12 V、15 V、18 V、24 V 等不同电压规格，其型号的后

两位数字表示输出电压值，例如 CW7805 表示输出电压为 5 V。使用时，除了输出电压值外，还要了解它们的输入电压和最大输出电流等参数，这些参数可查阅相关手册。

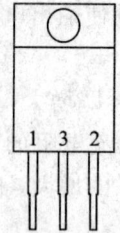

图 5.5.3　三端固定式集成稳压器外形图

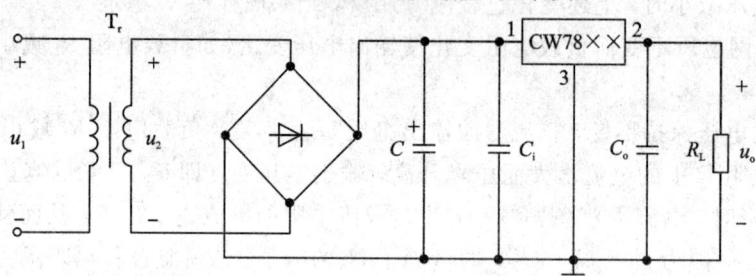

图 5.5.4　CW78××接线图

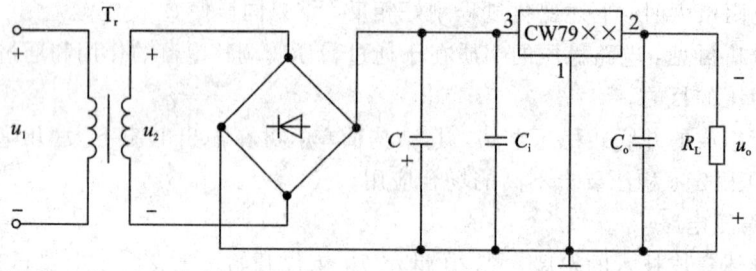

图 5.5.5　CW79××接线图

　　如果需要同时输出正、负两组电压，可选用正、负两片集成稳压器，按图 5.5.6 所示电路接线。

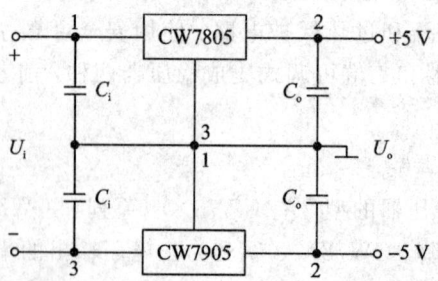

图 5.5.6　同时输出正、负两组电压的接线图

2）三端可调式集成稳压器

　　国产三端可调式集成稳压器的型号有 CW117、CW217、CW317 系列和 CW137、CW237、CW337 系列两种类型。前三者为正电压输出，后三者为负电压输出。型号第一位数字中的 1 表示军品级，2 表示工业级，3 表示民品级，不同级别的允许工作温度不同。它们的外形与三端固定式集成稳压器相似。正电压输出的三端可调式稳压器，引脚 1 为调节

端,2 为输出端,3 为输入端,接线图如图 5.5.7 所示。负电压输出的三端可调式稳压器,
引脚 1 为调节端,2 为输入端,3 为输出端,接线图如图 5.5.8 所示。

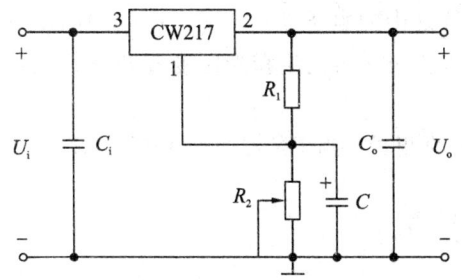 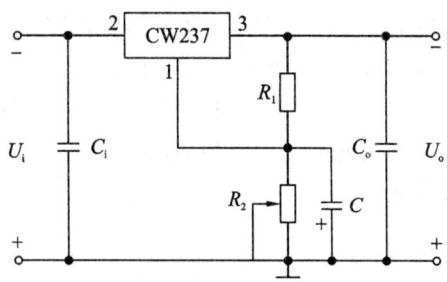

图 5.5.7　CW217 系列接线图　　　　　　　　　图 5.5.8　CW237 系列接线图

图 5.5.7 和图 5.5.8 中,调节电阻 R_2 即可调节输出电压 U_o 的大小。调压范围为
$\pm(1.25\sim37)$ V。输出电流分 0.1 A、0.5 A 和 1.5 A 三个等级。由于上述产品的输出端和
调节端之间的电压为 1.25 V,故输出电压的计算公式为

$$U_o = \pm 1.25\left(1 + \frac{R_2}{R_1}\right) \tag{5.5.1}$$

式中:U_o 的单位为 V。

5.5.2　发光二极管

发光二极管是一种将电能直接转换成光能的固体器件,简称 LED。发光二极管和普通
二极管相似,也由一个 PN 结组成。但发光二极管在正向导通时,空穴和电子在复合时所
释放的能量是以发出一定波长的可见光形式给出的。光的波长不同,颜色也不同。常见的
LED 有红、绿、黄、橙等颜色。发光二极管的驱动电压低,工作电流小,具有很强的抗振动
和抗冲击能力。

发光二极管是一种电流控制器件,也具有单向导电性。只有当外加的正向电压使得发
光二极管的正向电流足够大时才发光,它的开启电压比普通二极管大,红色的在 $1.6\sim$
1.8 V 之间,绿色的约为 2 V。正向电流愈大,发光愈强。使用时,应特别注意不要超过最
大功耗、最大正向电流和反向击穿电压等极限参数。

由于发光二极管体积小,可靠性高,耗电低,寿命长,被广泛用于信号指示等电路中。
图 5.5.9 所示为发光二极管的符号和外形。

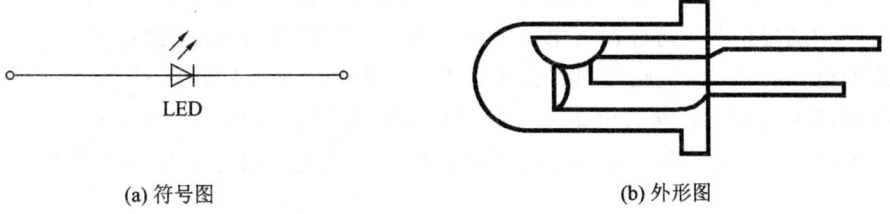

(a) 符号图　　　　　　　　　　　　　　　(b) 外形图

图 5.5.9　发光二极管的符号和外形

5.5.3　光电二极管

光电二极管又称为光敏二极管,它是一种光接收器件,特点是 PN 结的面积大,管壳

上有透光的窗口便于接收光照。

　　光电二极管工作在反偏状态下。当无光照时，它的伏安特性和普通二极管一样，其反向电流很小，称为暗电流。当有光照时，半导体共价键中的电子获得能量，产生的电子-空穴对增多，反向电流增加，且在一定的反向电压范围内，反向电流和光照度 E 成正比关系。图 5.5.10 所示为光电二极管的基本电路和符号。

　　利用光电二极管做成的光电传感器可以进行光的测量。当 PN 结的面积较大时，可以做成光电池。

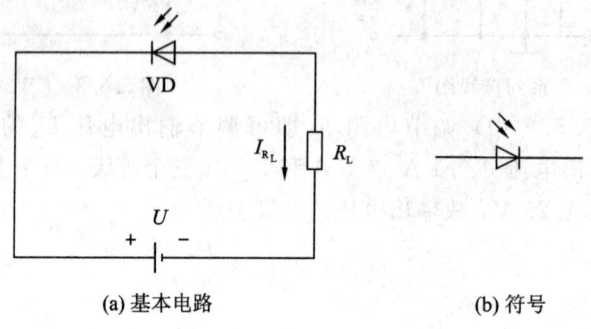

(a) 基本电路　　　　　　　　　　(b) 符号

图 5.5.10　光电二极管的基本电路和符号

5.5.4　光电耦合器

　　光电耦合器又称为光电隔离器。它是发光器件和受光器件的组合体。图 5.5.11 所示为是光电耦合器的一种，发光器件采用发光二极管，受光器件采用光电二极管，两者封装在同一外壳内，由透明的绝缘材料隔开。

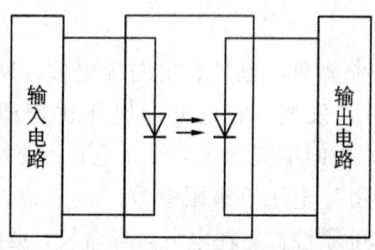

图 5.5.11　光电耦合器

　　工作时，发光二极管将输入电路的电信号转换成光信号，光电二极管再将光信号转换成输出电路中的电信号。这样输入电路与输出电路之间没有直接的电的联系，可以实现两电路之间的电气隔离，两电路之间不会相互影响，从而使系统具有良好的抗干扰性。同时系统两端可以采用相差悬殊的电压，例如一个电路是低电压的电子系统，另一个电路是连接到市电电网的高电压系统，通过光电耦合器可以有效地对低电压电路实现保护，使强、弱电系统隔离。

5.5.5　变容二极管

　　图 5.5.12 所示为变容二极管的符号。此种二极管是利用 PN 结的电容效应进行工作的，它工作于反向偏置状态，当外加的反偏电压变化时，其电容量也随之改变。变容二极

管的容量很小，为皮法(pF)数量级，所以主要用于高频场合下。

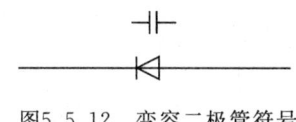

图5.5.12　变容二极管符号

习　题

5.1　判断下列说法是否正确(在括号中打"√"或"×")。

(1) 在 N 型半导体中如果掺入足够量的三价元素，可将其改型为 P 型半导体。(　　　)

(2) 因为 N 型半导体的多子是自由电子，所以它带负电。(　　　)

(3) PN 结在无光照、无外加电压时，结电流为零。(　　　)

(4) 半导体导电和导体导电相同，其电流的主体是电子。(　　　)

(5) 二极管的好坏和二极管的正、负极性可以用万用表来判断。(　　　)

5.2　选择正确答案填入空内。

(1) PN 结加正向电压时，空间电荷区将_____。

　　A. 变窄　　　　　B. 基本不变　　　　　C. 变宽

(2) 二极管两端正向偏置电压大于_____电压时，二极管才导通。

　　A. 击穿电压　　B. 死区　　　　　　C. 饱和

(3) 当环境温度升高时，二极管的正向压降_____，反向饱和电流_____。

　　A. 增大　　　　B. 减小　　　　C. 不变　　　　D. 无法判定

(4) 单相桥式整流电路中，每个二极管承受的最大反向工作电压等于_____。

　　A. U_2　　　　　B. $\sqrt{2}U_2$　　　　C. $\frac{1}{2}U_2$　　　　D. $2U_2$

(5) 滤波电路能把整流输出的_____成分滤掉。

　　A. 交流　　　　B. 直流　　　　C. 交、直流　　　D. 干扰脉冲

(6) 稳压管的稳压区使其工作在_____。

　　A. 正向导通　　　B. 反向截止　　　　C. 反向击穿

5.3　填空题。

(1) 杂质半导体有_____型和_____型之分。

(2) 二极管的两端加正向电压时，有一段"死区电压"，锗管约为_____，硅管约为_____。

(3) PN 结加正向电压，是指电源的正极接_____区，电源的负极接_____区，这种接法叫_____。

(4) 二极管的类型按材料分有_____和_____两类。

(5) 单相半波整流电路中，二极管承受的最大反向电压为_____，负载电压为_____。

(6) 整流电路接入电容滤波后，二极管的导通角总是小于_____。但负载电压变得_____。

(7) 硅稳压二极管主要工作在_____区。

5.4　电路如题 5.4 图所示，设二极管为理想二极管，判断二极管是否导通，并求输出电压 U。

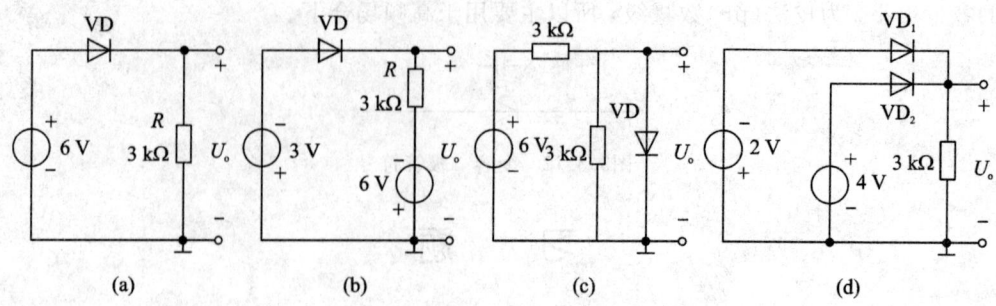

题 5.4 图

5.5　电路如题 5.5(a)图所示，其输入电压 u_{i1} 和 u_{i2} 的波形如题 5.5(b)图所示，二极管导通电压 $U_{VD}=0.7$ V。试画出输出电压 u_o 的波形，并标出幅值。

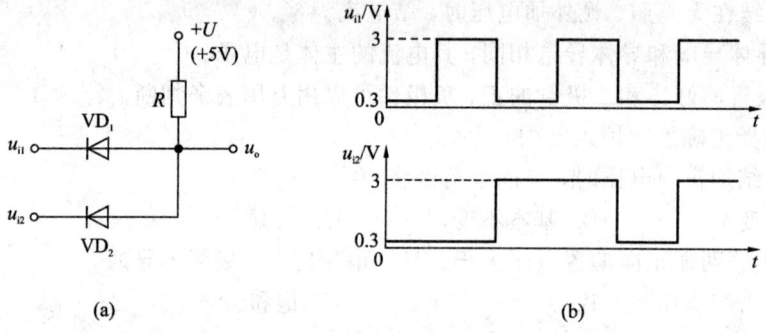

题 5.5 图

5.6　若稳压二极管 VD_{Z1} 和 VD_{Z2} 的稳定电压分别为 6 V 和 10 V，求题 5.6 图所示电路的输出电压 U_o。（忽略二极管正向导通电压）。

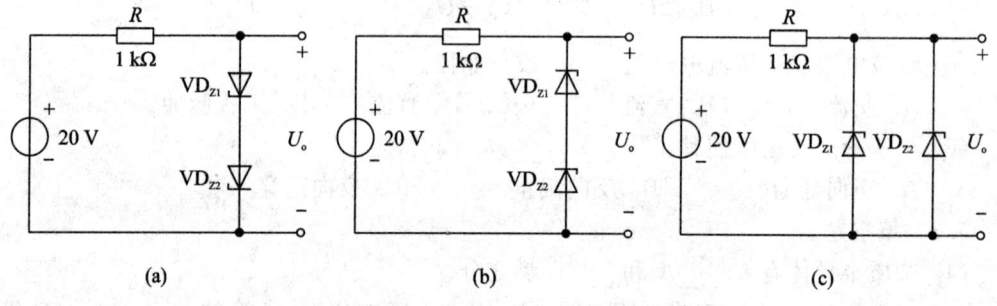

题 5.6 图

5.7　已知稳压管的稳定电压 $U_Z=6$ V，稳定电流的最小值 $I_{Zmin}=5$ mA，最大功耗 $P_{ZM}=150$ mW。试求题 5.7 图所示电路中电阻 R 的取值范围。

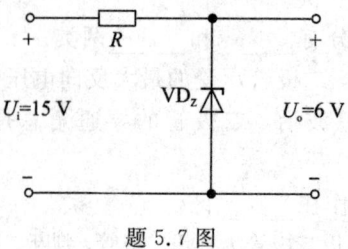

题 5.7 图

第 6 章　晶体管与基本放大电路

6.1　双极型晶体管

双极型晶体管(Bipolar Junction Transistor，BJT)是重要的半导体器件之一，它的放大作用和开关作用促使电子技术飞跃发展。本章主要研究其放大作用。

首先介绍 BJT 的结构、工作原理、特性和主要参数。其次，对 BJT 电路的静态和动态分析基本方法进行较详细的介绍，并重点讨论放大电路的三种组态，功率放大器、差分式放大器、场效应管放大器等基本单元电路，以明确放大电路的基本原理和基本分析方法。

6.1.1　BJT 的结构及分类

双极型晶体管，因其有自由电子和空穴两种极性的载流子参与导电而得名；又因其是三层杂质半导体构成的器件，有三个电极，所以称为半导体三极管或晶体三极管，简称三极管。它是组成各种电路的核心器件。图 6.1.1 所示为 BJT 的几种常见外形。

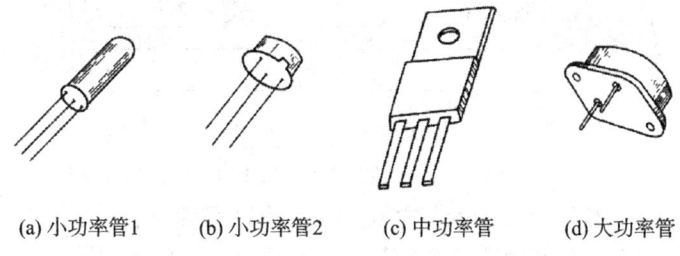

(a) 小功率管1　　　(b) 小功率管2　　　(c) 中功率管　　　(d) 大功率管

图 6.1.1　BJT 的几种常见外形

BJT 的结构示意图如图 6.1.2(a)、(b)所示。它是通过一定的制作工艺，在同一块半导体上用掺入不同杂质的方法制成两个紧挨的 PN 结，并引出三个电极。因此，BJT 有两种管型：NPN 型和 PNP 型。从三个杂质区域各自引出的电极，分别叫做发射极 e、集电极 c、基极 b，它们对应的杂质区域分别称为发射区、集电区和基区。三个杂质半导体区域之间形成两个 PN 结，发射区与基区间的 PN 结称为发射结(常用 J_e 表示)，集电区与基区间的 PN 结称为集电结(常用 J_c 表示)。图 6.1.2 (c)、(d)所示分别是 NPN 型和 PNP 型 BJT 的符号，其中发射极上的箭头表示发射结加正向偏置电压时，发射极电流的实际方向。需要说明的是，虽然发射区和集电区是同一种半导体材料，但由于它们的掺杂浓度不同，PN 结的结构不同，因此并不是对称的，在使用时，发射极和集电极不能对调使用。

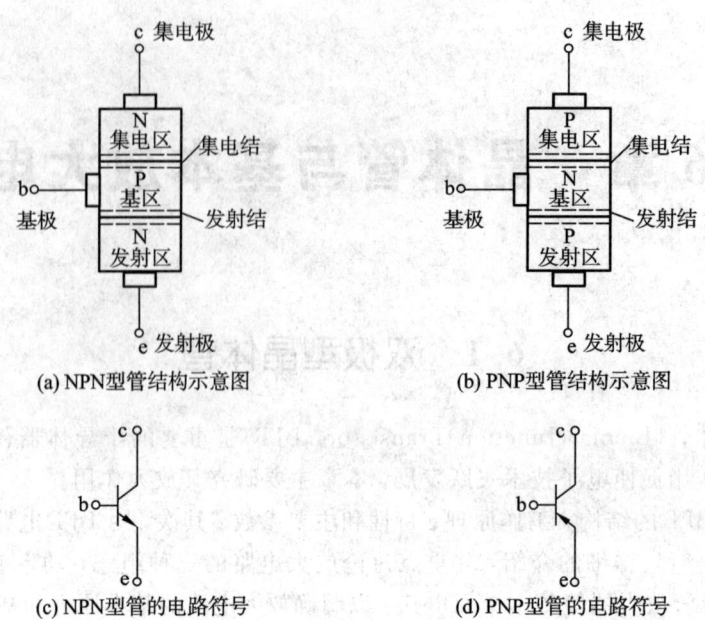

(a) NPN型管结构示意图　　　　　　　(b) PNP型管结构示意图

(c) NPN型管的电路符号　　　　　　　(d) PNP型管的电路符号

图 6.1.2　两种类型 BJT 的结构示意图及其电路符号

集成电路中典型 NPN 型 BJT 的结构截面图如图 6.1.3 所示。

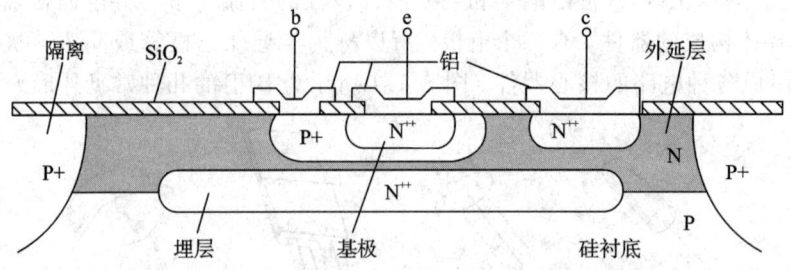

图 6.1.3　集成电路中典型 NPN 型 BJT 的结构截面图

BJT 的种类很多，按照所用的半导体材料分，有硅管和锗管；按照管型分，有 NPN 和 PNP；按照工作频率分，有低频管和高频管；按照功率分，有小、中、大功率管；等等。

本节主要讨论 NPN 型 BJT，但结论对 PNP 型同样适用，只不过两者所需电源电压的极性相反，产生的电流方向相反。

6.1.2　BJT 的放大作用和载流子运动规律

从 BJT 的结构上看，由于内部存在两个 PN 结，表面上似乎相当于两个二极管背靠背串联，假设两个单独的二极管按上述关系连接起来，将会发现它们并不具有放大作用。为了使 BJT 实现放大作用，必须由 BJT 的内部结构和外部所加电源的极性两方面的条件来保证。

BJT 的内部结构应具有以下三个特点：

（1）发射区重掺杂。尽管发射区和集电区是同类型的杂质半导体，但前者比后者掺杂浓度高得多，例如：对 NPN 型 BJT，发射区为 N 型，其中的多数载流子是电子，所以发射区的电子浓度很高（是三个区中载流子浓度最高的）。

（2）基区很薄，而且掺杂浓度很低。基区的掺杂比较低，例如：NPN 型 BJT 的基区为 P 型，故 P 区很薄，通常只有几微米到几十微米，且其中的多数载流子空穴的浓度很低（是三个区中载流子浓度最低的）。

（3）集电结的面积大，以保证尽可能多地收集到 NPN 型 BJT 发射区发射的电子。

因此 BJT 不是电对称的。

从外部条件来看：外加电源时，由于 BJT 内有两个 PN 结，它们在应用中可能有四种偏置电压组合方式：发射结正向偏置，集电结反向偏置；发射结、集电结均正向偏置；发射结、集电结均反向偏置；发射结反向偏置，集电结正向偏置。所以，BJT 可能有四种工作状态（放大、饱和、截止与倒置）。要使 BJT 能够起放大作用，无论是 NPN 型还是 PNP 型，外加电源的极性应使发射结处于正向偏置状态，而集电结处于反向偏置状态。

BJT 有三个电极，通常用其中两个分别作为输入、输出端，第三个作为公共端，这样可以构成输入和输出两个回路，因此在放大电路中有三种电路连接方式：共基极、共发射极（简称共射极）和共集电极，即分别把基极、发射极、集电极作为输入端口和输出端口的共同端，如图 6.1.4 所示。

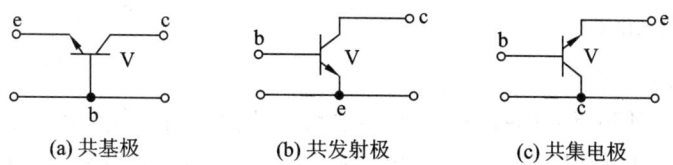

(a) 共基极　　　　　　(b) 共发射极　　　　　　(c) 共集电极

图 6.1.4　BJT 的三种连接方式

1. BJT 内部载流子的传输过程

图 6.1.5(a)、(b)所示内容分别表示在偏置电压作用下，一个处于放大状态的共基极和共射极 NPN 型理想 BJT 的内部载流子的传输过程。其结论对 PNP 型管同样适用。

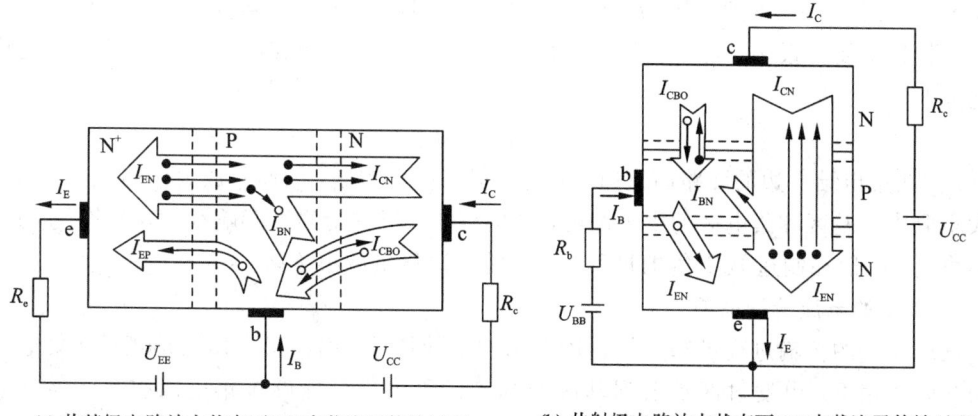

(a) 共基极电路放大状态下BJT中载流子传输过程　　(b) 共射极电路放大状态下BJT中载流子传输过程

图 6.1.5　放大状态下 BJT 中载流子传输过程

在满足内部和外部条件的情况下，BJT 内部载流子的运动有以下三个过程。

1）发射区向基区扩散载流子

由于发射结正向偏置，发射区的多子即电子在外加电压的作用下将不断通过发射结扩散到基区，形成发射区电子扩散电流 I_{EN}，其方向与电子实际扩散方向相反。同时，基区的多子空穴也要扩散到发射区，形成空穴扩散电流 I_{EP}，电流方向与 I_{EN} 相同。I_{EN} 和 I_{EP} 一起构成受发射结正向电压 U_{BE} 控制的发射结电流（也就是发射极电流）I_E，即

$$I_E = I_{EN} + I_{EP} = I_{ES}(e^{u_{BE}/U_T} - 1) \qquad (6.1.1a)$$

式中：I_{ES} 为发射结的反向饱和电流，其值与发射区及基区的掺杂浓度、温度有关，也与发射结的面积成比例。

由于发射区相对基区是重掺杂，基区是轻掺杂，因此，基区空穴浓度远低于发射区的电子浓度，$I_{EP} \ll I_{EN}$，I_{EP} 很小，可忽略不计，可认为

$$I_E = I_{EN} + I_{EP} \approx I_{EN} \qquad (6.1.1b)$$

2）载流子在基区扩散与复合

由发射区扩散到基区的载流子电子，在发射结边界附近浓度最高，离发射结越远，浓度越低。形成了一定的浓度差。浓度差使扩散到基区的电子继续向集电结方向扩散。在扩散过程中，有一部分电子与基区的空穴复合，形成基区复合电流 I_{BN}。由于基区很薄，掺杂浓度又低，因此电子与空穴复合机会少，I_{BN} 很小，它是基极电流 I_B 的主要部分。大多数电子都能扩散到集电结边沿。为保持基区电中性，基区被复合掉的空穴由电源 U_{EE}（共发射极是 U_{BB}）从基区拉走电子来补充。

3）集电区收集载流子

由于集电结上外加反向偏置电压，空间电荷区的内电场与外电场方向相同，故其被加强，对基区扩散到集电结边缘的载流子电子有很强的吸引力，使它们很快漂移过集电结，被集电区收集，形成集电区的收集电流 I_{CN}，电流受发射结电压控制，其方向与电子漂移方向相反，该电流是构成集电极电流 I_C 的主要部分。显然有 $I_{CN} = I_{EN} - I_{BN}$。另外，基区自身的少子电子和集电区的少子空穴也要在集电结反向偏置电压作用下产生漂移运动，形成集电结反向饱和电流 I_{CBO}，并流过集电极和基极支路，构成 I_C、I_B 的另一部分电流，其电流方向与 I_{CN} 方向一致。同时，因为基区掺杂浓度低，其少子即自由电子相对于集电区的少子即空穴数目上要少很多，故 I_{CBO} 主要由集电区的少子即空穴漂移产生。I_{CN} 和 I_{CBO} 一起构成集电极电流 I_C，即

$$I_C = I_{CN} + I_{CBO} \qquad (6.1.2)$$

I_{CBO} 在集电结一边的回路内流通，不受发射结电压控制，因而对放大作用没有贡献，它的大小取决于基区和集电区的少子浓度，数值很小，但它受温度影响很大，容易使 BJT 工作不稳定。一般在制造 BJT 管的过程中，总是设法尽量减小 I_{CBO}。

2. BJT 的电流分配关系

从载流子的传输过程可知，由于 BJT 结构上的特点，确保了在发射结正偏、集电结反偏的共同作用下，由发射区扩散到基区的载流子绝大部分能够被集电区收集，形成电流 I_{CN}，一小部分在基区被复合，形成电流 I_{BN}，即

$$I_{EN} = I_{CN} + I_{BN} \qquad (6.1.3a)$$

由图 6.1.5 和式（6.1.1b）、式（6.1.2）可见，BJT 的基极电流为

$$I_B = I_{EP} + I_{BN} - I_{CBO}$$
$$= I_{EP} + I_{EN} - I_{CN} - I_{CBO}$$
$$= I_E - I_C \qquad (6.1.3b)$$

通常把 I_E 传输到集电极的电流分量 I_{CN} 与发射极电流 I_E 的比定义为 BJT 共基极直流电流放大系数 $\bar{\alpha}$，即

$$\bar{\alpha} = \frac{I_{CN}}{I_E} \tag{6.1.4a}$$

$\bar{\alpha}$ 表达了 I_E 转化为 I_{CN} 的能力。显然 $\bar{\alpha}<1$，但接近于 1，一般在 0.98 以上。

为了反映扩散到集电区的电流 I_{CN} 与基区复合电流 I_{BN} 之间的比例，定义共射极直流电流放大系数 $\bar{\beta}$ 为

$$\bar{\beta} = \frac{I_{CN}}{I_{BN}} \tag{6.1.4b}$$

$\bar{\beta}$ 的含义是：基区每复合一个电子，则有 $\bar{\beta}$ 个电子扩散到集电区去。$\bar{\beta}$ 值一般在 20～200 之间。

将式(6.1.4 a)代入式(6.1.2)，则得

$$I_C = \bar{\alpha}I_E + I_{CBO} \tag{6.1.5a}$$

当 I_{CBO} 很小时，有

$$I_C \approx \bar{\alpha}I_E \tag{6.1.5b}$$

故式(6.1.5b)描述了 BJT 在共基极连接时(如图 6.1.5(a)所示)，输出电流 I_C 受输入电流 I_E 控制的电流分配关系。

可见 $\bar{\alpha}$、$\bar{\beta}$ 都是反映 BJT 基区扩散与复合的比例关系，只是选取的参考量不同，所以两者之间必有内在联系。由 $\bar{\alpha}$、$\bar{\beta}$ 定义可得

$$\bar{\beta} = \frac{I_{CN}}{I_{BN}} = \frac{I_{CN}}{I_{EN}-I_{CN}} = \frac{I_{CN}}{I_E-I_{CN}} = \frac{\bar{\alpha}I_E}{I_E-\bar{\alpha}I_E} = \frac{\bar{\alpha}}{1-\bar{\alpha}} \tag{6.1.6a}$$

$$\bar{\alpha} = \frac{I_{CN}}{I_E} = \frac{I_{CN}}{I_{EN}} = \frac{I_{CN}}{I_{BN}+I_{CN}} = \frac{\bar{\beta}I_{BN}}{I_{BN}+\bar{\beta}I_{BN}} = \frac{\bar{\beta}}{1+\bar{\beta}} \tag{6.1.6b}$$

由于 $I_E=I_C+I_B$，将它代入式(6.1.5 a)，整理后可得 BJT 在共射极连接时输出电流 I_C 受输入电流 I_B 控制的电流分配关系，即

$$I_C = \frac{\bar{\alpha}}{1-\bar{\alpha}}I_B + \frac{1}{1-\bar{\alpha}}I_{CBO} = \bar{\beta}I_B + I_{CEO} \tag{6.1.7}$$

其中：

$$I_{CEO} = \frac{1}{1-\bar{\alpha}}I_{CBO} = (1+\bar{\beta})I_{CBO} \tag{6.1.8}$$

I_{CEO} 是集电极与发射极之间的反向饱和电流，常称为穿透电流。I_{CEO} 的数值一般很小，当它可忽略时，式(6.1.7)可简化为

$$I_C \approx \bar{\beta}I_B \tag{6.1.9}$$

由式(6.1.3b)和式(6.1.9)可得 BJT 在共发射极连接时输出电流 I_E 受输入电流 I_B 控制的电流分配关系，即

$$I_E = I_B + I_C = (1+\bar{\beta})I_B \tag{6.1.10}$$

上述电流分配关系说明，无论采用哪种连接方式，BJT 在发射结正偏、集电结反偏，而且 $\bar{\alpha}$ 或 $\bar{\beta}$ 保持不变时，输出电流均正比于输入电流。如果能控制输入电流，就能控制输出电流，所以常将 BJT 称为电流控制器件。

$\bar{\alpha}$ 和 $\bar{\beta}$ 都是 BJT 的直流参数,对于每个 BJT,其参数主要取决于本身的构造和工作电流的大小。同一管子在不同的工作电流下,$\bar{\alpha}$ 和 $\bar{\beta}$ 的数值是不同的,通常 $\bar{\alpha}$ 的取值范围为 0.95~0.995,$\bar{\beta}$ 的取值范围为 20~200,在近似计算时可以认为是常数。

此外,可定义共基极交流电流放大倍(系)数为集电极电流变化量 Δi_C 和发射极电流变化量 Δi_E 之比,用 α 表示,即

$$\alpha = \frac{\Delta i_C}{\Delta i_E} \tag{6.1.11}$$

把集电极电流变化量 Δi_C 和基极电流变化量 Δi_B 的比值叫做共发射极交流电流放大倍(系)数,用 β 表示,即

$$\beta = \frac{\Delta i_C}{\Delta i_B} \tag{6.1.12}$$

显然,β 与 $\bar{\beta}$、α 与 $\bar{\alpha}$ 的意义是不同的,$\bar{\beta}$、$\bar{\alpha}$ 反映静态(直流工作状态)时的电流放大特性,β、α 反映动态(交流工作状态)时的电流放大特性。但在 BJT 输出特性曲线比较平坦(恒流特性较好),而且各条曲线间距离相等的条件下,可认为

$$\beta \approx \bar{\beta} \tag{6.1.13a}$$
$$\alpha \approx \bar{\alpha} \tag{6.1.13b}$$

即在近似分析计算中不对 β 与 $\bar{\beta}$、α 与 $\bar{\alpha}$ 加以区分,并可得

$$i_C \approx \beta i_B \tag{6.1.14 a}$$
$$i_C \approx \alpha i_E \tag{6.1.14 b}$$

6.1.3 BJT 的伏安(U-I)特性曲线

BJT 的伏安(U-I)特性曲线是描述 BJT 各极电流与极间电压关系的曲线,用于对 BJT 的性能、参数和 BJT 电路的分析估算。从图 6.1.4 所示的三种基本接法的放大电路中可以看出,不管是哪种连接方式,都可以把 BJT 视为一个二端口网络,其中一个端口对应输入回路,另一个端口对应输出回路。要完整地描述 BJT 的 U-I 特性,必须选用两组表示不同端变量(即输入电压和输入电流、输出电压和输出电流)之间关系的特性曲线。工程上最常用的是 BJT 的输入特性和输出特性曲线,一般都采用实验方法逐点描绘或用专用的晶体管 U-I 特性图示仪直接在荧屏上显示出来。

由于 BJT 在不同组态时具有不同的端电压和电流,因此,它们的 U-I 特性曲线也就各不相同。这里以 NPN 型硅 BJT 为例着重讨论共射极连接时的 U-I 特性曲线。

1. 共射极连接时的 U-I 特性曲线

BJT 连接成共射极形式时,输入电压为 u_{BE},输入电流为 i_B,输出电压为 u_{CE},输出电流为 i_C,如图 6.1.6 所示。

1)输入特性

共射极接法的输入特性曲线是指当输出电压 u_{CE} 为某一常数值时,输入电流 i_B 与输入电压 u_{BE} 之间的关系,用函数表示为

$$i_B = f(u_{BE}) \big|_{u_{CE}=常数}$$

NPN 型硅 BJT 共射极连接时的输入特性曲线如图 6.1.7 所示。图中做出了 u_{CE} 分别为

0 V、1 V 两种情况下的输入特性曲线。因为发射结正偏，所以 BJT 的输入持性曲线与半导体二极管的正向特性曲线相似。但随着 u_{CE} 的增加，特性曲线向右移动。

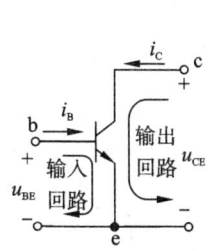

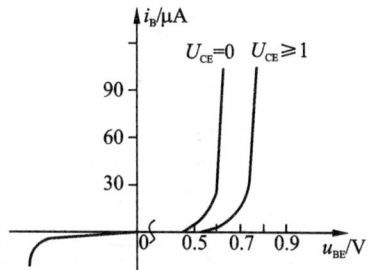

图 6.1.6　共射极连接　　　　图 6.1.7　NPN 型硅 BJT 共射极连接的输入特性曲线

当 $u_{CE} = 0$ V 时，从输入回路看，BJT 相当于两个二极管并联，所以 b、e 间加正向电压时，变化规律同二极管正向偏置时的伏安特性曲线相似。从输入特性曲线上看，BJT 也有死区电压(记为 U_{th})，硅管约为 0.5～0.6 V，锗管约为 0.1 V。当 $u_{BE} > U_{th}$ 时，随着 u_{BE} 的增大，i_B 开始按指数规律增加，而后近似按直线上升。正常工作时的发射结电压，NPN 型硅管约 0.6～0.7 V，PNP 型锗管约 -0.2 ～ -0.3 V。

当 u_{CE} 在 0～1 V 之间时，随着 u_{CE} 的增加，曲线右移。当 u_{CE} 较小(如 $u_{CE} < 0.7$ V)时，集电结处于正偏或反偏电压很小的状态，此时它收集电子的能力很弱，而基区的复合作用较强，所以在 u_{BE} 相同的情况下，i_B 比 $u_{CE} = 0$ V 时大。

当 $u_{CE} \geq 1$ V 时，$u_{CB} = u_{CE} - u_{BE} > 0$，$u_{CE}$ 增至 1 V 左右时，集电结已进入反偏状态，内电场增强，收集电子的能力增强，同时，集电结空间电荷区也在变宽，从而使基区的有效宽度减小，载流子在基区的复合机会减少，同样的 u_{BE} 下随着 u_{CE} 的增加，i_B 减小，特性曲线右移。但是 $u_{CE} > 1$ V 与 $u_{CE} = 1$ V 时的输入特性曲线非常接近，故图上用 $u_{CE} = 1$ V 代替。这是因为只要保持 u_{BE} 不变，从发射区扩散到基区的电子数目就不变，而 u_{CE} 增大到 1 V 以后，集电结的电场已经足够强，它能把发射到基区的电子中的绝大部分收集到集电区，以至于 u_{CE} 再增加，i_B 也不再明显减小，因此可近似认为 BJT 在 $u_{CE} > 1$ V 后的所有输入特性曲线基本上是重合的。对于小功率的 BJT，可以用 $u_{CE} > 1$ V 的任何一条输入特性曲线代表其他各条输入特性曲线。

当 $u_{BE} < 0$ 时，BJT 截止，i_B 为反向饱和电流。若反向电压超过某一值时，发射结也会发生反向击穿。

2) 输出特性

共射极连接时的输出特性曲线是指当输入电流 i_B 为某一常数值时，集电极电流 i_C 与电压 u_{CE} 间的关系，用函数表示为

$$i_C = f(u_{CE}) \big|_{i_B = 常数}$$

图 6.1.8 所示为 NPN 型硅 BJT 共射极连接时的输出特性曲线。由图可见，BJT 输出特性基本可以划分为三个区域：放大区、饱和区和截止区，对应于三种工作状态。现分别讨论如下：

(1) 放大区。发射结正向偏置、集电结反向偏置时的工作区域为放大区，从图 6.1.8 中可以看出放大区就是在曲线上比较平坦的部分。在放大区域内，BJT 输出特性的各条曲线几乎与横坐标轴平行，i_B 一定则 i_C 一定，但随着 u_{CE} 的增加，各条曲线略有上翘(i_C 略有增

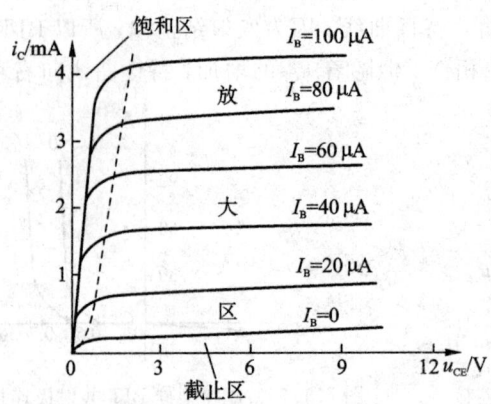

图 6.1.8 NPN 型硅 BJT 共射极连接时的输出特性曲线

大）。在该区域内，i_C 主要受 i_B 控制，u_{CE} 变化对 i_C 的影响很小。当 i_B 有很小的变化量 Δi_B 时，i_C 就会有很大的变化 Δi_C，即 $\beta = \dfrac{\Delta i_C}{\Delta i_B}$，反映在特性曲线上，为两条不同 i_B 曲线的间隔。

（2）饱和区。BJT 的发射结和集电结均处于正向偏置的区域为饱和区，就是曲线靠近纵轴附近，各条输出特性曲线的上升部分属于饱和区。通常把 $u_{CE} = u_{BE}$（即 $u_{BC} = 0$，集电结零偏）的情况称为临界饱和，对应点的轨迹为临界饱和线（见图 6.1.8 中虚线，即为饱和区与放大区的分界线）。当 $u_{CE} < u_{BE}$ 时，BJT 进入饱和区，由于因集电结正向偏置，集电结内电场被削弱，集电结收集载流子的能力减弱，造成基极复合电流增大。

在这个区域中，不同 i_B 值的各条特性曲线几乎重叠在一起，即当 u_{CE} 较小时，BJT 的集电极电流 i_C 基本上不随基极电流 i_B 而变化，此时三极管失去放大作用，i_C 不再服从 βi_B 的电流分配关系。饱和时发射极和集电极之间的电压称为 BJT 的饱和压降 U_{CES}，深度饱和时，小功率管 U_{CES} 通常小于 0.3 V。

（3）截止区。截止区是指发射结和集电结均为反向偏置。实际上只要 $0 < u_{BE} < U_{th}$（门限电压），就能使发射极电流 $i_E = 0$，这时基极电流 $i_B = -I_{CBO}$。但对小功率管而言，工程上常把 $i_B = 0$ 的那条输出特性曲线以下的区域称为截止区。此时 i_C 也近似为零。由于各极电流都基本上等于零，所以此时三极管没有放大作用。

2. BJT 的运用状态

由于 BJT 有两个 PN 结，故有四种运用状态，见表 6.1。

表 6.1.1 BJT 的四种运用状态

J_e ＼ J_c	正向偏置	反向偏置
正向偏置	饱和状态	放大状态
反向偏置	反向放大状态（倒置状态）	截止状态

BJT 工作在放大状态、饱和状态和截止状态的性能，在介绍 BJT 特性曲线时已作了介绍。放大状态在模拟电子线路中用得最多，是本课程要着重讨论的内容。在数字电子技术中用得最多的是饱和状态和截止状态，可以看做开关的导通和截止。反向放大状态（倒置状态）相当于集电极与发射极对调使用，从原理上讲，这与放大状态没有本质的不同，但由

于 BJT 的实际结构并不对称，反向放大性能比正常放大性能要差很多，因此很少使用。

6.1.4　BJT 的主要参数

BJT 的参数可用来表征其性能的优劣和适应范围，是合理选择和正确使用 BJT 的依据。BJT 的参数很多，这里只介绍在近似分析中最常用的几个主要参数。

1. 电流放大系数

1）直流电流放大系数

共发射极直流电流放大系数 $\bar{\beta}$：

$$\bar{\beta}=\frac{I_C}{I_B}$$

共基极直流电流放大系数 $\bar{\alpha}$：

$$\bar{\alpha}\approx\frac{I_C}{I_E}$$

2）交流电流放大系数

共发射极交流电流放大系数 β：

$$\beta=\frac{\Delta i_C}{\Delta i_E}\bigg|_{u_{CE}=常数}$$

前边已经提到 β 与 $\bar{\beta}$ 的含义不同，但在输出特性曲线较平坦、各曲线间距相等的条件下，可认为 $\beta\approx\bar{\beta}$。由于制造工艺的分散性，即使是同型号的 BJT，其 β 值也有差异，通常为 $20\sim200$。

共基极交流电流放大系数 α：

$$\alpha=\frac{\Delta i_C}{\Delta i_E}\bigg|_{u_{CB}=常数}$$

同样，在输出特性曲线较平坦、各曲线间距相等的条件下，可认为 $\alpha\approx\bar{\alpha}$。

2. 极间反向电流

1）集电极-基极间反向饱和电流 I_{CBO}

I_{CBO} 是集电结加一定的反向偏置电压时，集电区和基区的少子各自向对方漂移形成的反向电流。它和单个 PN 结的反向电流是一样的。因此，它只取决于温度和少数载流子的浓度。在一定温度下，少子数量基本不变，故反向电流基本上是个常数，所以称为反向饱和电流 I_{CBO}。一般 I_{CBO} 的值很小，小功率硅管的 I_{CBO} 小于 1 μA，而小功率锗管的 I_{CBO} 约为 10 μA。由于 I_{CBO} 随温度增加而增加，故在温度变化范围大的工作环境中应选用硅管。

2）集电极-发射极反向饱和电流(穿透电流) I_{CEO}

I_{CEO} 是基极开路时，由集电区穿过基区流向发射区的反向饱和电流，也叫穿透电流。小功率硅管的 I_{CEO} 在几微安以下，小功率锗管的 I_{CEO} 约在几十微安以上。如前所述，$I_{CEO}=(1+\beta)I_{CBO}$。

选用 BJT 时，一般希望极间反向饱和电流 I_{CBO} 和 I_{CEO} 应尽量小些，以减小温度对 BJT 性能的影响。硅管比锗管的极间反向电流小 $2\sim3$ 个数量级，因此温度稳定性比锗管好。

3. 极限参数

极限参数是为了使 BJT 既能够得到充分使用，又可确保其安全工作而规定的电压、电流和功率损耗的限制参数，主要有：

1）最大集电极电流 I_{CM}

i_C 在相当大的范围内 β 值基本不变，但 i_C 过大时，β 值将下降。I_{CM} 通常指 β 值下降到测试条件规定值时所允许的最大集电极电流。当工作电流 i_C 大于 I_{CM} 时，BJT 不一定会烧坏，但 β 值将过小，放大能力下降。

2）最大集电极允许耗散功率 P_{CM}

BJT 内的两个 PN 结上都会消耗功率，其大小分别等于流过结的电流与结上电压降的乘积。一般情况下，集电结上的电压降远大于发射结上的电压降，因此与发射结相比，集电结上耗散的功率 P_C 要大得多。这个功率将使集电结发热，结温上升，当结温超过最高工作温度（硅管为 150℃，锗管为 70℃）时，BJT 性能下降，甚至会烧坏。因此，通过规定集电结的最大允许耗散功率，可防止结温超过允许值，即 $P_C(\approx i_C\,u_{CE})$ 值将受到限制，它不得超过最大允许耗散功率 P_{CM} 值。

3）反向击穿电压

当 BJT 内的两个 PN 结上承受的反向电压超过规定值时，也会发生击穿，其击穿原理和二极管类似，但 BJT 的反向击穿电压不仅与 BJT 自身的特性有关，而且还取决于外部电路的接法。下面是各种击穿电压的定义：

（1）$U_{(BR)EBO}$：集电极开路时，发射极-基极间的反向击穿电压。这是发射结所允许的最高反向电压。在正常放大状态时，发射结是正偏的。而在某些场合，例如工作在大信号或者开关状态时，发射结上就有可能出现较大的反向电压。所以要考虑发射结反向击穿电压的大小。小功率管的 $U_{(BR)EBO}$ 的值一般为几伏。

（2）$U_{(BR)CBO}$：发射极开路时集电极-基极间的反向击穿电压。它是集电结所允许加的最高反向电压。它决定于集电结的雪崩击穿电压，其数值较高，通常为几十伏，有些 BJT 可高达 1000 多伏。

（3）$U_{(BR)CEO}$：基极开路时集电极-发射极间的反向击穿电压。此时集电结承受反向电压。基极开路时，U_{CE} 在集电结和发射结上分压，使集电结反向偏置、发射结正向偏置，当 U_{CE} 过大时，由于发射区扩散到基区的多数载流子数量增多，使 I_{CEO} 明显增大，但 I_C 比 I_{CEO} 大得多，导致集电结出现雪崩击穿。可见，这个电压的大小与 BJT 的穿透电流 I_{CEO} 直接相联系。

几个击穿电压的关系为

$$U_{(BR)CBO} > U_{(BR)CEO} > U_{(BR)EBO}$$

在组成 BJT 电路时，应根据工作条件选择 BJT 的型号。为防止 BJT 在使用中损坏，必须使它工作在安全区，即在应用中使它的集电极工作电流小于 I_{CM}，集电极-发射极间的电压小于 $U_{(BR)CEO}$，集电极耗散功率小于 P_{CM}（上述三个极限参数决定了 BJT 的安全工作区）。另外，发射极-基极间反向电压要小于 $U_{(BR)EBO}$。对于功放管，还必须满足散热条件。

6.1.5 温度对 BJT 特性及参数的影响

由于半导体材料的热敏性，BJT 的参数几乎都与温度有关。在电子电路中，如果不能解决温度稳定性问题，将不能使电路实用，因此了解温度对 BJT 参数的影响，对于设计一个温度稳定性好的电路是非常必要的。

1. 温度对 BJT 参数的影响

1) 温度对 I_{CBO} 的影响

温度升高使本征激发产生的少数载流子数量增加，BJT 的 I_{CBO} 是集电结反偏时，集电区和基区的少数载流子作漂移运动形成的反向饱和电流随之增大，通常，温度每升高 10 ℃，硅管和锗管的 I_{CBO} 约增加 1 倍。

由于 $I_{CEO} = (1 + \bar{\beta}) I_{CBO}$ 的关系，所以穿透电流 I_{CEO} 受温度影响更大一些。因为硅管的 I_{CBO} 及 I_{CEO} 比锗管的本来就小很多，所以 I_{CBO} 及 I_{CEO} 受温度变化而改变时，对硅管工作的影响比锗管的要小。

2) 温度对 β 的影响

温度升高时，BJT 内载流子的扩散能力增强，使基区内载流子的复合作用减小，因而使电流放大系数 β 随温度上升而增大。通常温度每升高 1 ℃，β 值约增大 $0.5\% \sim 1\%$。共基电流放大系数 α 也会随温度变化而变化。

3) 温度对 u_{BE} 的影响

BJT 工作于放大区时，硅管的 $|u_{BE}|$ 约为 0.7 V 左右；锗管的 $|u_{BE}|$ 约为 0.3 V 左右。当温度升高时，$|u_{BE}|$ 将减小，其温度系数为 $-(2 \sim 2.5)$ mV/℃。

4) 温度对反向击穿电压 $U_{(BR)CBO}$、$U_{(BR)CEO}$ 的影响

由于 BJT 的集电区与基区掺杂浓度低，集电结较宽，因此集电结的反向击穿一般均为雪崩击穿。雪崩击穿电压具有正温度系数，所以温度升高时，$U_{(BR)CBO}$ 和 $U_{(BR)CEO}$ 都会有所提高。

2. 温度对 BJT 特性曲线的影响

1) 对输入特性的影响

与二极管伏安特性相类似，当温度（T）升高时，BJT 共射极连接时的输入特性曲线将向左移动，反之将右移。这说明在 i_B 相同的条件下，u_{BE} 将减小，如图 6.1.9(a) 所示，$T_1 > T_2$。

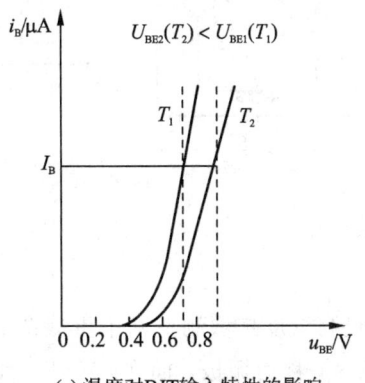
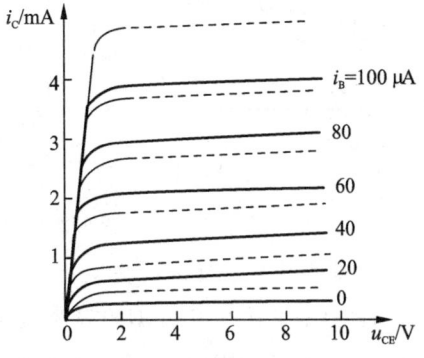

(a) 温度对 BJT 输入特性的影响　　　　(b) 温度对 BJT 输出特性的影响

图 6.1.9　温度对 BJT 特性的影响

2）对输出特性的影响

温度升高时，BJT 的 I_{CBO}、I_{CEO}、β 都将增大，结果将导致 BJT 的输出特性曲线向上移动，而且各条曲线间的距离加大，如图 6.1.9(b) 中的虚线所示。

故温度对 β、I_{CBO} 和 u_{BE} 的影响，将集中反映在 i_C 随温度的升高而增大。

6.2 场效应晶体管

晶体三极管是利用输入电流来控制输出电流的半导体器件，因而称为电流控制型器件。场效应管(FET)是一种电压控制型器件，它是利用电场效应来控制其电流大小，从而实现放大的。场效应管工作时，内部参与导电的只有多子一种载流子，因此又称为单极型器件。场效应管不仅具有一般半导体三极管体积小、重量轻、耗电省、寿命长的特点，而且还具有输入电阻高、噪声低、抗辐射能力强、功耗小、热稳定性好、制造工艺简单、易集成等优点，因此在电子电路中得到了广泛的应用，特别是金属氧化物半导体场效应管(MOSFET)在大规模和超大规模集成电路中占有重要的地位。

场效应管的种类很多，根据基本结构不同，主要分为两大类：结型场效应管(JFET)和金属氧化物半导体场效应管(MOSFET)。

6.2.1 结型场效应管

1. 结型场效应管的结构与工作原理

结型场效应管(Junction Field Effect Transistor)简称 JFET，根据制造材料的不同又可分为 N 沟道和 P 沟道两种，它们都具有 3 个电极：栅极(G)、源极(S)和漏极(D)，如图6.2.1 所示，分别与三极管的基极、发射极和集电极相对应。

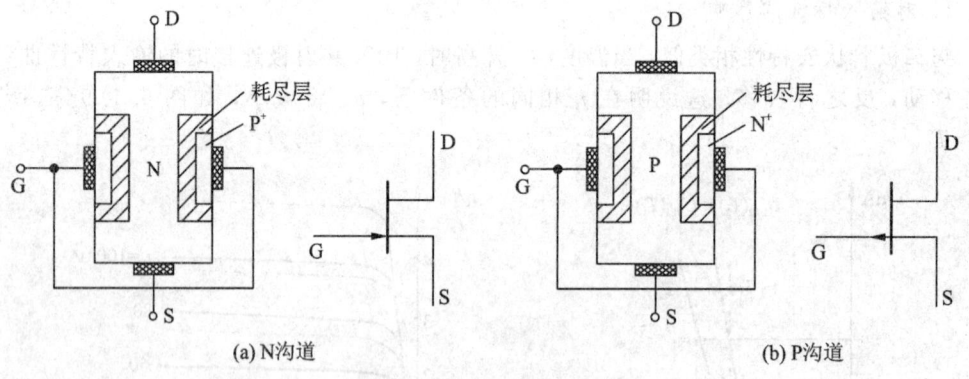

(a) N沟道　　　(b) P沟道

图 6.2.1　结型场效应管

1）N 沟道结型场效应管的结构

N 沟道 JFET，是在一根 N 型半导体棒两侧通过高浓度扩散制造两个重掺杂 P$^+$ 型区，形成两个 PN 结，将两个 P$^+$ 区接在一起引出一个电极，称为栅极，而在两个 PN 结之间的 N 型半导体构成的导电沟道两端各制造一个欧姆接触电极，即为源极和漏极。在 JFET 中，源极和漏极是可以互换的。图 6.2.1(a)所示为 N 沟道 JFET 的结构示意图和代表符号，其中符号中箭头的方向表示栅结正向偏置时，栅极电流的方向是由 P 指向 N，故从符号上就可识别 D、S 之间是 N 沟道。

按照类似的方法，可以制成 P 沟道 JFET，其结构示意图和代表符号如图 6.2.1(b)所示。

2) 工作原理

为实现场效应管栅源电压对漏极电流的控制作用，结型场效应管在工作时，栅极和源极之间的 PN 结必须反向偏置。

下面以 N 沟道 JFET 为例，分析 JFET 的工作原理。

(1) 当栅源电压 $u_{GS}=0$ 时，两个 PN 结的耗尽层比较窄，中间的 N 型导电沟道比较宽，沟道电阻小，如图 6.2.2(a)所示。

(2) 当 $u_{GS}<0$ 时，两个 PN 结反向偏置，PN 结的耗尽层变宽，中间的 N 型导电沟道相应变窄，沟道导通电阻增大，如图 6.2.2(b)所示。

(3) 当 u_{GS} 进一步向负值增大时，耗尽层进一步变窄，直至增大到某一值 $U_{GS(off)}$ 时，沟道完全被夹断，如图 6.2.2(c)所示。此时漏-源极间的电阻将趋近于无穷大，可把这时的栅源电压称为夹断电压 $U_{GS(off)}$。

(4) 当 $U_{GS(off)}<u_{GS}\leqslant 0$ 且 $u_{DS}>0$ 时，可产生漏极电流 i_D。改变 u_{GS} 的大小，可以有效地控制沟道电阻的大小。i_D 的大小将随栅源电压 u_{GS} 的变化而变化，从而实现电压对漏极电流的控制作用。

u_{DS} 的存在使得由源极经沟道到漏极的 N 型半导体区域中产生了一个沿沟道的电位梯度，靠近漏极附近的电位高，而源极附近的电位低。这样漏极附近的 PN 结所加的反向偏置电压大，耗尽层宽；源极附近的 PN 结所加的反向偏置电压小，耗尽层窄，导电沟道成为一个楔形，如图 6.2.2(d)所示。

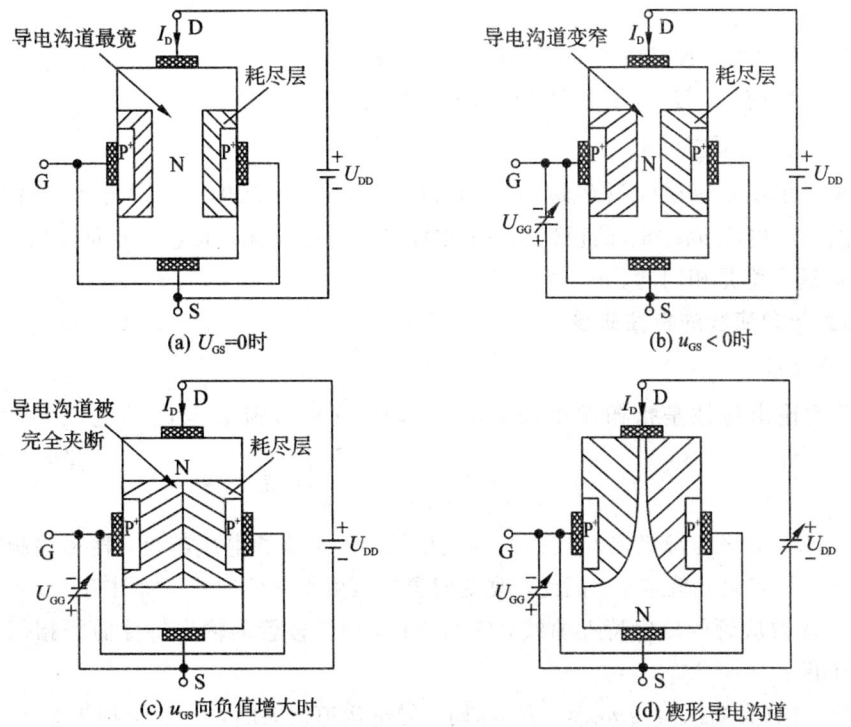

(a) $U_{GS}=0$ 时

(b) $u_{GS}<0$ 时

(c) u_{GS} 向负值增大时

(d) 楔形导电沟道

图 6.2.2　结型场效应管的工作原理

在 u_{DS} 较小时，导电沟道靠近漏端区域仍较宽，这时阻碍的因素是次要的，故漏极电流 i_D 随 u_{DS} 升高几乎成正比地增大。当 u_{DS} 继续增加，使漏栅间的电位差增大，而靠近漏端电位差最大，耗尽层也最宽。当两个耗尽层在一点相遇时，称为预夹断，如图 6.2.3(a) 所示。此时相交点耗尽层两边的电压差用夹断电压 $U_{GS(off)}$ 来描述。

沟道一旦在某一点预夹断后，随着 u_{DS} 的上升，夹断长度会增加，即夹断点将向源极方向延伸。但由于夹断处内电场很强，仍能将电子拉过夹断区（即耗尽层），形成漏极电流，如图 6.2.3(b) 所示。由于在从源极到夹断处的沟道上，沟道内电场基本不随 u_{DS} 改变，所以 i_D 基本不变，漏极电流趋于饱和。

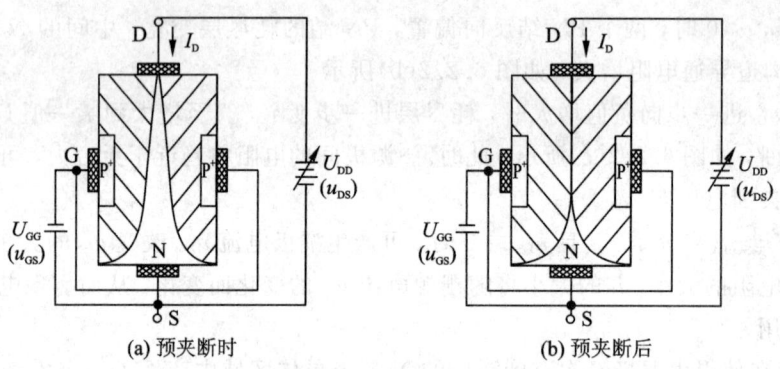

(a) 预夹断时　　　　　　　　　　(b) 预夹断后

图 6.2.3　改变 u_{DS} 时 JFET 导电沟道的变化

综上所述，可得下述结论：

(1) JFET 栅极与沟道之间的 PN 结是反向偏置的，因此，其 $i_G \approx 0$，输入电阻的阻值很高。

(2) JFET 是电压控制电流器件，i_D 受 u_{GS} 控制。

(3) 预夹断前，i_D 与 u_{DS} 呈近似线性关系，预夹断后，i_D 趋于饱和。

3）P 沟道结型场效应管

P 沟道结型场效应管与 N 沟道结型场效应管相比，在结构上各部分半导体的类型相反；外电路所加电压 u_{GS}、u_{DS} 的极性相反；电流此时为空穴流，故电流方向也相反。而在特性和工作原理上都是相同的。

2. 结型场效应管的特性曲线

1）输出特性

JFET 的输出特性是指栅源电压 u_{GS} 一定时，漏极电流 i_D 与漏源电压 u_{DS} 之间的关系，即

$$i_D = f(u_{DS})\big|_{u_{GS}=常数}$$

如果 JFET 栅极与源极之间接一可调负电源，由于栅源电压越负，耗尽层越宽，沟道电阻就越大，相应的 i_D 就越小。因此，改变栅源电压可得一簇曲线。如图 6.2.4 所示，即为 N 沟道结型场效应管的输出特性曲线，它与 NPN 型三极管的输出特性曲线相似，可以分为以下四个区：

(1) 截止区（夹断区）：当 $u_{GS} < U_{GS(off)}$ 时，导电沟道被夹断，$i_D = 0$，称为截止区。

(2) 可变电阻区：预夹断前的区域，又称非饱和区。此时沟道尚未出现预夹断，JFET

可以看做是一个由电压控制的可变电阻。图 6.2.4 中左边的一条虚线为预夹断轨迹。预夹断轨迹左边的区域称为可变电阻区,该区域中的曲线近似为不同斜率的直线。当 u_{GS} 确定时,直线的斜率也唯一地被确定,直线斜率的倒数为 D-S 间等效电阻。u_{GS} 越负,曲线越倾斜,漏源极间的等效电阻越大。

(3) 饱和区:预夹断后的区域,又称恒流区或放大区。此时,JFET 工作在局部出现预夹断的状态,漏极电流 i_D 几乎不随 u_{DS} 变化,饱和区主要由 u_{GS} 决定。在这里,场效应管可以看做是一个恒流源。当 JFET 做放大管时,就工作在该区域。

(4) 击穿区:当 u_{DS} 增大到一定程度时,栅漏极间 PN 结发生雪崩击穿,此时 i_D 迅速增大。如果不加限制,JFET 将会电击穿。所以,不允许场效应管工作在此区域。

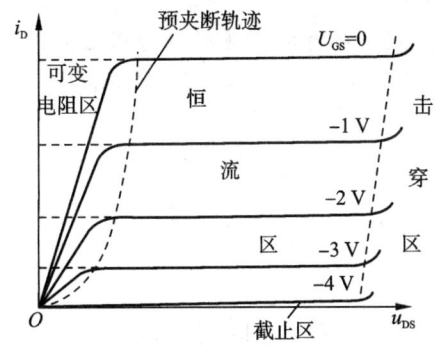

图 6.2.4　N 沟道结型场效应管的输出特性曲线

2) 转移特性

JFET 的转移特性是指在一定漏源电压 u_{DS} 下,栅源电压 u_{GS} 对漏极电流 i_D 的控制特性,即

$$i_D = f(u_{GS})\big|_{u_{DS}=常数}$$

转移特性反映了场效应管栅源电压对漏极电流的控制作用,如图 6.2.5 所示。

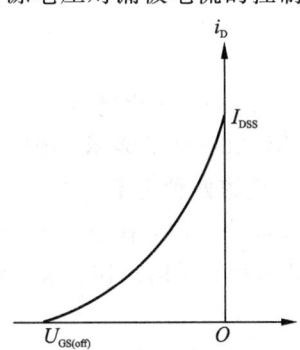

图 6.2.5　N 沟道结型场效应管的转移特性曲线

当 $u_{GS}=0$ 时,导电沟道电阻最小,i_D 最大,称此电流为场效应管的饱和漏极电流 I_{DSS}。

当 $u_{GS}=U_{GS(off)}$ 时,导电沟道被完全夹断,沟道电阻最大,此时 $i_D=0$,称 $U_{GS(off)}$ 为夹断电压。

P 沟道结型场效应管与 N 沟道结型场效应管相比,除了在结构上各部分半导体的类型相反,外电路所加的 u_{GS}、u_{DS} 的极性相反外,在特性和工作原理方面是相同的,只是电压的极性和电流的方向相反。

3. 结型场效应管的主要电参数

1) 直流参数

（1）夹断电压 $U_{GS(off)}$。它是在 U_{DS} 固定为某一数值（由测试条件给出，一般为 10 V）的条件下，使 I_D 降低到某一极小的测试电流（由技术指标中给出，一般为 50 μA）时的 U_{GS} 值。

（2）零偏漏极电流 I_{DSS}。也称为漏极饱和电流。它是 U_{DS} 为某一规定值（即在技术指标中给出的测试电压，其值总大于 $|U_{GS(off)}|$）的条件下，$U_{GS}=0$ 时的漏极电流值。对于结型场效应管，其漏极电流不应超过这一数值。否则管子会因沟道上、下两侧 PN 结的正向偏置，而使输入电阻大大减小。

（3）直流输入电阻 R_{GS}。它是场效应管栅极与源极之间的直流等效电阻，当 U_{DS}、U_{GS} 为规定值（一般规定 $U_{DS}=0$，$|U_{GS}|=10$ V）时，R_{GS} 等于 U_{GS} 与 I_G 比值的绝对值。JFET 的 R_{GS} 一般大于 $10^7\Omega$。

2) 交流参数

（1）跨导 g_m。跨导也称为互导。它是管子在保持 U_{DS} 一定时，漏极电流微变量与栅源电压微变量的比值，即

$$g_m = \frac{di_D}{du_{GS}}\bigg|_{u_{DS}=常数} \tag{6.2.1}$$

式中：g_m 的单位为西门子(S)或毫西(mS)。一般管子的 g_m 约为零点几到几个毫西。g_m 也可以在转移特性曲线中求出，其大小等于转移特性曲线在工作点处的斜率。也可以由转移特性曲线的函数表达式求导得到。

（2）极间电容。场效应管的三个电极间有极间电容，即栅源电容 C_{GS}、栅漏电容 C_{GD}、漏源电容 C_{DS}，它们由 PN 结的结电容及分布电容组成，通常在皮法数量级。管子在高频下应用时，要考虑这些电容的影响。

6.2.2　绝缘栅型场效应管

绝缘栅型场效应管是由金属（Metal）、氧化物（Oxide）和半导体（Semiconductor）材料构成的，因此又叫 MOS 管，可以用 MOSFET 表示。绝缘栅型场效应管分为增强型和耗尽型两种，每一种又包括 N 沟道和 P 沟道两种类型。

增强型和耗尽型的区别是：当 $u_{GS}=0$ 时，存在导电沟道的称为耗尽型，不存在导电沟道的称为增强型。下面分别讨论这两种管子的工作原理、特性及主要参数。

1. N 沟道增强型 MOS 管

1) 结构与符号

以 N 沟道为例讨论增强型 MOS 管，它是以 P 型半导体作为衬底，用半导体工艺技术制作两个高浓度的 N 型区，两个 N 型区分别引出一个金属电极，作为 MOS 管的源极 S 和漏极 D；在 P 型衬底的表面生长一层很薄的 SiO_2 绝缘层，绝缘层上引出一个金属电极，称为 MOS 管的栅极 G。B 为从衬底引出的金属电极，一般工作时衬底与源极相连。图 6.2.6 所示为 N 沟道增强型 MOS 管的结构与符号。

符号中的箭头表示从 P 区指向 N 区，虚线表示增强型。

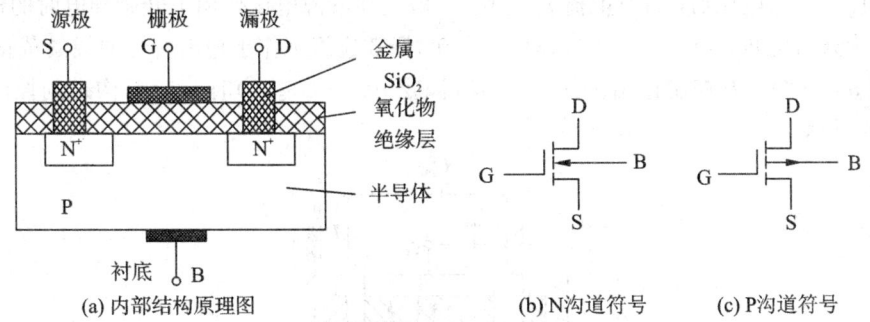

(a) 内部结构原理图　　　　　　　　(b) N 沟道符号　　(c) P 沟道符号

图 6.2.6　N 沟道增强型绝缘栅型场效应管

2）工作原理

以 N 沟道增强型 MOSFET 为例，简单介绍 MOSFET 的工作原理。

如图 6.2.7 所示，在栅极 G 和源极 S 之间加电压 u_{GS}，漏极 D 和源极 S 之间加电压 u_{DS}，衬底 B 与源极 S 相连。

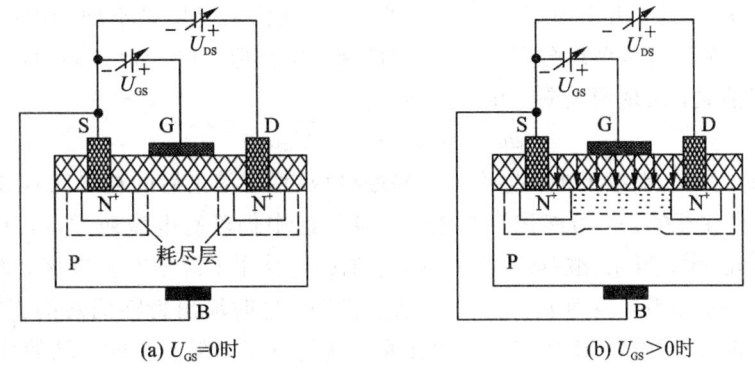

(a) $U_{GS}=0$ 时　　　　　　　　　　　(b) $U_{GS}>0$ 时

图 6.2.7　N 沟道增强型场效应管的工作原理

（1）u_{GS} 对沟道的控制作用。当 $u_{GS} \leqslant 0$ 时，无导电沟道，D、S 间加电压时，也无电流产生。如图 6.2.7(a)所示，当栅源短接（即栅源电压 $u_{GS}=0$）时，源区、衬底和漏区就形成两个背靠背的 PN 结，无论 u_{DS} 的极性如何，其中总有一个 PN 结是反偏的。如果源极 S 与衬底 B 相连且接电源 U_{DS} 的负极，漏极接电源正极时，漏极和衬底间的 PN 结是反偏的，此时漏源之间的电阻很大，可高达 10^{12} 数量级，也就是说，D、S 之间没有形成导电沟道，因此 $i_D=0$。

当 $0<u_{GS}<U_{GS(th)}$ 时，即在栅源之间加上正向电压（栅极接正，源极接负），则栅极和 P 型硅片相当于以二氧化硅为介质的平板电容器。在正的 u_{GS} 作用下，会产生一个垂直于 P 型衬底的电场，但不会产生电流 i_G。这个电场排斥空穴而吸引电子，故将一部分 P 区中的自由电子吸引到栅极下的衬底表面。但由于 u_{GS} 不够大，还未形成导电沟道（感生沟道），D、S 间加电压后，没有电流产生。

当 $u_{GS}>U_{GS(th)}$ 时，此时正的栅源电压达到一定数值，在电场作用下自由电子在栅极附近的 P 型衬底表面形成一个 N 型薄层，称为反型层，从而产生导电沟道。u_{GS} 越大，作用于半导体表面的电场越强，吸引到 P 型硅表面的电子就越多，导电沟道越厚，沟道电阻将越小，如图 6.2.7(b)所示。

一旦出现了导电沟道，原来被 P 型衬底隔开的两个 N$^+$ 型区就被导电沟道连通了。因此，在 D、S 间加电压后，将有电流 i_D 产生。一般把在漏源电压作用下开始导电时的栅源电压 $U_{GS(th)}$ 称为开启电压。当 $u_{GS} < U_{GS(th)}$ 时，$i_D = 0$，场效应管工作于输出特性曲线的截止区。

（2）u_{DS} 对沟道的控制作用。当 u_{GS} 一定（满足 $u_{GS} > U_{GS(th)}$）时，u_{DS} 对沟道的控制作用如图 6.2.8 所示。

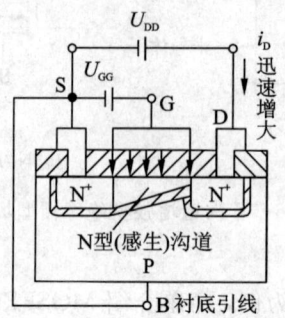

图 6.2.8　u_{DS} 对沟道的控制作用

当外加较小的 u_{DS} 时，漏极电流 i_D 将随 u_{DS} 上升而迅速增大，此时输出特性曲线的斜率较大。但随着 u_{DS} 上升，由于沟道存在电位梯度，因此沟道厚度是不均匀的：靠近源端厚，靠近漏端薄，整个沟道呈楔形分布。当 u_{DS} 增加到一定数值时（使 $u_{GD} = U_T$），这时在紧靠漏极处的反型层消失，出现预夹断。在预夹断处：

$$u_{GD} = u_{GS} - u_{DS} = U_{GS(th)} \tag{6.2.2}$$

预夹断后，若 u_{DS} 继续增加，将形成一夹断区（反型层消失后的耗尽区），夹断点向源极方向移动。值得注意的是，虽然沟道夹断，但耗尽区中仍可有电流通过，只有将沟道全部夹断，才能使 $i_D = 0$。当 u_{DS} 继续增加时，u_{DS} 增加的部分主要降落在夹断区，而降落在导电沟道上的电压基本不变，因而 u_{DS} 上升，i_D 趋于饱和，这时输出特性曲线的斜率变为 0，即由可变电阻区进入饱和区。由此可见，预夹断点就是可变电阻区和饱和区的分界点。

3）伏安特性曲线

MOSFET 的输出特性是指在栅源电压 u_{GS} 一定的条件下，漏极电流 i_D 与漏源电压 u_{DS} 之间的关系，即

$$i_D = f(u_{DS}) \big|_{u_{GS} = 常数}$$

给定一个 u_{GS}，就有一条不同的 i_D-u_{DS} 曲线。在 i_D-u_{DS} 坐标系下取不同的 u_{GS}，就可以得到 MOSFET 的输出特性曲线，如图 6.2.9 所示。

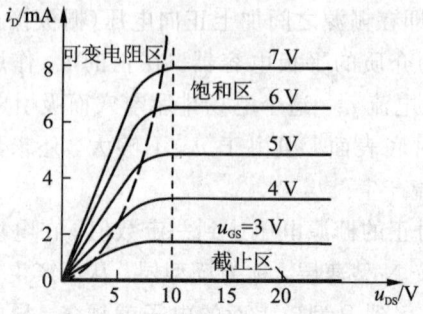

图 6.2.9　N 沟道 MOSFET 的输出特性曲线

由图可见，该输出特性曲线与结型场效应管相似，MOSFET 有三个工作区域：可变电

阻区、饱和区和截止区。

（1）截止区：当 $u_{GS} < U_{GS(th)}$ 时，导电沟道尚未形成，$i_D = 0$，为截止工作状态。

（2）可变电阻区：当 $u_{DS} \leqslant (u_{GS} - U_{GS(th)})$ 时，为可变电阻区。

（3）饱和区（又称恒流区或放大区）：当 $u_{GS} > U_{GS(th)}$，且 $u_{DS} \geqslant (u_{GS} - U_{GS(th)})$ 时，MOSFET 进入饱和区。

N 沟道 MOSFET 的转移特性曲线如图 6.2.10 所示。由于转移特性与输出特性都是反映 FET 工作的同一物理过程，所以转移特性可以直接从输出特性上用作图法求出。这里不再赘述。

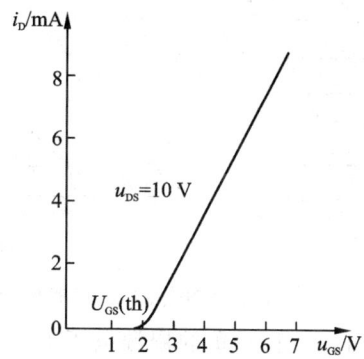

图 6.2.10　N 沟道 MOSFET 的转移特性曲线

2. N 沟道耗尽型 MOS 管

N 沟道耗尽型 MOSFET 的结构与增强型基本相同。耗尽型 MOS 管的结构图及符号如图 6.2.11 所示。对于 N 沟道增强型 MOSFET，在 $u_{GS} = 0$ 时，管内没有导电沟道。而耗尽型则不同，它在 $u_{GS} = 0$ 时就存在导电沟道。因为这种器件在制造过程中，栅极下面的 SiO_2 绝缘层中掺入了大量碱金属正离子（如 Na^+ 或 K^+），这些正离子的作用如同加正的栅源电压并与 $u_{GS} > U_{GS(th)}$ 时相似，能在 P 型衬底表面产生垂直于衬底的自建电场，排斥空穴，吸引电子，从而形成表面导电沟道，称为原始导电沟道。

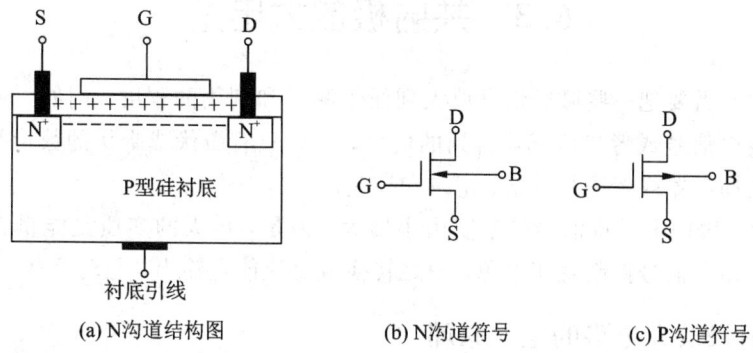

| (a) N沟道结构图 | (b) N沟道符号 | (c) P沟道符号 |

图 6.2.11　耗尽型 MOS 管结构图及符号

由于 $u_{GS} = 0$ 时就存在原始沟道，所以只要此时 $u_{DS} > 0$，就有漏极电流 i_D。如果 $u_{GS} > 0$，由于绝缘层的存在，并不会产生栅极电流，但指向衬底的电场加强，沟道变宽，漏极电流 i_D 将会增大。反之，若 $u_{GS} < 0$，则栅压产生的电场与正离子产生的自建电场方向相反，总电场减弱，沟道变窄，沟道电阻变大，i_D 减小。当 u_{GS} 继续变负，等于某一阈值电压时，沟道

将完全被夹断，$i_D = 0$，MOS 管进入截止状态。此时的栅源电压称为夹断电压 $U_{GS(off)}$。

N 沟道耗尽型 MOSFET 的输出特性和转移特性如图 6.2.12(a) 和图 6.2.12(b) 所示。

耗尽型 MOS 管的工作区域同样可以分为截止区、可变电阻区和饱和区。所不同的是 N 沟道耗尽型 MOS 管的夹断电压 $U_{GS(off)}$ 为负值，而 N 沟道增强型 MOS 管的开启电压 $U_{GS(th)}$ 为正值。

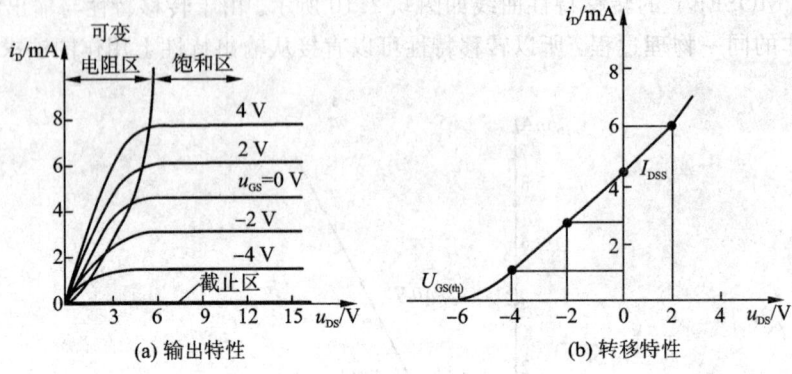

(a) 输出特性　　　　　　　　(b) 转移特性

图 6.2.12　N 沟道耗尽型 MOS 管的特性

N 沟道耗尽型 MOSFET 可以在正或负的栅源电压下工作，而且基本上无栅流，这是耗尽型 MOSFET 的重要特点之一。

与 N 沟道 MOS 管相似，P 沟道 MOS 管也有增强型和耗尽型两种。为了能正常工作，P 沟道 MOS 管外加的 u_{DS} 必须是负值，开启电压 $U_{GS(th)}$ 也是负值，但夹断电压 $U_{GS(off)}$ 为正值。实际的电流方向为流出漏极。

3. MOSFET 的主要参数

由于耗尽型 MOSFET 与 JFET 均属于耗尽型管，故其参数与 JFET 相同。只是增强型 MOSFET 不用夹断电压 $U_{GS(off)}$，而用开启电压 $U_{GS(th)}$ 来表征 MOS 管的参数。

6.3　共射极放大电路

实际中常常需要把一些微弱信号放大到便于测量和利用的程度。例如，从收音机天线接收到的无线电信号或者从传感器得到的信号，有时只有微伏或毫伏的数量级，必须经过放大才能驱动扬声器或者进行观察、记录和控制。

所谓放大，表面上是将信号的幅度由小增大，但是，放大的实质是能量转换，即由一个能量较小的输入信号控制直流电源，使之转换成交流能量输出，驱动负载。

6.3.1　共射极放大电路的工作原理

三极管可以利用控制基极电流从而控制集电极电流，达到放大的目的。利用三极管的上述特性可组成放大电路。三极管有三种基本接法，下面以共发射极接法为例，说明放大电路的工作原理。

1. 放大电路的组成

图 6.3.1 所示为一个常用 NPN 型 BJT 构成的低频(20 Hz～10 kHz)共射极放大电路。

其输入端接交流信号源，输入电压为 u_i；输出端接负载，输出电压为 u_o。

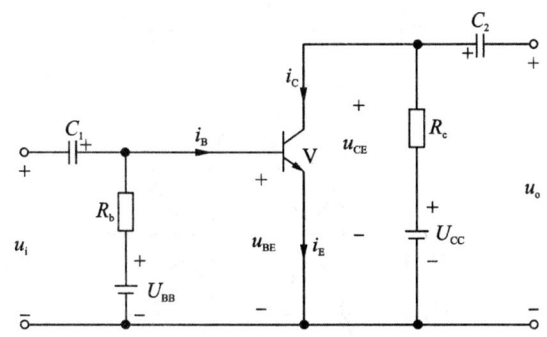

图 6.3.1　基本共发射极放大电路原理图

电路中各元件的作用：

（1）V（即 BTT）：起放大作用，是整个放大电路的核心元件。以基极电流的微弱变化控制集电极电流的较大变化，从而实现电流放大作用。

（2）基极电源 U_{BB}：保证 BJT 发射结处于正向偏置。无输入信号时，发射结电压为 U_{BE}，而当输入信号 u_i 作用时，只引起发射结电压 u_{BE} 的大小变化（即在直流电压 U_{BE} 基础上叠加一个小的交流电压信号），而无方向变化（即发射结始终处于正偏）。

（3）基极电阻 R_b：和基极电源 U_{BB} 配合提供合适的静态基极电流 I_B。输入信号 u_i 只引起基极电流 i_B 的大小变化（在直流电流 I_B 基础上叠加一个小的交流电流信号），而无方向变化。基极电阻 R_b 的另一作用是防止输入信号短路。

（4）集电极电源 U_{CC}：保证 BJT 集电结处于反向偏置状态，同时它又为整个放大电路提供能量，是电路的能源。

（5）集电极电阻 R_c：把集电极电流的变化转换为电压的变化，从而实现电压放大。

（6）耦合电容 C_1、C_2：在放大电路的输入端和输出端分别接入电容 C_1、C_2，一方面起到隔直作用，C_1 隔断放大电路与交流输入信号源之间的直流通路，C_2 隔断放大电路与负载 R_L 之间的直流通路，使交流信号源、放大电路、负载三者之间无直流联系；另一方面又起到耦合交流的作用，沟通交流信号源、放大电路、负载三者之间的交流通路，保证交流信号畅通无阻。为使交流信号无损失地传递，C_1、C_2 取值要大，一般为几微法至几十微法，通常采用电解电容，使用时正负极性要连接正确。

2. 工作原理

输入信号 u_i 经电容 C_1 加在 BJT 的基极和发射极之间，从而引起三极管基极和发射极间电压 u_{BE} 的变化，导致基极电流 i_B 随 u_i 的增减而作相应的增减变化，而集电极电流 i_C 受 i_B 控制变化更大，当 i_C 流经电阻 R_c 时就产生一个较大的电压变化 $i_C R_c$，而后经由 C_2 耦合输出，得到一个放大的输出电压信号 u_o。图 6.3.2 所示为图 6.3.1 所示放大电路中各点电压、电流的工作波形。

3. 放大电路的电源简化

放大电路中同时使用两个直流电源 U_{BB} 和 U_{CC} 实际是很不方便的，故只要合理地选择 R_b 和 R_c 的大小，就可将直流电源 U_{BB} 省去，而只采用单个电源 U_{CC}，同样也能保证 BJT 的发射结正偏、集电结反偏，三极管工作于放大区。

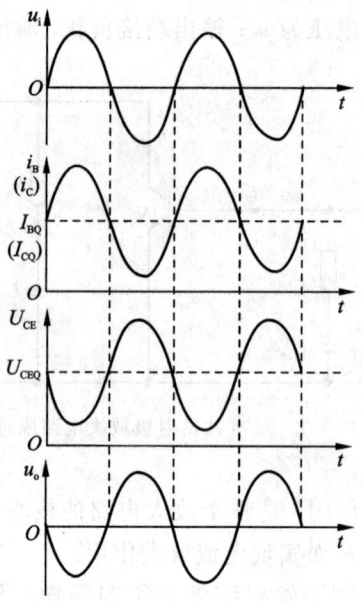

图 6.3.2　放大电路各点电压、电流的工作波形

利用电位的概念，取共射极放大电路的公共端发射极作为电位参考点，可省去电源不画，只标出它对参考点的电位值。同样，电路中其他各点的电位也都以发射极作为参考点。于是可规定：电压的正方向以公共端为负端，其他各点为正；电流的正方向以三极管实际的电流方向作为正方向。简化后的放大电路如图 6.3.3 所示。

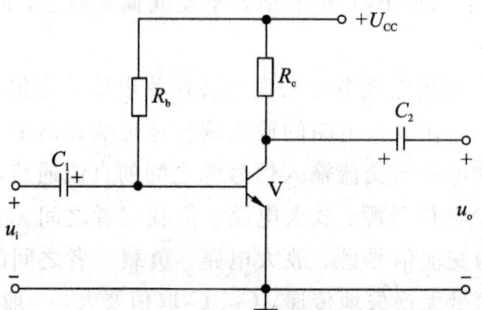

图 6.3.3　基本共射极放大电路

6.3.2　放大电路的静态分析

为了保证放大电路能够正常工作，且三极管具有电流放大作用，就必须使三极管的发射结正偏，集电结反偏。因此，即使在无交流信号输入时（称为静态），三极管也应该有合适的极间电压 U_{BE}、U_{CE} 和电流 I_B、I_C，它们都是直流量，称之为静态值；而在有交流信号输入时（称为动态），三极管的极间电压和电流都将变化，但是，这种变化是在静态直流量的基础上进行的，只有量值大小的变化，没有方向（即正负极性）的变化。也就是说，三极管始终维持发射结正偏，集电结反偏，处于放大状态。可见，静态直流量的选择十分重要，直接关系到放大电路的性能，而静态直流量可以通过调整 U_{CC}、R_b、R_c 加以改变。常用的电

路求解方法有图解法和估算法两种。

（1）图解法：利用 BJT 的特性曲线，通过作图的方法分析放大电路的静态工作情况。它也可以用于分析放大电路的动态工作情况。

（2）估算法：在一定条件下，若忽略次要因素，进行适当的近似处理，就可利用公式迅速、简便地对放大电路的静态进行分析计算，且得到的结果仍能满足工程要求。

1. 直流通路

直流通路表示直流量传递的路径，可以由它来决定静态电压和电流，即 U_{BEQ}、I_{BQ}、I_{CQ}、U_{CEQ}。在画直流通路图时，由于电容的隔直作用使放大电路与信号源、负载间的直流联系被隔断，相当于开路，从而可绘出无输入信号时的直流通路，如图 6.3.4 所示。

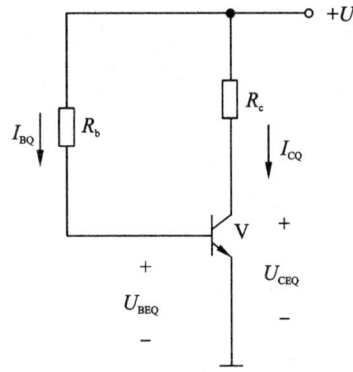

图 6.3.4　基本共射极放大电路的直流通路

2. 静态工作点的确定

BJT 的一组静态直流量 U_{BEQ}、I_{BQ}、I_{CQ}、U_{CEQ}，在 BJT 输入、输出特性曲线上以一个点来表示，称为静态工作点 Q（Quiescent operating point）。

（1）估算法。

图 6.3.4 所示的直流通路包含两个独立回路：一个是由直流电源 U_{CC}、基极电阻 R_b 和发射极组成的基极回路；另一个是由直流电源 U_{CC}、集电极负载电阻 R_c 和发射极组成的集电极回路。

对基极回路有

$$I_{BQ}=\frac{U_{CC}-U_{BE}}{R_b}\approx\frac{U_{CC}}{R_b} \tag{6.3.1}$$

式中：U_{BE} 为 BJT 发射结的正向压降。因 BJT 在放大区正常工作时，发射结的正向偏置电压 $U_{BE}=0.6\sim0.7$ V（NPN 型硅管），一般可取为 0.7 V。而 U_{CC} 一般为几伏至几十伏，故 U_{BE} 可忽略不计。

由 I_{BQ} 可得出静态时的集电极电流 I_{CQ} 为

$$I_{CQ}=\beta I_{BQ} \tag{6.3.2}$$

此时 BJT 集电极和发射极之间的电压 U_{CEQ} 为

$$U_{CEQ}=U_{CC}-R_c I_{CQ} \tag{6.3.3}$$

（2）图解法。

图解法是根据 BJT 的输入、输出特性曲线，通过作图的方法确定放大电路的静态值，若已知 BJT 的特性曲线如图 6.3.5 所示，则用图解法确定静态值的步骤如下。

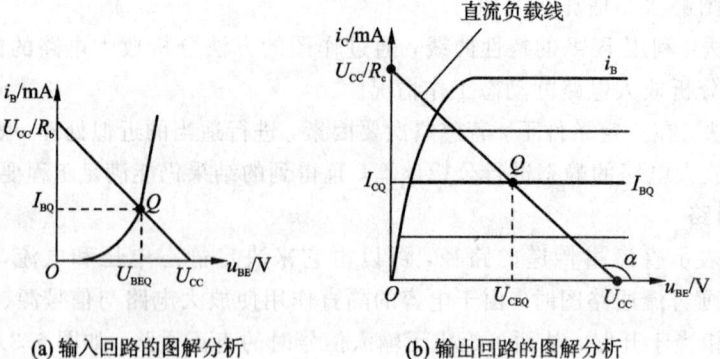

(a) 输入回路的图解分析   (b) 输出回路的图解分析

图 6.3.5　静态工作点的图解分析

① 利用输入特性曲线确定 I_{BQ} 和 U_{BEQ}。利用如图 6.3.4 所示的直流通路，可以列出输入回路的电压方程

$$U_{CC} = I_B R_b + U_{BE} \tag{6.3.4}$$

同时式(6.3.4)中的 I_B 和 U_{BE} 应符合 BJT 输入特性曲线。输入特性用函数式表示为

$$i_B = f(u_{BE}) \big|_{u_{CE}=常数} \tag{6.3.5}$$

联立式(6.3.4)和式(6.3.5)，其解就是静态工作点，即图 6.3.5(a)中同一坐标系下两线的交点 $Q(U_{BEQ}, I_{BQ})$。

② 在输出特性曲线上作直流负载线。根据直流通路列出输出回路电压方程为

$$U_{CE} = U_{CC} - R_c I_C \tag{6.3.6}$$

或

$$I_C = -\frac{1}{R_c} U_{CE} + \frac{U_{CC}}{R_c} \tag{6.3.7}$$

输出回路电压方程是一个直线方程，它在横轴上的截距为 U_{CC}(集-射极间开路工作点，$I_C = 0$ 时取得)，在纵轴上的截距为 U_{CC}/R_c(集-射极间短路工作点，$U_{CE} = 0$ 时取得)，直线的斜率为 $\tan\alpha = -1/R_c$，因其是由直流通路得出的，且与集电极负载电阻 R_c 有关，故称为直流负载线。

如图 6.3.5(b)所示，直流负载线与对应 I_B(即输入特性上确定的 I_B 值)的输出特性曲线的交点就是静态工作点 $Q(U_{CEQ}, I_{CQ})$。显然，当电路中元件参数改变时，静态工作点 Q 将在直流负载线上移动。

上述分析说明，静态基极电流 I_B 确定了直流负载线上静态工作点 Q 的位置，因而也就确定了 BJT 的工作状态。因此，静态基极电流 I_B 被称为偏置电流，简称偏流。产生偏流的路径对应直流通路中 U_{CC}—R_b—发射结—地，称为偏置电路。当 U_{CC} 和 R_b 确定后，静态基极电流 I_B 就固定了，所以这种偏置电路称为固定式偏置电路。

3. 静态工作点对波形失真的影响

对放大电路的基本要求之一就是输出波形不能失真，否则就失去了放大的意义。导致放大电路产生失真的原因很多，其中最基本的原因之一就是因静态工作点不合适而使放大电路的工作范围超出了 BJT 特性曲线的线性区，即进入非线性区域所引起的"非线性失真"。

(1) 当放大电路的静态工作点 Q 选取得比较低时，I_{BQ} 较小，致使输入信号的负半周进

入截止区而造成 i_B、i_C 趋于零，输出电压出现正半周削波，此即为截止失真。图 6.3.6 所示为放大电路产生截止失真时对应的电压和电流波形。

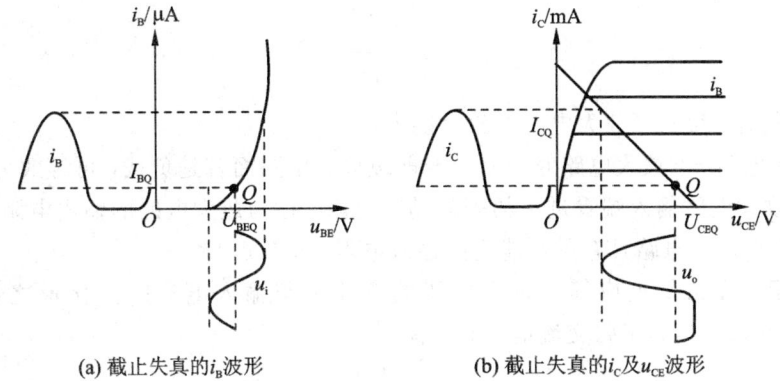

(a) 截止失真的 i_B 波形　　　　　　　(b) 截止失真的 i_C 及 u_{CE} 波形

图 6.3.6　放大电路产生截止失真时对应的电压和电流波形

要消除截止失真，唯有抬高静态工作点，增大静态基极电流 I_B，使 BJT 发射结的正向偏置电压始终大于死区电压，脱离截止区。

（2）当放大电路静态工作点 Q 选得太高时，基极电流 i_B 虽不失真，但在输入信号变至正半周时，BJT 工作进入饱和区，致使 u_{CE} 太小，集电结反向偏压极低，收集电子的能力削弱，i_C 不再增加，而趋于饱和，输出电压将维持饱和压降不变，导致负半周被削波，此即为饱和失真。图 6.3.7 所示为放大电路产生饱和失真时对应的电压和电流波形。

要消除饱和失真，就应降低静态工作点，使静态基极电流 I_B 减小，可通过改变电路参数予以实现，如增加 R_b 或减小 R_c。

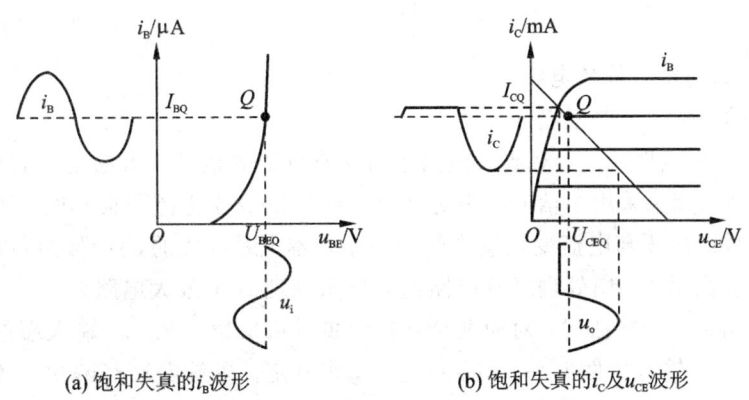

(a) 饱和失真的 i_B 波形　　　　　　　(b) 饱和失真的 i_C 及 u_{CE} 波形

图 6.3.7　放大电路产生饱和失真时对应的电压和电流波形

6.3.3　放大电路的动态分析

1. 放大电路的动态性能指标

放大电路放大的对象是变化量，研究放大电路时除了要保证放大电路具有合适的静态工作点外，更重要的是研究它的放大性能。对于放大电路的放大性能有两个方面的要求：一是放大倍数要尽可能大；二是输出信号要尽可能不失真。衡量放大电路性能的重要指标有电压放大倍数、输入电阻和输出电阻。

（1）电压放大倍数 A_u。放大电路输出电压 $\dot{U}_o$ 和输入电压 $\dot{U}_i$ 之比称为放大电路的电压放大倍数，即

$$A_u = \frac{\dot{U}_o}{\dot{U}_i} \tag{6.3.8}$$

电压放大倍数反映了放大电路的放大能力。

（2）输入电阻 r_i。放大电路对信号源或前级放大电路而言是负载，可等效为一个电阻，该电阻是从放大电路输入端看进去的等效动态电阻，称为放大电路的输入电阻。在电子电路中，往往要求放大电路具有尽可能高的输入电阻。

输入电阻 r_i 在数值上应等于输入电压的变化量与输入电流的变化量之比，即 $r_i = \Delta U_i / \Delta I_i$；当输入信号为正弦交流信号时，有

$$r_i = \frac{U_i}{I_i} \tag{6.3.9}$$

（3）输出电阻 r_o。放大电路对负载或后级放大电路而言是信号源，可以用一个理想电压源与内阻的串联电路来表示，这个内阻称为放大电路的输出电阻，记为 r_o。一般要求放大电路具有尽可能小的输出电阻，最好能远小于负载电阻 R_L。输出电阻在数值上等于放大电路输出端开路电压的变化量与短路电流的变化量之比，即

$$r_o = \frac{U_{OC}}{I_{SC}} \tag{6.3.10}$$

实际在计算电路输出电阻时，是利用戴维南定理来求解的。即将信号源 u_s 短路，并断开负载，在输出端加 u_t，求出电流 i_t，则

$$r_o = \left. \frac{u_t}{i_t} \right|_{u_s=0, \, R_L=\infty} \tag{6.3.11}$$

2. 放大电路的微变等效电路

（1）BJT 的小信号电路模型。

由于 BJT 是非线性元件，对放大电路进行动态分析的最直接方法是图解法。显然，这种方法非常麻烦，如果采用小信号模型分析法，即当信号变化范围很小时，可以认为 BJT 这个非线性器件的电压与电流变化量之间的关系基本上是线性的，这样就可以给 BJT 建立一个小信号的线性模型，用处理线性电路的方法来处理 BJT 放大电路。

BJT 在采用共射极接法时，对应两个端口，如图 6.3.8(a) 所示。输入端的电压与电流的关系可由 BJT 的输入特性 $i_B = f(u_{BE})|_{u_{CE}=常数}$ 来确定。在图 6.3.8(b) 中，当 BJT 工作在输入特性曲线的线性段时，输入端电压与电流的变化量，即 ΔU_{BE} 与 ΔI_B 成正比例关系。因而可以用一个等效的动态电阻 r_{be} 来表示，即 $r_{be} = \Delta U_{BE} / \Delta I_B$，称为 BJT 的输入电阻。在常温下，低频小功率晶体管的动态输入电阻 r_{be} 的计算式为

$$r_{be} = 200 + (1+\beta) \frac{26 \, (\text{mV})}{I_{EQ} (\text{mA})} \tag{6.3.12}$$

式中：I_{EQ} 的单位为毫安（mA）；r_{be} 的单位为欧姆（Ω）。

输出端的电压与电流的关系可由 BJT 的输出特性 $i_C = f(u_{CE})|_{i_B=常数}$ 来确定，在图 6.3.8(c) 中，当 BJT 工作在放大区时，$\Delta I_C = \beta \Delta I_B$，与 ΔU_{CE} 几乎无关，因此，从 BJT 的输出端看进去，可用一个等效的恒流源来表示，不过这个恒流源的电流 ΔI_C 不是孤立的，而

是受 ΔI_B 控制，故称为电流控制电流源，简称受控电流源。

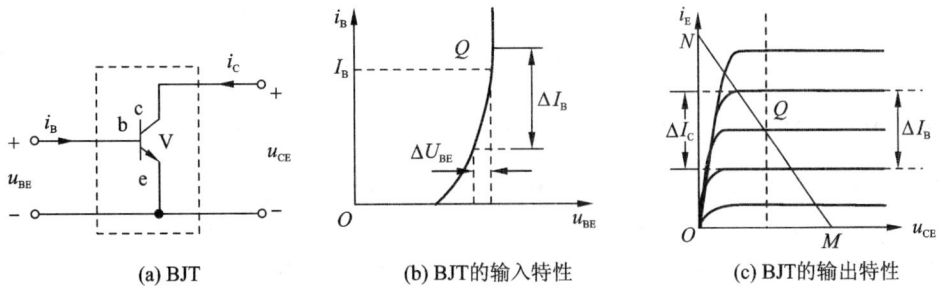

(a) BJT　　　　　　　(b) BJT的输入特性　　　　　　(c) BJT的输出特性

图 6.3.8　BJT 小信号模型的动态分析

由此可见，当输入为交流小信号时，BJT 可用如图 6.3.9(b)所示的电路模型来代替。这样就把 BJT 的非线性分析转化为线性分析。

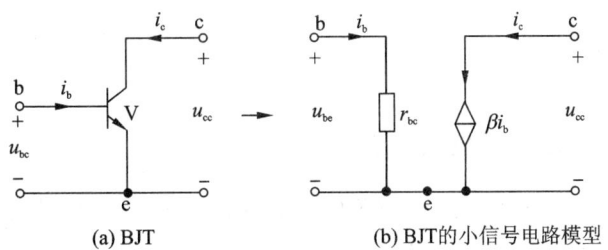

(a) BJT　　　　　　　　　　(b) BJT的小信号电路模型

图 6.3.9　BJT 小信号模型的建立

（2）放大电路的微变等效电路。

放大电路的微变等效电路只是针对交流分量作用的情况，也就是信号源单独作用时的电路。为得到微变等效电路，首先要画出放大电路的交流通路。其原则是：将放大电路中的直流电源和所有电容短路。需注意，这里所说的电源短路，是将直流电源的作用去掉，而只考虑信号单独作用的情况。

画出交流通路后，再将 BJT 用小信号模型代替，便得到放大电路的微变等效电路。交流通路和微变等效电路如图 6.3.10 所示。

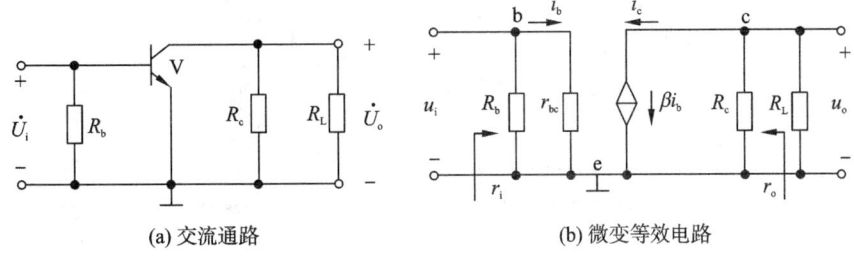

(a) 交流通路　　　　　　　　　　(b) 微变等效电路

图 6.3.10　基本共射极放大电路的交流通路及微变等效电路

用微变等效电路分析法分析放大电路的步骤如下：

① 用公式估算法计算 Q 点的值，并求出 Q 点处的参数 r_{be}。

② 由放大电路的交流通路，画出放大电路的微变等效电路。

③ 利用微变等效电路，可求出空载（即不接负载 R_L）时，有

$$\dot{U}_o = -R_c \dot{I}_c = -R_c \cdot \beta \dot{I}_b$$

$$\dot{U}_i = -r_{be}\dot{I}_b$$

$$\dot{A}_u = \frac{\dot{U}_o}{\dot{U}_i} = -\frac{\beta R_c}{r_{be}} \qquad\qquad (6.3.13)$$

接上 R_L 时，有

$$\dot{A}_u = \frac{\dot{U}_o}{\dot{U}_i} = -\frac{\beta R'_L}{r_{be}} \qquad (R'_L = R_c \;//\; R_L) \qquad (6.3.14)$$

式(6.3.13)中，负号表示输出电压 u_o 与输入电压 u_i 反相位。

该电路的输入电阻为

$$r_i = R_b \;//\; r_{be} \qquad\qquad (6.3.15)$$

一般基极偏置电阻 $R_b \gg r_{be}$，故式(6.3.15)可以近似为

$$r_i \approx r_{be} \qquad\qquad (6.3.16)$$

该电路的输出电阻为

$$r_o = R_c \qquad\qquad (6.3.17)$$

6.3.4　分压式偏置共射极放大电路

　　放大电路的 Q 点易受电源波动、偏置电阻的变化、三极管的更换、元件的老化等因素的影响，而环境温度的变化是影响 Q 点的最主要因素。因为 BJT 是一个对温度非常敏感的器件，随温度的变化，三极管参数(U_{BE}、I_{CBO}、β)会受到影响，导致 Q 点变化。因此在一些要求比较高的放大电路中，必须要考虑静态工作点的稳定问题。

　　稳定静态工作点 Q 实际就是稳定静态电流 I_C，因为温度变化，使 BJT 参数的变化最终都归结于 I_C 的变化。设法使 I_C 维持恒定，也就稳定了静态工作点。

　　为此，引入分压式偏置共射极放大电路，如图 6.3.11(a)所示。该电路稳定静态工作点的实质是：利用发射极电流 I_E 在电阻 R_e 上产生的压降 U_E 的变化去影响基极电流 I_B。

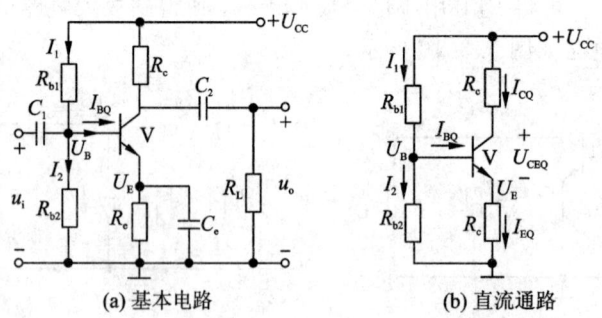

(a) 基本电路　　　　　　　　　　(b) 直流通路

图 6.3.11　分压式偏置共射极放大电路及其直流通路

1. 电路特点

　　(1) 利用基极分压电阻 R_{b1} 和 R_{b2} 固定静态基极电位 U_B。根据基尔霍夫电流定律(KCL)有 $I_1 = I_2 + I_B$，当满足 $I_2 \gg I_B$(一般取 $I_2 = (5\sim10)I_B$)时，则 $I_1 \approx I_2$。静态基极电位为

$$U_B = \frac{R_{b2}}{R_{b1} + R_{b2}} U_{CC} \qquad\qquad (6.3.18)$$

此时，U_B主要由电路中固定参数确定，而几乎与 BJT 参数无关，不受温度影响。

（2）利用射极电阻 R_e 将静态集电极电流 I_C 的变化转化为电压的变化，回送到基极（输入）回路。根据基尔霍夫电压定律（KVL），有

$$U_E = U_B - U_{BE} = R_e I_E \approx R_e I_C \text{（因为 } \beta \gg 1, \text{所以 } I_E \approx I_C \text{）}$$

如果满足 $U_B \gg U_{BE}$，那么静态集电极电流为

$$I_C \approx I_E = \frac{U_B - U_{BE}}{R_e} \approx \frac{U_B}{R_e} \tag{6.3.19}$$

静态集-射极间的电压为

$$U_{CE} = U_{CC} - I_C R_c - I_E R_e \approx U_{CC} - I_C(R_c + R_e) \tag{6.3.20}$$

这样，集电极电流 I_C 和集-射极电压 U_{CE} 主要由电路参数确定，几乎与 BJT 参数无关。

电路稳定静态工作点的过程为：当温度升高时，I_C 增加，电阻 R_e 上压降增大，由于基极电位 U_B 固定，则加到发射结上的电压减小，I_B 减小，从而使 I_C 减小，即 I_C 趋于恒定。

调节过程可以表示为

$$T \uparrow \rightarrow I_C \uparrow \rightarrow I_E \uparrow \rightarrow R_e I_E \uparrow \rightarrow U_{BE} \downarrow \rightarrow I_B \downarrow \rightarrow I_C \downarrow$$

（3）R_e 两端并联一个发射极旁路电容 C_e，以免放大电路的电压放大倍数下降。

2. 静态分析

根据前面对电路特点的分析，很容易求出静态参数，即

$$U_B = \frac{R_{b2}}{R_{b1} + R_{b2}} U_{CC}$$

$$I_C \approx I_E = \frac{U_B - U_{BE}}{R_e} \approx \frac{U_B}{R_e}, \quad I_B = \frac{I_C}{\beta}$$

$$U_{CE} = U_{CC} - I_C R_c - I_E R_e \approx U_{CC} - I_C(R_c + R_e)$$

从而确定了放大电路的静态工作点。

3. 动态分析

（1）接有射极电容 C_e：因 C_e 一般较大，可达几十至几百微法，故可视为交流短路。其对应的交流通路和微变等效电路如图 6.3.12 所示。

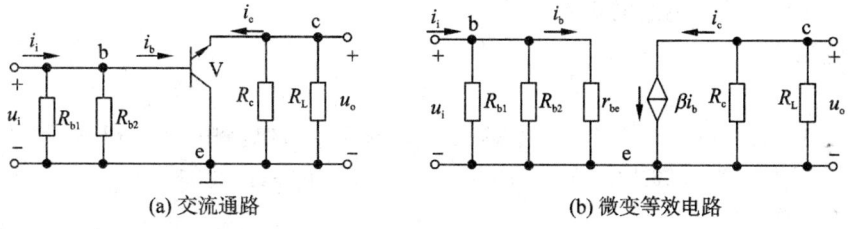

(a) 交流通路   (b) 微变等效电路

图 6.3.12 分压式偏置共射极放大电路的交流分析

由微变等效电路可得到输入、输出电压的表达式为

$$\dot{U}_i = -r_{be}\dot{I}_b$$

$$\dot{U}_o = -R'_L \dot{I}_c = -R'_L \cdot \beta \dot{I}_b \quad (R'_L = R_c /\!/ R_L)$$

所以

$$\dot{A}_{\mathrm{u}} = \frac{\dot{U}_{\mathrm{o}}}{\dot{U}_{\mathrm{i}}} = -\frac{\beta R'_{\mathrm{L}}}{r_{\mathrm{be}}} \tag{6.3.21}$$

输入电阻为

$$r_{\mathrm{i}} = R_{\mathrm{b1}} /\!/ R_{\mathrm{b2}} /\!/ r_{\mathrm{be}} \tag{6.3.22}$$

输出电阻为

$$r_{\mathrm{o}} = R_{\mathrm{c}} \tag{6.3.23}$$

（2）未接发射极电容 C_{e} 时，其对应的微变等效电路如图 6.3.13 所示。

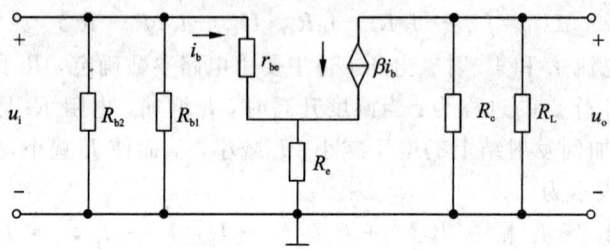

图 6.3.13　未接射极电容时对应放大电路的微变等效电路

由微变等效电路可得到输入、输出电压的表达式为

$$\dot{U}_{\mathrm{i}} = r_{\mathrm{be}}\dot{I}_{\mathrm{b}} + R_{\mathrm{e}}\dot{I}_{\mathrm{e}} = [r_{\mathrm{be}} + (1+\beta)R_{\mathrm{e}}]\dot{I}_{\mathrm{b}}$$

$$\dot{U}_{\mathrm{o}} = -R'_{\mathrm{L}}\dot{I}_{\mathrm{c}} = -R'_{\mathrm{L}} \cdot \beta\dot{I}_{\mathrm{b}} \quad (R'_{\mathrm{L}} = R_{\mathrm{c}} /\!/ R_{\mathrm{L}})$$

所以

$$\dot{A}_{\mathrm{u}} = \frac{\dot{U}_{\mathrm{o}}}{\dot{U}_{\mathrm{i}}} = -\frac{\beta R'_{\mathrm{L}}}{r_{\mathrm{be}} + (1+\beta)R_{\mathrm{e}}} \tag{6.3.24}$$

可以看出，去掉发射极电容后，对电路的电压放大倍数影响很大，使得 $\dot{A}_{\mathrm{u}}$ 急剧下降。

输入电阻为

$$r_{\mathrm{i}} = R_{\mathrm{b1}} /\!/ R_{\mathrm{b2}} /\!/ [r_{\mathrm{be}} + (1+\beta)R_{\mathrm{e}}] \tag{6.3.25}$$

此时，提高了放大电路的输入电阻。

输出电阻为

$$r_{\mathrm{o}} = R_{\mathrm{c}} \tag{6.3.26}$$

例 6.3.1　在如图 6.3.11(a)所示的分压式偏置放大电路中，已知 $U_{\mathrm{CC}} = 12$ V，$R_{\mathrm{c}} = 2$ kΩ，$R_{\mathrm{e}} = 2$ kΩ，$R_{\mathrm{b1}} = 20$ kΩ，$R_{\mathrm{b2}} = 10$ kΩ，$R_{\mathrm{L}} = 6$ kΩ，晶体管的 $\beta = 37.5$。

（1）试求静态值；

（2）画出微变等效电路；

（3）计算该电路的 $\dot{A}_{\mathrm{u}}$、r_{i} 和 r_{o}。

解　（1）
$$U_{\mathrm{B}} = \frac{10}{20+10} \times 12 = 4(\mathrm{V})$$

$$I_{\mathrm{C}} \approx I_{\mathrm{E}} = \frac{U_{\mathrm{B}} - U_{\mathrm{BE}}}{R_{\mathrm{e}}} = \frac{4 - 0.6}{2} = 1.7(\mathrm{mA})$$

$$I_{\mathrm{B}} = \frac{I_{\mathrm{C}}}{\beta} = \frac{1.7}{37.5} \approx 0.045(\mathrm{mA}) = 45\ \mu\mathrm{A}$$

$$U_{CE} \approx U_{CC} - I_C(R_c + R_e) = 12 - (2+2) \times 10^3 \times 1.7 \times 10^{-3} = 5.2 \text{(V)}$$

（2）微变等效电路见图 6.3.12(b)。

（3） $r_{be} = 200 + (1+\beta)\dfrac{26 \text{ (mV)}}{I_{EQ}} = 200 + (1+37.5) \times \dfrac{26}{1.7} \approx 0.79 \text{ (k}\Omega)$

$$\dot{A}_u = \frac{\dot{U}_o}{\dot{U}_i} = -\frac{\beta R'_L}{r_{be}} = -37.5 \times \frac{2 /\!/ 6}{0.79} = -37.5 \times \frac{1.5}{0.79} \approx -71.2$$

$$r_i = R_{b1} /\!/ R_{b2} /\!/ r_{be} \approx r_{be} \approx 0.79 \text{ k}\Omega$$

$$r_o = R_c = 2 \text{ k}\Omega$$

例 6.3.2   在例 6.3.1 中，图 6.3.11(a)中的 R_e 未全被 C_e 旁路，而尚留一段 R_{e2}，$R_{e2} = 0.2$ kΩ，如图 6.3.14 所示。

（1）试求静态值；

（2）画出微变等效电路；

（3）计算该电路的 $\dot{A}_u$、r_i 和 r_o，并与例 6.3.1 比较。

解   （1）静态值和 r_{be} 与例 6.3.1 的相同。

（2）微变等效电路如图 6.3.15 所示。

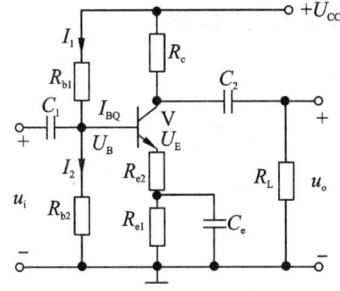
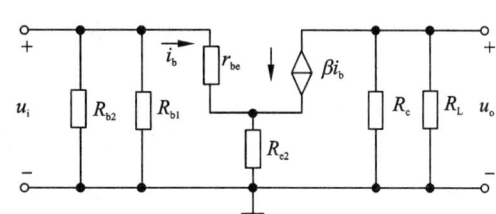

图 6.3.14   例 6.3.2 电路图   图 6.3.15   微变等效电路

（3）由图 6.3.15 并根据式(6.3.24)～(6.3.26)可得出：

$$\dot{A}_u = \frac{\dot{U}_o}{\dot{U}_i} = -\frac{\beta R'_L}{r_{be} + (1+\beta)R_{e2}} = -\frac{37.5 \times 1.5}{0.79 + 38.5 \times 0.2} \approx -6.63$$

$$r_i = R_{b1} /\!/ R_{b2} /\!/ [r_{be} + (1+\beta)R_{e2}] \approx 3.74 \text{(k}\Omega)$$

$$r_o = R_c = 2 \text{ k}\Omega$$

可见，当发射极电阻 R_{e2} 未被 C_e 旁路时，电路的电压放大倍数虽然降低了，但改善了放大电路的工作性能，使增益的稳定性提高，输入和输出电阻增大。这部分内容将在第 7 章的 7.2 节详细介绍。

6.4   共集电极与共基极放大电路

基本放大电路共有三种组态。前面讨论的放大电路均是共射极放大电路，这种电路的优点是电压放大倍数比较大，但缺点是输入电阻较小，输出电阻较大。本节主要讨论共集电极放大电路并简单介绍共基极放大电路的特点。

6.4.1　共集电极放大电路

共集电极放大电路如图 6.4.1 所示。它采用固定偏置电路使 BJT 工作在放大状态。交流输入信号 u_s（R_s 为信号源内阻）从基极送入，输出信号从发射极输出，由此得名为射极输出器。而集电极作为交流地，是输入、输出回路的公共端，故为共集电极放大电路。

1. 静态分析

共集电极放大电路的交、直流通路如图 6.4.2 所示。

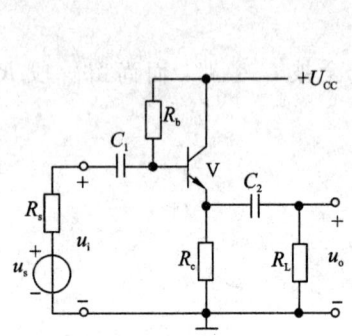
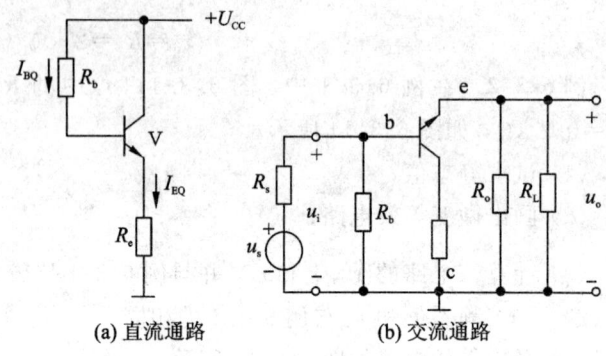

(a) 直流通路　　　　　　　　(b) 交流通路

图 6.4.1　共集电极放大电路图　　　　6.4.2　共集电极放大电路的交、直流通路

根据图 6.4.2(a)可得

$$U_{CC} = R_b I_B + U_{BE} + R_e I_E$$

于是

$$I_B = \frac{U_{CC} - U_{BE}}{R_b + (1+\beta)R_e} \tag{6.4.1}$$

$$I_E = (1+\beta)I_B \tag{6.4.2}$$

$$U_{CE} = U_{CC} - R_e I_E \tag{6.4.3}$$

从而确定了放大电路的静态工作点。

2. 动态分析

1）电压放大倍数

由图 6.4.2(b)所示的共集电极电路的交流通路，便可得到如图 6.4.3 所示的共集电极放大电路的微变等效电路。根据 KVL 可列出输入、输出回路的电压方程：

输出回路为　　　　　$\dot{U}_o = (1+\beta)\dot{I}_b R'_L$　　　　　$(R'_L = R_e /\!/ R_L)$

输入回路为　　　　　$\dot{U}_i = r_{be}\dot{I}_b + R'_L \dot{I}_e = [r_{be} + (1+\beta)R'_L]\dot{I}_b$

电压放大倍数的表达式为

$$\dot{A}_u = \frac{\dot{U}_o}{\dot{U}_i} = \frac{(1+\beta)R'_L}{r_{be} + (1+\beta)R'_L} \tag{6.4.4}$$

在实际电路中，因为 $(1+\beta)R'_L \gg r_{be}$，所以 $A_u \approx 1$。

共集电极放大电路的电压放大倍数为正实数，且小于 1 而接近于 1，这说明：

(1) 共集电极放大电路的输出电压和输入电压同相位。

(2) 共集电极放大电路的输出电压的大小接近于输入电压。

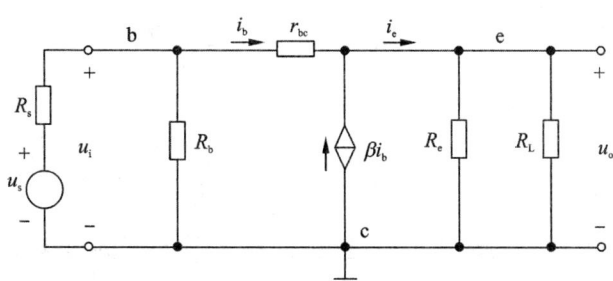

图 6.4.3　共集电极放大电路的微变等效电路

故共集电极放大电路的输出电压具有跟随输入电压变化的能力，因而又称为射极跟随器。

2）输入电阻

根据

$$\dot{U}_i = r_{be}\dot{I}_b + R'_L\dot{I}_e = [r_{be} + (1+\beta)R'_L]\dot{I}_b$$

可得

$$\dot{I}_b = \frac{\dot{U}_i}{r_{be} + (1+\beta)R'_L}$$

而输入电流为

$$\dot{I}_i = \frac{\dot{U}_i}{R_b} + \dot{I}_b = \frac{\dot{U}_i}{R_b} + \frac{\dot{U}_i}{r_{be} + (1+\beta)R'_L}$$

所以

$$r_i = R_b \; /\!/ \; [r_{be} + (1+\beta)R'_L] \tag{6.4.5}$$

可见，与共射极放大电路相比，共集电极放大电路的输入电阻要高得多，可高出几十至几百倍。

3）输出电阻

按照输出电阻定义的表达式 $r_o = \dfrac{u_t}{i_t}\bigg|_{\substack{u_s=0 \\ R_L=\infty}}$，可画

出共集电极电路求 r_o 的等效电路，如图 6.4.4 所示。

根据等效电路可得

$$\dot{I}_{R_e} = \frac{\dot{U}_t}{R_e}$$

$$\dot{I}_b = \frac{\dot{U}_t}{R'_s + r_{be}}$$

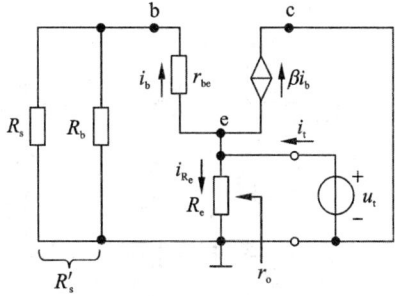

图 6.4.4　共集电极电路求 r_o 的等效电路

式中：

$$R'_s = R_s /\!/ R_b$$

$$\beta\dot{I}_b = \frac{\beta\dot{U}_t}{R'_s + r_{be}}$$

则

$$\dot{I}_t = \dot{I}_{R_e} + \dot{I}_b + \beta \dot{I}_b = \frac{\dot{U}_t}{R_e} + \frac{(1+\beta)\dot{U}_t}{R'_s + r_{be}}$$

所以

$$r_o = \frac{\dot{U}_t}{\dot{I}_t} = R_e /\!/ \frac{R'_s + r_{be}}{1+\beta} \tag{6.4.6}$$

可见共集电极放大电路的输出电阻是很低的，它远小于共射极放大电路的输出电阻（$r_o = R_c$），约为几十至几百欧。

3. 共集电极放大电路的应用

共集电极放大电路虽然没有电压放大作用，但有电流放大作用和功率放大作用，故仍属于放大电路之列，利用共集电极电路的特点，使它在放大电路的很多地方得到广泛的应用。

（1）作为放大电路、测量仪器的输入级，是利用其输入电阻高的特点。它可以降低输入电流，减轻信号源的负担；提高输入电压，减小信号损失；当它作为测量仪器的输入级接入被测电路时，由于其分流作用小，对被测电路的影响就小，提高了测量精确度。

（2）作为放大电路的输出级，是利用其输出电阻低的特点。它可以提高放大器的带负载能力，增强输出电压的稳定性。

（3）作为多级放大电路的中间级，起阻抗变换作用。其高输入电阻可提高前级的电压放大倍数，减小前级的信号损失；其低输出电阻可提高后级输入电压，这对输入电阻小的共射极放大电路十分有益。所以，共集电极电路作为中间级有利于提高整个电路的电压放大倍数。

6.4.2 共基极放大电路

共基极放大电路及其微变等效电路如图 6.4.5(a)、(b)所示。

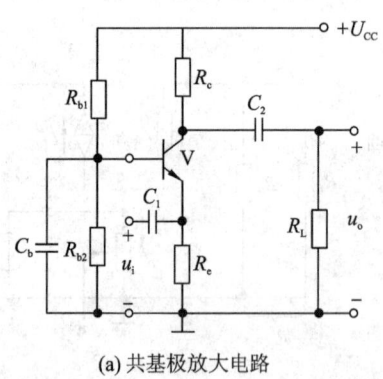

(a) 共基极放大电路

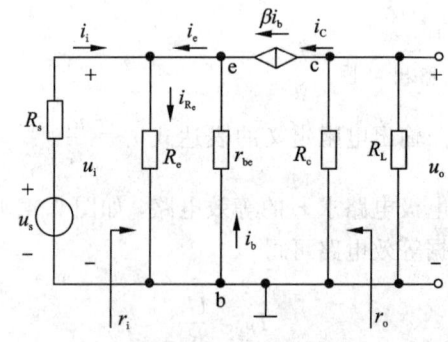

(b) 共基极放大电路的微变等效电路

图 6.4.5 共基极放大电路及其微变等效电路

由图 6.4.5 可见：该电路的偏置方式与分压式偏置共射极放大电路完全相同，故静态工作点的计算可直接利用式(6.3.18)～(6.3.20)来求解。

电路构成的特点：

（1）射极电阻 R_e 同样起着稳定静态工作点的作用。

（2）信号改由发射极输入。

（3）增加了基极电容 C_b，使基极成为信号输入和输出的公共端，即形成共基极电路。

共基极放大电路,信号由发射极输入,自集电极输出,故无电流放大作用,但它的电流放大倍数小于 1 而接近于 1,具有电流跟随作用,所以又将共基极放大电路称为电流跟随器。共基极放大电路有电压放大和功率放大作用。输出电压与输入电压相位相同。输入电阻比共射极放大电路还要小,而输出电阻与共射极放大电路相同。这种放大电路的主要特点是通频带宽,稳定性好,具有恒流输出特性,适用于要求通频带宽和频率较高的场合。

式(6.4.7)~(6.4.9)是根据图 6.4.5(b)所示共基极放大电路的微变等效电路推导的动态性能指标计算公式。具体推导过程可参照共射极放大电路(或共集电极放大电路)动态性能指标的分析方法。

$$A_u = \frac{\beta R'_L}{r_{be}} \tag{6.4.7}$$

式中:
$$R'_L = R_c /\!/ R_L$$

$$r_i = R_e /\!/ \frac{r_{be}}{1+\beta} \tag{6.4.8}$$

$$r_o = R_c \tag{6.4.9}$$

综上所述,可将三种基本放大电路列表进行比较,如表 6.4.1 所示。

表 6.4.1　三种基本放大电路的比较

(设 $\beta = 50$, $r_{be} = 1.1$ kΩ, $R_c = R_e = R_s = 3$ kΩ, $R_L = \infty$)

		共射极	共集电极	共基极
A_u	表达式	$-\dfrac{\beta R_c}{r_{be}}$	$\dfrac{(1+\beta)R_e}{r_{be}+(1+\beta)R_e}$	$\dfrac{\beta R_c}{r_{be}}$
	数值	-136	0.993	136
r_i	表达式	r_{be}	$r_{be}+(1+\beta)R_e$	$\dfrac{r_{be}}{1+\beta}$
	数值	1.1 kΩ	154 kΩ	20.6 Ω
r_o	表达式	R_c	$\dfrac{r_{be}+R_s}{1+\beta}$	R_c
	数值	3 kΩ	80.4 Ω	3 kΩ
特点及用途		$\lvert A_u \rvert$ 较大;输出电压与输入电压相反;r_i 和 r_o 适中,应用广泛	$A_u < 1$,输出电压与输入电压同相,且为"跟随关系";r_i 高,r_o 低。可用作输入级、输出级以及起隔离作用的中间级	A_u 较大,且输出电压与输入电压同相;r_i 低,r_o 高。可用于宽频带放大或作为恒流源

6.5　多级放大电路

前面讲过的基本放大电路,其电压放大倍数一般只能达到几十至几百倍。然而在实际应用中,放大电路的输入信号通常很微弱(毫伏或微伏级),为了使放大后的信号能够驱动负载,仅仅通过一级放大电路进行信号放大,很难满足实际要求,故需要采用多级放大电路。

6.5.1　多级放大电路的组成

多级放大电路是指两个或两个以上的单级放大电路组成的电路。图 6.5.1 所示为多级放大电路的组成框图。通常称多级放大电路的第一级为输入级。对于输入级，一般采用输入阻抗较高的放大电路，以便从信号源获得较大的电压输入信号并对信号进行放大。中间级主要实现电压信号的放大，一般要用几级放大电路才能完成。而多级放大电路的最后一级称为输出级，也是功率放大级，与负载直接相连，要求带负载能力强，且具有足够的负载驱动能力。

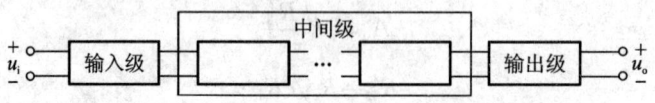

图 6.5.1　多级放大电路的组成框图

6.5.2　多级放大电路的耦合方式

既然是多级放大电路，就必然存在级间连接方式，这种连接方式称为耦合方式。而级与级之间耦合时，必须满足：

（1）耦合后，各级电路仍具有合适的静态工作点。

（2）保证信号在级与级之间能够顺利地传输。

（3）耦合后，多级放大电路的性能指标必须满足实际的要求。

为了满足上述要求，常用的耦合方式有阻容耦合、直接耦合和变压器耦合。

1. 阻容耦合

级与级之间通过电容连接靠电阻获取信号的方式称为阻容耦合方式。图 6.5.2 所示为两级阻容耦合放大电路。电容 C_2 将两级放大电路隔离开来。因级间耦合电容的隔直作用，各级的直流工作状态独立，静态工作点互不影响，且电容越大，容抗越小，对交流可视为短路，从而使得交流信号几乎无损失地在级间传递。

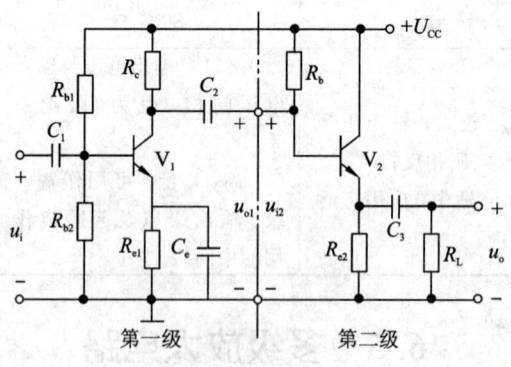

图 6.5.2　两级阻容耦合放大电路

由图 6.5.2 可得阻容耦合放大电路的特点如下：

（1）优点：因电容具有隔直作用，所以各级电路的静态工作点相互独立，互不影响，避免了温漂信号的逐级传输和放大，且给放大电路的分析、设计和调试带来了很大的方便。

（2）缺点：因电容对交流信号具有一定的容抗，为了减小信号传输过程中的衰减，需将耦合电容尽可能加大。但电容加大，不利于电路实现集成化，因为集成电路中很难制造大容量的电容。另外，这种耦合方式无法传递缓慢变化的信号。

2. 直接耦合

为了避免电容对缓慢变化的信号在传输过程中带来不良影响，可以把级与级之间直接用导线连接起来，这种连接方式称为直接耦合。图 6.5.3 所示为直接耦合两级放大电路。前级的输出信号 u_{o1} 直接作为后一级的输入信号 u_{i2}。

直接耦合的特点如下：

（1）优点：频率特性好，既可以放大交流信号，也可以放大直流和变化非常缓慢的信号；电路中无大的耦合电容，便于实现集成化，所以集成电路中多采用这种耦合方式。

（2）缺点：由于是直接耦合，各级静态工作点将相互影响，不利于电路的设计、调试和维修；且输出端存在温度漂移。

3. 变压器耦合

各级放大电路之间通过变压器耦合传递信号。图 6.5.4 所示为两级变压器耦合放大电路。通过变压器 T_1 把前级的输出信号 u_{o1} 耦合传送到后级，作为后一级的输入信号 u_{i2}。变压器 T_2 将第二级的输出信号耦合传递给负载 R_L。

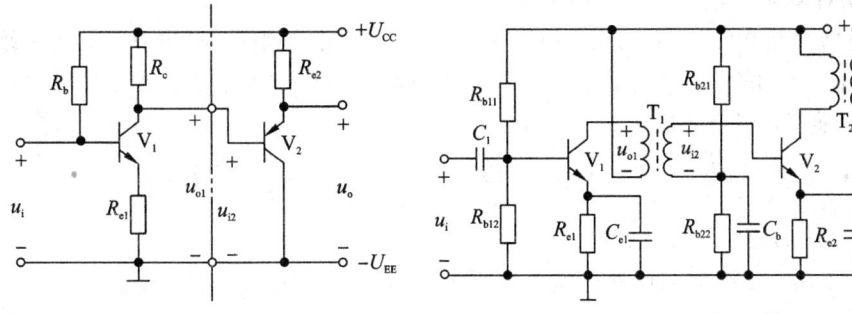

图 6.5.3　直接耦合两级放大电路　　　　图 6.5.4　两级变压器耦合放大电路

变压器耦合的特点如下：

（1）优点：各级静态工作点相互独立，可实现阻抗变换，使后级获得最大功率。

（2）缺点：由于采用铁芯绕组，使电路体积加大，生产成本提高，无法实现集成化。

另外，变压器对直流或缓慢变化的信号不产生耦合作用，故这种耦合方式只能放大交流信号。

6.5.3　多级放大电路的分析计算

1. 静态工作点的分析计算

阻容耦合放大电路的各级放大电路间是通过电容互相连接的，由于电容的隔直作用，各级静态工作点彼此独立，互不影响。因此可以画出每一级的直流通路，分别计算各级的静态工作点。

直接耦合放大电路的各级静态工作点相互影响，因此静态工作点的分析计算要比阻容耦合复杂。可以运用电路理论的知识，通过列电压、电流方程组联立求解，从而确定各级的静态工作点。

2. 动态性能指标的分析计算

多级放大电路的动态分析仍可以利用微变等效电路来计算动态性能指标。在分析多级放大电路的性能指标时，一般采用的方法是：通过计算每一级指标来分析多级指标。由于后级电路相当于前级的负载，该负载又是后级放大电路的输入电阻。所以在计算前级输出时，只要将后级的输入电阻作为其负载即可。同样，前级的输出信号又是后级的输入信号。

设多级放大电路的输入信号为 u_i，输出信号为 u_o，其级间为阻容耦合方式，如图6.5.5所示。

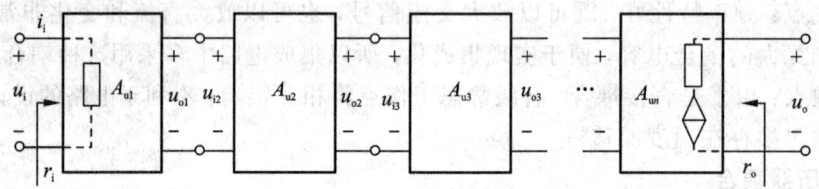

图 6.5.5　多级放大电路示意图

下面分析计算阻容耦合放大电路的动态指标。

(1) 电压放大倍数 A_u。图 6.5.5 所示为多级放大电路示意图，可以看出，前一级的输出信号就是后一级的输入信号。因此，多级放大电路的电压放大倍数就等于各级电路的电压放大倍数的乘积，用公式表示为

$$A_u = \frac{u_{o1}}{u_i} \times \frac{u_{o2}}{u_{o1}} \times \cdots \times \frac{u_{on}}{u_{o(n-1)}} = A_{u1} A_{u2} \cdots A_{un} = \prod_{i=1}^{n} A_{ui} \qquad (6.5.1)$$

式中：$A_{ui}(i=1\sim n)$ 指第 i 级电路的放大倍数。

(2) 输入电阻。多级放大电路的输入电阻就是输入级的输入电阻，即等于从第一级放大电路的输入端看进去的等效输入电阻 r_{i1}。计算时要注意：当输入级为共集电极放大电路时，要考虑第二级的输入电阻作为前级负载时对输入电阻的影响。

(3) 输出电阻。多级放大电路的输出电阻就是输出级的输出电阻，即等于从最后一级(末级)放大电路的输出端看进去的等效电阻 r_{on}。计算时要注意：当输出级为共集电极放大电路时，要考虑其前级对输出电阻的影响。

6.6　差动放大电路

6.6.1　直接耦合放大电路中的主要问题

直接耦合放大电路可以放大直流信号。如果一个电路的输入信号为零，而输出信号却不为零，则将这种现象称为零点漂移，简称零漂。

零漂是直接耦合放大电路中存在的主要问题。当温度变化时，BJT 参数也随之变化，从而造成静态工作点的漂移。因温度变化引起的零点漂移称为温漂。由于直接耦合放大电路中各级静态工作点相互影响，故前级的漂移可经放大后送至末级，造成输出端产生较大

的电压波动，即产生零漂。若零漂很严重，有用信号将完全淹没于噪声中，电路将不能正常工作。所以，零漂越小，电路性能越稳定。

在多级放大电路中，第一级电路的零漂决定整个放大电路的零漂指标，故为了提高放大电路放大微弱信号的能力，在提高放大倍数的同时，必须减小输入级的零点漂移。集成运算电路的输入级多采用差动放大电路，它能有效抑制因温度变化引起的零点漂移。

6.6.2　差动放大电路的工作原理

差动放大电路是一种具有两个输入端且电路结构对称的放大电路，基本特点是只有两个输入端的输入信号间有差值时才能进行放大，即差动放大电路放大的是两个输入信号的差，所以称为差动放大电路，又称差分放大电路。

差动放大电路是模拟集成电路中应用最广泛的基本单元电路，几乎所有模拟集成电路中的多级放大电路都采用它作为输入级。差动放大电路不仅可以与后级放大电路直接耦合，而且能够很好地抑制零点漂移。

1. 基本电路结构

差动放大电路的基本电路结构是由两个特性完全相同的 BJT 放大电路构成对称形式，信号分别从两个基极与地之间输入，从两个集电极之间输出，这种电路形式称之为双端输入-双端输出。图 6.6.1 所示为基本的差动放大电路。

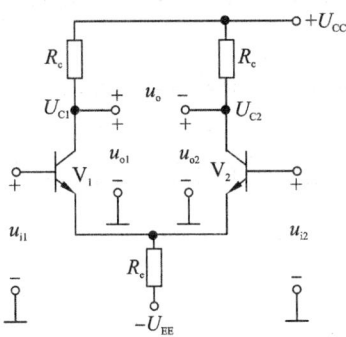

图 6.6.1　基本差动放大电路

2. 零点漂移的抑制

由于电路的对称性，温度的变化对 V_1、V_2 两管组成的左右两个放大电路的影响是一致的，相当于给两个放大电路同时加入了大小和极性完全相同的输入信号。因此，在电路完全对称的情况下，两管的集电极电位始终相同，差动放大电路的输出为零，不会出现普通直接耦合放大电路中的漂移电压，可见，差动放大电路利用电路结构的对称性抑制了零点漂移。

静态时，输入信号电压为零，$u_{i1} = u_{i2} = 0$，两输入端与地之间可视为短路，电路的对称决定了左右两个 BJT 的静态工作点相同，而有

$$I_{B1} = I_{B2},\ I_{C1} = I_{C2},\ U_{CE1} = U_{CE2}$$

$$U_{BE} + 2R_e I_E = U_{EE}$$

$$I_E = \frac{U_{EE} - U_{BE}}{2R_e} \tag{6.6.1}$$

$$I_B = \frac{I_E}{1+\beta}, \ I_C = \beta I_B$$

$$U_{CE} = U_{CC} + U_{EE} - R_c I_C - 2R_e I_E \tag{6.6.2}$$

由上述分析可知，在如图 6.6.1 所示电压正方向下，静态时的双端输出电压 $U_o = U_{C1} - U_{C2} = 0$，当某种原因（例如温度）引起左右两管的静态工作点变化时，由于电路的完全对称性，使得这种变化完全相同，即 $\Delta I_{B1} = \Delta I_{B2}$，$\Delta I_{C1} = \Delta I_{C2}$，$\Delta U_{CE1} = \Delta U_{CE2}$，各管静态工作点变化产生的零点漂移是同相等量的。输出电压维持不变，从而有效地抑制零漂。

需要指出的是，利用电路结构的对称性，在两管集电极之间取输出，可有效地抑制两管的同相等量漂移，这是此电路的特点。然而它无法抑制每个三极管的静态工作点变化，因而在单端输出时，即输出电压取自单个三极管的集电极与地之间，零漂仍然存在。

3. 动态工作过程

（1）差模信号与共模信号。

共模信号定义为：两输入端所加信号 u_{i1} 和 u_{i2} 大小相等、极性相同。在共模信号作用下，差放两管输出端的电位变化也是大小相等、极性相同，因此输出电压 $u_o = u_{C1} - u_{C2} = 0$。

差模信号定义为：两输入端所加信号 u_{i1} 和 u_{i2} 大小相等、极性相反。在差模信号作用下，差放两管输出端的电位变化同样是大小相等、极性相反，因此输出电压 $u_o = u_{C1} - u_{C2} = 2u_{C1} = -2u_{C2}$。

当两输入端所加信号 u_{i1} 和 u_{i2} 的大小和极性为任意时，为便于分析，可以将其分解成差模分量与共模分量。

差模分量定义为：差动放大电路两个输入端信号之差，即

$$u_{id} = u_{i1} - u_{i2} \tag{6.6.3}$$

共模分量定义为：差动放大电路两个输入端信号的算术平均值，即

$$u_{ic} = \frac{1}{2}(u_{i1} + u_{i2}) \tag{6.6.4}$$

由式（6.6.3）和式（6.6.4）可以得到

$$u_{i1} = \frac{1}{2}u_{id} + u_{ic} \tag{6.6.5}$$

$$u_{i2} = -\frac{1}{2}u_{id} + u_{ic} \tag{6.6.6}$$

式（6.6.5）和式（6.6.6）说明：任意一对信号都可以分解为差模分量与共模分量的叠加。

（2）共模输入 $u_{i1} = u_{i2}$ 的情况。

当差放输入共模信号时，由于电路对称，因而两管的集电极对地电压 $u_{C1} = u_{C2}$，差动放大电路的双端输出电压等于零，说明电路对共模信号是抑制的，即无放大作用，共模电压放大倍数 $A_{uc} = 0$。

实际上，前述差放电路对零漂的抑制就是该电路抑制共模信号的特例。因为折合到两个输入端的等效漂移电压如果相同，就相当于给放大电路加了一对共模信号。所以，差动放大电路抑制共模信号能力的大小，反映出它对零点漂移的抑制水平，电路的对称性越好，对共模信号的抑制能力就越强。

（3）差模输入 $u_{i1} = -u_{i2}$ 的情况。

当差放输入差模信号时，等效交流通路如图 6.6.2所示。显然，差模信号使得完全对称的差分放大电路的左右两边产生等量、反相的电压和电流变化，即两管集电极电流一增一减，集电极电位一减一增，$u_{C1} = -u_{C2}$，从而导致双端输出电压 $u_o = u_{C1} - u_{C2} = 2u_{C1} = -2u_{C2}$，为单端输出电压的 2 倍。这说明差动放大电路对差模信号具有放大作用，差模电压放大倍数 $A_{ud} \neq 0$。

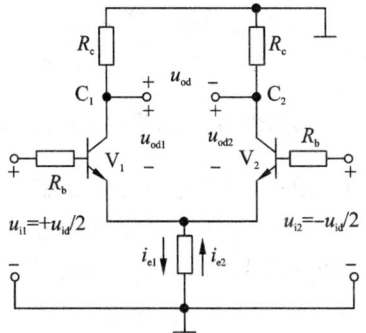

图 6.6.2　基本差动放大电路差模输入时的等效交流通路

由于在差模信号作用下引起 $i_{e1} = -i_{e2}$，通过 R_e（恒流源等效交流电阻）的电流信号分量 $i_{R_e} = i_{e1} + i_{e2} = 0$，$R_e$ 上的电压变化 $u_{R_e} = i_{R_e} R_e = 0$，即差模信号不会在 R_e 上产生电压降，R_e 对差模信号来说相当于短路，则差模电压放大倍数：

$$A_{ud} = \frac{u_{od1} - u_{od2}}{u_{i1} - u_{i2}} = \frac{2u_{od1}}{2u_{i1}} = A_{ud1} = A_{ud2} \qquad (6.6.7)$$

而每个单管放大电路的电压放大倍数与共射极放大电路相同，即

$$A_{ud1} = \frac{u_{od1}}{u_{i1}} = A_{ud2} = \frac{u_{od2}}{u_{i2}} = -\frac{\beta R_c}{R_b + r_{be}} \qquad (6.6.8)$$

当在两管集电极之间接入负载电阻 R_L 时，若电路对称，两管集电极电位将一升一降，绝对值相等，则 R_L 中点电位不变，相当于两管以 $R_L/2$ 负载接入。故此时的电压放大倍数为

$$A_{ud1} = A_{ud2} = -\frac{\beta R'_L}{R_b + r_{be}} \qquad (6.6.9)$$

式中：

$$R'_L = R_c // \frac{1}{2} R_L$$

由于输入回路可看成两个三极管输入回路的串联，同样输出回路也可看成两个三极管输出回路的串联，故差模输入电阻和输出电阻分别是单管放大电路输入、输出电阻的 2 倍，即

$$r_i = 2(r_{be} + R_b) \qquad (6.6.10)$$

$$r_o = 2R_c \qquad (6.6.11)$$

（4）共模抑制比 K_{CMR}。

对差动放大电路而言，差模信号是有用的信号，要求对它有较大的电压放大倍数，而共模信号则是零点漂移或干扰等原因产生的无用的附加信号，对它的电压放大倍数要求越小越好。为了衡量差动放大电路放大差模信号和抑制共模信号的能力，通常把差动放大电路的差模电压放大倍数 A_{ud} 与共模电压放大倍数 A_{uc} 的比值作为评价其性能优劣的主要指标，称为共模抑制比，记作 K_{CMR}。

$$K_{CMR} = \left| \frac{A_{ud}}{A_{uc}} \right| \qquad (6.6.12)$$

差动放大电路的差模电压放大倍数越大，共模电压放大倍数越小，放大电路的性能就越好。因为它表明放大电路的零点漂移越小，抗共模干扰能力就越强，说明放大电路的输出信号越能够准确灵敏地反映输入信号的偏差，不致被共模干扰信号或零点漂移所淹没。共模抑制比越大，差动放大电路分辨差模信号的能力越强，对共模干扰（零点漂移）抑制

越好。

K_{CMR}实质上反映出实际差动电路的对称性。在双端输出理想对称的情况下，因 $A_{uc}=0$，所以 K_{CMR} 趋于无穷大。但实际的差动电路不可能完全对称，因此 K_{CMR} 为一有限值。

6.6.3　差动放大电路的输入-输出方式

前述差动放大电路的信号输入-输出方式为双端输入-双端输出，根据使用情况的不同，也可以采用单端输入-单端输出。组合起来，差动放大电路的输入-输出方式共有四种：双端输入-双端输出、双端输入-单端输出、单端输入-双端输出和单端输入-单端输出。在已掌握了双端输入-双端输出电路的前提下，只要再了解单端输入-单端输出电路，其余电路也就不难理解了。单端输入-单端输出差动放大电路又有以下两种情况。

1. 反相输入

电路如图 6.6.3(a)所示，在满足 $R_e \gg r_{be}$ 的前提条件下(恒流源等效交流电阻 R_e 的实际阻值很大，该条件极易满足)，R_e 电阻的分流作用就可以忽略，即相当于开路。此时，输入信号 u_i 将均分在两管的输入回路上，满足大小相等、极性相反，两管所取得的信号是一对差模信号。从这一点看，单端输入和双端输入的效果是一样的。

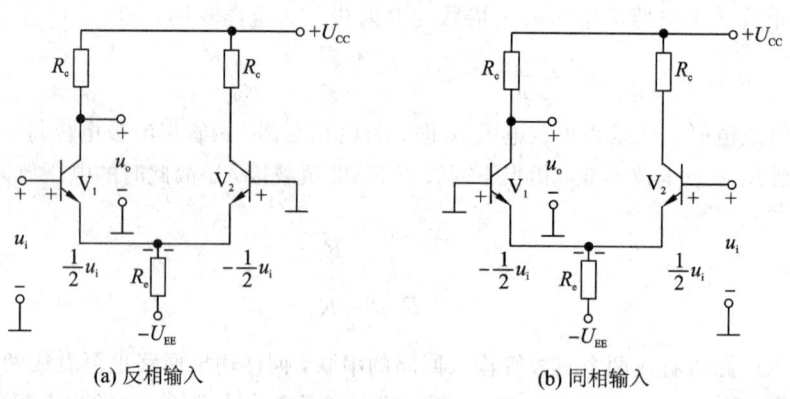

(a) 反相输入　　　　　　　　　　(b) 同相输入

图 6.6.3　单端输入-单端输出的差动放大电路

设 u_i 增加，则

$$\Delta u_i > 0 \rightarrow \Delta u_{BE1} > 0 \rightarrow \Delta i_{C1} > 0 \rightarrow \Delta u_o < 0$$

可见，输入和输出电压的相位相反，故称为反相输入。

2. 同相输入

电路如图 6.6.3(b)所示，设 u_i 增加，则

$$\Delta u_i > 0 \rightarrow \Delta u_{BE1} < 0 \rightarrow \Delta i_{C1} < 0 \rightarrow \Delta u_o > 0$$

可见，输入和输出电压的相位相同，故称为同相输入。

双端输出时，$u_o = 2u_{c1}$，而单双端输出时，$u_o = u_{c1}$，另一半输出未用上，故在 u_i 相同时，u_o 较双端输出时减少了一半。即电压放大倍数为双端输出时的 1/2。

6.7　功率放大电路

多级放大电路的末级或末前级一般都是功率放大级，它将前置电压放大级送来的低频

信号进行功率放大,去推动负载工作。例如,使仪表指针偏转,使扬声器发声,驱动控制系统中的执行机构,等等。电压放大电路和功率放大电路都是利用 BJT 的放大作用将信号放大,所不同的是,前者的目的是输出足够大的电压,而后者主要是要求输出最大的功率;前者是工作在小信号状态,而后者工作在大信号状态。两者对放大电路的考虑有各自的侧重点。

6.7.1　对功率放大电路的基本要求

对功率放大电路的基本要求主要有以下几个方面:

(1) 在电子元件参数允许的范围内,放大电路的输出电压和输出电流都要有足够大的变化量,以便根据负载的要求,提供足够的输出功率。

(2) 具有较高的效率。放大电路输出给负载的功率是由直流电源提供的,在输出功率较大的情况下,如果效率不高,不仅造成能量消耗,而且消耗在电路内部的电能将转换为热量,使元器件温度升高。

(3) 尽量减小非线性失真。由于功率放大电路的工作点变化范围大,因此输出波形的非线性失真问题要比小信号放大电路严重得多,应特别注意这一问题。

此外,由于 BJT 工作在大信号状态,要求它的极限参数 I_{CM}、P_{CM}、$U_{(BR)CEO}$ 等应满足电路正常工作并留有一定裕量,同时还要考虑 BJT 有良好的散热功能,以降低结温,确保 BJT 安全工作。

6.7.2　功率放大器的分类

根据放大电路中 BJT 静态工作点设置的不同,可将功率放大器分成甲类、乙类、甲乙类和丙类等不同的工作状态,这里主要讨论甲类、乙类和甲乙类这三种工作状态,如图 6.7.1 所示。

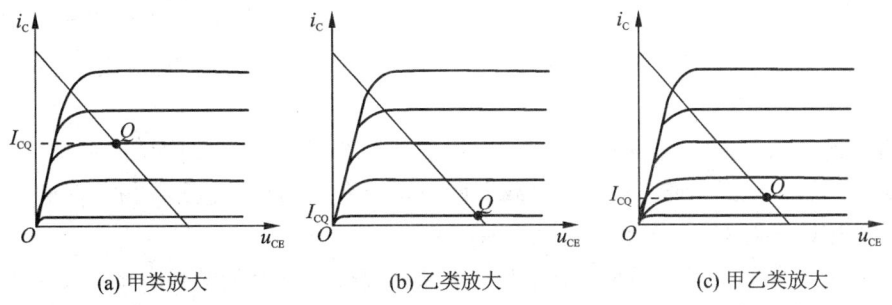

(a) 甲类放大　　　　　　(b) 乙类放大　　　　　　(c) 甲乙类放大

图 6.7.1　功率放大电路的工作状态

甲类放大的工作点设置在放大区,这种电路的优点是在输入信号的整个周期内 BJT 都处于导通状态,输出信号失真较小(前面讨论的电压放大器都工作在这种状态)。缺点是 BJT 有较大的静态电流 I_{CQ},这时管耗 P_C 较大,电路能量转换效率低。

乙类放大的工作点设置在截止区,BJT 仅在信号的半个周期处于导通状态。这时,由于三极管的静态电流 $I_{CQ}=0$,所以能量转换效率高。它的缺点是只能对半个周期的输入信号进行放大,非线性失真较大。

甲乙类放大的工作点设在放大区但接近截止区的位置上,即 BJT 处于微导通状态,且在信号作用的多半个周期内导通,这样可以有效克服乙类放大电路出现的交越失真,且能量转换效率较高，目前被广泛使用。

6.7.3　OCL互补对称式功率放大电路（OCL电路）

1. 电路和工作原理

图6.7.2所示为乙类双电源互补对称式功率放大电路，又称无输出电容功率放大电路，简称OCL（Output Capacitor Less）电路。V_1、V_2分别为NPN型和PNP型BJT，要求V_1和V_2管特性对称，并且正负电源对称。

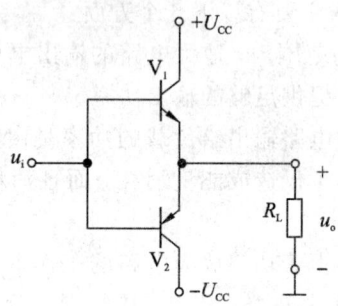

图6.7.2　乙类双电源互补对称式功率放大电路

该电路可以看成是两个射极输出器互补对称连接。下面分析电路的工作原理。

静态时：由于两管特性对称，供电电源对称，两管射极电位$U_E = 0$，由于无基极偏置电流，故V_1、V_2均截止，电路中无静态功率损耗。

动态时：忽略发射结死区电压，在u_i的正半周内，V_1导通，V_2截止。负载R_L上流过由V_1提供的射极电流。即i_{c1}经U_{CC}自上而下流过负载，在R_L上形成正半周输出电压，$u_o > 0$。其最大输出电压幅度约为$+U_{CC}$（实际为$U_{CC} - U_{CES1}$）。

在u_i的负半周内，V_1截止，V_2导通。负载R_L上流过由V_2提供的射极电流。即i_{c2}经$-U_{CC}$自下而上流过负载，在R_L上形成负半周输出电压，$u_o < 0$。其最大输出电压幅度约为$-U_{CC}$。

由此可见，该电路实现了在静态时，三极管不取电流；而在有信号作用时，V_1和V_2轮流导通，组成推挽式电路，从而在负载上得到一个完整的信号波形。由于两管互补对方的不足，工作性能对称，故称该电路为互补对称电路。

互补对称电路的优点是简单、效率高、低频响应好、易于实现集成化。缺点是电路的输出波形在信号过零的附近产生失真。

2. 输出功率和效率

（1）输出功率。当输入正弦信号时，每只BJT只在半个周期内工作，若忽略交越失真，并设BJT饱和压降$U_{CES} = 0$，则$U_{om} \approx U_{CC}$，输出电压幅度最大。其输出功率为

$$P_{om} = U_o I_o = \frac{1}{2} U_{om} I_{om} \tag{6.7.1}$$

式中：I_{om}为集电极交流电流最大值；U_{om}为BJT集-射极间交流电压最大值。

或者由于

$$I_{om} = \frac{U_{om}}{R_L}$$

所以

$$P_{om} = \frac{U_{om}^2}{2R_L} \approx \frac{U_{CC}^2}{2R_L} \tag{6.7.2}$$

（2）效率。直流电源送入电路的功率，一部分转换为输出功率，另一部分则消耗在 BJT 上。所以，OCL 电路的效率为

$$\eta = \frac{P_o}{P_E} \tag{6.7.3}$$

式中：P_o 为电路输出功率；P_E 为直流电源提供的功率。

由于每个直流电源只提供半个周期的电流，故其电流平均值为

$$I_{av} = \frac{1}{2\pi} \int_0^\pi I_{om} \sin\omega t \, \mathrm{d}(\omega t) = \frac{1}{2\pi} \int_0^\pi \frac{U_{om}}{R_L} \sin\omega t \, \mathrm{d}(\omega t) = \frac{U_{om}}{\pi R_L} \tag{6.7.4}$$

故两个电源提供的功率为

$$P_E = 2I_{av}U_{CC} = \frac{2}{\pi R_L} U_{om} U_{CC} \approx \frac{2}{\pi} \frac{U_{CC}^2}{R_L} \tag{6.7.5}$$

输出电压幅值最大时，电路输出的功率最大，同时电源提供的功率也最大。

在理想情况下，电路的最大效率为

$$\eta_{max} = \frac{P_{om}}{P_{Emax}} = \frac{\pi}{4} = 78.5\% \tag{6.7.6}$$

（3）管耗 P_C。直流电源提供的功率与输出功率之差就是消耗在 BJT 上的功率，即

$$P_C = P_E - P_{om} = \frac{2}{\pi R_L} U_{om} U_{CC} - \frac{U_{om}^2}{2R_L} \tag{6.7.7}$$

对式（6.7.7）求极值，可得当 $U_{om} \approx 0.64 U_{CC}$ 时，BJT 消耗的功率最大，其值为

$$P_{Cmax} = P_E - P_{om} = \frac{2U_{CC}^2}{\pi^2 R_L} = 0.4 P_{om} \tag{6.7.8}$$

每个三极管的最大功耗为

$$P_{C1max} = P_{C2max} = \frac{1}{2} P_{Cmax} = 0.2 P_{om} \tag{6.7.9}$$

6.7.4　交越失真的产生及其消除

由于 BJT 输入特性存在死区，在输入信号的电压低于导通电压期间，V_1 和 V_2 都截止，输出电压为零，出现了两只 BJT 交替波形衔接不好的现象，这种失真现象称为交越失真。

交越失真现象的演示电路如图 6.7.3（a）所示，在放大器的输入端加入一个 1000 Hz 的正弦信号，用示波器观察其输出端的信号波形，发现输出波形在正、负半周的交界处产生了失真，观察到的输出波形如图 6.7.3（b）所示。

为了克服交越失真，可给 BJT 加适当的基极偏置电流，即可使其工作在甲乙类放大状态。如图 6.7.4 所示，图中的 R_1、R_2、R_3、VD_1、VD_2 用来作为 V_1、V_2 的偏置电路，使之在静态时保证 V_1、V_2 发射结电压略大于死区电压，三极管处于微导通状态，即有一个微小的静态基极电流。静态调整时可调节 R_1 和 R_3，使 V_1、V_2 的发射极电位为零（即 $U_E = 0$）。这样，当交流信号作用时，BJT 可在信号作用的全部时间内正常放大，消除了交越失真。

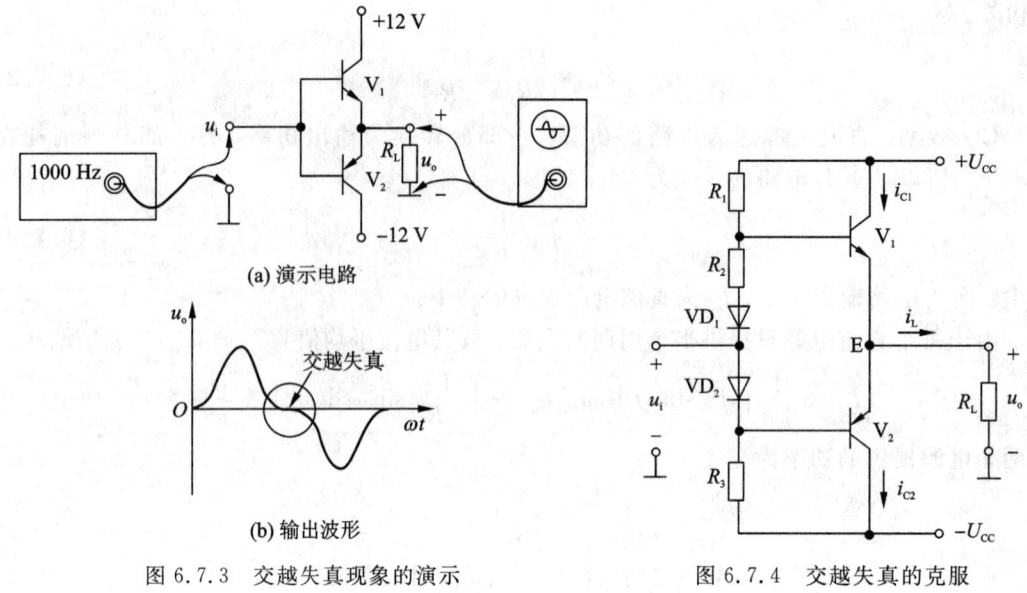

(a) 演示电路

(b) 输出波形

图 6.7.3　交越失真现象的演示　　　　　图 6.7.4　交越失真的克服

6.8　场效应管放大电路

场效应管同样也是一种放大器件。它的三个电极与双极型三极管的三个电极具有对应关系，即栅极 G、源极 S 和漏极 D 分别对应双极型三极管的基极 b、发射极 e 和集电极 c。所以根据双极型三极管放大电路，可组成相应的场效应管放大电路。但由于两种放大器件各自的特点，故不能将双极型三极管放大电路中的 MOS 管简单地用场效应管取代，来构成场效应管放大电路。

因为双极型三极管是电流控制器件，它在组成放大电路时，应给 MOS 管设置合适的偏置电流 I_B。而场效应管是电压控制器件，故在组成放大电路时，应给 MOS 管设置合适的偏置电压 U_{GS}，才能保证放大电路具有合适的静态工作点，以避免输出波形产生非线性失真。

同双极型三极管放大电路一样，场效应管放大电路也有共源（与共射对应）、共漏（与共集对应）和共栅（与共基对应）三种基本组态的电路，其中以共源放大电路应用最多，故现以共源电路为例来说明场效应管放大电路的工作原理。

6.8.1　增强型 MOS 管构成的共源放大电路

图 6.8.1 所示是增强型 NMOS 管构成的共源放大电路，其静态工作点是依靠给栅、源极间提供合适的电压 U_{GS} 来实现的。这个静态栅源极间电压称为栅源偏置电压，简称栅偏压。图中 R_{G1} 和 R_{G2} 为偏置电阻。静态时，通过它们的分压式给栅极建立合适的对地电压 U_G，从而建立合适的栅偏压 U_{GS}，所以这种偏置电路称为分压偏置放大电路。由于栅极与源极之间有一层二氧化硅绝缘层，所以场效应管的输入电阻 $r_{GS} \to \infty$，栅极电流 $I_G = 0$，电阻 R_{G3} 上没有电压降，它只是为提高放大电路的输入电阻而设置的。因而有

$$U_G = \frac{R_{G2}}{R_{G1} + R_{G2}} U_{DD}$$

增强型 NMOS 管只有在 $U_{GS} > U_{GS(th)}$（开启电压）时，才能建立起反型层导电沟道。这时在 U_{DD} 的作用下，才会形成电流 $I_D = I_S$，因而有

$$U_{GS} = U_G - U_S = U_G - R_S I_D$$
$$U_D = U_{DD} - R_D I_D$$

U_G 值必须保证在有信号输入时，NMOS 管处于 $U_{GS} > U_{GS(th)}$ 的状态，而且工作在 NMOS 管输出特性的饱和区（即处于放大状态）。静态时各电极电压和电流都是直流，波形如图 6.8.2 中的虚线所示。

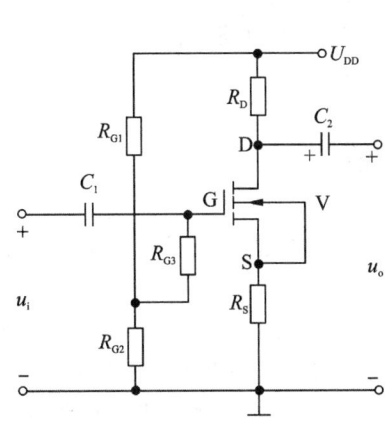

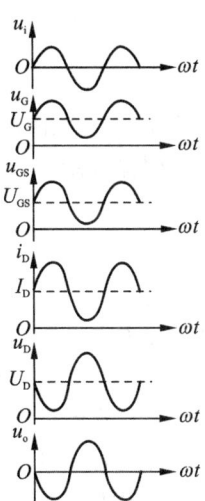

图 6.8.1　分压偏置共源放大电路　　　　图 6.8.2　电压和电流的波形

动态时，输入电压 u_i 通过 C_1 耦合到栅极与地之间，$u_G = U_G + u_i$，u_G 的变化引起 u_{GS} 变化，由于 NMOS 管工作在输出特性的饱和区，i_D 与 u_{GS} 的交流分量之间基本成正比关系，其工作波形相同，如图 6.8.2 所示。当 i_D 增加时，$R_D i_D$ 增加，$u_D = U_{DD} - R_D i_D$ 减小；当 i_D 减小时，$R_D i_D$ 减小，u_D 增加，它的直流分量被 C_2 隔离，交流分量通过 C_2 耦合输出，从而在输出端获得一个被放大的交流电压 u_o，它的相位与 u_i 相反。

上述电路中采用的是 NMOS 管，如果改用 PMOS 管，只需将电源由 $+U_{DD}$ 改为 $-U_{DD}$ 即可。

6.8.2　耗尽型 MOS 管构成的共源放大电路

耗尽型 MOS 管构成的共源放大电路可采用如图 6.8.1 所示的分压式偏置放大电路，也可采用如图 6.8.3 所示的自给偏置放大电路。

耗尽型场效应管有自建的反型层导电沟道，而且 NMOS 管的夹断电压 $U_{GS(off)}$ 为负值，当 U_{GS} 在大于、等于和小于零时，只要 $U_{GS} > U_{GS(off)}$，导电沟道就不会消失。由于 $I_G = 0$，R_G 上没有电压降，R_G 的作用只是沟通栅极与地之间的联系，以及为栅源极间提供直流通路。因此，该电路虽未设置偏置电阻，但只要接通电源 U_{DD}，便可使 $I_D = I_S$ 通过源极电阻 R_S，从而有 $U_{GS} = -R_S I_D$，故称该电路为自给偏置放大电路。

动态时的工作情况与图 6.8.1 所示的电路相同，其波形如图 6.8.2 所示。同理，上述电路中采用的是耗尽型 NMOS 管，如果改用 PMOS 管，则只需将电源由 $+U_{DD}$ 改为 $-U_{DD}$ 即可。

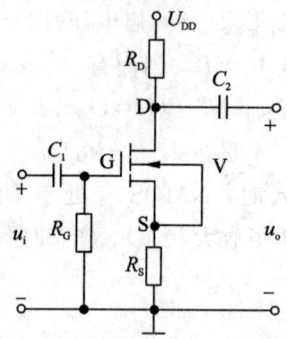

图 6.8.3　自给偏置共源放大电路

由于场效应管的输入电阻 $r_{GS} \to \infty$，所以场效应管放大电路的输入电阻也很大，故在模拟集成电路中常用做输入级。

习　题

6.1　分别测得两个放大电路中 BJT 的各电极电位如题 6.1 图所示，试判断：

(1) BJT 的管脚，并在各电极上注明 e、b、c；

(2) BJT 是 NPN 管还是 PNP 管，是硅管还是锗管。

6.2　在两个放大电路中，测得 BJT 各极电流分别如题 6.2 图所示。求另一个电极的电流，并在题 6.2 图中标出其实际方向及各电极 e、b、c。试分别判断它们是 NPN 管还是 PNP 管。

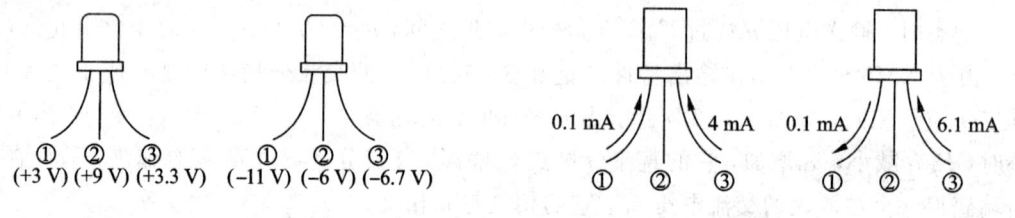

题 6.1 图　　　　　　　　　　　　　　　　　题 6.2 图

6.3　试根据 BJT 各电极的实测对地电压数据，分别判断题 6.3 图中各 BJT 的工作区域（放大区、饱和区、截止区）。

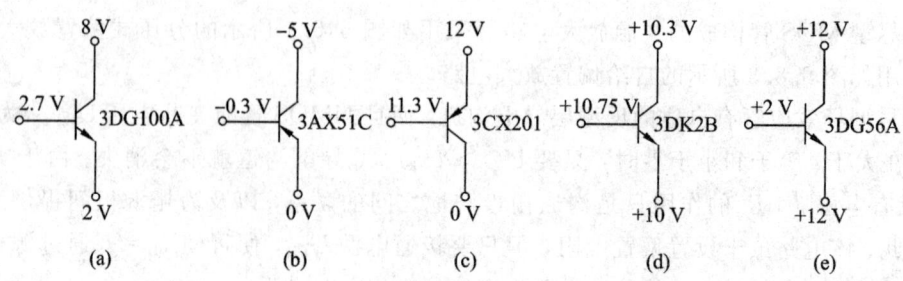

题 6.3 图

6.4　说明场效应管的夹断电压 $U_{GS(off)}$ 和开启电压 $U_{GS(th)}$ 的意义。试画出：

(1) N 沟道增强型 MOSFET；

（2）N 沟道耗尽型 MOSFET；

（3）P 沟道增强型 MOSFET；

（4）P 沟道耗尽型 MOSFET 的转移特性曲线，并总结出何者具有夹断电压、何者具有开启电压以及它们的正负。耗尽型和增强型的区别在哪里？

6.5　判断题 6.5 图所示各电路能否对交流信号实现正常的放大。若不能，试说明原因。

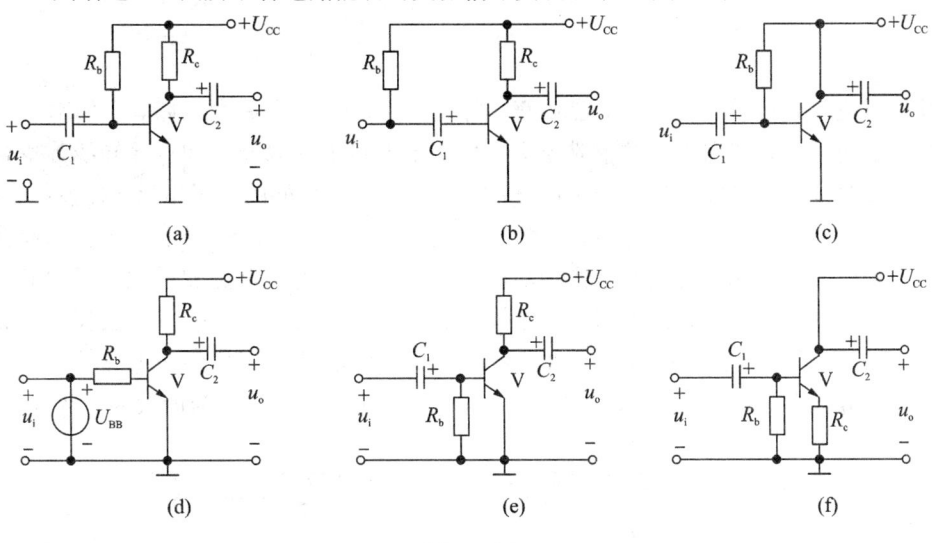

题 6.5 图

6.6　分压式共射极放大电路如题 6.6 图所示，$U_{BEQ}=0.7$ V，$\beta=50$，其他参数见图中标注值。

（1）试估算静态工作点（I_{BQ}、I_{CQ} 和 U_{CEQ}）；

（2）试画出其微变等效电路；

（3）试估算空载电压放大倍数 A'_u 以及输入电阻 r_i 和输出电阻 r_o；

（4）当在输出端接上 $R_L=2$ kΩ 时，试求 A_u 的值。

6.7　一双电源互补对称电路如题 6.7 图所示，设已知 $U_{CC}=12$ V，$R_L=16$ Ω，u_i 为正弦波。试问：

（1）在 BJT 的饱和压降 U_{CES} 可以忽略不计的条件下，负载上可能得到的最大输出功率 P_{om} 应为多少？

（2）每个 BJT 允许的管耗 P_{CM} 至少应为多少？

（3）每个 BJT 的耐压 $U_{(BR)CEO}$ 应大于多少？

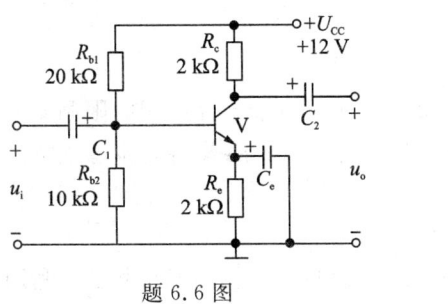

题 6.6 图

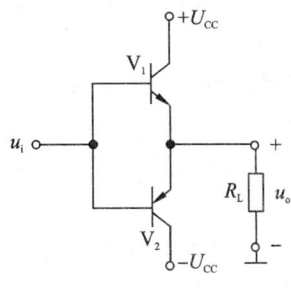

题 6.7 图

第 7 章　集成运算放大器及其应用

前面讨论了二极管及其应用，晶体管、场效应管及其基本放大电路，它们都是分立元器件组成的电路。而利用半导体制造工艺，把整个电路中的元器件和连接导线等集合在一小块半导体晶片上，使之成为一个不可分割的、具有特定功能的电子电路，称为集成电路。由于集成电路具有体积小、质量轻、功耗小、特性好、可靠性强等一系列优点，因而在电子电路中得到广泛的应用。集成电路按其功能来分，有数字集成电路和模拟集成电路。模拟集成电路种类众多，有运算放大器、宽频带放大器、功率放大器、模拟乘法器、模拟锁相环、模-数和数-模转换器、稳压电源和音像设备中常用的其他模拟集成电路等。本章介绍的集成运算放大器是线性集成电路中发展最早、应用最广、也是最为庞大的一族成员。

7.1　集成运算放大器的基础知识

集成运算放大器是一种高增益的直接耦合多级放大电路。由于在早期的模拟计算机中广泛使用这种器件(需要外接不同的网络)来完成诸如比例、求和、积分、微分、对数、反对数等运算，因而得名运算放大器，通常简称为集成运放或运放。虽然现在的集成运放的应用早已超出模拟运算的范围，但还是习惯上称之为运算放大器。

7.1.1　集成电路中元器件的特点

由于集成电路是利用半导体生产工艺把整个电路的元器件制作在同一片硅基片上，与分立元件电路相比，集成电路的元件有如下特点：

1. 相邻元件的特性一致性好

集成电路中所有元器件同在一个很小的基片上，互相非常接近，材料工艺和环境温度也都相同。虽然元器件参数的精度较差，但在同一基片内，相同元器件的参数有同向的偏差，容易造成两个特性相同的管子或两个阻值相同的电阻其温度特性也一样，因而相邻元器件特性一致性好。

2. 用有源器件代替无源器件

集成电路中的电阻元件是由半导体电阻形成的，由于基片面积的限制不可能做成较大阻值的电阻，一般为几十欧到 20 kΩ。而较大阻值的电阻都采用晶体管或场效应管组成的有源负载来代替。

3. 二极管大多由晶体管构成

集成电路中制造晶体管比较方便，如将晶体管的集电极与基极短路，利用发射结制作普通的二极管；将三极管的发射极与基极短路，利用反偏的集电结制作齐纳二极管。

4. 只能制作小容量的电容

集成电路中电容元件是由半导体二极管 PN 结的结电容形成的，其大小也受基片面积的限制，只能制作几十皮法的小容量电容。

7.1.2　集成运放的典型结构

集成运放是一种多级放大电路，性能理想的运放应该具有电压增益高、输入电阻大、输出电阻小、工作点漂移小等特点。与此同时，在电路的选择及构成形式上又要受到集成工艺条件的严格制约。因此，集成运放在电路设计上具有许多特点，主要有：

（1）级间采用直接耦合方式。

（2）尽可能用有源器件代替无源器件。

（3）利用对称结构改善电路性能。

从 20 世纪 60 年代至今，集成运放发展已经历了四代产品，类型和品种相当丰富，但在结构上基本一致，其内部通常包含四个基本组成部分：输入级、中间级、输出级以及偏置电路，如图 7.1.1 所示。

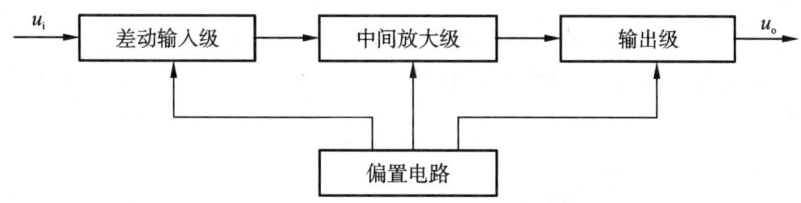

图 7.1.1　集成运算放大器的组成

1. 输入级

输入级又称前置级，是提高运算放大器质量的关键一级，输入级的好坏直接影响着集成运放的大多数性能参数。故要求其输入电阻高，差模放大倍数大，抑制共模信号能力强，静态电流小。为了减小零点漂移和抑制共模干扰信号，输入级往往采用一个双端输入的差动放大电路，也称差动输入级。

2. 中间级

中间级是整个放大电路的主放大器，其作用是为集成运放提供足够大的电压放大倍数，故而也称电压放大级。中间级要求本身具有较高的电压增益，经常采用复合晶体管共射极放大电路，以恒流源作为集电极负载来提高放大能力，其电压放大倍数可达千倍以上。

3. 输出级

输出级的主要作用是输出足够的电流以满足负载的需要，同时还要有较低的输出电阻和较高的输入电阻，以起到将放大级和负载隔离的作用，输出级要求有较大的动态范围，通常采用互补推挽电路。

4. 偏置电路

偏置电路的作用是为各级提供合适的工作电流，并使整个运放的静态工作点稳定且功耗较小，一般由各种恒流源电路组成。

总之，集成运放是一种电压放大倍数高、输入电阻大、输出电阻小、零点漂移小、抗干扰能力强、可靠性高、体积小、耗电少的通用电子器件。

图 7.1.2 所示为集成运算放大器的电路符号。图 7.1.2(a)所示为国家标准规定的符号，图 7.1.2(b)所示为国内外常用的符号。两种符号中的 ▷ 表示信号从左(输入端)向右(输出端)传输的方向。本书采用如图 7.1.2(a)所示的符号。

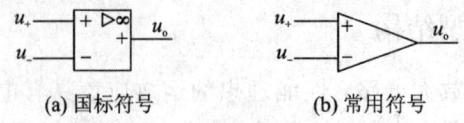

(a) 国标符号   (b) 常用符号

图 7.1.2 集成运算放大器的电路符号

u_o 端为输出端，输出信号在此端与地之间输出。

u_- 端为反相输入端，当信号由此端与地之间输入时，输出信号与输入信号相位相反，这种输入方式称为反相输入。

u_+ 端为同相输入端，当信号由此端与地之间输入时，输出信号与输入信号相位相同，这种输入方式称为同相输入。

如果将两个输入信号分别从 u_- 和 u_+ 两端与地之间输入，则信号的这种输入方式称为差动输入。

反相输入、同相输入和差动输入是运算放大器最基本的信号输入方式。

常见的集成运算放大器有圆形、扁平型、双列直插式等，对应管脚有 8 脚、14 脚等，如图 7.1.3 所示。

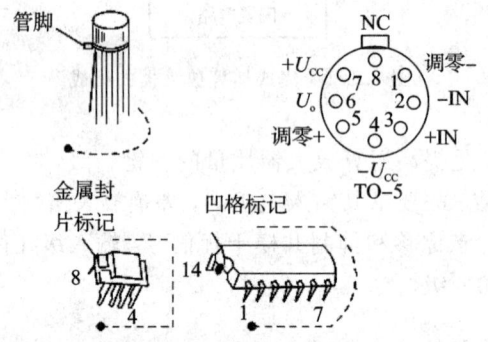

图 7.1.3 常见的集成运算放大器的外形

7.1.3 电压传输特性

集成运放的输出电压 u_o 与输入电压 $u_d (u_d = u_+ - u_-)$ 之间的关系 $u_o = f(u_d)$ 称为集成运放的电压传输特性，包括线性区和饱和区两部分，如图 7.1.4 所示。

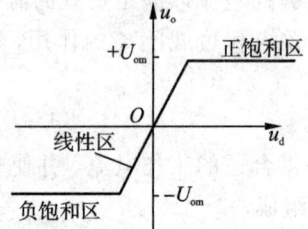

图 7.1.4 集成运算放大器的电压传输特性

在线性区内，u_o 与 u_d 成正比关系，即

$$u_o = A_o u_d = A_o(u_+ - u_-) \qquad\qquad (7.1.1)$$

式中：A_o 为开环电压增益，线性区的斜率取决于 A_o 的大小。由于受电源电压的限制，u_o 不可能随 u_d 的增加而无限增加，因此，当 u_o 增加到一定值后进入了正负饱和区。在正饱和区，$u_o = +U_{om} \approx +U_{CC}$，在负饱和区，$u_o = -U_{om} \approx -U_{EE}$。

集成运放在应用时，工作于线性区称为线性应用，工作在饱和区称为非线性应用。由于集成运放的 A_o 非常大，线性区很陡，即使输入电压很小，也很容易使输出达到饱和，而外部干扰等原因不可避免，若不引入深度负反馈，集成运放很难在线性区稳定工作。

7.1.4　集成运算放大器的主要性能参数

评价集成运放性能的参数很多，一般可分为输入直流误差特性、差模特性、共模特性、大信号特性和电源特性等，这里仅介绍几个主要参数，其他参数如需要时可查阅相关手册。

1. 输入失调电压 U_{IO}

一个理想的集成运放，当输入电压为零时，输出电压也应为零(不加调零装置)。但实际上它的差分输入级很难做到完全对称，故某种原因(如温度变化)使输入级的 Q 点稍有偏移，输入级的输出电压就会发生微小的变化，这种缓慢的微小变化会逐级放大使运放输出端产生较大的输出电压(常称为漂移)，所以通常在输入电压为零时，存在一定的输出电压。在室温(25 ℃)及标准电源电压下，输入电压为零时，为了使集成运放的输出电压为零，在输入端加的补偿电压叫做失调电压 U_{IO}。U_{IO} 的大小反映了运放制造中电路的对称程度和电位配合情况。U_{IO} 值愈大，说明电路的对称程度愈差，一般约为 $\pm(1 \sim 10)$ mV。

2. 输入偏置电流 I_{IB}

BJT 集成运放的两个输入端是差分对管的基极，因此两个输入端总需要一定的输入电流 I_{BN} 和 I_{BP}。输入偏置电流是指集成运放两个输入端静态电流的平均值，即

$$I_{IB} = \frac{I_{BN} + I_{BP}}{2} \qquad\qquad (7.1.2)$$

从使用角度来看，偏置电流愈小，由信号源内阻变化引起的输出电压变化也愈小，故它是重要的技术指标，以 BJT 为输入级的运放一般为 10 nA～1 μA；采用 MOSFET 输入级运放的 I_{IB} 在 pA 数量级。

3. 输入失调电流 I_{IO}

在 BJT 集成电路运放中，输入失调电流 I_{IO} 是指当输入电压为零时流入放大器两输入端的静态基极电流之差，即

$$I_{IO} = |I_{BP} - I_{BN}|_{U_1 = 0} \qquad\qquad (7.1.3)$$

由于信号源内阻的存在，I_{IO} 会引起一输入电压，破坏放大器的平衡，使放大器输出电压不为零。所以，希望 I_{IO} 愈小愈好，它反映了输入级差分对管的不对称程度，一般约为 1 nA～0.1 μA。

4. 温度漂移

由于温度变化引起输出电压产生 ΔU_o(或电流 ΔI_o)的漂移，通常把温度升高一摄氏度

(1 ℃)输出漂移折合到输入端的等效漂移电压 $\Delta U_{\text{o}}/(A_U\Delta T)$(或电流 $\Delta I_{\text{o}}/(A_i\Delta T)$)作为温漂指标。集成运放的温度漂移是漂移的主要来源，而它又是由输入失调电压和输入失调电流随温度的漂移所引起的，故常用下面方式表示：

(1) 输入失调电压温漂 $\Delta U_{\text{IO}}/\Delta T$。

输入失调电压温漂 $\Delta U_{\text{IO}}/\Delta T$ 是指在规定温度范围内 U_{IO} 的温度系数，也是衡量电路温漂的重要指标。

(2) 输入失调电流温漂 $\Delta I_{\text{IO}}/\Delta T$。

输入失调电流温漂 $\Delta I_{\text{IO}}/\Delta T$ 是指在规定温度范围内 I_{IO} 的温度系数，也是对放大电路电流漂移的度量。

以上参数均是在标称电源电压、室温、零共模输入电压条件下定义的。

5. 开环差模电压增益 A_{uo} 和带宽 BW

(1) 开环差模电压增益 A_{uo}。

开环差模电压增益 A_{uo} 是指集成运放工作在线性区，在标称电源电压接规定的负载，无负反馈情况下的直流差模电压增益。

(2) 开环带宽 $BW(f_{\text{H}})$。

开环带宽 BW 又称为 -3 dB 带宽，是指开环差模电压增益下降 3 dB 时对应的频率 f_{H}。741 型集成运放频率响应的 f_{H} 约为 7 Hz。

6. 差模输入电阻 r_{id} 和输出电阻 r_{o}

以 BJT 为输入级的运放 r_{id} 一般在几百千欧到数兆欧，MOSFET 为输入级的运放 $r_{\text{id}}>10^{12}$ Ω。一般运放的 $r_{\text{o}}<200$ Ω，而超高速 AD9610 的 $r_{\text{o}}=0.05$ Ω。

7. 最大差模输入电压 U_{idmax}

最大差模输入电压 U_{idmax} 是指集成运放的反相和同相输入端之间所能承受的最大电压值。超过这个电压值，运放输入级某一侧的 BJT 将出现发射结的反向击穿，而使运放的性能显著恶化，甚至可以造成永久性损坏。

8. 共模抑制比 K_{CMR} 和共模输入电阻 r_{ic}

一般通用型运放 K_{CMR} 为(80~120) dB，高精度运放可达 140 dB，$r_{\text{ic}}\geqslant100$ MΩ。

9. 最大共模输入电压 U_{icmax}

最大共模输入电压 U_{icmax} 是指运放所能承受的最大共模输入电压。当超过 U_{icmax} 值时，运放的共模抑制比将显著下降。

10. 转换速率 S_{R}

转换速率 S_{R} 是指放大电路在闭环状态下，输入为大信号(例如阶跃信号)时，放大电路输出电压对时间的最大变化速率，即

$$S_{\text{R}} = \left.\frac{du_{\text{o}}(t)}{dt}\right|_{\text{max}} \tag{7.1.4}$$

转换速率的大小与许多因素有关，其中主要是与运放所加的补偿电容，运放本身各级 BJT 的极间电容、杂散电容，以及放大电路提供的充电电流等因素有关。在输入大信号的瞬变过程中，输出电压只有在电路中的电容被充电后才随输入电压作线性变化，通常要求运放的 S_{R} 大于信号变化速率的绝对值。

　　根据性能和应用场合的不同，运放可分为通用型和专用型。通用型运放的各种指标比较均衡全面，适用于一般工程的要求。为了满足一些特殊要求，目前制造出具有特殊功能的专用型运放，可分为高输入电阻、低漂移、低噪声、高精度、高速、宽带、低功耗、高压、大功率、仪用型、程控型和互导型等。随着集成电路制造工艺和电路设计技术的发展，集成运放正向超高精度、超高速、超宽带和多功能方向发展，新品种层出不穷，性能指标上也有很大的提高。

7.1.5　集成运算放大器的选择

　　通常情况下，在设计集成运放应用电路时，没有必要研究运放的内部电路，而是根据设计需求寻找具有相应性能指标的芯片。因此，了解运放的类型，理解运放主要性能指标的物理意义，是正确选择运放的前提。应根据以下几方面的要求选择运放。

　　1. 信号源的性质

　　根据信号源是电压源还是电流源，内阻大小、输入信号的幅值及频率的变化范围等，选择运放的差模输入电阻 r_{id}、$-3\,dB$ 带宽(或单位增益带宽)、转换速率 S_R 等指标参数。

　　2. 负载的性质

　　根据负载电阻的大小，确定所需运放的输出电压和输出电流的幅值。对于容性负载或感性负载，还要考虑它们对频率参数的影响。

　　3. 精度要求

　　对模拟信号的处理，如放大、运算等，往往提出精度要求；如电压比较，往往提出响应时间和灵敏度要求。根据这些要求选择运放的开环差模增益 A_{od}、失调电压 U_{IO}、失调电流 I_{IO} 及转换速率 S_R 等指标参数。

　　4. 环境条件

　　根据环境温度的变化范围，可正确选择运放的失调电压及失调电流的温漂等参数；根据所能提供的电源(如有些情况只能用干电池)选择运放的电源电压；根据对能耗有无限制，选择运放的功耗；等等。

　　以上分析完成后，可以通过查阅手册等手段选择某一型号的运放，必要时还可以通过各种 EDA 仿真软件进行仿真，最终确定满意的芯片。目前各种专用运放和多方面性能俱佳的运放种类繁多，采用它们会大大提高电路的质量。不过，从性价比方面考虑，应尽量采用通用型运放，只有在通用型运放不满足应用要求时才采用特殊型运放。

7.2　负反馈放大电路

　　在放大电路中广泛采用着各种类型的反馈。例如，为改善放大电路的工作性能而采用负反馈；在振荡电路中为使电路能够自激而采用正反馈。因此，在讨论集成运放的应用之前，先要介绍反馈的基本概念及其作用。

7.2.1　反馈的概念

　　将放大电路输出量(电压或电流)的一部分或全部，通过某些元件或网络(称为反馈网络)反向送回到输入端的方式来影响原输入量(电压或电流)的过程称为反馈，而带有反馈的放大电路称为反馈放大电路。

任意一个反馈放大电路都可以表示为一个基本放大电路和反馈网络组成的闭环系统，其组成框图如图 7.2.1 所示。

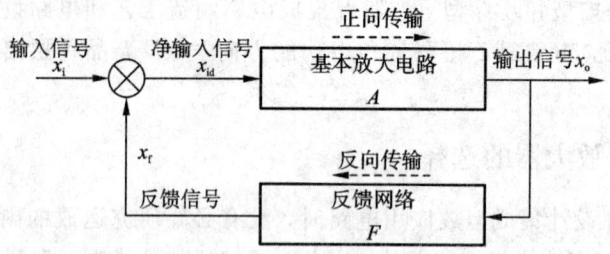

图 7.2.1　反馈放大电路的组成框图

图 7.2.1 中，x_i、x_{id}、x_f、x_o 分别表示放大电路的输入信号、净输入信号、反馈信号和输出信号，它们可以是电压量，也可以是电流量。箭头表示信号的传递方向；比较环节说明反馈放大电路中的输入信号和反馈信号在输入端按一定极性比较后可得净输入信号，即差值信号 $x_{id} = x_i - x_f$。

反馈信号和输出信号之比定义为反馈系数 F。反馈电路无放大作用，多为电阻和电容元件构成，其 F 值恒小于 1。

没有引入反馈时的基本放大电路叫做开环放大电路，其中的 A 表示基本放大电路的放大倍数，也称为开环放大倍数，它等于输出信号和净输入信号之比。

引入负反馈以后的放大电路叫做闭环放大电路，其放大倍数称为闭环放大倍数，记作 A_f，它等于输出信号和输入信号之比。

由图 7.2.1 可得各信号量之间的基本关系式为

$$x_{id} = x_i - x_f \tag{7.2.1}$$

$$A = \frac{x_o}{x_{id}} \tag{7.2.2}$$

$$F = \frac{x_f}{x_o} \tag{7.2.3}$$

$$A_f = \frac{x_o}{x_i} = \frac{x_o}{x_{id} + x_f} = \frac{A}{1 + AF} \tag{7.2.4}$$

式(7.2.4)表明，闭环放大倍数 A_f 是开环放大倍数 A 的 $1/(1+AF)$。其中，$(1+AF)$ 称为反馈深度，它的大小反映了反馈的强弱。乘积 AF 称为环路增益。

7.2.2　反馈类型的判别方法

反馈电路是多种多样的，反馈可以存在于本级内部，也可以存在于级与级（或多级）之间。

1. 反馈类型的划分

(1) 按照反馈信号极性的不同，反馈可以分为正反馈和负反馈。

正反馈：若引入的反馈信号 x_f 增强了外加输入信号的作用，使放大电路的净输入信号增加，导致放大电路的放大倍数增加，则为正反馈。正反馈主要用于振荡电路和信号产生电路。

负反馈：若引入的反馈信号 x_f 削弱了外加输入信号的作用，使放大电路的净输入信号减小，导致放大电路的放大倍数减小，则为负反馈。一般放大电路中经常引入负反馈来改善放大电路的性能指标。

（2）根据反馈信号性质的不同，可以分为交流反馈和直流反馈。

如果反馈信号是静态直流分量，则这种反馈称为直流反馈；如果反馈信号是动态交流分量，则这种反馈称为交流反馈。

（3）根据反馈在输出端的取样方式不同，可以分为电压反馈和电流反馈。

从输出端看，若反馈信号取自输出电压，且反馈信号正比于输出电压，则为电压反馈；若反馈取自输出电流，且反馈信号正比于输出电流，则为电流反馈。

（4）根据反馈在输入端连接方式的不同，可以分为串联反馈和并联反馈。

串联反馈：反馈信号 x_f 与输入信号 x_i 在输入回路中以电压的形式相加减，即在输入回路中彼此串联，则为串联反馈。

并联反馈：反馈信号 x_f 与输入信号 x_i 在输入回路中以电流的形式相加减，即在输入回路中彼此并联，则为并联反馈。

由于在放大电路中主要采用负反馈，所以在此只讨论负反馈。由以上所述可知负反馈组态有四种形式，即电压串联负反馈、电流串联负反馈、电压并联负反馈和电流并联负反馈。

2. 反馈在放大电路中的判别方法

（1）判定反馈的有无。只要在放大电路的输入和输出回路间存在起联系作用的元件（或电路网络）——反馈元件（或反馈网络），那么该放大电路中必存在反馈。

（2）判定反馈的极性，采用瞬时极性法。常用电压瞬时极性法判定电路中引入反馈的极性，具体步骤如下：

① 先假定放大电路的输入信号电压处于某一瞬时极性。如用"＋"号表示该点电压的增大，用"－"号表示电压的减小。

② 按照信号单向传输的方向，同时根据各级放大电路输出电压与输入电压的相位关系，确定电路中相关各点电压的瞬时极性。

③ 根据反送到输入端的反馈电压信号的瞬时极性，确定是增强还是削弱了原来输入信号的作用。如果是增强，则引入的为正反馈；反之，为负反馈。

判定反馈的极性时，一般有这样的结论：在放大电路的输入回路，输入信号电压 u_i 和反馈信号电压 u_f 相比较，当输入信号 u_i 和反馈信号 u_f 在同一端点时，如果引入的反馈信号 u_f 和输入信号 u_i 同极性，则为正反馈；若二者的极性相反，则为负反馈。当输入信号 u_i 和反馈信号 u_f 不在同一端点时，若引入的反馈信号 u_f 和输入信号 u_i 同极性，则为负反馈；若二者的极性相反，则为正反馈。图 7.2.2 所示为反馈极性的判定方法。

如果反馈放大电路是由单级运算放大器构成的，则反馈信号送回到反相输入端时，为负反馈；反馈信号送回到同相输入端时，为正反馈。

（3）判定反馈的交、直流性质。交流反馈和直流反馈的判定，可以通过画反馈放大电路的交、直流通路来完成。在直流通路中，如果反馈回路存在，则为直流反馈；在交流通路中，如果反馈回路存在，则为交流反馈；如果在交、直流通路中，反馈回路都存在，即为交、直流反馈。

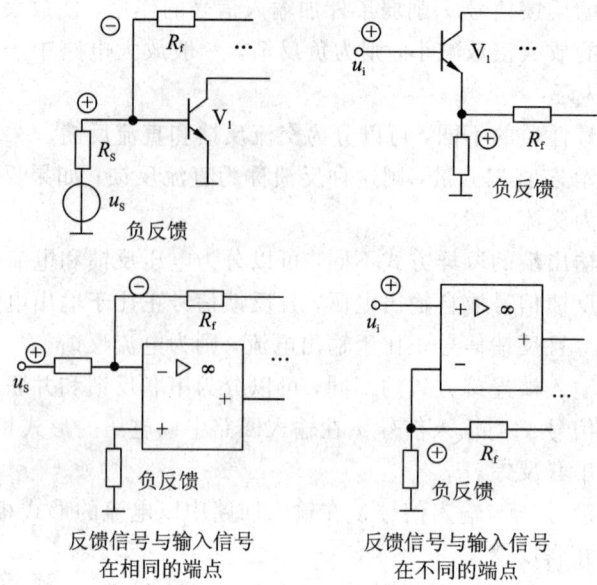

图 7.2.2 反馈极性的判断方法

（4）判定反馈的组态。

① 从反馈在输出端的取样方式看：判断电压反馈时，根据电压反馈的定义，反馈信号与输出电压成正比，可以假设将负载 R_L 两端短路（$u_o = 0$，但 $i_o \neq 0$），判断反馈量是否为零，如果是零，就是电压反馈，如图 7.2.3(a) 所示。

电压反馈的重要特点是能稳定输出电压。无论反馈信号是以何种方式引回到输入端，实际上都是利用输出电压本身，通过反馈网络来对放大电路起自动调整作用的，这是电压反馈的实质。

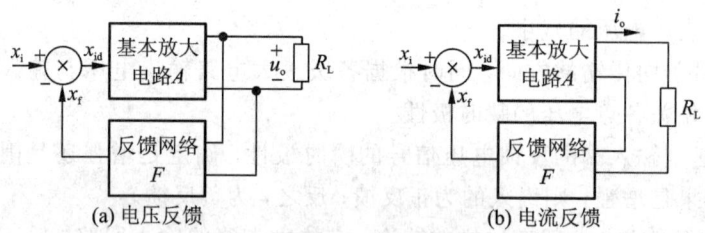

图 7.2.3 电压、电流反馈的判断

判断电流反馈时，根据电流反馈的定义，反馈信号与输出电流成正比，可以假设将负载 R_L 两端开路（$i_o = 0$，但 $u_o \neq 0$），判断反馈量是否为零，如果是零，就是电流反馈，如图 7.2.3(b) 所示。

电流反馈的重要特点是能稳定输出电流。无论反馈信号是以何种方式引回到输入端，实际都是利用输出电流本身，通过反馈网络来对放大器起自动调整作用的，这是电流反馈的实质。

由上述分析可知，判断电压反馈、电流反馈的简便方法是用负载短路法和负载开路法。由于输出信号只有电压和电流两种，输出端的取样不是取自输出电压便是输出电流，因此利用其中一种方法就能判定。常用负载短路法判定。

② 从反馈在输入端的连接方式看串联或并联反馈：如果输入信号 x_i 与反馈信号 x_f 分别在输入回路的不同端点，则为串联反馈，若输入信号 x_i 与反馈信号 x_f 在输入回路的相同端点，则为并联反馈，如图 7.2.4 所示。

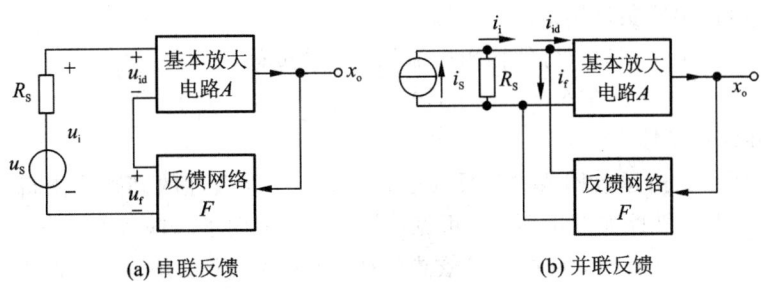

(a) 串联反馈 　　　　　　　　(b) 并联反馈

图 7.2.4　串联、并联反馈的判断

7.2.3　负反馈放大电路的四种组态

根据反馈在输出端的取样方式和输入端的连接方式不同，可以组成四种不同类型的负反馈电路，即电压串联负反馈、电压并联负反馈、电流串联负反馈和电流并联负反馈。

1. 电压串联负反馈

在图 7.2.5 所示的负反馈放大电路中，反馈极性的判别采用瞬时极性法，各相关点的电压极性如图中所示，可见反馈信号 u_f 削弱了净输入，即为负反馈；而采样点和输出电压在同端点，若将负载短路即输出电压 $u_o = 0$ 时，反馈信号不存在，为电压反馈；从输入回路看，反馈信号与输入信号不在同端点，为串联反馈。因此电路引入的反馈为电压串联负反馈。

引入电压串联负反馈后，可使电路输出电压稳定。其过程如下：

$$R_L \downarrow \rightarrow u_o \downarrow \rightarrow u_f \downarrow = \frac{R_1}{R_1 + R_2} u_o \rightarrow u_{id} \uparrow \rightarrow u_o \uparrow$$

2. 电压并联负反馈

图 7.2.6 所示为由运放构成的负反馈放大电路，反馈极性的判别采用瞬时极性法，各相关点的电压、电流极性图中已标出，可见反馈信号 i_f 削弱了净输入，即为负反馈；而采样点和输出电压在同端点，若将负载短路即输出电压 $u_o = 0$ 时，反馈信号不存在，为电压反馈；从输入回路看，反馈信号与输入信号在同端点，为并联反馈。因此电路引入的反馈为电压并联负反馈。

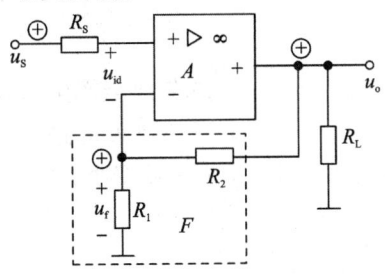

图 7.2.5　电压串联负反馈

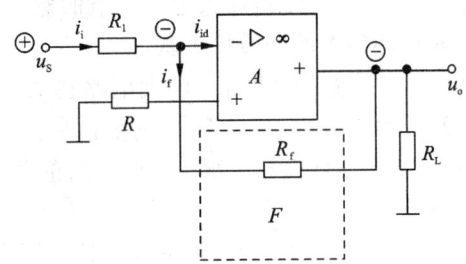

图 7.2.6　电压并联负反馈

3. 电流串联负反馈

图 7.2.7 所示为由运放构成的负反馈放大电路，反馈极性的判别采用瞬时极性法，各

相关点的电压、电流极性如图中所示，可见反馈信号 u_f 削弱了净输入，即为负反馈；而采样点和输出电压不在同一端点，若将负载短路即输出电压 $u_o=0$ 时，反馈信号依然存在，为电流反馈；从输入回路看，反馈信号与输入信号不在同一端点，为串联反馈。因此电路引入的反馈为电流串联负反馈。

引入电流串联负反馈后，可使输出电流稳定。其过程如下：

$$T\uparrow\rightarrow i_o\uparrow\rightarrow u_f\uparrow=R_1 i_o\rightarrow u_{id}\downarrow\rightarrow i_o\uparrow$$

4. 电流并联负反馈

图 7.2.8 所示为由运放构成的负反馈放大电路，反馈极性的判别采用瞬时极性法，各相关点的电压、电流极性如图中所示，可见反馈信号 i_f 削弱了净输入，即为负反馈；若将负载短路即输出电压 $u_o=0$ 时，反馈信号依然存在，为电流反馈；从输入回路看，反馈信号与输入信号在同一端点，为并联反馈。因此电路引入的反馈为电流并联负反馈。

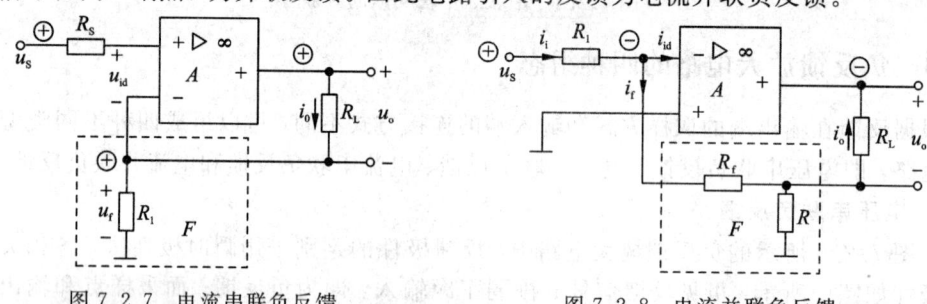

图 7.2.7　电流串联负反馈　　　　图 7.2.8　电流并联负反馈

7.2.4　负反馈对放大电路性能的影响

对于负反馈放大电路，负反馈的引入会造成增益的下降，但放大电路的其他性能会得到改善，如提高放大倍数的稳定性、减小非线性失真、抑制噪声干扰、扩展通频带等。

1. 提高放大倍数的稳定性

可以证明，负反馈的引入使放大电路闭环增益的相对变化量为开环增益相对变化量的 $1/(1+AF)$，可表示为

$$\frac{\mathrm{d}A_f}{A_f}=\frac{1}{1+AF}\frac{\mathrm{d}A}{A} \tag{7.2.5}$$

式(7.2.5)表明，负反馈放大电路的反馈越深，放大电路的增益也就越稳定。

综上所述，电压负反馈可使输出电压稳定，电流负反馈可使输出电流稳定，即在输入一定的情况下，可以维持放大电路增益的稳定。

2. 减小环路内的非线性失真

BJT 是一个非线性器件，放大电路在对信号进行放大时不可避免地会产生非线性失真。假设放大电路的输入信号为正弦信号，没有引入负反馈时，开环放大电路产生如图 7.2.9 所示的非线性失真，即输出信号的正半周幅度变大，而负半周幅度变小。

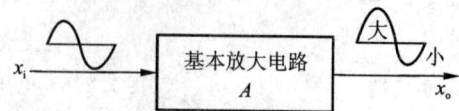

图 7.2.9　开环放大电路产生的非线性失真

现在引入负反馈，假设反馈网络为不会引起失真的线性网络，则反馈回来的信号将反映输出信号的波形失真。当反馈信号在输入端与输入信号相比较时，使净输入信号 $x_{id} = x_i - x_f$ 的波形正半周幅度变小，而负半周幅度变大，如图 7.2.10 所示。再经基本放大电路放大后，输出信号趋于正、负半周对称，从而减小了非线性失真。

注意：引入负反馈减小的是环路内的失真。如果输入信号本身就有失真，此时引入负反馈则不起作用。

3. 抑制环路内的噪声和干扰

在反馈环内，放大电路本身产生的噪声和干扰信号，可以通过负反馈进行抑制，其原理与减小非线性失真的原理相同。但对反馈环外的噪声和干扰信号，引入负反馈也不能达到抑制目的。

4. 扩展频带

频率响应是放大电路的重要特性之一。在多级放大电路中，级数越多，增益越大，频带越窄。引入负反馈后，可有效扩展放大电路的通频带。

图 7.2.11 所示为放大器引入负反馈后通频带的变化。根据上、下限频率的定义，从图 7.2.11 中可见，放大器引入负反馈以后，其下限频率降低，上限频率升高，通频带变宽。

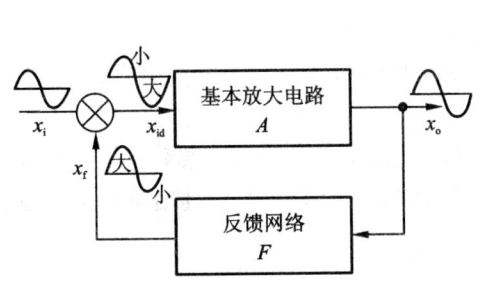

图 7.2.10　负反馈减小了非线性失真 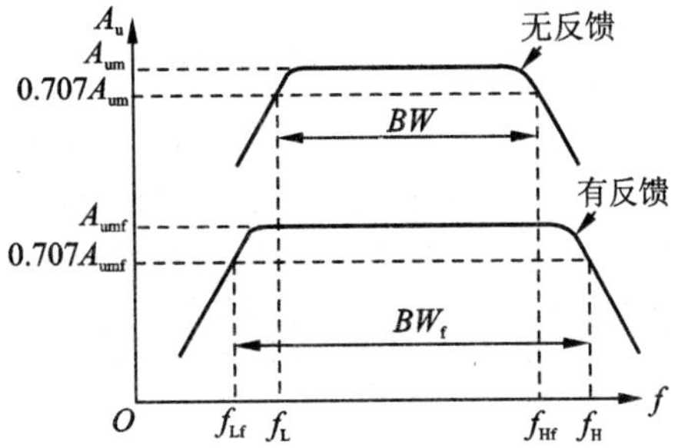　　　　　　图 7.2.11　负反馈使通频带变宽

5. 负反馈对输入和输出电阻的影响

（1）负反馈对放大电路输入电阻的影响。

图 7.2.12(a) 所示为串联负反馈电路的方框图。由图可知，开环放大电路的输入电阻为

$$r_i = \frac{u_{id}}{i_i} \tag{7.2.6}$$

引入负反馈后，闭环输入电阻 r_{if} 为

$$r_{if} = \frac{u_i}{i_i} = \frac{u_{id} + u_f}{i_i} = \frac{u_{id} + AFu_{id}}{i_i} = r_i(1 + AF) \tag{7.2.7}$$

式 (7.2.7) 表明，引入串联负反馈后，输入电阻是无反馈时输入电阻的 $(1+AF)$ 倍。这是由于引入负反馈后，输入信号与反馈信号串联连接。从图 7.2.12(a) 中可以看出，等效的输入电阻相当于原开环放大电路的输入电阻与反馈网络的输出电阻串联，其结果必然是增加了。因此串联负反馈使放大电路的输入电阻增大。

图 7.2.12(b) 所示为并联负反馈电路的方框图。由图可知，开环放大电路的输入电阻为

$$r_{i} = \frac{u_{i}}{i_{id}} \tag{7.2.8}$$

引入负反馈后，闭环输入电阻 r_{if} 为

$$r_{if} = \frac{u_{i}}{i_{i}} = \frac{u_{i}}{i_{id} + i_{f}} = \frac{u_{i}}{i_{id} + AFi_{id}} = r_{i}\frac{1}{1+AF} \tag{7.2.9}$$

式(7.2.9)表明，引入并联负反馈后，输入电阻是无反馈时输入电阻的 $1/(1+AF)$。这是由于引入负反馈后，输入信号与反馈信号并联连接。从图 7.2.12(b)中可以看出，等效的输入电阻相当于原开环放大电路的输入电阻与反馈网络的输出电阻并联，其结果必然是减小了。因此并联负反馈使输入电阻减小。

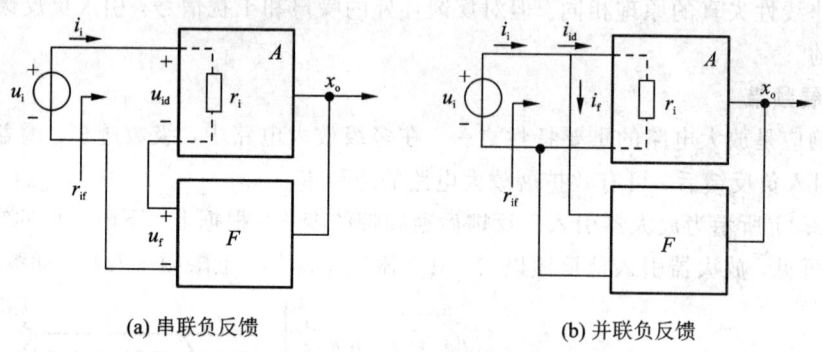

(a) 串联负反馈   (b) 并联负反馈

图 7.2.12   串联、并联负反馈电路方框图

(2) 负反馈对放大电路输出电阻的影响。

图 7.2.13(a)所示为电压负反馈电路的方框图。从放大电路输出端看进去，等效的输出电阻相当于原开环放大电路输出电阻与反馈网络输入电阻的并联，其结果必然使输出电阻减小。两者的关系为

$$r_{of} = r_{o}\frac{1}{1+AF} \tag{7.2.10}$$

即电压负反馈使放大电路的输出电阻减小。

图 7.2.13(b)所示为电流负反馈电路的方框图。从放大电路输出端看进去，等效的输出电阻相当于原开环放大电路输出电阻与反馈网络输入电阻的串联，其结果必然使输出电阻增大。两者的关系为

$$r_{of} = r_{i}(1+AF) \tag{7.2.11}$$

即电流负反馈使放大电路的输出电阻增大。

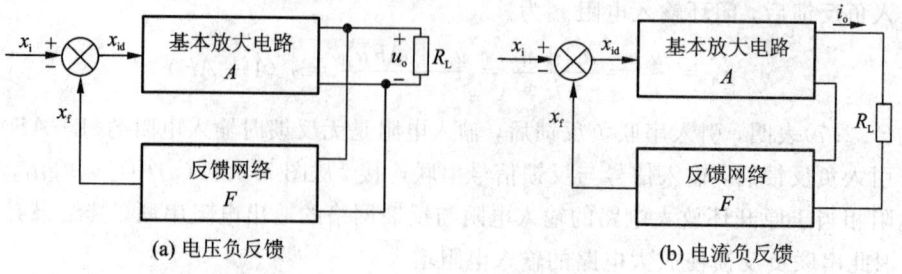

(a) 电压负反馈   (b) 电流负反馈

图 7.2.13   电压、电流负反馈电路方框图

以上分析说明，引入负反馈能改善放大电路的性能，那么在实际电路中应如何引入负

反馈呢？可将放大电路引入负反馈的一般原则归纳为以下几点。

① 要稳定放大电路的静态工作点 Q，应该引入直流负反馈。

② 要改善放大电路的动态性能（如提高增益的稳定性、稳定输出量、减小失真、扩展频带等），应该引入交流负反馈。

③ 要稳定输出电压，减小输出电阻，提高电路的带负载能力，应该引入电压负反馈。

④ 要稳定输出电流，增大输出电阻，应该引入电流负反馈。

⑤ 要提高电路的输入电阻，减小电路向信号源索取的电流，应该引入串联负反馈。

⑥ 要减小电路的输入电阻，应该引入并联负反馈。

注意：在多级放大电路中，为了达到改善放大电路性能的目的，所引入的负反馈一般为级间反馈。

7.3　基本运算电路

7.3.1　理想运算放大器

理想运算放大器可以理解为实际运算放大器的理想化模型，就是将集成运放的各项技术指标理想化，得到一个理想的运算放大器。理想运算放大器的主要条件是：

（1）开环电压放大倍数 $A_{od} \rightarrow \infty$；

（2）输入电阻 $r_{id} \rightarrow \infty$；

（3）输出电阻 $r_{od} \rightarrow 0$；

（4）共模抑制比 $K_{CMR} \rightarrow \infty$。

由于实际集成运放与理想集成运放比较接近，因此在分析、计算应用电路时，用理想集成运放代替实际集成运放所带来的误差并不严重，在一般工程计算中是允许的。本节中凡未特别说明，均将集成运放视为理想集成运放来考虑。

集成运算放大器外接深度负反馈电路后，便可构成信号的比例、加减、微分、积分等基本运算电路。它是运算放大器线性应用的一部分，而放大器线性应用的必要条件是引入深度负反馈。

当集成运放工作在线性区时，输出电压在有限值之间变化，而集成运放的 $A_{od} \rightarrow \infty$，则 $u_{id} = u_{od}/A_{od} \approx 0$，可知输入信号的变化范围很小，由 $u_{id} = u_+ - u_-$，得 $u_+ \approx u_-$。说明，同相端和反相端电压几乎相等，所以称为虚假短路，简称"虚短"。

由于集成运放的输入电阻 $r_{id} \rightarrow \infty$，所以集成运放输入端不取用电流，得 $i_+ = i_- \approx 0$。

说明：流入集成运放的同相端和反相端电流几乎为零，所以称为虚假断路，简称"虚断"。

"虚短"和"虚断"的概念是分析理想放大器在线性区工作的基本依据。运用这两个概念会使电路的分析计算大为简化，因此必须牢记。

7.3.2　比例运算电路

将输入信号按比例放大的电路，称为比例运算电路。按输入信号加入输入端的不同又分为同相比例运算和反向比例运算。

1. 反相比例运算电路

图 7.3.1 所示为反相比例运算电路。图中输入信号 u_i 经外接电阻 R_1 接到运放的反相输入端，反馈电阻 R_f 接在输出端与反相输入端之间，引入电压并联负反馈。同相输入端经平衡电阻 R' 接地，R' 的作用是保证运放输入级电路的对称性，从而消除偏置电流及其温漂的影响。为此，静态时运放同相端与反相端的对地等效电阻应该相等，即 $R' = R_1 /\!/ R_f$。由于 R' 中电流 $i_d = 0$，故 $u_- = u_+ = 0$。反相输入端虽然未直接接地，但其电位却为零，这种情况称为"虚地"。"虚地"是反相输入电路的共同特征。

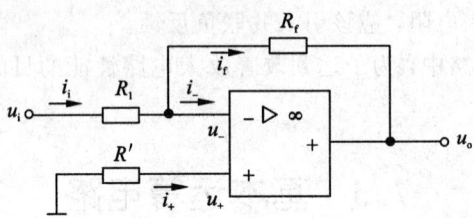

图 7.3.1　反相比例运算电路

根据"虚断"有 $i_i \approx i_f$，又因为 $i_1 = \dfrac{u_1}{R_1}$，$i_f = \dfrac{0-u_o}{R_f} = -\dfrac{u_o}{R_f}$，所以 $\dfrac{u_1}{R_1} = -\dfrac{u_o}{R_f}$，即

$$A_{uf} = \frac{u_o}{u_i} = -\frac{R_f}{R_1} \tag{7.3.1}$$

或

$$u_o = -\frac{R_f}{R_1}u_i \tag{7.3.2}$$

可见，输出电压与输入电压成正比，比值与运放本身的参数无关，只取决于外接电阻 R_1 和 R_f 的大小。比例系数的数值可以是大于、等于和小于 1 的任何值，且输出电压与输入电压相位相反。由于反相端和同相端对地电压都接近于 0，所以运放输入端的共模输入电压极小，这是反相输入电路的特点。

当 $R_1 = R_f = R$ 时，$u_o = -\dfrac{R_f}{R_1}u_i = -u_i$，输入电压与输出电压大小相等，相位相反，称为反相器。

1. 同相比例运算电路

在图 7.3.2 中，输入信号 u_i 经过外接电阻 R' 接到集成运放的同相端，反相输入端经电阻 R_1 接地，反馈电阻 R_f 接在输出端与反相输入端之间，引入电压串联负反馈。由图 7.3.2 可得

$$u_+ = u_i, \quad u_i \approx u_- = u_o\frac{R_1}{R_1 + R_f}$$

所以

$$A_{uf} = \frac{u_o}{u_i} = 1 + \frac{R_f}{R_1} \tag{7.3.3}$$

或

$$u_o = \left(1 + \frac{R_f}{R_1}\right)u_i \tag{7.3.4}$$

可见，u_o 与 u_i 成正比关系，且同相位。

由同相比例运算电路的分析可知：因为同相输入电路的两输入端电压相等且不为零（不存在"虚地"），故有共模输入电压存在，应当选用共模抑制比高的运算放大器。

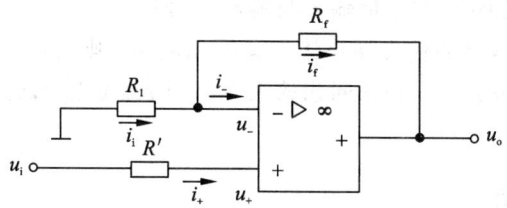

图 7.3.2　同相比例运算电路

在同相比例运算电路中，若将输出电压全部反馈到反相输入端，就构成了电压跟随器。即当 $R_f = 0$ 或 $R_1 \to \infty$ 时，如图 7.3.3 所示，则有

$$u_o = \left(1 + \frac{R_f}{R_1}\right)u_i = u_i \tag{7.3.5}$$

即输出电压与输入电压大小相等，相位相同，该电路称为电压跟随器。

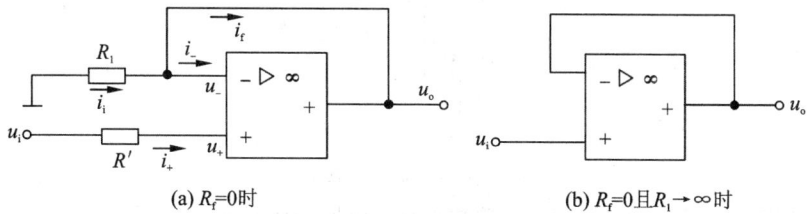

(a) $R_f = 0$ 时　　　　　　　　　　　　(b) $R_f = 0$ 且 $R_1 \to \infty$ 时

图 7.3.3　电压跟随器（同相比例运算电路的特例）

7.3.3　加法运算电路

在自动控制电路中，往往需要将多个采样信号按一定的比例叠加起来输入到放大电路中，这就需要用到加法运算电路，如图 7.3.4 所示。

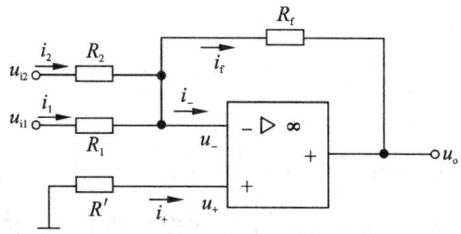

图 7.3.4　加法运算电路

图中有两个输入信号 u_{i1}、u_{i2}（实际应用中可以根据需要增减输入信号的数量），分别经电阻 R_1、R_2 加在反相输入端；反馈电阻 R_f 引入深度电压并联负反馈；R' 为平衡电阻，$R' = R_f \mathbin{/\!/} R_1 \mathbin{/\!/} R_2$。

根据"虚断"的概念可得 $i_i \approx i_f$，其中 $i_i = i_1 + i_2$，根据"虚地"的概念可得：$i_1 = \dfrac{u_{i1}}{R_1}$，$i_2 = \dfrac{u_{i2}}{R_2}$，则有

$$u_o = -R_f i_f = -R_f\left(\frac{u_{i1}}{R_1} + \frac{u_{i2}}{R_2}\right) \tag{7.3.6}$$

此时，实现了各信号按比例进行加法运算。若取 $R_1 = R_2 = R_f$，则

$$u_o = -(u_{i1} + u_{i2}) \tag{7.3.7}$$

即实现了真正意义上的加法运算。但输入与输出信号反相。

如在图 7.3.4 所示电路的输出端再接一级反相电路，则可消去负号，实现完全符合常规的加法运算。求和电路也可以利用同相放大电路组成，但输入/输出关系式较繁琐，这里就不一一列举了。

7.3.4　减法运算电路

从对比例运算电路和加法运算电路的分析可知，输出电压与同相输入端信号电压极性相同，与反相输入端信号电压极性相反，因而若多个信号同时作用于运放的两个输入端，就可实现减法运算。能实现减法运算的电路如图 7.3.5 所示。

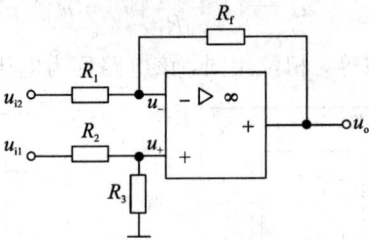

图 7.3.5　减法运算电路

根据叠加定理，首先令 $u_{i1} = 0$，u_{i2} 单独作用，电路成为反相比例运算电路，其输出电压为

$$u_{o2} = -\frac{R_f}{R_1}u_{i2}$$

再令 $u_{i2} = 0$，u_{i1} 单独作用，电路成为同相比例运算电路，同相端电压为

$$u_+ = \frac{R_3}{R_2 + R_3}u_{i1}$$

输出电压为

$$u_{o1} = \left(1 + \frac{R_f}{R_1}\right)\left(\frac{R_3}{R_2 + R_3}\right)u_{i1}$$

则

$$u_o = u_{o1} + u_{o2} = \left(1 + \frac{R_f}{R_1}\right)\left(\frac{R_3}{R_2 + R_3}\right)u_{i1} - \frac{R_f}{R_1}u_{i2} \tag{7.3.8}$$

当 $R_1 = R_2 = R_3 = R_f = R$ 时，$u_o = u_{i1} - u_{i2}$。在理想情况下，它的输出电压等于两个输入信号电压之差，具有很好的抑制共模信号的能力。但是，该电路作为差动放大器有输入电阻低和增益调节困难两大缺点。因此，为了满足输入阻抗和增益可调的要求，在工程上常采用多级运放组成的差动放大器来完成对差模信号的放大。

7.3.4　积分和微分运算电路

积分运算和微分运算互为逆运算。在自控系统中，常用积分电路和微分电路作为调节环节。此外，它们还广泛应用于波形的产生和变换，以及仪器仪表之中。以集成运放作为放大电路，利用电容和电阻作为反馈网络，可以实现这两种运算电路。

1. 积分运算电路

积分运算电路可以完成对输入信号的积分运算，即输出电压与输入电压的积分成正比。这里介绍的是常用基本反相积分电路，如图 7.3.6 所示。电容 C 作为反馈元件引入电压并联负反馈，运放工作在线性区。

根据"虚地"的概念，$u_- \approx 0$，再根据"虚断"的概念，$i_- \approx 0$，则 $i_i = i_C$，即电容 C 以 $i_C = u_i/R$ 进行充电。设电容 C 的初始电压为零，那么

$$u_o = -u_C = -\frac{1}{C}\int i_C \mathrm{d}t = -\frac{1}{C}\int i_i \mathrm{d}t$$

即

$$u_o = -\frac{1}{RC}\int u_i \mathrm{d}t \qquad\qquad (7.3.9)$$

式(7.3.9)表明，输出电压与输入电压对时间的积分成正比，且相位相反。

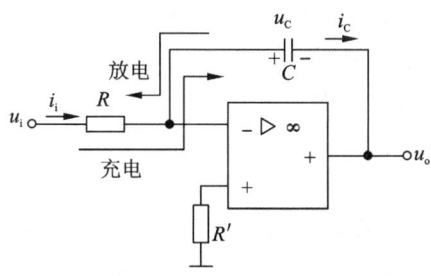

图 7.3.6　积分运算电路

当输入信号 u_i 为如图 7.3.7(a)所示的阶跃电压时，在它的作用下，电容器将以恒流方式进行充电，输出电压 u_o 与时间 t 呈近似线性关系，如图 7.3.7(b)所示。因此

$$u_o \approx -\frac{U_I}{RC}t = -\frac{U_I}{\tau}t \qquad\qquad (7.3.10)$$

式中，$\tau = RC$ 为积分时间常数。由图 7.3.7(b)可知，当 $t = \tau$ 时，$-U_o = U_I$，当 $t > \tau$ 时，u_o 增大，直到 $-u_o = +U_{om}$，即运放输出电压的最大值 U_{om} 受直流电源电压的限制，致使运放进入饱和状态，u_o 保持不变，而停止积分。

积分电路的波形变换作用如图 7.3.8 所示，当输入信号为矩形波时，积分电路可将矩形波变成三角波输出。积分电路在自动控制系统中用以延缓过渡过程的冲击，使被控制的电动机外加电压缓慢上升，避免其机械转矩猛增，造成传动机械的损坏。积分电路还常用来做显示器的扫描电路，以及模/数转换器、数学模拟运算等。

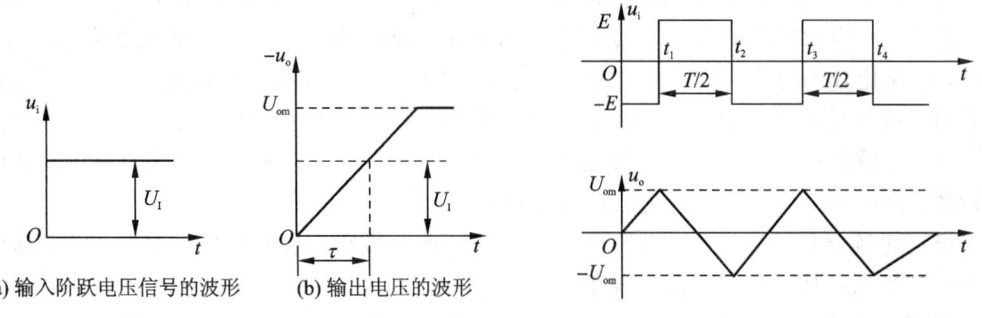

(a) 输入阶跃电压信号的波形　　(b) 输出电压的波形

图 7.3.7　积分电路的阶跃响应　　　　　图 7.3.8　积分电路的输入与输出波形图

在实用电路中，为了防止低频信号增益过大，常在电容上并联一个电阻，利用并联电

阻引入直流负反馈来限制增益。

2. 微分运算电路

将积分运算电路中的 R 和 C 互换，就可得到微分运算电路，如图 7.3.9 所示。微分是积分的逆运算，其输出电压与输入电压的微分成正比。图中 R 引入电压并联负反馈，使运放工作在线性区。

根据理想运放特性可知：

$$u_C = u_i$$

$$i_C = C \frac{\mathrm{d}u_C}{\mathrm{d}t} = C \frac{\mathrm{d}u_i}{\mathrm{d}t} = i_R$$

故得输出电压 u_o 与输入电压 u_i 的关系为

$$u_o = -Ri_R = -RC \frac{\mathrm{d}u_i}{\mathrm{d}t} \tag{7.3.11}$$

式(7.3.11)表明，输出电压与输入电压对时间的微分成正比，且相位相反。

微分电路的波形变换作用如图 7.3.10 所示，可将矩形波变成尖脉冲输出。微分电路在自动控制系统中可用做加速环节，例如电动机出现短路故障时，加速环节起加速保护作用，可迅速降低电动机的供电电压。

基本微分电路由于对输入信号中的快速变化分量敏感，所以它对输入信号中的高频干扰和噪声成分十分敏感，从而使电路性能下降。所以实用微分电路中，通常在输入回路中串联一个小电阻，但这将会影响微分电路的精度，故要求所串联的电阻一定要小。

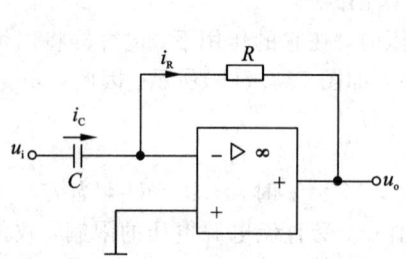

图 7.3.9　积分电路的阶跃响应

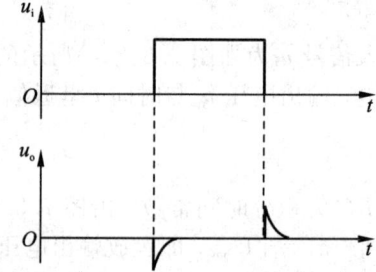

图 7.3.10　积分电路的输入与输出波形图

7.4　电压比较器

电压比较器是一种常见的模拟信号处理电路，它将一个模拟输入电压与一个参考电压进行比较，并由输出端的高电平或低电平来表示比较结果。这个高、低电平即为数字量。所以，电压比较器可作为模拟电路和数字电路的"接口"，实现模/数转换。另外，利用集成运放组成的波形发生电路(如方波、三角波、锯齿波等)都是以电压比较器为基本单元电路的，电压比较器还广泛应用于信号处理和检测电路等。采用集成运算放大器可以构成电压比较器，也可采用专用的单片集成电压比较器。

电压比较器是运算放大器工作在非线性区的典型应用。从电路构成上看，此时运放工作在开环状态或加入正反馈的情况下。

根据比较器的传输特性不同，电压比较器可分为单门限电压比较器、滞回电压比较器及窗口电压比较器。

7.4.1　单门限电压比较器

单门限电压比较器是指只有一个门限电压的比较器。其基本电路如图 7.4.1(a)所示。U_{REF} 是参考电压，加在运放的反相输入端，输入信号 u_i 加在运放的同相输入端，构成同相输入的单门限电压比较器(也可以将 U_{REF} 和 u_i 输入端的位置互换，构成反相输入的单门限电压比较器)。

比较器中的运放工作在开环状态时，由于开环电压放大倍数很高，即使输入端只有一个很小的差值信号，也会使输出电压饱和。因此，构成电压比较器的运放工作在饱和区，即非线性区。当 $u_i < U_{REF}$ 时，$u_o = U_{OL}$(负饱和电压)；当 $u_i > U_{REF}$ 时，$u_o = U_{OH}$(正饱和电压)。图 7.4.1(b)所示为单门限电压比较器的基本电路及其电压传输特性。

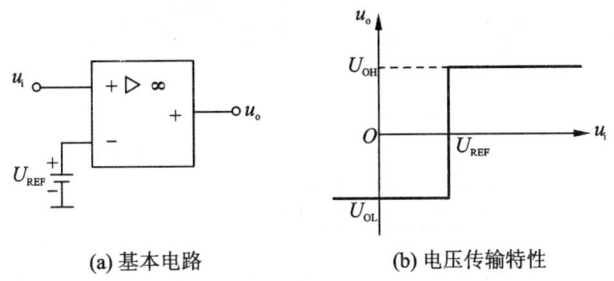

(a) 基本电路　　　　　　　(b) 电压传输特性

图 7.4.1　单门限电压比较器基本电路及其电压传输特性

电压比较器的输出电压发生跳变时，对应的输入电压通常称为阈值电压或门限电压，用 U_{TH} 表示。可见，图 7.4.1(a)所示电路只有一个门限电压，其值 $U_{TH} = U_{REF}$。

若 $U_{REF} = 0$，即运放同相输入端接地，这种单门限比较器也称为过零比较器。显然，过零比较器的阈值电压 $U_{TH} = 0$。图 7.4.2(a)所示为一个反相输入的过零比较器。它的电压传输特性如图 7.4.2(b)所示。利用过零比较器可以将正弦波转变为方波，其输入、输出波形如图 7.4.2(c)所示。

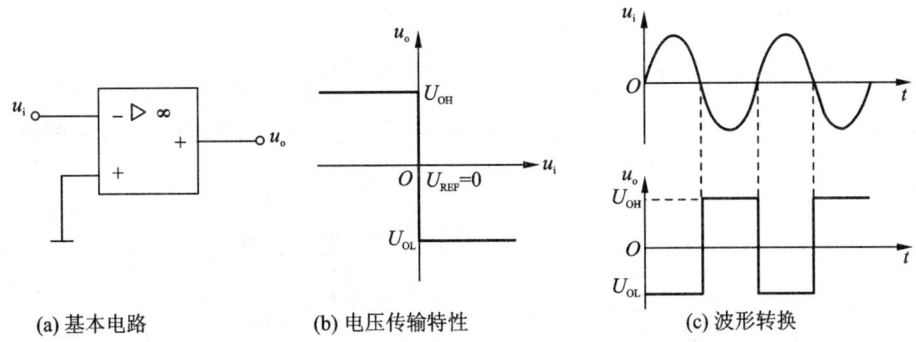

(a) 基本电路　　　　　(b) 电压传输特性　　　　　(c) 波形转换

图 7.4.2　过零比较器基本电路、电压传输特性及其波形转换作用

对照如图 7.4.1(b)和图 7.4.2(b)所示的传输特性，可见，同相输入的电压比较器与反相输入的电压比较器的传输特性对应输出电压的跳变方向是不同的。同相输入的电压比较器针对阈值电压而言，$u_i < U_{TH}$，$u_o = U_{OL}$(负饱和电压)；$u_i > U_{TH}$，$u_o = U_{OH}$(正饱和电压)。即输入电压在从小到大变化的过程中，输出电压由低电平向高电平跳变；反之，输出电压由高电平向低电平跳变。而对反相输入的电压比较器而言，$u_i < U_{TH}$，$u_o = U_{OH}$(正饱和

电压）；$u_i > U_{TH}$，$u_o = U_{OL}$（负饱和电压）。即输入电压在从小到大变化的过程中，输出电压由高电平向低电平跳变；反之，输出电压由低电平向高电平跳变。

7.4.2　滞回电压比较器

单门限电压比较器电路简单，灵敏度高，但抗干扰能力差。如果输入电压受到干扰或噪声的影响在门限电平上下波动时，则输出电压将在高、低两个电平之间反复跳变，如图7.4.3所示。若用此输出电压控制电机等设备，将出现误操作。为解决这一问题，常采用滞回电压比较器。

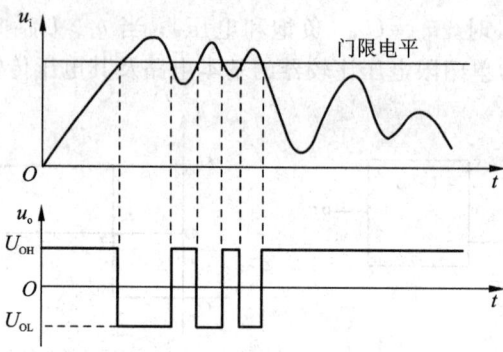

图 7.4.3　存在干扰时单门限电压比较器的输入、输出波形

滞回电压比较器通过引入上、下两个门限电压，从而获得正确、稳定的输出电压。在电路构成上以单门限电压比较器为基础，增加了正反馈电阻 R_2 和 R_f，使它的电压传输特性呈现滞回性，如图7.4.4(b)所示。图7.4.4(a)所示电路中的两个稳压管将比较器的输出电压稳定在 $+U_z$ 和 $-U_z$ 之间。

当输出电压为 $+U_z$ 时，对应运放的同相端电压称为上门限电压，用 U_{TH1} 表示，则有

$$U_{TH1} = u_+ = U_{REF} \frac{R_f}{R_f + R_2} + U_z \frac{R_2}{R_f + R_2} \tag{7.4.1}$$

当输出电压为 $-U_z$ 时，对应运放的同相端电压称为下门限电压，用 U_{TH2} 表示，则有

$$U_{TH2} = u_+ = U_{REF} \frac{R_f}{R_f + R_2} - U_z \frac{R_2}{R_f + R_2} \tag{7.4.2}$$

通过式(7.4.1)和式(7.4.2)可以看出，上门限电压 U_{TH1} 的值比下门限电压 U_{TH2} 的值大。

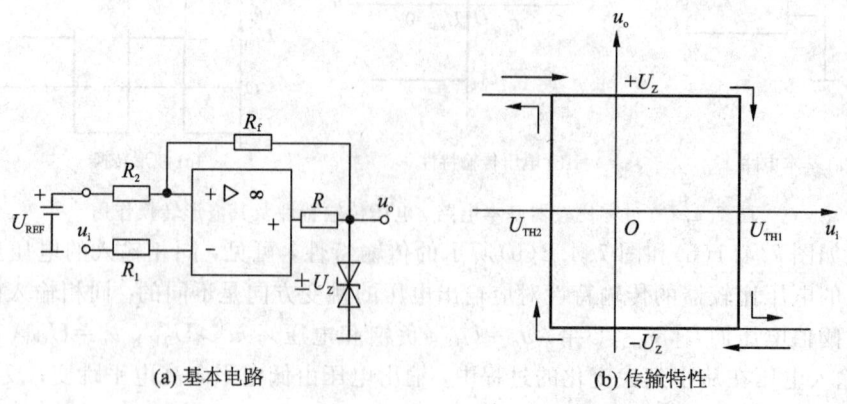

(a) 基本电路　　　　　　　　　　　　　　(b) 传输特性

图 7.4.4　滞回电压比较器基本电路及其传输特性

从滞回电压比较器的传输特性可见，当输入信号 u_i 从小于或等于零开始增加时，电路输出为 $+U_Z$，此时运放同相端对地电压为 U_{TH1}。u_i 增至刚超过 U_{TH1} 时，电路翻转，输出跳变为 $-U_Z$，此时运放同相端对地电压变为 U_{TH2}。u_i 继续增加时，输出保持 $-U_Z$ 不变。

若 u_i 从最大值开始减小，当减到上门限电压 U_{TH1} 时，输出并不翻转，只有减小到略小于下门限电压 U_{TH2} 时，电路才发生翻转，输出变为 $+U_Z$。

由以上分析可以看出，该比较器的电压传输特性具有滞回特性。其上门限电压 U_{TH1} 与下门限电压 U_{TH2} 之差称为回差电压，用 ΔU_{TH} 表示，即

$$\Delta U_{TH} = U_{TH1} - U_{TH2} = 2U_Z \frac{R_2}{R_f + R_2} \tag{7.4.3}$$

滞回电压比较器用于控制系统时的主要优点是抗干扰能力强。当输入信号受干扰或噪声的影响而上下波动时，只要根据干扰或噪声电平适当调整滞回电压比较器两个门限电压 U_{TH1} 和 U_{TH2} 的值，就可以避免比较器的输出电压在高、低电平之间反复跳变，如图 7.4.5 所示。

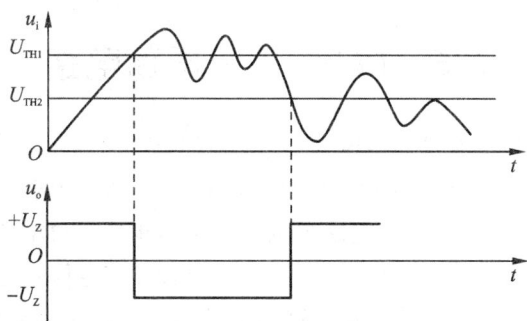

图 7.4.5　存在干扰时滞回电压比较器的输入、输出波形

7.4.3　窗口电压比较器

窗口电压比较器电路结构如图 7.4.6(a) 所示。电路由两个单门限电压比较器、二极管、稳压管和电阻构成。其中比较器 A_1 的参考电压等于 U_{RH}，比较器 A_2 的参考电压等于 U_{RL}，且设 $U_{RH} > U_{RL} > 0$。若两个电压比较器的参数一致，特性对称，稳压管 VD_Z 的稳定电压值等于 U_Z。则其工作原理为

当 $u_i > U_{RH}$ 时，$u_{o1} = U_{OH}$，$u_{o2} = U_{OL}$，VD_1 导通，VD_2 截止，$u_o = +U_Z$。

当 $u_i < U_{RL}$ 时，$u_{o1} = U_{OL}$，$u_{o2} = U_{OH}$，VD_1 截止，VD_2 导通，$u_o = +U_Z$。

当 $U_{RL} < u_i < U_{RH}$ 时，$u_{o1} = u_{o2} = U_{OL}$，VD_1、VD_2 均截止，$u_o = 0$。

由此可画出窗口电压比较器的电压传输特性如图 7.4.6(b) 所示。可见，该比较器有两个阈值，传输特性呈现窗口状，故称为窗口电压比较器。

窗口电压比较器可用于检测输入信号的电平是否处于两个给定的参考电压之间。

通过以上三种电压比较器的分析，可以得出以下结论：

(1) 在电压比较器中，集成运放工作在非线性区，输出电压只有高电平和低电平两种可能的情况。

(2) 通常用电压传输特性来描述输出电压与输入电压之间的关系。

(3) 电压传输特性的三个要素是输出电压的高、低电平，阈值电压和输出电压的跳变方向。输出电压的高、低电平由输出端限幅电路决定；当 $u_+ = u_-$ 时所求出的输入电压 u_i 就

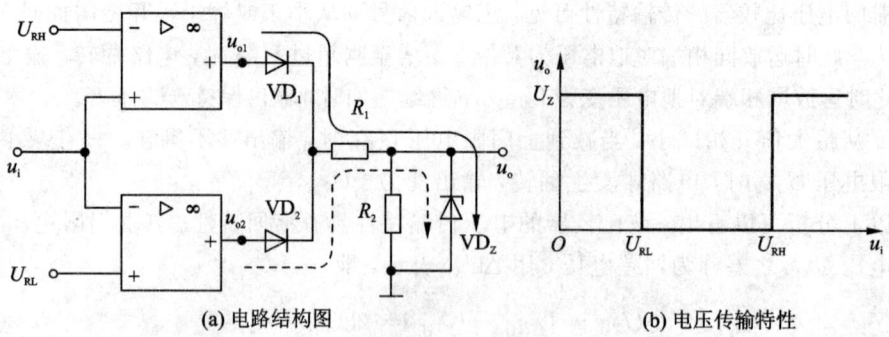

(a) 电路结构图　　　　　　　　　(b) 电压传输特性

图 7.4.6　窗口比较器电路结构及其电压传输特性

是阈值电压；u_i 等于阈值电压时输出电压的跳变方向决定于输入电压作用在同相输入端还是反相输入端。

7.5　RC 正弦波振荡电路

信号产生电路是一种不需要外接输入信号，就能够产生特定频率和幅值交流信号的波形发生电路，也叫自激振荡电路。按输出信号波形的不同可分为两大类，即正弦波振荡电路和非正弦波振荡电路，而正弦波振荡电路根据选频网络组成元件的不同分为 RC 振荡电路、LC 振荡电路和石英晶体振荡电路；非正弦波振荡电路按照产生信号的形式又可分为方波、三角波和锯齿波振荡电路。非正弦波振荡电路都是以电压比较器作为基本单元电路的。

本节主要介绍自激振荡形成的条件；RC 振荡电路的组成及工作原理。

信号产生电路的基本构成是在放大电路中引入正反馈来产生稳定的振荡，输出的交流信号是由直流电源的能量转换而来的。

7.5.1　正弦波振荡电路的基本原理

1. 自激振荡形成的条件

扩音系统在使用中有时会发出刺耳的啸叫声，其形成过程如图 7.5.1 所示。

由图 7.5.1 可见，扬声器发出的声音传入话筒，话筒将声音转化为电信号，送给扩音机放大，再由扬声器将放大了的电信号转化为声音，声音又返送回话筒，形成正反馈，如此反复循环，就产生了自激振荡啸叫。显然，自激振荡是扩音系统应该避免的，而信号发生器正是利用自激振荡的原理来产生正弦波的。

所以，自激振荡电路是一个没有输入信号的正反馈放大电路。可用如图 7.5.2 所示的方框图来分析自激振荡形成的条件。

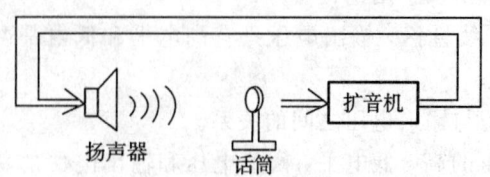

图 7.5.1　扩音系统形成的自激振荡图

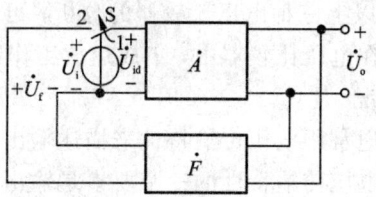

7.5.2　自激振荡电路的方框图

自激振荡形成的基本条件是反馈信号与输入信号大小相等、相位相同，即 $\dot{U}_f = \dot{U}_i$，此式可变形为 $\dot{U}_f = \dfrac{\dot{U}_o}{\dot{U}_i}\dfrac{\dot{U}_f}{\dot{U}_o}\dot{U}_i = \dot{A}\dot{F}\dot{U}_i$，故可得

$$\dot{A}\dot{F} = 1 \tag{7.5.1}$$

式(7.5.1)包含着两层含义：

(1) 反馈信号与输入信号大小相等，用 $|\dot{U}_f| = |\dot{U}_i|$ 的关系表示，即

$$|\dot{A}\dot{F}| = 1 \tag{7.5.2}$$

称为幅度平衡条件。

(2) 反馈信号与输入信号相位相同，表示输入信号经过放大电路产生的相移 φ_A 和反馈网络产生的相移 φ_F 之和为 2π 的整数倍，即

$$\varphi_A + \varphi_F = 2n\pi \ (n = 0, 1, 2, 3, \cdots) \tag{7.5.3}$$

称为相位平衡条件。

2. 正弦波振荡的形成过程

当放大电路在接通电源的瞬间，随着电源电压由零开始的突然增大，电路受到扰动，在放大电路的输入端产生一个微弱的扰动电压 u_i，这个扰动电压包括从低频到甚高频的各种频率的谐波成分。u_i 经放大器放大、正反馈，再放大、再反馈……如此反复循环，输出信号的幅度增加很快。为了能得到所需频率的正弦波信号，必须增加选频网络，只有在选频网络中心频率上的信号能通过，其他频率的信号被抑制。这样，在输出端就会得到如图7.5.3 中 ab 段所示的起振波形。

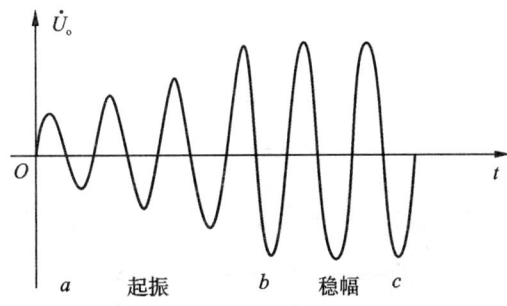

图 7.5.3　自激振荡的输出波形图

那么，振荡电路在起振以后，振荡幅度会不会无休止地增长下去呢？这就需要增加稳幅环节，当振荡电路的输出达到一定幅度后，稳幅环节就会使输出减小，维持一个相对稳定的稳幅振荡，如图7.5.3 中的 bc 段所示。也就是说，在振荡建立的初期，必须使反馈信号大于原输入信号，反馈信号一次比一次大，才能使振荡幅度逐渐增大；当振荡建立后，还必须使反馈信号等于原输入信号，才能使建立的振荡得以维持下去。

由上述分析可知，起振条件应为

$$|\dot{A}\dot{F}| > 1 \tag{7.5.4}$$

稳幅后的幅度平衡条件为

$$|\dot{A}\dot{F}| = 1$$

3. 振荡电路的组成

要形成振荡，电路中必须包含以下组成部分：

（1）放大器；

（2）正反馈网络；

（3）选频网络；

（4）稳幅环节。

根据选频网络组成元件的不同，正弦波振荡电路通常可分为 RC 振荡电路、LC 振荡电路和石英晶体振荡电路。

4. 振荡电路的分析方法

（1）检查电路是否具有振荡电路的四个组成部分。

（2）分析放大电路的静态偏置是否能保证放大电路正常工作。

（3）分析放大电路的交流通路是否能正常放大交流信号。

（4）检查电路是否满足相位平衡条件和幅度平衡条件。

7.5.2 常用的 RC 正弦波振荡电路

RC 正弦波振荡电路结构简单，性能可靠，可用来产生几兆赫兹以下的低频信号。常用的 RC 振荡电路有 RC 桥式振荡电路和移相式振荡电路。这里只介绍由 RC 串并联网络构成的桥式振荡电路。

1. RC 串并联网络的选频特性

RC 串并联网络由 R_2 和 C_2 并联后与 R_1 和 C_1 串联组成，如图 7.5.4 所示。

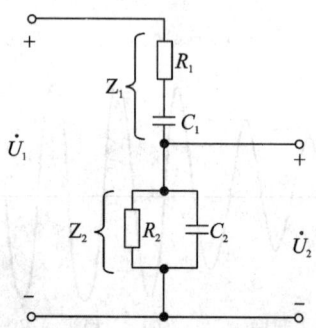

图 7.5.4　RC 串并联选频网络

设 R_1 和 C_1 的串联阻抗用 Z_1 表示，R_2 和 C_2 的并联阻抗用 Z_2 表示，那么

$$Z_1 = R_1 + \frac{1}{j\omega C_1}, \quad Z_2 = \frac{R_2}{1 + j\omega R_2 C_2}$$

输入电压 $\dot{U}_1$ 加在 Z_1 与 Z_2 串联网络的两端，输出电压 $\dot{U}_2$ 从 Z_2 两端取出。将输出电压 $\dot{U}_2$ 与输入电压 $\dot{U}_1$ 之比作为 RC 串并联网络的传输系数，记为 $\dot{F}$，那么

$$\dot{F} = \frac{\dot{U}_2}{\dot{U}_1} = \frac{Z_2}{Z_1 + Z_2} \tag{7.5.5}$$

在实际电路中，通常取 $R_1 = R_2 = R$，$C_1 = C_2 = C$，令 $\omega_0 = \dfrac{1}{RC}$，故由数学推导得

$$\dot{F}=\cfrac{1}{3+\mathrm{j}\left(\omega RC-\cfrac{1}{\omega RC}\right)}=\cfrac{1}{3+\mathrm{j}\left(\cfrac{\omega}{\omega_0}-\cfrac{\omega_0}{\omega}\right)} \tag{7.5.6}$$

幅频特性为

$$F=\cfrac{1}{\sqrt{3^2+\left(\cfrac{\omega}{\omega_0}-\cfrac{\omega_0}{\omega}\right)^2}} \tag{7.5.7}$$

相频特性为

$$\varphi_F=-\arctan\cfrac{1}{3}\left(\cfrac{\omega}{\omega_0}-\cfrac{\omega_0}{\omega}\right) \tag{7.5.8}$$

设输入电压 $\dot{U}_1$ 为振幅恒定、频率可调的正弦信号。由式(7.5.7)和式(7.5.8)可知：

当 $\omega\ll\omega_0$ 时，传输系数 $\dot{F}$ 的模值 $F\rightarrow 0$，相角 $\varphi_F\rightarrow+90°$。

当 $\omega\gg\omega_0$ 时，传输系数 $\dot{F}$ 的模值 $F\rightarrow 0$，相角 $\varphi_F\rightarrow-90°$。

当 $\omega=\omega_0$ 时，传输系数 $\dot{F}$ 的模值 $F=1/3$，且为最大，相角 $\varphi_F=0$。

由此可以看出，ω 在整个增大的过程中，F 的值先从 0 逐渐增大，然后又逐渐减小到 0。其相角也从 $+90°$ 逐渐减小经过 $0°$ 直至 $-90°$。

可见，RC 串并联网络满足条件：

$$\omega=\omega_0=\cfrac{1}{RC} \tag{7.5.9}$$

即

$$f=f_0=\cfrac{\omega_0}{2\pi}=\cfrac{1}{2\pi RC} \tag{7.5.10}$$

此时，输出幅度最大，而且输出电压与输入电压同相，即相位移为 $0°$，所以 RC 串并联网络具有选频特性，如图 7.5.5 所示。

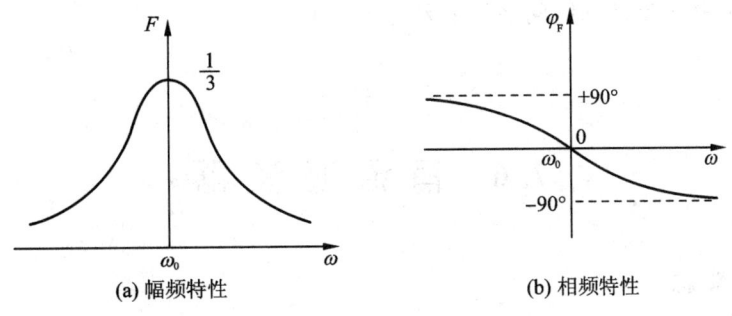

(a) 幅频特性　　　　(b) 相频特性

图 7.5.5　RC 串并联网络的选频特性

2. RC 桥式振荡电路

将 RC 串并联选频网络和放大器结合起来即可构成 RC 振荡电路，放大器件可采用集成运算放大器，也可采用分离元件构成。图 7.5.6 所示为由集成运算放大器构成的 RC 桥式振荡电路，图中 RC 串并联选频网络接在运算放大器的输出端和同相输入端之间，构成正反馈；R_f 和 R_1 接在运算放大器的输出端和反相输入端之间，构成负反馈。正反馈电路与负反馈电路构成一个文氏电桥，运算放大器的输入端和输出端分别跨接在电桥的对角线上，形成四臂电桥，如图 7.5.7 所示。所以，把这种振荡电路称为 RC 桥式振荡电路。

　　在图 7.5.6 中，集成运放组成一个同相放大器，它的输出电压 u_o 作为 RC 串并联网络的输入电压，而将 RC 串并联网络的输出电压作为放大器的输入电压。当 $f = f_0$ 时，RC 串并联网络的相位移为零，放大器是同相放大器，故电路的总相位移是零，满足相位平衡条件。而对于其他频率的信号，RC 串并联网络的相位移不为零，不满足相位平衡条件。由于 RC 串并联网络在 $f = f_0$ 时的传输系数 $F = 1/3$，因此要求放大器的总电压增益 A_u 应大于 3，这对于集成运放组成的同相放大器来说是很容易满足的。

　　又知，同相输入比例运算放大电路的电压增益为

$$A_u = 1 + \frac{R_f}{R_1} \tag{7.5.11}$$

只要选择合适的 R_f 和 R_1 的比值，就能满足 A_u 大于 3 的要求。

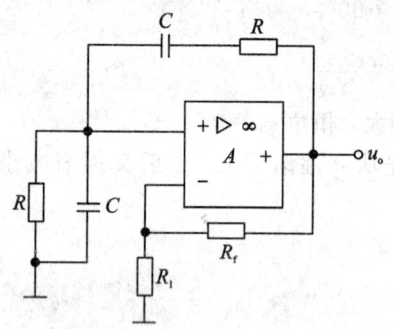

图 7.5.6　RC 桥式振荡电路图

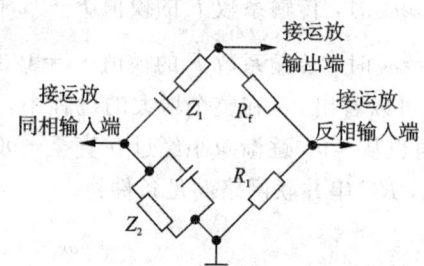

图 7.5.7　正反馈电路与负反馈电路构成的文氏电桥

　　为控制输出电压幅度在起振以后不再增加，可在放大电路的负反馈回路里采用非线性元件来自动调整反馈的强弱，以维持输出电压恒定。非线性元件一般可采用热敏电阻、二极管及场效应管。它们稳幅的原理这里不再赘述。

　　由集成运算放大器构成的 RC 桥式振荡电路具有性能稳定、电路简单等优点。其振荡频率由 RC 串并联正反馈选频网络的参数决定，即

$$f_0 = \frac{1}{2\pi RC}$$

7.6　有源滤波器

7.6.1　基本概念

　　滤波器是一种能使有用频率信号通过而同时抑制或衰减无用频率信号的电子装置，主要用做信号处理和滤除干扰等。

　　按滤波器所含元器件的不同，滤波器可分为无源滤波器和有源滤波器两种。由无源元件 R、C 和 L 组成的滤波器称为无源滤波器；而含有放大电路的滤波器称为有源滤波器。有源滤波器实质上是由 R 和 C 组成的无源滤波器加上集成运放组成的放大电路而构成的。由于不用电感 L 元件，有源滤波器具有体积小、重量轻的优点；而采用集成运放组成的放大电路，又可以对信号产生一定的放大作用，还可以克服无源滤波器的滤波特性随负载变

化的缺点。

按允许通过的信号频率范围的不同，滤波器可分为：

低通滤波器：允许 $0 < \omega < \omega_H$ 的低频信号通过，而将 $\omega > \omega_H$ 的高频信号衰减。

高通滤波器：允许 $\omega > \omega_L$ 的高频信号通过，而将 $0 < \omega < \omega_L$ 的低频信号衰减。

带通滤波器：允许 $\omega_L < \omega < \omega_H$ 的某一频带范围内的信号通过，而将 $\omega < \omega_L$ 及 $\omega > \omega_H$ 频带的信号衰减。

带阻滤波器：阻止 $\omega_L < \omega < \omega_H$ 的某一频带范围内的信号通过，而允许 $\omega < \omega_L$ 及 $\omega > \omega_H$ 频带的信号通过。

图 7.6.1 所示为各种滤波器电路的电压增益 $|\dot{A}_u|$ 随频率 ω 变化的特性曲线（即幅频特性）。图中通带范围指被保留的频率段，阻带范围指被抑制的频率段。

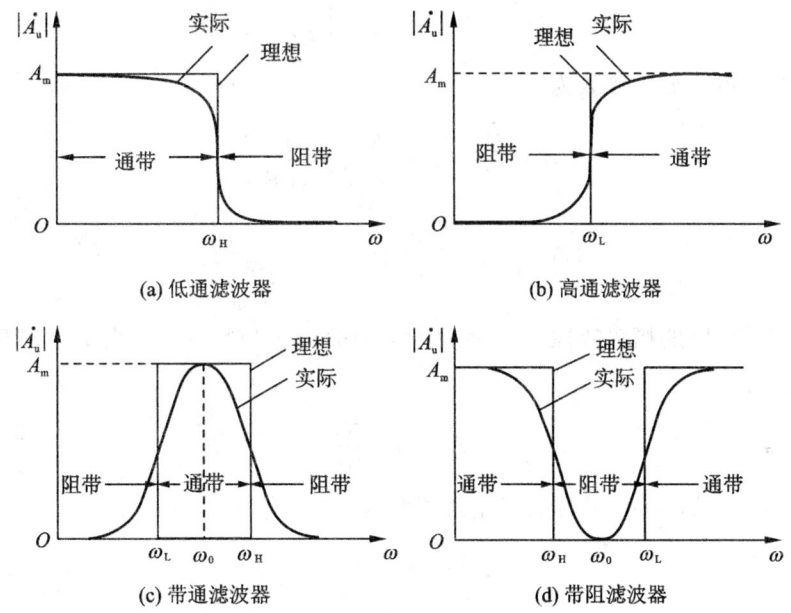

图 7.6.1　各种滤波器电路的幅频特性

由图 7.6.1 可见，要使实际的滤波器幅频特性与理想特性接近，就必须满足以下条件：

（1）通带范围内的信号要无衰减地通过，阻带范围内的信号应该无输出。

（2）通带与阻带之间的过渡带为零。

7.6.2　低通滤波器

低通滤波器的电路图如图 7.6.2(a)所示，它是由 RC 无源低通滤波器后面加上一个同相放大电路（也可加一个反相放大电路）组成的。无源低通滤波电路的输出电压为

$$\dot{U}_+ = \frac{\dfrac{1}{j\omega C}}{R + \dfrac{1}{j\omega C}}\dot{U}_i = \frac{1}{1 + j\omega RC}\dot{U}_i$$

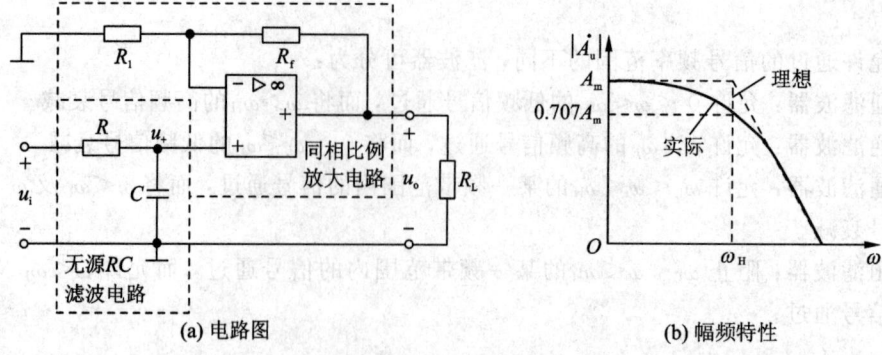

(a) 电路图　　　　　　　　　　　(b) 幅频特性

图 7.6.2　低通滤波器

经过同相放大电路后，

$$\dot{U}_o = \left(1 + \frac{R_f}{R_1}\right)\frac{1}{1+j\omega RC}\dot{U}_i$$

故该电路的电压放大倍数为

$$\dot{A}_u = \frac{\dot{U}_o}{\dot{U}_i} = \left(1 + \frac{R_f}{R_1}\right)\frac{1}{1+j\omega RC}$$

$$|\dot{A}_u| = \left(1 + \frac{R_f}{R_1}\right)\frac{1}{\sqrt{1+(\omega RC)^2}} \tag{7.6.1}$$

由此得到该电路的幅频特性 $|\dot{A}_u| = f(\omega)$，如图 7.6.2(b)所示。当 $\omega = 0$ 时，$|\dot{A}_u|$ 最大，用 A_m 表示：

$$A_m = 1 + \frac{R_f}{R_1}$$

当 $\omega = \omega_H = 1/RC$ 时(ω_H 称为截止角频率)，

$$|\dot{A}_u| = \frac{1}{\sqrt{2}}A_m = 0.707A_m$$

此后，$|\dot{A}_u|$ 将随着 ω 的增大而下降，可见该电路有使低频信号通过而抑制高频信号通过的作用，故为低通滤波器。

7.6.3　高通滤波器

高通滤波器的电路图如图 7.6.3(a)所示，它是由 RC 无源高通滤波器后面加上一个同相放大电路(也可加一个反相放大电路)组成的。无源高通滤波电路的输出电压为

$$\dot{U}_+ = \frac{R}{R + \frac{1}{j\omega C}}\dot{U}_i = \frac{1}{1-j\frac{1}{\omega RC}}\dot{U}_i$$

经过同相放大电路后，

$$\dot{U}_o = \left(1 + \frac{R_f}{R_1}\right)\frac{1}{1-j\frac{1}{\omega RC}}\dot{U}_i$$

故该电路的电压放大倍数为

$$\dot{A}_u = \frac{\dot{U}_o}{\dot{U}_i} = \left(1 + \frac{R_f}{R_1}\right) \frac{1}{1 - j\dfrac{1}{\omega RC}}$$

$$|\dot{A}_u| = \left(1 + \frac{R_f}{R_1}\right) \frac{1}{\sqrt{1 + \left(\dfrac{1}{\omega RC}\right)^2}} \qquad (7.6.2)$$

由此得到该电路的幅频特性 $|\dot{A}_u| = f(\omega)$，如图 7.6.3(b)所示。当 $\omega \to \infty$ 时，$|\dot{A}_u|$ 最大，用 A_m 表示：

$$A_m = 1 + \frac{R_f}{R_1}$$

当 $\omega = \omega_L = 1/RC$ 时（ω_L 称为截止角频率），

$$|\dot{A}_u| = \frac{1}{\sqrt{2}} A_m = 0.707 A_m$$

此后，$|\dot{A}_u|$ 将随着 ω 的减小而下降，可见该电路有使高频信号通过而抑制低频信号通过的作用，故为高通滤波器。

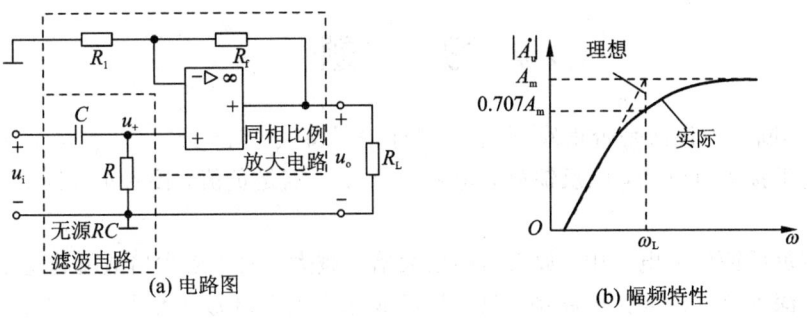

(a) 电路图   (b) 幅频特性

图 7.6.3   高通滤波器

7.6.4   带通滤波器和带阻滤波器

将低通滤波器和高通滤波器进行不同的组合，就可获得带通滤波器和带阻滤波器。图 7.6.4 所示为带通滤波器的构成示意图。由图可见，当将一个低通滤波器和一个高通滤波器"串联"便组成带通滤波器。此时，$\omega < \omega_L$ 的信号被高通滤波器滤掉；$\omega > \omega_H$ 的信号被低通滤波器滤掉；只有 $\omega_L < \omega < \omega_H$ 频率段的信号才能通过。显然，该方式组成的带通滤波器必须满足低通滤波器的上限截止频率应大于高通滤波器的下限截止频率，即 $\omega_H > \omega_L$ 的条件。

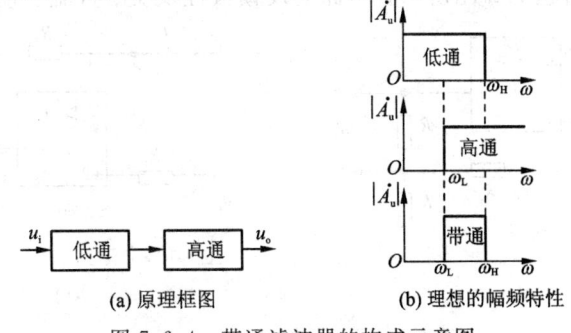

(a) 原理框图   (b) 理想的幅频特性

图 7.6.4   带通滤波器的构成示意图

图 7.6.5 所示为带阻滤波器的构成示意图。由图可见，当将一个低通滤波器和一个高通滤波器"并联"时，便组成带阻滤波器。此时，$\omega < \omega_H$ 的信号从低通滤波器通过；$\omega > \omega_L$ 的信号从高通滤波器通过；只有 $\omega_H < \omega < \omega_L$ 频率段的信号被滤掉。显然，该方式组成的带阻滤波器必须满足低通滤波器的上限截止频率应小于高通滤波器的下限截止频率，即 $\omega_H < \omega_L$ 的条件。

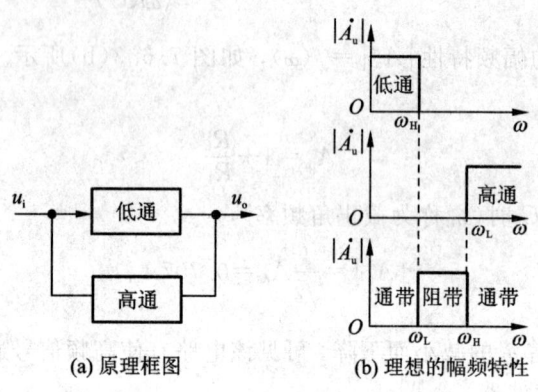

(a) 原理框图　　　　(b) 理想的幅频特性

图 7.6.5　带阻滤波器的构成示意图

习　题

7.1　判断下列说法是否正确（在括号中打"×"或"√"）。

(1) 由于接入负反馈，则反馈放大电路的 A 就一定是负值，接入正反馈后 A 就一定是正值。　　　　　　　　　　　　　　　　　　　　　　　　　　　　　（　　）

(2) 在负反馈放大电路中，放大器的放大倍数越大，闭环放大倍数就越稳定。（　　）

(3) 在深度负反馈放大电路中，只有尽可能地增大开环放大倍数，才能有效地提高闭环放大倍数。　　　　　　　　　　　　　　　　　　　　　　　　　　（　　）

(4) 在深度负反馈的条件下，闭环放大倍数 $A_{uf} \approx 1/F$，它与反馈网络有关，而与放大器开环放大倍数 A 无关，故可省去放大通路，仅留下反馈网络，以获得稳定的放大倍数。　（　　）

(5) 在深度负反馈的条件下，由于闭环放大倍数 $A_{uf} \approx 1/F$，与元器件的参数几乎无关，因此可以任意选择晶体管来组成放大级，元器件的参数也就没什么意义了。　（　　）

(6) 若放大电路负载固定，为使其电压放大倍数稳定，可以引入电压负反馈，也可以引入电流负反馈。　　　　　　　　　　　　　　　　　　　　　　　　　（　　）

7.2　试分别判断题 7.2 图所示各电路的反馈极性及交、直流反馈。

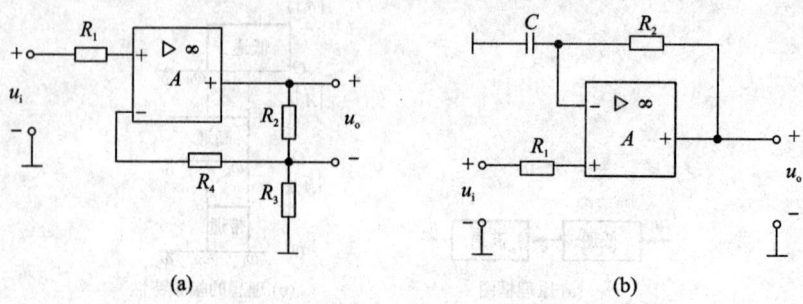

(a)　　　　　　　　　　　　　　　(b)

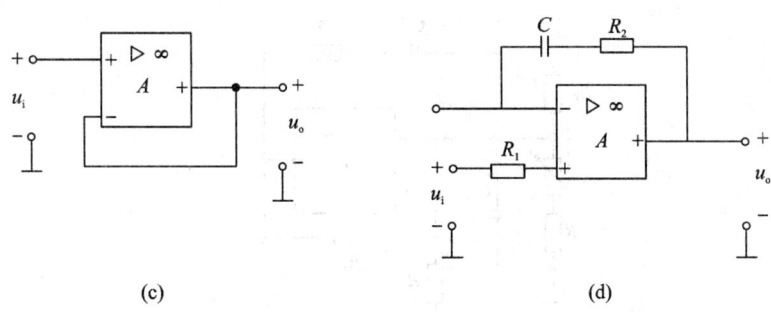

(c)　　　　　　　　　　　(d)

题 7.2 图

7.3 试分别判断题 7.3 图所示各电路中的反馈类型。

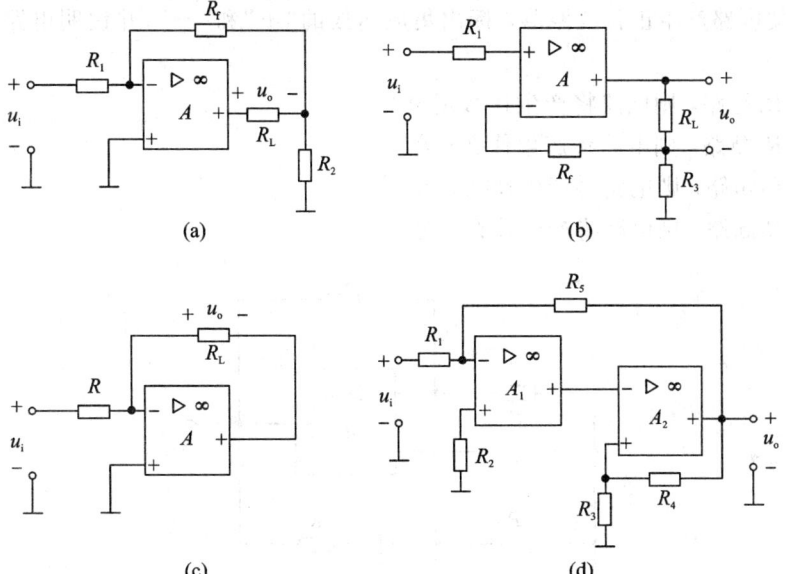

(a)　　　　　　　　　　　(b)

(c)　　　　　　　　　　　(d)

题 7.3 图

7.4 由理想运放构成的电路如题 7.4 图所示。试计算输出电压 u_o 的值。

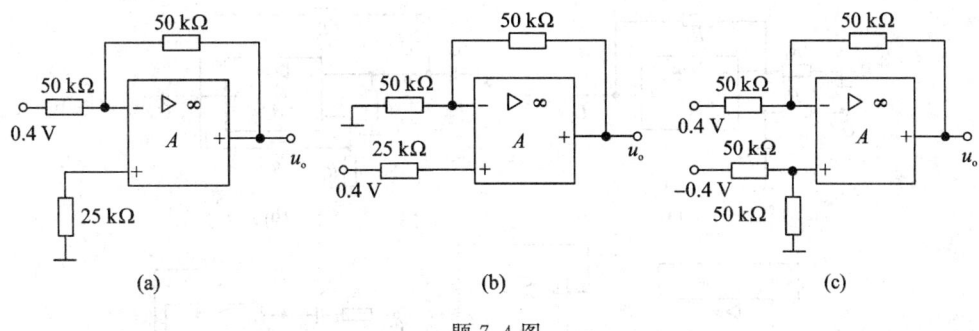

(a)　　　　　　　　　(b)　　　　　　　　　(c)

题 7.4 图

7.5 某音频信号发生器的原理电路如题 7.5 图所示，已知图中 $R=22\ \mathrm{k\Omega}$, $C=6600\ \mathrm{pF}$。

(1) 分析电路的工作原理；

(2) 若 R_P 从 $1\ \mathrm{k\Omega}$ 调到 $10\ \mathrm{k\Omega}$，计算电路振荡频率的调节范围；

(3) 确定电路中电阻 R_f/R_1 的值。

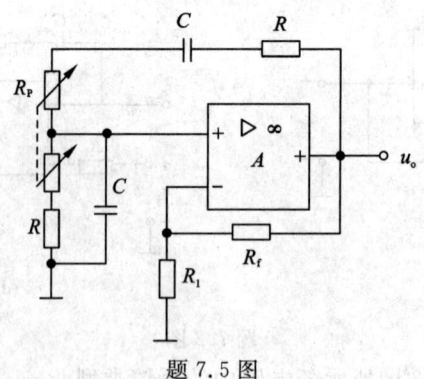

题 7.5 图

7.6　电路如题 7.6 图所示。

（1）为使电路产生正弦波振荡，标出集成运放的"＋"和"－"，并说明电路是哪种正弦波振荡电路。

（2）若 R_1 短路，则电路将产生什么现象？

（3）若 R_1 断路，则电路将产生什么现象？

（4）若 R_f 短路，则电路将产生什么现象？

（5）若 R_f 断路，则电路将产生什么现象？

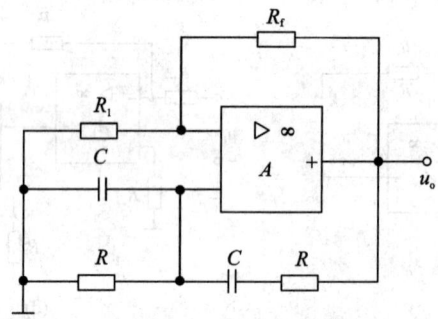

题 7.6 图

7.7　试说明题 7.7 图所示各电路属于哪种类型的滤波电路。

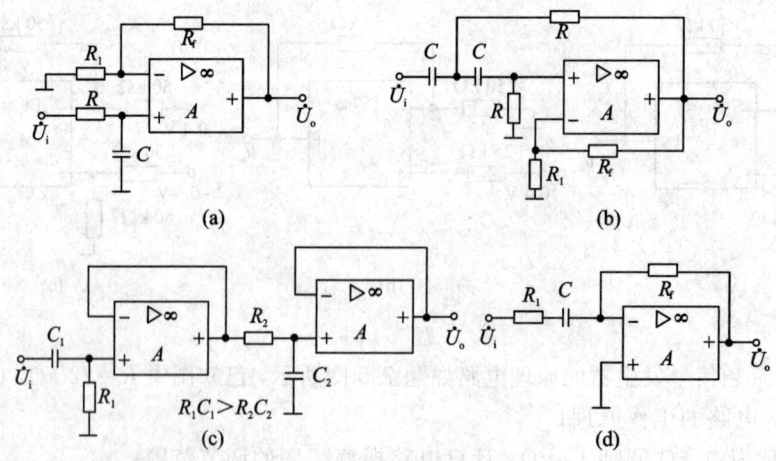

题 7.7 图

第 8 章　数字逻辑基础

随着计算机科学与技术突飞猛进的发展，用数字电路进行信号处理的优势也更加突出。为了充分发挥和利用数字电路在信号处理上的强大功能，可以先将模拟信号按比例转换成数字信号，然后送到数字电路进行处理，最后再将处理结果根据需要转换为相应的模拟信号输出。自 20 世纪 70 年代开始，这种用数字电路处理模拟信号的所谓"数字化"浪潮已经席卷了电子技术几乎所有的应用领域。

8.1　数字信号与数字电路

8.1.1　连续量和离散量

连续量通常称做模拟量，它在时间上和数量上是连续的物理量。如温度计用水银长度来表示温度高低。其特点是数值由连续量表示，其运算过程也是连续的。温度变化的连续量曲线图如图 8.1.1 所示。

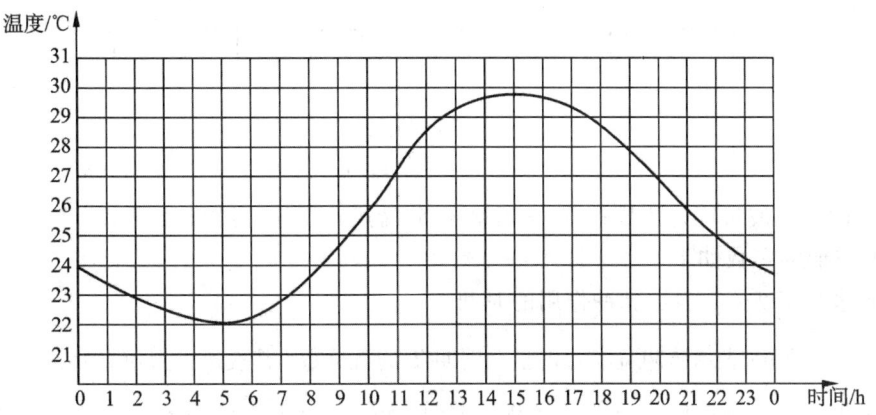

图 8.1.1　温度变化的连续量曲线图

离散量又称数字量，它是将模拟量离散化之后得到的物理量。即任何仪器设备对于模拟量都不可能有完全精确的表示，因为它们都有一个采样周期，在该采样周期内，其物理量的数值都是不变的，而实际上的模拟量则是变化的。这样就将模拟量离散化，从而成为离散量。如一天中以每小时为单位测量一次温度的值，则得到 24 h 内离散的时间点上的温度值，如图 8.1.2 所示。

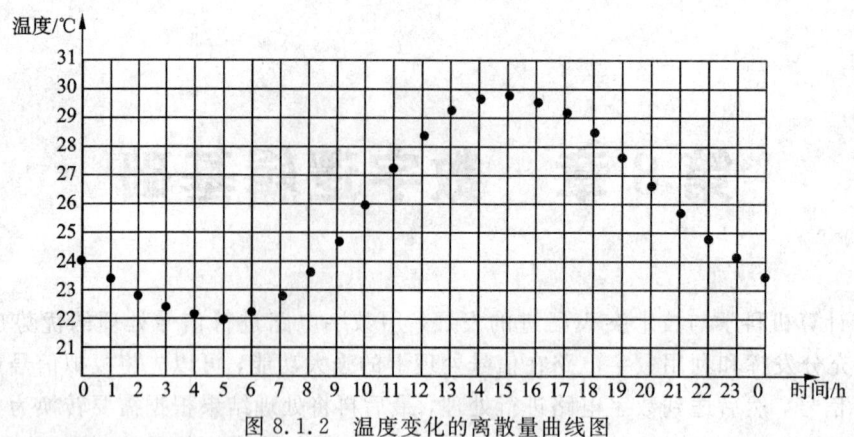

图 8.1.2　温度变化的离散量曲线图

8.1.2　数字波形

数字波形是逻辑电平对时间的图形表示。通常，将只有两个离散值的波形称为脉冲波形，在这一点上脉冲波形与数字波形是一致的，只不过数字波形用逻辑电平表示，而脉冲波形用电压值表示而已。

与模拟波形的定义相同，数字波形也有周期性和非周期性之分，如图 8.1.3 所示。

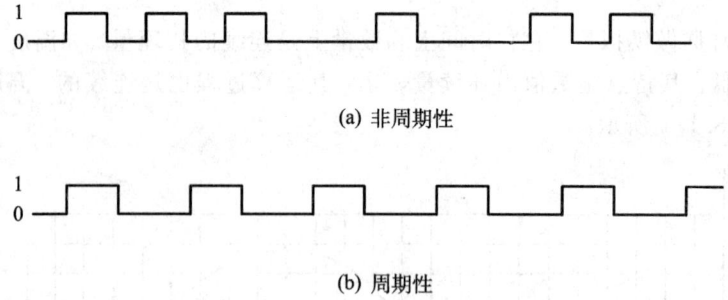

(a) 非周期性

(b) 周期性

图 8.1.3　数字波形

周期性数字波形同样用周期 T 或频率 f 来描述，而脉冲波形的频率常称为脉冲重复率。脉冲波形的参数如下：

(1) 脉冲宽度 t_w：表示脉冲作用的时间。

(2) 占空比 q：表示脉冲宽度 t_w 占整个周期 T 的百分数，其表达式为 $q(\%) = \dfrac{t_w}{T} \times 100\%$。

图 8.1.4 所示为周期性数字波形及其周期、频率、脉冲宽度和占空比。

在实际数字系统中，数字波形不能立即上升或下降，而要经历一段时间，因此，有必要定义上升时间 t_r 和下降时间 t_f。图 8.1.4 所示的数字波形是理想的，通常认为它的 t_r 和 t_f 均为 0。实际的数字波形是非理想的，它的 t_r 和 t_f 均为有限值，如图 8.1.5 所示。

脉冲波形上升时间的定义是从脉冲波形幅值的 $10\% \sim 90\%$ 所经历的时间。脉冲波形的下降时间则相反，即从脉冲幅值的 90% 下降到 10% 所经历的时间。t_r 和 t_f 的典型值约为几纳秒(ns)，视不同类型的器件和电路而异。脉冲宽度的定义是脉冲幅值为 50% 时前后两个时间点所跨越的时间。

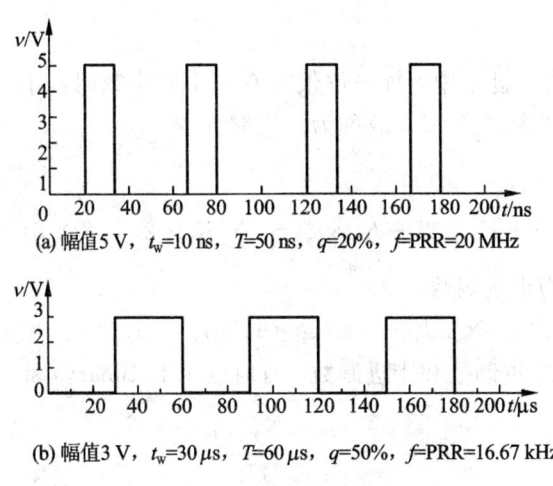

(a) 幅值 5 V，t_w=10 ns，T=50 ns，q=20%，f=PRR=20 MHz

(b) 幅值 3 V，t_w=30 μs，T=60 μs，q=50%，f=PRR=16.67 kHz

图 8.1.4　周期性数字波形

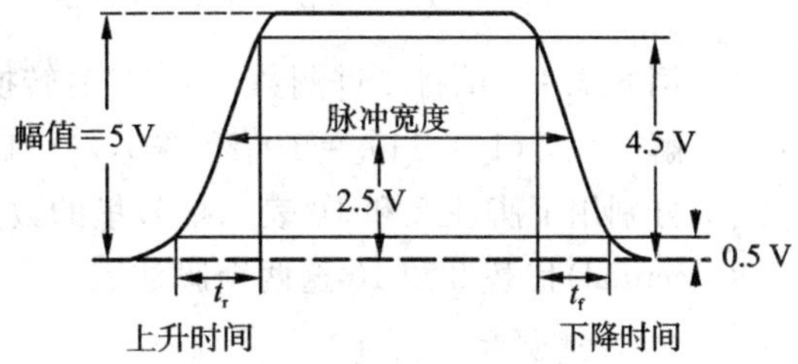

图 8.1.5　非理想脉冲波形

8.2　数 制 和 码 制

8.2.1　进位计数制

数字电路经常遇到的技术问题是：人们在日常生活中，习惯于用十进制数，而在数字系统中，例如数字计算机中，多采用二进制数，有时也采用八进制或十六进制数。这就需要进行数制之间的相互转换。在讲述数制之前，必须先说明以下几个概念。

・基数——在某种数制中，允许使用的数字符号的个数，称为这种数制的基数。

・系数——任一种 N 进制中，第 i 位的数字符号 K_i，称为第 i 位的系数。

・权——任一种 N 进制中，N^i 称为第 i 位的权。

1. 几种常用数制

1）十进制

在十进制中，每一位有 0～9 十个数码，计数的基数是 10。超过 9 的数必须用多位数表示，其中低位和相邻高位之间的关系是"逢十进一"，故称为十进制。

十进制数的权展开式：任意一个十进制数都可以表示为各个数位上的数码与其对应的权的乘积之和，称为位权展开式，展开形式如下所示：

$$[M]_{10} = K_{n-1} \times 10^{n-1} + K_{n-2} \times 10^{n-2} + \cdots + K_1 \times 10^1 + K_0 \times 10^0 = \sum_{i=0}^{n-1} K_i \times 10^i \qquad (8.2.1)$$

如：

$$[3574]_{10} = 3 \times 10^3 + 5 \times 10^2 + 7 \times 10^1 + 4 \times 10^0$$

$$[125.04]_{10} = 1 \times 10^2 + 2 \times 10^1 + 5 \times 10^0 + 0 \times 10^{-1} + 4 \times 10^{-2}$$

从计数电路的角度来看，采用十进制是不方便的。因为构成计数电路的基本思路是把电路的状态与数码对应起来，而十进制的十个数码，必须由十个不同的而且能严格区分的电路状态与之对应，这样将在技术上带来许多困难，而且也不经济，因此在计数电路中一般不直接采用十进制。

2）二进制

二进制在目前数字电路中应用最广泛。在二进制中，每一位仅有 0 和 1 两个数码，计数的基数是 2。低位和相邻高位之间的关系是"逢二进一"，故称为二进制。

二进制数的权展开式：

$$[M]_2 = K_{n-1} \times 2^{n-1} + K_{n-2} \times 2^{n-2} + \cdots + K_1 \times 2^1 + K_0 \times 2^0 = \sum_{i=0}^{n-1} K_i \times 2^i \qquad (8.2.2)$$

例 8.2.1　试将二进制数 $(101.11)_2$ 转换为十进制数。

解　　　$(101.11)_2 = 1 \times 2^2 + 0 \times 2^1 + 1 \times 2^0 + 1 \times 2^{-1} + 1 \times 2^{-2} = (5.75)_{10}$

式中分别用下脚注 2 和 10 表示括号里的数是二进制数和十进制数。有时也用 B(Binary) 和 D(Decimal) 代替 2 和 10 这两个脚注。

3）八进制和十六进制

在八进制中，每一位有 0～7 八个不同的数码，计数的基数是 8。低位和相邻高位之间的关系是"逢八进一"。

任意一个八进制数可以利用按权展开式计算出与之等效的十进制数值。例如：

$$(37.5)_8 = 3 \times 8^1 + 7 \times 8^0 + 5 \times 8^{-1} = (31.625)_{10}$$

十六进制数的每一位有十六个不同的数码，分别用 0～9、A(10)、B(11)、C(12)、D(13)、E(14)、F(15) 表示。例如：

$$(2A.7F)_{16} = 2 \times 16^1 + 10 \times 16^0 + 7 \times 16^{-1} + 15 \times 16^{-2} = (42.4960937)_{10}$$

式中下脚注 16 表示括号里的数是十六进制数，有时也可以用 H(Hexadecimal) 代替这个脚注。

2. 几种进制间的对应关系

十进制、二进制、八进制和十六进制间的对应关系如表 8.2.1 所示。

表 8.2.1　几种进制间的对应关系

十进制	二进制	八进制	十六进制	十进制	二进制	八进制	十六进制
0	0000	0	0	8	1000	10	8
1	0001	1	1	9	1001	11	9
2	0010	2	2	10	1010	12	A
3	0011	3	3	11	1011	13	B
4	0100	4	4	12	1100	14	C
5	0101	5	5	13	1101	15	D
6	0110	6	6	14	1110	16	E
7	0111	7	7	15	1111	17	F

8.2.2　数值之间的转换

1. 非十进制转化为十进制

非十进制转化为十进制的方法是：把各个非十进制数按位权展开求和即可。

例 8.2.2　分别将 $(1011)_2$、$(136)_8$、$(32C)_{16}$ 转换为十进制数。

解　　　　　$(1011)_2 = 1 \times 2^3 + 0 \times 2^2 + 1 \times 2^1 + 1 \times 2^0 = (11)_{10}$

　　　　　　　　$(136)_8 = 1 \times 8^2 + 3 \times 8^1 + 6 \times 8^0 = (94)_{10}$

$$(32C)_{16} = 3 \times 16^2 + 2 \times 16^1 + 12 \times 16^0 = (632)_{10}$$

2. 十进制数转化为其他进制数

十进制数转换为其他进制的方法分为整数和小数部分。

(1) 整数部分转换采用除基取余法。即把十进制整数 D 转换成 N 进制数的步骤如下：

① 将 D 除以新进位制基数 N，记下所得的商和余数。

② 将上一步所得的商再除以 N，记下所得商和余数。

③ 重复步骤②，直到商为 0。

④ 将各个余数转换成 N 进制的数码，并按照和运算过程相反的顺序把各个余数排列起来，即为 N 进制的数。

(2) 小数部分转换采用乘基取整法。即把十进制的纯小数 D 转换成 N 进制数的步骤如下：

① 将 D 乘以新进位制基数 N，记下整数部分。

② 将上一步乘积中的小数部分再乘以 N，记下整数部分。

③ 重复步骤②，直到小数部分为 0 或者满足精度要求为止。

④ 将各步求得的整数转换成 N 进制的数码，并按照和运算过程相同的顺序排列起来，即为所求的 N 进制数。

例 8.2.3　将十进制数 $(342.6875)_{10}$ 分别转换为二进制数、八进制数、十六进制数。

解　(1) 先进行整数部分的转换，如下所示：

2	342		
2	171	…	0
2	85	…	1
2	42	…	1
2	21	…	0
2	10	…	1
2	5	…	0
2	2	…	1
2	1	…	0
	0	…	1

8	342		
8	42	…	6
8	5	…	2
	0	…	5

16	342		
16	21	…	6
16	1	…	5
	0	…	1

故整数部分的转换结果为 $(342)_{10} = (101010110)_2 = (526)_8 = (156)_{16}$。

(2) 再进行小数部分的转换，如下所示：

	0.6875		
×	2		
	1.3750	…	1
	0.3750		
×	2		
	0.7500	…	0
×	2		
	1.5000	…	1
	0.5000		
×	2		
	1.0000	…	1

	0.6875		
×	8		
	5.5000	…	5
	0.5000		
×	8		
	4.000	…	4

	0.6875		
×	16		
	11.0000	…	11

$(11)_{10} = (B)_{16}$

故小数部分的转换结果为 $(0.6875)_{10} (0.1011)_2 = (0.54)_8 = (0.B)_{16}$，最后将整数部分与小数部分的转换结果相加即可。若小数部分的转换不能用有限位数实现准确的转换，转换后的小数位可根据转换精度确定位数。

3. 二进制与八进制之间的转换

二进制与八进制之间由于正好满足 2^3 关系，故转换十分方便。

1) 二进制转换为八进制

方法：根据它们在数位上的对应关系，将二进制数分别转换成八进制。每三位一组构成一位八进制数。整数部分从最低位开始，小数部分从最高位开始，每三位二进制一组，当最后一组不够三位时，应在整数部分的左侧和小数部分的右侧添加"0"，凑足三位。

例 8.2.4 将二进制数$(110111.111011001)_2$转换为八进制数。

解 $(110,111.111,011,001)_2 = (67.731)_8$

2) 将八进制数转换为二进制数

方法：将一位八进制数用三位二进制数表示即可。

例 8.2.5 将八进制数$(375.236)_8$转换为二进制数。

解 $(375.236)_8 = (001,111,101.010,011,110)_2$

4. 二进制与十六进制之间的转换

1) 二进制数转换为十六进制数

方法：根据它们在数位上的对应关系，将二进制数分别转换成十六进制，每四位一组构成一位十六进制数。整数部分从最低位开始，小数部分从最高位开始，每四位二进制一组，当最后一位不够四位时，应在整数部分的左侧和小数部分的右侧添加"0"，凑足四位。

例 8.2.6 将二进制数$(1111101.01001111)_2$转换为十六进制数。

解 $(111,1101.0100,1111)_2 = (7D.4F)_{16}$

2) 十六进制数转换为二进制数

方法：将一位十六进制数用四位二进制数表示即可。

8.2.3 二进制编码

在日常生活中通常习惯使用十进制，而计算机硬件是基于二进制的，因此需要用二进制编码表示十进制的 0～9 十个码元，即 BCD（Binary Coded Decimal）码。至少要用四位二进制数才能表示 0～9，因为四位二进制有 16 种组合。现在的问题是要在 16 种组合中选出 10 个，分别表示 0～9，故不同的组合将构成不同的 BCD 码。

表 8.2.2　BCD 码

编码种类 十进制数	有权码			无权码	
	8421 码	5421 码	2421 码	余 3 码	BCD 格雷码
0	0000	0000	0000	0011	0000
1	0001	0001	0001	0100	0001
2	0010	0010	0010	0101	0011
3	0011	0011	0011	0110	0010
4	0100	0100	0100	0111	0110
5	0101	1000	1011	1000	0111
6	0110	1001	1100	1001	0101
7	0111	1010	1101	1010	0100
8	1000	1011	1110	1011	1100
9	1001	1100	1111	1100	1101

由表 8.22 可见，用四位自然二进制码中的前十个码字来表示十进制数码，因各位的权值依次为 8、4、2、1，故称 8421BCD 码；5421 码的权值依次为 5、4、2、1；2421 码的权值

依次为 2、4、2、1；余 3 码由 8421 码加 0011 得到；格雷码是一种循环码，其特点是任何相邻的两个码字，仅有一位代码不同，其他位相同。

8.3　逻辑代数基础

8.3.1　逻辑的相关概念

1. 逻辑和逻辑值

所谓逻辑，是指事物的前因和后果所遵循的规律。当两个二进制数码表示不同的逻辑状态时，它们之间可以按照指定的某种因果关系进行推理运算，这种运算称为逻辑运算。

正逻辑就是用"1"表示条件满足或事件发生；用"0"表示条件不满足或事件没有发生。负逻辑就是用"0"表示条件满足或事件发生；用"1"表示条件不满足或事件没有发生。本书采用正逻辑。应该注意的是，逻辑值"1"和"0"与二进制数字"1"和"0"是完全不同的概念，它们不表示数量的大小，而是表示不同的逻辑状态。

2. 逻辑代数

逻辑代数是按一定的逻辑关系进行运算的代数，是分析和设计数字电路的数学工具。逻辑代数是一种二值代数系统，任何逻辑变量的取值范围仅是"0"和"1"两个值。

3. 逻辑变量和逻辑函数

逻辑变量：如果一个事物的发生与否具有排中性，即只有完全对立的两种可能性，则可将其定义为一个逻辑变量。

逻辑函数：若一个逻辑问题的条件和结果均具有逻辑特性，则可分别用条件逻辑变量和结果逻辑变量表示，通常称结果逻辑变量为条件逻辑变量的函数。

8.3.2　逻辑代数中的基本运算

在逻辑代数中有或、与、非三种基本逻辑运算，这三种基本逻辑运算的开关模拟电路图如图 8.3.1 所示。运算是一种函数关系，它可以用文字描述，亦可以用逻辑表达式描述，还可以用表格或图形来描述。描述逻辑关系的表格为真值表。下面分别讨论三种基本的逻辑运算。

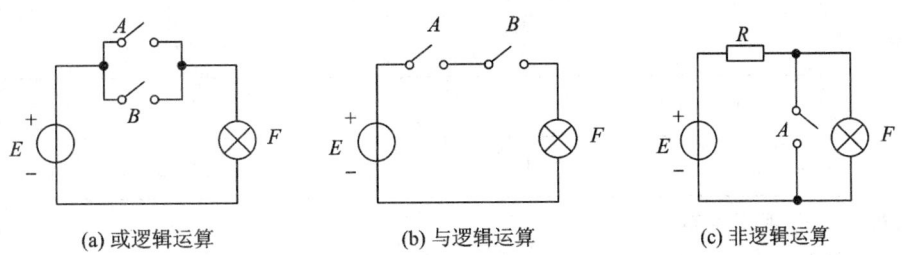

(a) 或逻辑运算　　　　　　(b) 与逻辑运算　　　　　　(c) 非逻辑运算

图 8.3.1　三种基本逻辑运算的开关模拟电路图

1. 或运算——逻辑加

有一个事件，当决定该事件的诸变量中只要有一个存在，该件事就会发生，这样的因果关系称为"或"逻辑关系，也称为逻辑加，或者称为或运算、逻辑加运算。

例如在如图 8.3.1(a)所示电路中，灯 F 亮这个事件由两个条件决定，当开关 A 与 B 中有一个闭合时，灯 F 就亮。因此灯 F 与开关 A 与 B 满足或逻辑关系，表示为

$$F = A + B \tag{8.3.1}$$

读成"F 等于 A 或 B"，或者"F 等于 A 加 B"。

若以 A、B 表示开关的状态，"1"表示开关闭合，"0"表示开关断开；以 F 表示灯的状态，"1"表示灯亮，"0"表示灯灭，则根据逻辑关系得到表 8.3.1，该表称为真值表。真值表是反映逻辑变量(A、B)与函数(F)因果关系的数学表达形式。

表 8.3.1　或逻辑真值表及运算规则

变 量		或逻辑	或逻辑运算规则
A	B	$A+B$	
0	0	0	$0+0=0$
0	1	1	$0+1=1$
1	0	1	$1+0=1$
1	1	1	$1+1=1$

这里必须注意的是 $1+1=1$。

2. 与运算——逻辑乘

有一个事件，当决定该事件的诸变量中必须全部存在，该件事才会发生，这样的因果关系称为"与"逻辑关系。例如在如图 8.3.1(b)所示电路中，当开关 A 与 B 都闭合时，灯 F 才亮，因此它们之间满足与逻辑关系。与逻辑也称为逻辑乘，其真值表如表 8.3.2 所示，逻辑表达式为

$$F = A \cdot B \tag{8.3.2}$$

读成"F 等于 A 与 B"，或"A 乘 B"。"与"逻辑和"或"逻辑的输入变量不一定只有两个，可以有多个。

表 8.3.2　与逻辑真值表及运算规则

变 量		与逻辑	与逻辑运算规则
A	B	AB	
0	0	0	$0 \cdot 0=0$
0	1	0	$0 \cdot 1=0$
1	0	0	$1 \cdot 0=0$
1	1	1	$1 \cdot 1=1$

3. 非运算——非逻辑关系

当一事件的条件满足时，该事件不会发生，而条件不满足时，该事件才会发生，这样的因果关系称为"非"逻辑关系。例如在如图 8.3.1(c)所示电路中，当开关 A 断开时，灯 F 才亮，因此它们之间满足非逻辑关系。真值表见表 8.3.3。逻辑表达式为

$$F = \overline{A} \tag{8.3.3}$$

读成"F 等于 A 非"。

表 8.3.3　非逻辑真值表及运算规则

变量	非逻辑	非逻辑运算规则
A	$\overline{A}$	
0	1	$\overline{0}=1$
1	0	$\overline{1}=0$

　　在实际应用中，与、或、非逻辑运算的实现由与之对应的基本单元电路来完成，通常把它们称为与门、或门和非门，可以用相应的逻辑符号来表示，如图 8.3.2 所示。

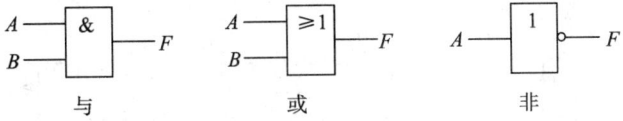

图 8.3.2　与、或、非的逻辑符号

　　前面已经学习了三种最基本的逻辑运算：逻辑与、逻辑或和逻辑非，利用这三种基本逻辑运算，可以解决所有的逻辑运算问题，因此它们构成了逻辑运算的"完备逻辑集"。即任何一个逻辑问题都可以用与、或、非运算的组合来实现。

　　在处理复杂的逻辑问题时，通常可以用与、或、非之间的不同组合构成复合逻辑运算，也就出现了相应的复合门电路。常见的复合门电路有与非门、或非门、与或非门、异或门和同或门电路等。

4. 与非门电路

　　与非门电路相当于一个与门和一个非门的组合，可完成以下逻辑表达式的运算：

$$F = \overline{A \cdot B} \tag{8.3.4}$$

　　与非门电路用如图 8.3.3 所示的逻辑符号表示，通过对与非门所完成的运算分析可知，与非门的逻辑功能是：只有当所有的输入端都是高电平时，输出端才是低电平；而输入端只要有低电平，输出必为高电平。

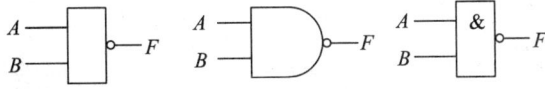

图 8.3.3　与非门的逻辑符号

5. 或非门电路

　　或非门电路相当于一个或门和一个非门的组合，可完成以下逻辑表达式的运算：

$$F = \overline{A + B} \tag{8.3.5}$$

　　或非门电路用如图 8.3.4 所示的逻辑符号表示。通过对或非门所完成的运算分析可知，或非门的逻辑功能是：只有当所有的输入端都是低电平时，输出端才是高电平；而输入端只要有高电平，输出必为低电平。

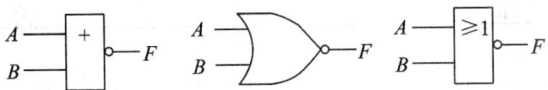

图 8.3.4　或非门的逻辑符号

6. 与或非门电路

与或非门电路相当于两个与门、一个或门和一个非门的组合，可完成以下逻辑表达式的运算：

$$F = \overline{AB + CD} \tag{8.3.6}$$

与或非门电路用如图 8.3.5 所示的逻辑符号表示。通过对与或非门所完成的运算分析可知，与或非门的逻辑功能是：由于 A、B 之间以及 C、D 之间都是与运算关系，故只要 A、B 或 C、D 任何一组同时为 1，输出 F 就是 0；只有当每一组输入都不全是 1 时，输出 F 才是 1。与或非门电路也可以由多个与门和一个或门、一个非门组合而成，从而具有更强的逻辑运算功能。

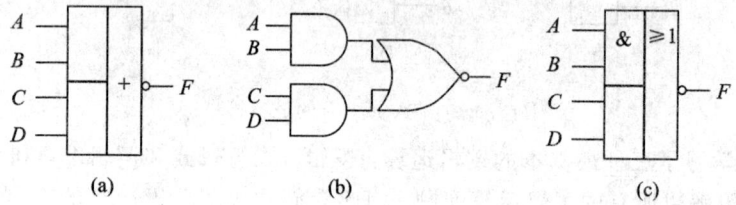

图 8.3.5　与或非门的逻辑符号

7. 异或门电路

异或门电路可以完成逻辑异或运算，运算符号用"⊕"表示。异或运算的逻辑表达式为

$$F = A \oplus B \tag{8.3.7}$$

由对异或运算的规则分析可得出结论：当两个变量取值相同时，运算结果为 0；当两个变量取值不同时，运算结果为 1。如推广到多个变量异或时，当变量中 1 的个数为偶数时，运算结果为 0；1 的个数为奇数时，运算结果为 1。

异或门电路用如图 8.3.6 所示的逻辑符号表示，表 8.3.4 说明逻辑表达式：$F = A\overline{B} + \overline{A}B$ 也可完成异或运算。所以异或运算也可以用与、或、非运算的组合完成。

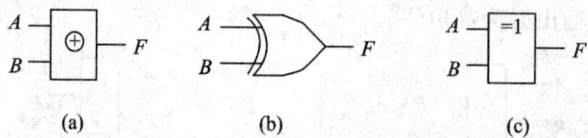

图 8.3.6　异或门的逻辑符号

表 8.3.4　异或运算真值表

A	B	$F = A \oplus B$	$F = A\overline{B} + \overline{A}B$
0	0	0	0
0	1	1	1
1	0	1	1
1	1	0	0

8. 同或门电路

同或门电路可以完成逻辑同或运算，运算符号用"⊙"表示。同或运算的逻辑表达式为

$$F = A \odot B \tag{8.3.8}$$

同或运算的规则正好和异或运算相反，同或门电路用如图 8.3.7 所示的逻辑符号表示。

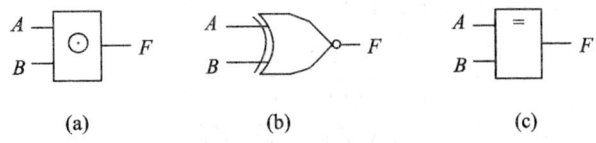

(a)　　　　　　　　　(b)　　　　　　　　(c)

图 8.3.7　同或门的逻辑符号

8.3.3　逻辑代数的基本公式和常用公式

表 8.3.5 给出了逻辑代数的基本公式。这些公式也称为布尔恒等式。

表 8.3.5　逻辑代数的基本公式

或运算	$A+0=A,\ A+1=1,\ A+A=A,\ A+\overline{A}=1$
与运算	$A \cdot 0=0,\ A \cdot 1=A,\ A \cdot A=A,\ A \cdot \overline{A}=0$
还原律	$\overline{\overline{A}}=A$
交换律	$A+B=B+A,\ A \cdot B=B \cdot A$
结合律	$(A+B)+C=A+(B+C),\ (A \cdot B) \cdot C=A \cdot (B \cdot C)$
分配律	$A \cdot (B+C)=A \cdot B+A \cdot C,\ A+B \cdot C=(A+B)(A+C)$
反演律（德·摩根定律）	$\overline{A+B}=\overline{A} \cdot \overline{B},\ \overline{A \cdot B}=\overline{A}+\overline{B}$

反演律公式可以推广到多个变量：

$$\overline{A+B+C\cdots}=\overline{A} \cdot \overline{B} \cdot \overline{C}\cdots$$

$$\overline{A \cdot B \cdot C\cdots}=\overline{A}+\overline{B}+\overline{C}+\cdots$$

这些基本定律可以直接利用真值表证明，如果等式两边的真值表相同，则等式成立。

8.3.4　逻辑代数的三个基本定理

1. 代入定理

任何一个含有变量 A 的等式，如果将所有出现 A 的位置都用同一个逻辑函数代替，则等式仍然成立，这个规则称为代入定理。

例如，在 $B \cdot (A+C)=BA+BC$ 中将所有出现 A 的地方都代以函数 $A+D$，则等式仍成立，即得

$$B \cdot [(A+D)+C]=B(A+D)+BC=BA+BD+BC$$

2. 反演定理

对于任何一个逻辑表达式 F，如果将表达式中的所有"·"换成"＋"，"＋"换成"·"，"0"换成"1"，"1"换成"0"，原变量换成反变量，反变量换成原变量，那么所得到的表达式就是函数 F 的反函数 $\overline{F}$（或称补函数）。这个规则称为反演定理。

在使用反演定理时，还需注意遵守以下两个规则：

（1）仍需遵守"先括号、然后乘、最后加"的运算优先次序。

（2）不属于单个变量上的反号应该保留不变。

例 8.3.1　已知 $F = \overline{A} \cdot \overline{B} + CD$，求 $\overline{F}$。

解　根据反演定律可写出：

$$\overline{F} = \overline{\overline{A}\,\overline{B} + CD}$$
$$= (A + B)(\overline{C} + \overline{D})$$

3. 对偶定理

对偶的概念为：在一个逻辑函数式 F 中，实行加乘互换，"0"、"1"互换，得到的新的逻辑式记为 F^D，则称 F^D 为 F 的对偶式（注意原反不能互换）。

对偶规则为：有一逻辑等式，将等号两边进行对偶变换，所得到的新的逻辑式仍然相等。

显然对对偶式 F^D 再求对偶，应该得到原函数 F，即

$$(F^D)^D = F \tag{8.3.9}$$

用对偶规则去观察基本公式，发现"与"和"或"、"与或型"和"或与型"的公式存在对偶关系。这样在记忆基本公式时，只需记住基本公式的一半，而另一半按对偶规则即可求出。

8.4　逻辑函数及其表示方法

8.4.1　逻辑函数

如果以逻辑变量作为输入，以运算结果作为输出，当输入变量的取值确定之后，输出的取值便随之而定。输出与输入之间的函数关系称为逻辑函数，写做：

$$F = f(A, B, C, \cdots)$$

由于变量和输出（函数）的取值只有 0 和 1 两种状态，故 F 是二值逻辑函数。

任何一件具体的因果关系都可以用一个逻辑函数来描述。例如，图 8.4.1 所示的一个举重裁判电路，可以用一个逻辑函数描述它的逻辑功能。比赛规定在一名主裁判和两名副裁判中，必须有两人以上（而且必须包括主裁判）认定运动员的动作合格，试举才算成功。开关 A 由主裁判控制，开关 B 和 C 分别由两名副裁判控制。运动员举起杠铃后，裁判认为动作合格就合上开关，否

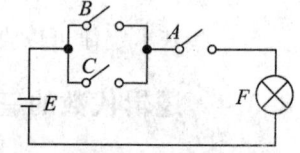

图 8.4.1　举重裁判电路

则不合。显然指示灯 F 的状态（亮与暗）是开关 A、B、C 状态（合上与断开）的函数。

若以 1 表示开关闭合，0 表示开关断开；以 1 表示灯亮，以 0 表示灯暗，则指示灯 F 是开关 A、B、C 的二值逻辑函数，即

$$F = f(A, B, C)$$

8.4.2　逻辑函数的表示方法

逻辑函数除用文字描述以外，还有五种描述形式：真值表、逻辑函数式、卡诺图、逻辑图和波形图。在此先介绍真值表、逻辑函数式、逻辑图和波形图，卡诺图将在 8.5 节中详细介绍。

1. 真值表

真值表：将输入变量各种可能的取值组合及其对应的输出函数值排列在一起而组成的表格。

例如：用真值表表示一个举重裁判电路的逻辑关系(设有三个裁判 A、B、C)。

分析：输入变量 A、B、C 对应三个裁判，个人认为通过，取值为"1"，否则，为"0"；输出变量 F 对应举重结果，结果通过，取值为"1"，否则，为"0"。则可列出所有可能的情况，得到的真值表见表 8.4.1。

表 8.4.1　举重裁判电路的真值表

A	B	C	F	A	B	C	F
0	0	0	0	1	0	0	0
0	0	1	0	1	0	1	1
0	1	0	0	1	1	0	1
0	1	1	0	1	1	1	1

优点：直观明了，便于将实际逻辑问题抽象成数学表达式。

缺点：难以用公式和定理进行运算和变换；变量较多时，列函数真值表较繁琐。

2. 逻辑函数式

将输出与输入之间的逻辑关系写成与、或、非等运算的组合式，就得到了所需的逻辑函数式。

对于每一个逻辑函数式都对应一种逻辑电路。而同一个逻辑函数式又有多种不同的表达形式。

例如：

$$F = AC + \overline{A}B = AC + BC + \overline{A}A + \overline{A}B（冗余定理、互补律）$$
$$= (A + B)(\overline{A} + C)$$
$$= \overline{\overline{A + B} + \overline{\overline{A} + C}} \leftarrow \overline{\overline{(A + B)(\overline{A} + C)}} \qquad （还原律、摩根定律）$$
$$= \overline{\overline{AC} + \overline{\overline{A}B}} = \overline{\overline{(A + B)(\overline{A} + C)}}$$
$$= AC(B + \overline{B}) + \overline{A}B(C + \overline{C}) \qquad （用互补律配项）$$

3. 逻辑图

逻辑图：用基本逻辑单元和逻辑部件的逻辑符号构成的变量流程图。

例如：要画出表达式 $F = AB + BC + AC$ 对应的逻辑电路图，只要用逻辑运算的图形符号代替表达式中的代数运算符号便可得到如图 8.4.2 所示的逻辑图。

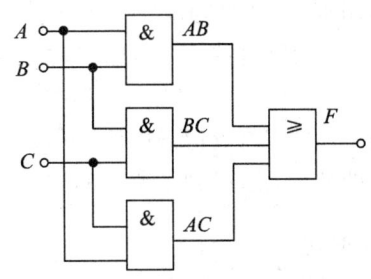

图 8.4.2　表达式 $F = AB + BC + AC$ 的逻辑图

优点：最接近实际电路。

缺点：不能直接进行运算和变换；所表示的逻辑关系不直观。

4. 波形图

如果将逻辑函数输入变量的每一种可能出现的取值与对应的输出值按时间顺序依次排列起来，就得到表示该函数的波形图，例如：已知 A、B 的波形如图 8.4.3 所示，画出 $F＝AB$ 的波形。

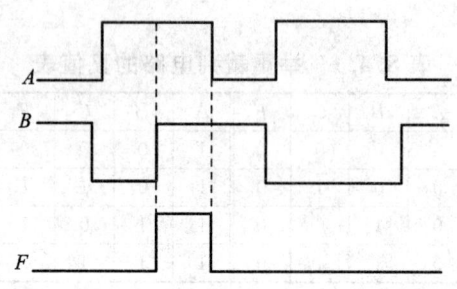

图 8.4.3　表达式 $F＝AB$ 的波形图

5. 各种表示方法间的相互转换

既然同一个逻辑函数可以用不同的方法来描述，那么各方法之间必然能相互转换。

1）真值表与逻辑函数式的相互转换

由真值表写出逻辑函数式的一般方法如下：

（1）找出真值表中使逻辑函数 $F＝1$ 的那些输入变量取值的组合。

（2）每组输入变量取值的组合对应一个乘积项，其中取值为 1 的写入原变量，取值为 0 的写入反变量。

（3）将这些乘积项相加，即得 F 的逻辑函数式。

由逻辑函数式列出真值表只需把输入变量取值的所有组合状态逐个代入逻辑式中求出函数值，列表即可得到真值表。

2）逻辑函数式与逻辑图的相互转换

从给定的逻辑函数式转换为相应的逻辑图时，只要用图形符号代替逻辑函数式中的逻辑运算符号并按运算优先顺序将它们连接起来，就可以得到所求的逻辑图。

从给定的逻辑图转换为相应的逻辑函数式时，只要从逻辑图的输入端到输出端逐级写出每个图形符号的输出逻辑式，就可以在输出端得到所求的逻辑函数式。

3）波形图与真值表的相互转换

在从已知的逻辑函数波形图求对应的真值表时，首先需要从波形图上找出每个时间段里输入变量与函数输出的取值，然后将这些输入、输出取值对应列表，就得到了所求的真值表。

在将真值表转换为波形图时，只需将真值表中所有的输入变量与对应的输出变量取值依次排列画出以时间为横坐标的波形，就得到了所求的波形图。

8.4.3　逻辑函数的标准与或式

先介绍一下最小项的含义。

定义：在 n 变量的逻辑函数中，如果 m 为包含 n 个因子的乘积项，而且这 n 个变量均以原变量或反变量的形式在 m 中出现一次，则称 m 是 n 个变量的最小项。简单地说，最小项就是包含全部变量组合的与项。

例如：$\overline{A}\,\overline{B}\,\overline{C}$、$\overline{A}\,\overline{B}C$、$\overline{A}B\,\overline{C}$、$\overline{A}BC$、$A\,\overline{B}\,\overline{C}$、$A\,\overline{B}C$、$AB\,\overline{C}$、$ABC$ 就是三个变量的最小项组合，共 8 个（即 2^3 个）。所以 n 变量的最小项应该有 2^n 个。

为了分析最小项的性质，给出了三个变量的所有最小项的真值表，如表 8.4.2 所示。

最小项的性质：

（1）在输入变量的任何取值下必有一个最小项，而且仅有一个最小项的值等于 1。

（2）任意两个不同最小项之积恒为 0。

（3）全体最小项的逻辑和恒为 1。

（4）两个逻辑相邻的最小项之和可以合并为一项，从而消去一对因子。

表 8.4.2　三变量最小项真值表

A	B	C	$\overline{A}\,\overline{B}\,\overline{C}$	$\overline{A}\,\overline{B}C$	$\overline{A}B\overline{C}$	$\overline{A}BC$	$A\overline{B}\,\overline{C}$	$A\overline{B}C$	$AB\overline{C}$	ABC
0	0	0	1	0	0	0	0	0	0	0
0	0	1	0	1	0	0	0	0	0	0
0	1	0	0	0	1	0	0	0	0	0
0	1	1	0	0	0	1	0	0	0	0
1	0	0	0	0	0	0	1	0	0	0
1	0	1	0	0	0	0	0	1	0	0
1	1	0	0	0	0	0	0	0	1	0
1	1	1	0	0	0	0	0	0	0	1

在输入变量的任何取值下必有一个最小项，而且仅有一个最小项的值等于 1；例如，在三个变量 A、B、C 的最小项中，当 $A=B=1$、$C=0$ 时，$AB\overline{C}=1$。如果把 $AB\overline{C}$ 的取值 110 看做一个二进制数，那么它所代表的十进制数就是 6。为了便于使用方便，将 $AB\overline{C}$ 这个最小项记作 m_6。按照这一约定，就得到了三变量最小项的编号表，如表 8.4.3 所示。

表 8.4.3　三变量最小项的编号表

最小项	取值 ABC	对应十进制数	编号
$\overline{A}\,\overline{B}\,\overline{C}$	000	0	m_0
$\overline{A}\,\overline{B}C$	001	1	m_1
$\overline{A}B\overline{C}$	010	2	m_2
$\overline{A}BC$	011	3	m_3
$A\overline{B}\,\overline{C}$	100	4	m_4
$A\overline{B}C$	101	5	m_5
$AB\overline{C}$	110	6	m_6
ABC	111	7	m_7

若两个最小项只有一个因子不同，则称这两个最小项具有逻辑相邻性。例如，$\overline{A}\,\overline{B}C$ 和 $\overline{A}BC$ 具有逻辑相邻性，这两个最小项相加时定能合并成一项并将一对不同因子消去：

$$\overline{A}\,\overline{B}C+\overline{A}BC=\overline{A}C(\overline{B}+B)=\overline{A}C$$

8.5　逻辑函数的化简

8.5.1　公式化简法

所谓公式法化简，就是应用前面介绍的基本定理消去逻辑函数表达式中多余的乘积项和因子，以求得逻辑函数的最简与或式或者逻辑函数的最简或与式。

公式化简法没有固定的步骤。现将经常使用的几种方法归纳如下：

(1) 并项法：利用 $A+\overline{A}=1$，将两项合并为一项，并消去 A 和 $\overline{A}$ 一对因子。

(2) 吸收法：利用 $A+AB=A$，可将 AB 项消去。

(3) 消因子法：利用 $A+\overline{A}B=A+B$，可将 $\overline{A}B$ 中的 $\overline{A}$ 消去。

(4) 消项法：利用 $AB+\overline{A}C+BC=AB+\overline{A}C$，可将多余的 BC 项消去。

(5) 配项法：利用 $A+A=A$ 将一项变为两项，或者利用冗余定理增加冗余项，然后(配项)寻找新的组合关系进行化简。

消项法与吸收法类似，都是消去一个多余项。只是前者运用冗余定理，后者利用吸收律。

由于逻辑函数的表达式通常多以与或式给出，函数的其他表达形式又可以通过转换来得到与或的形式。所以在此只针对与或式的公式化简方法。通过具体例题来说明化简方法。在化简中若遇到或与式时，可以利用对偶规则，将或与式转换为与或式。化简完成后，再利用对偶规则转换为或与式(原函数的最简式)。

例 8.5.1　试化简逻辑函数 $F_1=A\overline{B}+ACD+\overline{A}\,\overline{B}+\overline{A}CD$。

解
$$\begin{aligned}F_1&=A\overline{B}+ACD+\overline{A}\,\overline{B}+\overline{A}CD\\&=A(\overline{B}+CD)+\overline{A}(\overline{B}+CD)\\&=\overline{B}+CD\end{aligned}$$

例 8.5.2　化简逻辑函数 $F_2=A\overline{B}+A\overline{B}D+BC$。

解
$$F_2=A\overline{B}(1+D)+BC=A\overline{B}+BC$$

公式化简法的关键是看对公式的熟练程度和灵活、交替的综合运用技巧。化简的实质就是要找出最小项之间的相邻关系，由于公式化简法不形象直观，很容易漏掉一些相邻关系，使得化简结果不能做到最简。下面介绍的卡诺图化简法可以弥补公式化简法的不足。

8.5.2　卡诺图化简法

1. 卡诺图

所谓卡诺图，就是将逻辑函数的所有最小项用相应的小方格表示，并将此 2^n 个小方格排列起来，使它们在几何位置上具有相邻性，在逻辑上也是相邻的。卡诺图是由美国工程师卡诺(Karnaugh)首先提出的。

图 8.5.1 给出了二到五变量最小项的卡诺图。二变量卡诺图：有 $2^2=4$ 个最小项，因此有四个方格，外标的 1 和 0 分别表示变量本身和它的反变量。三变量卡诺图：有 $2^3=8$ 个最小项，如图 8.5.1(b)所示。四变量、五变量的卡诺图分别有 $2^4=16$ 和 $2^5=32$ 个最小项，

分别如图 8.5.1(c)、(d)所示。

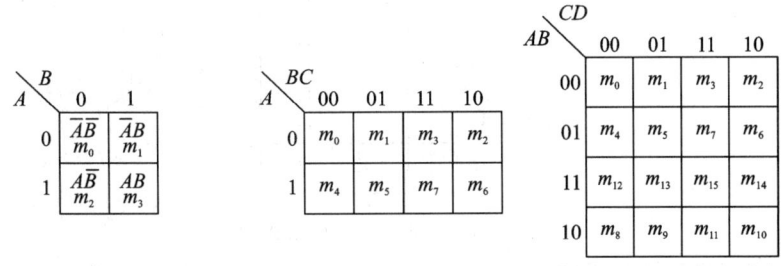

(a) 二变量最小项的卡诺图 (b) 三变量最小项的卡诺图 (c) 四变量最小项的卡诺图

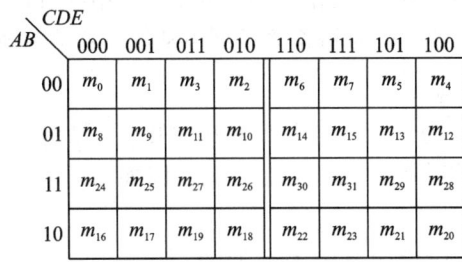

(d) 五变量最小项的卡诺图

图 8.5.1 二到五变量最小项的卡诺图

由图 8.5.1 可见,卡诺图的构成特点如下:

(1) 图中小方格数为 2^n,其中 n 为变量数。

(2) 图形两侧标注了变量取值,它们的数值大小就是相应方格所表示的最小项的编号。

(3) 变量取值顺序按格雷码排列,使具有逻辑相邻性的最小项在几何位置上也相邻。故在图 8.5.1 中可以看到,相邻的两个最小项仅有一个变量是不同的。

(4) 处于卡诺图上下及左右两端、四个顶角的最小项都具有相邻性。因此,从几何位置上可把卡诺图看成上下、左右封闭的图形。

(5) 在变量数大于、等于 5 以后已经不能直观地用平面上的几何相邻表示逻辑相邻,此时,以中轴左右对称位置上的最小项也满足逻辑相邻性。

实际上,当变量数超过四以后,卡诺图将失去直观性的优点。

2. 已知逻辑函数画卡诺图

先将函数化为最小项之和的形式,再画出与函数的变量数对应的卡诺图,在图中找到与函数所对应的最小项方格并填入"1",其余的填入"0"。也就是说,任何一个逻辑函数都等于它在卡诺图中填入"1"的那些最小项之和。

例 8.5.3 将 $F = \overline{A}\,\overline{B}CD + \overline{A}B\overline{D} + ACD + A\overline{B}$ 用卡诺图表示。

解 将 F 化为最小项之和的形式:

$$F = \overline{A}\,\overline{B}CD + \overline{A}BC\overline{D} + \overline{A}B\overline{C}\,\overline{D} + ABCD + A\overline{B}CD$$
$$+ A\overline{B}C\overline{D} + A\overline{B}\,\overline{C}D + A\overline{B}\,\overline{C}\,\overline{D}$$
$$= m_1 + m_4 + m_6 + m_8 + m_9 + m_{10} + m_{11} + m_{15}$$

将上式用卡诺图表示出来,如图 8.5.2 所示。

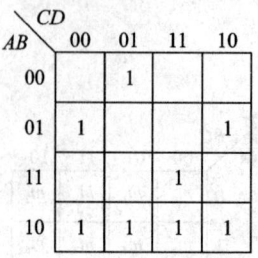

图 8.5.2　例 8.5.3 的卡诺图

3. 用卡诺图化简逻辑函数

卡诺图化简逻辑函数的原则是根据具有相邻性的最小项可以合并，并消去一对不同因子得到的。而在卡诺图中，最小项的相邻关系可以从图形中直观地反映出来。

1) 合并最小项的原则

两个相邻最小项可合并为 1 项，消去 1 对相异因子，保留相同因子。在图 8.5.3(a)、(b)中画出了两个最小项相邻的几种可能情况。例如，图 8.5.3(b)中 $\overline{A}BC\,\overline{D}\,(m_6)$ 和 $\overline{A}BCD\,(m_7)$ 相邻，故可合并为

$$\overline{A}BC\,\overline{D}+\overline{A}BCD=\overline{A}BC(\overline{D}+D)=\overline{A}BC$$

四个相邻最小项可合并为 1 项，并消去两对相异因子，保留相同因子。例如在图 8.5.3(d)中 $\overline{A}B\overline{C}D\,(m_5)$、$\overline{A}BCD\,(m_7)$、$AB\overline{C}D\,(m_{13})$、$ABCD\,(m_{15})$ 相邻，故可合并，合并后得到：

$$\overline{A}B\overline{C}D+\overline{A}BCD+AB\overline{C}D+ABCD=\overline{A}BD(C+\overline{C})+ABD(C+\overline{C})$$
$$=BD(A+\overline{A})$$
$$=BD$$

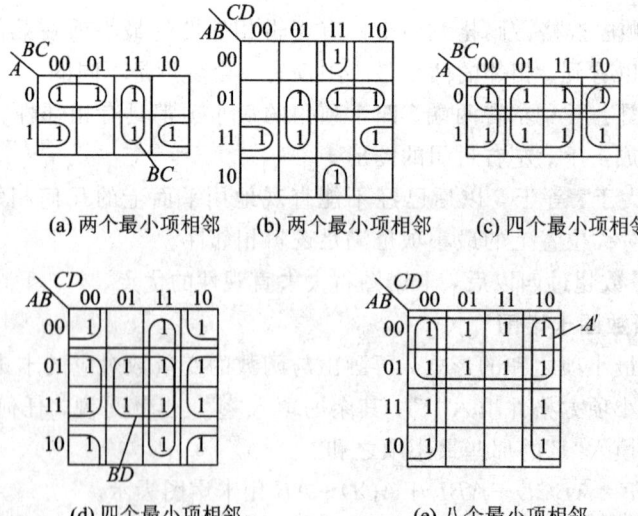

(a) 两个最小项相邻　　(b) 两个最小项相邻　　(c) 四个最小项相邻

(d) 四个最小项相邻　　　　(e) 八个最小项相邻

图 8.5.3　最小项相邻的几种情况

八个相邻最小项可合并为一项，消去三对相异因子，保留相同因子。所以，符合几何相邻的 $2^i\,(i=1,2,3,\cdots,n)$ 个小方格合并在一起构成一个"卡诺圈"，消去 i 个变量，而用含 $(n-i)$ 个变量的乘积项表示该圈。

2）卡诺图化简函数的步骤

（1）将逻辑函数化为最小项之和的形式。

（2）画出表示该逻辑函数的卡诺图。

（3）按照合并规律合并最小项，画卡诺圈圈住全部"1"方格。

（4）选取化简后的乘积项，将其相或。

3）画卡诺圈的原则

（1）每个圈内相邻的最小项为 1 的个数必须是 2^i（$i=0,1,2,\cdots$）个。

（2）每个圈内为 1 的最小项可以多次被圈，但圈内至少有一个为 1 的最小项未被圈过。

（3）圈的范围应尽可能大些。

（4）所有为 1 的最小项必须圈完。

例 8.5.4　将 $F=ABC+ABD+A\overline{C}D+\overline{C}D+A\overline{B}C+\overline{A}C\overline{D}$ 化简为最简与或式。

解　先画出卡诺图；然后找出可以合并的最小项，圈成卡诺圈。由图 8.5.4 可见，两个卡诺圈所对应的 A 和 $\overline{D}$ 重复包含了 m_8、m_{10}、m_{12} 和 m_{14} 这四个最小项。但根据 $A+A=A$ 可知，在合并最小项的过程中重复使用函数式中的最小项，有利于得到更简化的化简结果。

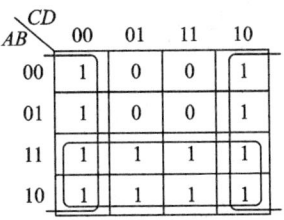

图 8.5.4　例 8.5.4 的卡诺图

需要补充说明一点，以上例题是通过合并卡诺图中的 1 来求得简化结果的。但有时也可以通过合并卡诺图中的 0 先求得 $\overline{F}$ 的简化结果，然后再将 $\overline{F}$ 求反而得到 F。

8.6　具有无关项的逻辑函数及其化简

8.6.1　逻辑函数中的无关项

逻辑问题一般分为完全描述和非完全描述两种。

1. 完全描述的逻辑函数

对应于变量的每一组取值，函数都有定义，即在每一组变量取值下，函数 F 都有确定的值，不是"1"就是"0"。简而言之，逻辑函数与每个最小项均有关，这类问题称为完全描述问题。

2. 非完全描述的逻辑函数

在实际的逻辑问题中，还会遇到变量的某些取值组合将使函数没有意义，或者是变量之间具有一定的制约关系。这类问题称为非完全描述。即逻辑函数只与部分最小项有关，而与另一些最小项无关。

与逻辑函数无关的最小项称为任意项。与逻辑函数具有制约关系的最小项称为约束项。任意项和约束项统称为逻辑函数式中的无关项。"无关"是指是否把这些最小项写入逻辑式已无关紧要。

8.6.2　含无关项的逻辑函数的化简方法

在化简具有无关项的逻辑函数时，若能合理地利用无关项，可以使函数的化简结果更简单。在逻辑函数的化简过程中，加入（或去掉）无关项，应使化简后的项数最少，每项因子最少。从卡诺图上直观地看，加入无关项的目的是为了使矩形圈最大，矩形组合数最少。

例 8.6.1　将 1 含有约束项的函数化为最简与或式：

$$\begin{cases} F(A, B, C, D) = \overline{A}C\overline{D} + \overline{A}B\,\overline{C}\,\overline{D} + A\,\overline{B}\,\overline{C}\,\overline{D} \\ \text{约束条件：} AB + AC = 0 \end{cases}$$

解　用观察法将 F 式所含 1 项及约束条件对应的"×"项填入卡诺图中，如图 8.6.1 所示，然后进行分析。

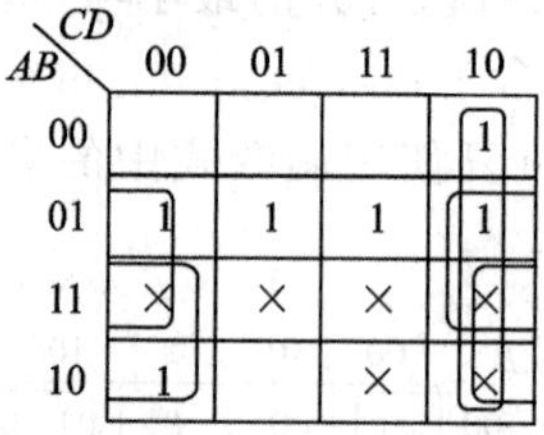

图 8.6.1　例 8.6.1 函数 F 卡诺图化简

若不利用约束项，则只有 (m_2, m_6)，(m_4, m_6) 可合并，则化简结果应写为

$$\begin{cases} F(A, B, C, D) = \overline{A}C\overline{D} + \overline{A}B\,\overline{D} + A\,\overline{B}\,\overline{C}\,\overline{D} \\ \text{约束条件：} AB + AC = 0 \end{cases}$$

若利用约束项，则可按图 8.6.1 所示画圈，结果为

$$\begin{cases} F(A, B, C, D) = C\overline{D} + B\,\overline{D} + A\,\overline{D} \\ \text{约束条件：} AB + AC = 0 \end{cases}$$

显然，利用约束项比不利用约束项更加简单，这是合理利用约束项的好处。

习　　题

8.1　将下列十进制数转换为二进制、十六进制数：

(1) $(43)_{10}$；(2) $(127)_{10}$；(3) $(254.25)_{10}$；(4) $(2.718)_{10}$。

8.2　将下列二进制转换为十进制：

(1) $(01101)_2$；(2) $(0.101101)_2$；(3) $(1001.0101)_2$。

8.3　求函数 $F = AB + \overline{A}\overline{B}$ 的反函数。

8.4　用公式将下列函数化简为最简"与或"式。

(1) $F = \overline{A}\overline{B} + (AB + A\overline{B} + \overline{A}B)C$；

(2) $F = AB + \overline{A}C + \overline{B}C$；

(3) $F = AB + \overline{A}\overline{B}C + BC$；

(4) $F = \overline{A}B + \overline{A}C + \overline{B}C + AD$。

8.5　已知某公司有三位股东，A 握有 50% 的股票，B 掌握 20% 的股票，C 掌握 30% 的股票。三位股东议事时每位均可以选择"赞成"或"反对"两种态度中的一种，但议案决议的情况，需按股票百分数情况自动生成并以"通过"、"否决"还是"平局"表示出来，请用真值表、函数式、逻辑图、波形图描述本逻辑问题。

8.6　用卡诺图将下列函数化为最简"与或"式。

(1) $F = \sum m^3(0,1,2,4,5,7)$；

(2) $F = \sum m^4(0,1,2,3,4,6,7,8,9,11,15)$；

(3) $F = \sum m^4(3,4,5,7,9,13,14,15)$；

(4) $F = \sum m^4(2,3,6,7,8,10,12,14)$；

(5) $F = \sum m^5(4,6,12,14,20,22,28,30)$。

8.7　将下列具有无关项的逻辑函数化为最简"与或"式。

(1) $F_1(A,B,C) = \sum m(0,1,2,4) + \sum d(5,6)$

(2) $F_2(A,B,C) = \sum m(1,2,4,7) + \sum d(3,6)$

(3) $F_3(A,B,C,D) = \sum m(3,5,6,7,10) + \sum d(14,15)$

(4) $F_4(A,B,C,D) = \sum m(2,3,7,8,11,14) + \sum d(0,5,10,15)$

第 9 章　　数字集成门电路

逻辑门电路是指能够实现各种基本逻辑关系的电路,简称"门电路"或逻辑元件。最基本的门电路是与门、或门和非门。利用与、或、非门就可以构成各种逻辑门。在逻辑电路中,逻辑事件的是与否用电路电平的高、低来表示。若用 1 代表低电平、0 代表高电平,则称为负逻辑。

9.1　数字集成电路

集成电路(Integrated Circuit)是一种微型电子器件或部件。它采用一定的工艺,把一个电路中所需的晶体管、二极管、电阻、电容和电感等元件及布线互连在一起,制作在一小块或几小块半导体晶片或介质基片上,然后封装在一个管壳内,成为具有所需电路功能的微型结构;其中所有元件在结构上组成了一个整体,使电子元件实现了微小型化、低功耗和高可靠性。大多数应用芯片都是基于硅材料的集成电路。

9.1.1　集成电路的制造技术类型

世界上生产最多、使用最多的集成电路为半导体集成电路。而半导体数字集成电路(以下简称数字集成电路)主要分为 TTL、CMOS 和 ECL 三大类。

ECL(Emitter Coupled Logic)和 TTL(Transistor-Transistor Logic)为双极型集成电路,基本元器件为双极型半导体器件,其主要特点是速度快、带负载能力强,但功耗较大、集成度较低。其中 TTL 电路的性能价格比最佳,故应用最广泛。

MOS 电路为单极型集成电路,又称为 MOS 集成电路,它采用金属-氧化物半导体场效应管(Metal Oxide Semi-conductor Field Effect Transistor,MOSFET)制造,其主要特点是结构简单,制造方便,集成度高,功耗低,但速度较慢。MOS 集成电路又分为 P 沟道金属氧化物半导体(P-channel Metal Oxide Semiconductor,PMOS)、N 沟道金属氧化物半导体(N-channel Metal Oxide Semiconductor,NMOS)和复合互补金属氧化物半导体(Complement Metal Oxide Semiconductor,CMOS)等类型。

MOS 电路中应用最广泛的为 CMOS 电路,它与 TTL 电路一起成为数字集成电路中两大主流产品。CMOS 数字集成电路主要分为 4000 系列(4500 系列)、54HC/74HC 系列、54HCT/74HCT 系列等,实际上这三大系列之间的引脚功能和排列顺序是相同的,只是某些参数不同而已。例如,74HC4017 与 CD4017 为功能相同和引脚排列相同的电路,前者的工作速度高,工作电源电压低。4000 系列中目前最常用的是 B 系列,它采用了硅栅工艺和双缓冲输出结构。

9.1.2　集成电路的分装类型

1. DIP 双列直插式封装

DIP(DualIn-line Package)是指采用双列直插形式封装的集成电路芯片,绝大多数中小规模集成电路(IC)均采用这种封装形式,其引脚数一般不超过 100 个。如图 9.1.1 所示,采用 DIP 封装的 CPU 芯片有两排引脚,需要插入到具有 DIP 结构的芯片插座上。当然,也可以直接插在有相同焊孔数和几何排列的电路板上进行焊接。DIP 封装的芯片在从芯片插座上插拔时应特别小心,以免损坏引脚。

图 9.1.1　DIP 双列直插式封装

双列直插式集成电路的识别标记多为半圆形凹口,有的用金属封装标记或凹坑标记。这类集成电路的引脚排列方式也是从标记开始,沿逆时针方向依次为 1、2、3、…,如图 9.1.2 所示。

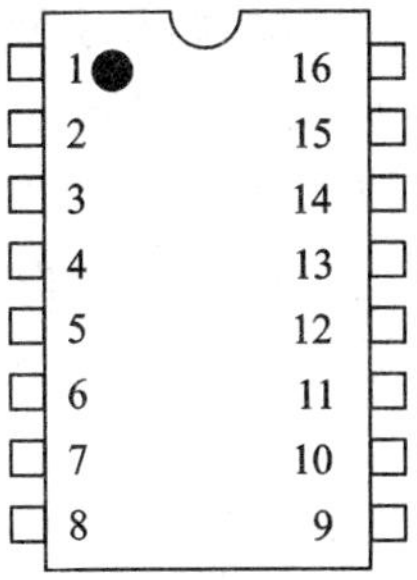

```
 ┌─┐   ┌───┌⌒┐──┐   ┌─┐
 └─┘  1 ●         16  └─┘
 ┌─┐   2          15  ┌─┐
 └─┘   3          14  └─┘
 ┌─┐   4          13  ┌─┐
 └─┘   5          12  └─┘
 ┌─┐   6          11  ┌─┐
 └─┘   7          10  └─┘
 ┌─┐   8           9  ┌─┐
 └─┘   └──────────┘   └─┘
```

图 9.1.2　双列直插式集成电路的识别标记图

Intel 系列 CPU 中的 8088 就采用这种封装形式,缓存(Cache)和早期的内存芯片也是这种封装形式。

2. SIP 单列直插式封装

SIP(Single-in-line Package)封装并无一定形态,就芯片的排列方式而言,SIP 可为多芯片模块(Multi-chip Module,MCM)的平面式 2D 封装,也可再利用 3D 封装结构,以有效缩减封装面积。而其内部接合技术可以是单纯的打线接合(Wire Bonding),亦可使用覆晶接合(Flip Chip),也可二者混用。除了 2D 与 3D 的封装结构外,另一种以多功能性基板整合组件的方式也可纳入 SIP 的涵盖范围。此技术主要是将不同组件内藏于多功能基板中,亦可视为 SIP 的概念,达到功能整合的目的。

不同的芯片排列方式与不同的内部接合技术搭配,使 SIP 的封装形态产生多样化的组合,并可依照客户或产品的需求加以定制化或弹性生产。

单列直插型集成电路的识别标记有的用倒角,有的用凹坑。这类集成电路引脚的排列方式也是从标记开始,从左向右依次为 1、2、3、…,如图 9.1.3 所示。

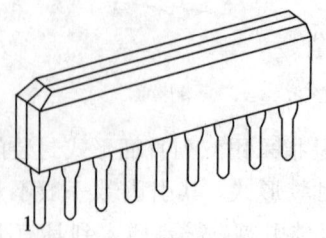

图 9.1.3　SIP 单列直插式封装

3. SOP 表面焊接式封装

SOP(Small Out-line Package)是一种很常见的元器件形式。图 9.1.4 所示为表面贴装型封装之一，引脚从封装两侧引出呈海鸥翼状(L 字形)。材料有塑料和陶瓷两种。

图 9.1.4　SOP 表面焊接式封装

4. QFP 塑料方型扁平式封装和 PFP 塑料扁平组件式封装

QFP(Plastic Quad Flat Package)封装的芯片引脚之间距离很小，管脚很细，一般大规模或超大型集成电路都采用这种封装形式，其引脚数一般在 100 个以上。用这种形式封装的芯片必须采用 SMD(表面安装设备技术)将芯片与主板焊接起来。采用 SMD 安装的芯片不必在主板上打孔，一般在主板表面上有设计好的相应管脚的焊点。将芯片各脚对准相应的焊点，即可实现与主板的焊接。用这种方法焊上去的芯片，如果不用专用工具是很难拆卸下来的。

扁平型封装的集成电路多为双列型，这种集成电路为了识别管脚，一般在端面一侧有一个类似引脚的小金属片，或者在封装表面上有一色标或凹口作为标记。其引脚排列方式是：从标记开始，沿逆时针方向依次为 1、2、3、…，如图 9.1.5 所示。但应注意，有少量的扁平封装集成电路的引脚是顺时针排列的。

图 9.1.5　QFP 塑料方型扁平式封装和 PFP 塑料扁平组件式封装

Intel 系列 CPU 中，80286、80386 和某些 486 主板采用这种封装形式。

5. PGA 插针网格阵列封装

PGA(Pin Grid Array Package)芯片封装形式在芯片的内外有多个方阵形的插针，每个方阵形插针沿芯片的四周间隔一定距离排列。如图 9.1.6 所示，根据引脚数目的多少，可以围成 2~5 圈。安装时，将芯片插入专门的 PGA 插座。为使 CPU 能够更方便地安装和拆卸，从 486 芯片开始，出现一种名为 ZIF 的 CPU 插座，专门用来满足 PGA 封装的 CPU 在安装和拆卸上的要求。

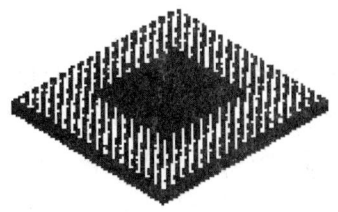

图 9.1.6　PGA 插针网格阵列封装

Intel 系列 CPU 中，80486 和 Pentium、Pentium Pro 均采用这种封装形式。

6. BGA 球栅阵列封装

随着集成电路技术的发展，对集成电路的封装要求更加严格，大多数的高脚数芯片(如图形芯片与芯片组等)皆转而使用 BGA(Ball Grid Array Package)封装技术，如图 9.1.7 所示。BGA 一出现便成为 CPU、主板上南/北桥芯片等高密度、高性能、多引脚封装的最佳选择。

图 9.1.7　BGA 球栅阵列封装

总之，由于 CPU 和其他超大型集成电路的不断发展，集成电路的封装形式也不断作出相应的调整变化，而封装形式的进步又将反过来促进芯片技术向前发展。

9.1.3　集成电路的规模类型

集成电路一般是在一块厚 0.2~0.5 mm、面积约为 0.5 mm^2 的 P 型硅片上通过平面工艺制作成的。这种硅片(称为集成电路的基片)上可以做出包含十个(或更多)集二极管、电阻、电容和连接导线为一体的电路。与分立元器件相比，集成电路元器件有以下特点：

(1) 单个元器件的精度不高，受温度影响也较大，但在同一硅片上用相同工艺制造出来的元器件性能比较一致，对称性好，相邻元器件的温度差别小，因而同一类元器件温度特性也基本一致。

(2) 集成电阻及电容的数值范围窄，数值较大的电阻、电容占用硅片面积大。所以集成电阻一般在几十欧~几十千欧范围内，电容一般为几十皮法。电感目前不能集成。

(3) 元器件性能参数的绝对误差比较大，而同类元器件性能参数的比值比较精确。

(4) 纵向 NPN 管的 β 值较大，占用硅片面积小，容易制造。而横向 PNP 管的 β 值很小，但其 PN 结的耐压高。

根据集成电路规模的大小，数字集成电路通常分为小规模集成电路(SSI)、中规模集成电路(MSI)、大规模集成电路(LSI)和超大规模集成电路(VLSI)。

1) 小规模集成电路（Small Scale Integration，SSI）

小规模集成电路通常指含逻辑门个数小于 10（或含元件数小于 100）的电路，可实现基本逻辑门的集成。

2) 中规模集成电路（Medium Scale Integration，MSI）

中规模集成电路通常指含逻辑门数为 10～99（或含元件数为 100～999）的电路，可实现功能部件的集成，如数据选择器、数据分配器、译码器、编码器、加法器、乘法器、比较器、寄存器和计数器。

3) 大规模集成电路（Large Scale Integration，LSI）

大规模集成电路通常指含逻辑门数为 1000～9999（或含元件数为 1000～99 999）的电路，在一个芯片上集合 1000 个以上电子元件的集成电路，可实现子系统集成。

4) 超大规模集成电路（Very Large Scale Integration，VLSI）

超大规模集成电路通常指含逻辑门数大于 10 000（或含元件数大于 100 000）的电路，可实现大型存储器、大型微处理器等复杂系统的集成。

9.2 几种 TTL 门电路

9.2.1 TTL 反相器

TTL 集成逻辑门电路的输入和输出结构均采用半导体三极管，所以称晶体管-晶体管逻辑门电路，简称 TTL 电路。

在这里简单介绍 TTL 反相器的电路及工作原理，重点掌握其特性曲线和主要参数。

1. TTL 反相器分析

1) TTL 反相器的基本电路

带电阻负载的 BJT 反相器的动态性能不理想。因而，在保持逻辑功能不变的前提下，可以另外加若干元器件以改善其动态性能，如减少由于 BJT 基区电荷存储效应和负载电容所引起的延时。这需改变反相器输入电路和输出电路的结构，以形成 TTL 反相器的基本电路。电路组成如图 9.2.1 所示。

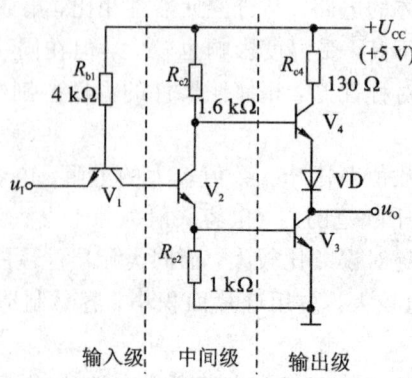

图 9.2.1　TTL 反相器基本电路

2）TTL 反相器的工作原理

这里主要分析 TTL 反相器的逻辑关系，并估算电路中有关各点的电压，以得到简单的定量概念。

（1）当输入为高电平，$u_I = 3.6$ V 时，电源 U_{CC} 通过 R_{b1} 和 V_1 的集电结向 V_2、V_3 提供基极电流，使 V_2、V_3 饱和，输出为低电平，$u_O = 0.2$ V。此时 $U_{B1} = U_{BC1} + U_{BE2} + U_{BE3} = (0.7 + 0.7 + 0.7)$V $= 2.1$ V。

可见，V_1 的发射结处于反向偏置，而集电结处于正向偏置。所以 V_1 处于发射结和集电结倒置使用的放大状态。由于 V_2 和 V_3 饱和，$U_{C3} = 0.2$ V，同时可估算出 U_{C2} 的值：$U_{C2} = U_{CE2} + U_{B3} = (0.2 + 0.7)$V $= 0.9$ V。

此时，$U_{B4} = U_{C2} = 0.9$ V，则作用于 V_4 的发射结和二极管 VD 的串联支路的电压为 $U_{C2} - u_O = (0.9 - 0.2)$V $= 0.7$ V，显然，V_4 和 VD 均截止，实现了反相器的逻辑关系：输入为高电平时，输出为低电平。

（2）当输入为低电平，且 $U_I = 0.2$ V 时，V_1 的发射结导通，其基极电压等于输入低电压加上发射结正向压降，即：$U_{B1} = (0.2 + 0.7)$V $= 0.9$ V。

此时 U_{B1} 作用于 V_1 的集电结和 V_2、V_3 的发射结上，使 V_2、V_3 都截止，输出为高电平。由于 V_2 截止，U_{CC} 通过 R_{c2} 向 V_4 提供基极电流，致使 V_4 和 VD 导通，其电流流入负载。输出电压为 $u_O = U_{CC} - U_{BE4} - U_D = (5 - 0.7 - 0.7)$V $= 3.6$ V。

同样也实现了反相器的逻辑关系：输入为低电平时，输出为高电平。

2. TTL 反相器的特性及参数

1）TTL 反相器的传输特性

图 9.2.2 所示为用折线近似的 TTL 反相器的传输特性曲线。传输特性由 4 条线段 AB、BC、CD 和 DE 所组成。

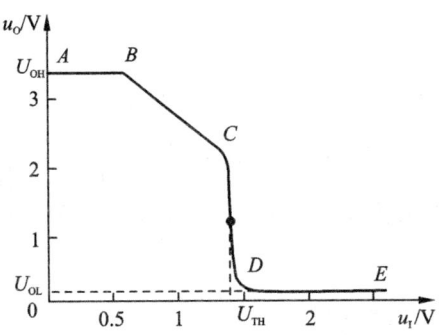

图 9.2.2　TTL 反相器传输特性曲线

AB 段：此时输入电压 u_I 很低，V_1 的发射结为正向偏置。在稳态情况下，V_1 饱和致使 V_2 和 V_3 截止，同时 V_4 导通。输出 $u_O = 3.6$ V 为高电平。

BC 段：当 u_I 的值大于 B 点的值时，由 V_1 的集电极向 V_2 的基极供给电流，但 V_1 仍保持饱和状态，这就需要使 V_1 的发射结和集电结均为正向偏置。在 BC 段内，V_2 对 u_I 的增量作线性放大，电压增量上 Δu_{c2} 通过 V_4 的电压跟随作用而使输出端形成输出电压的增量 $-(R_{c2}/R_{e2})\Delta u_{B2}$，且在一定范围内，有 $\Delta u_{B2} = \Delta u_I$，所以传输特性 BC 段的斜率为 $du_O/du_I = -R_{c2}/R_{e2} = -1.6$。必须注意到在 BC 段内，R_{e2} 上所产生的电压降还不足以使 V_3 的发射结正向偏置，V_3 仍维持截止状态。

CD 段：当 u_1 的值继续增加并超越 C 点，使 V_3 饱和导通，输出电压迅速下降至 $u_O \approx 0.2$ V。

DE 段：当 u_1 的值从 D 点再继续增加时，V_1 将进入倒置放大状态，保持 $u_O = 0.2$ V。至此，得到了 TTL 反相器的 $ABCDE$ 折线型传输特性。

2）TTL 反相器的主要参数

（1）输出高电平 U_{OH}：典型值为 3 V。

（2）输出低电平 U_{OL}：典型值为 0.3 V。

（3）开门电平 U_{ON}：在额定负载下，确保输出为标准低电平 U_{SL} 时的输入电平称为开门电平。一般要求 $U_{ON} \geqslant 1.8$ V。它是在保证输出为额定低电平的条件下，允许的最小输入高电平的数值。

（4）关门电平 U_{OFF}：关门电平是指输出电平上升到标准高电平 U_{SH} 时的输入电平。一般要求 $U_{OFF} \leqslant 0.8$ V。它是在保证输出为额定高电平的条件下，允许的最大输入低电平的数值。

（5）阈值电压 U_{TH}：电压传输特性曲线转折区中点所对应的 u_1 值称为阈值电压 U_{TH}（又称门槛电平）。通常 $U_{TH} \approx 1.4$ V。

（6）噪声容限（U_{NL} 和 U_{NH}）：噪声容限也称抗干扰能力，它反映门电路在多大的干扰电压下仍能正常工作。U_{NL} 和 U_{NH} 越大，电路的抗干扰能力越强。

3）TTL 反相器的输入、输出特性

（1）输入、输出特性。

为了正确地处理门电路与门电路之间、门电路与负载之间的连接问题，必须了解门电路输入端和输出端的伏安特性，即输入特性和输出特性。

① 输入特性。在 TTL 反相器电路中，如果仅仅考虑输入信号是高电平和低电平而不是某一个中间值的情况，可将输入端的等效电路画成如图 9.2.3 所示的形式。此时输入特性实际针对的是 V_1 管。

a. 输入低电平时的情况。

低电平输入（$U_{IL} \leqslant 0.8$ V）时的等效电路如图 9.2.3（a）所示。此时低电平输入电流 I_{IL} 较大，当 $U_{CC} = 5$ V，$U_{IL} = 0.2$ V 时，对应 $I_{IL} = \dfrac{U_{CC} - U_{BE1} - U_{IL}}{R_1} = \dfrac{5 - 0.9}{4} \approx 1$ mA。近似分析时，常用 I_{IS} 来代替。I_{IS} 表示输入端短路（$U_{IL} = 0$）时的电流。显然 I_{IS} 比 I_{IL} 稍大一点。一般产品规定 $I_{IL} < 1.6$ mA。

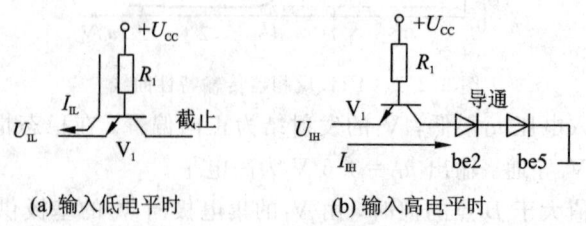

(a) 输入低电平时　　　　(b) 输入高电平时

图 9.2.3　输入端等效电路

b. 输入为高电平时的情况。

高电平输入（$U_{IH} \geqslant 2$ V）时的等效电路如图 9.2.3（b）所示。此时 V_1 管处于倒置工作状态，其 $\beta \approx 0$，高电平输入电流 I_{IH} 实际是 V_1 管发射结处于反偏时的漏电流，其值很小，为

μA 级。74 系列门电路的每个输入端的 $I_{IH} \leqslant 40~\mu$A。

③ 输出特性。

输出特性主要针对 V_3、V_4 管。门电路输出端的带负载能力用扇出系数来衡量,扇出系数定义为门电路所能驱动同类门的最大数目,用 N_O 表示。

a. 输出为低电平($U_O = U_{OL} \leqslant 0.4$ V)时的情况。

输出为低电平时输出端带负载的情形如图 9.2.4 所示,这时驱动门的 V_4 管截止,V_3 管导通。有电流从负载门的输入端灌入驱动门的 V_3 管,"灌电流"由此得名。

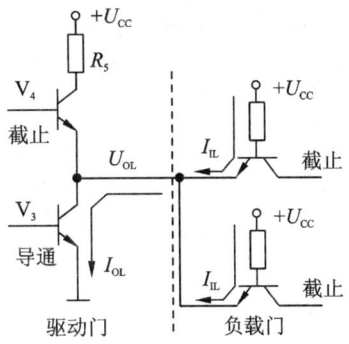

图 9.2.4　输出低电平时带负载的情形

灌电流的来源是负载门的低电平输入电流 I_{IL},很显然,负载门的个数增加,灌电流增大,此时驱动门低电平输出电流为

$$I_{OL} = N_1 \cdot I_{IL} \approx N_1 \cdot I_{IS}$$

式中,N_1 是低电平输出时对应负载门的数目。由于 V_3 管的导通电阻为 R_{ON},所以

$$U_{OL} = I_{OL} \cdot R_{ON}$$

为了保证 $U_{OL} \leqslant 0.4$ V,必须限制负载门的数目 N_1。

I_{OL} 是门电路的一个参数,产品规定 $I_{OL} = 16$ mA。由此可得出,输出低电平时所能驱动同类门的个数为

$$N_1 = \frac{I_{OL}}{I_{IL}} \tag{9.2.1}$$

N_1 称为输出低电平时的扇出系数。

b. 输出为高电平($U_O = U_{OH} \geqslant 2.4$ V)时的情况。

输出为高电平时输出端带负载的情形如图 9.2.5 所示,这时驱动门的 V_4 管导通,V_3 管截止。这时有电流从驱动门 V_4 流向负载门,即为"拉电流"。

拉电流与负载门的高电平输入电流 I_{IH} 相关,很显然,负载门的个数增加,拉电流增大,此时高电平输出电流为

$$I_{OH} = N_2 \cdot I_{IH}$$

式中,N_2 是高电平输出时对应负载门的数目。由于 V_4 管的导通电阻为 R_{ON},所以:

$$U_{OH} = U_{CC} - I_{OH} \cdot (R_5 + R_{ON}) = U_{CC} - N_2 I_{IH} \cdot (R_5 + R_{ON})$$

为了保证 $U_{OH} \geqslant 2.4$ V,必须限制负载门的数目 N_2。

I_{OH} 是门电路的一个参数,产品规定 $I_{OH} = 0.4$ mA。由此可得出,输出高电平时所能驱动同类门的个数为

$$N_2 = \frac{I_{OH}}{I_{IH}} \qquad\qquad (9.2.2)$$

N_2 称为输出高电平时的扇出系数。

一般 $N_1 \neq N_2$，常取两者中较小的值作为门电路总的扇出系数 N_O。

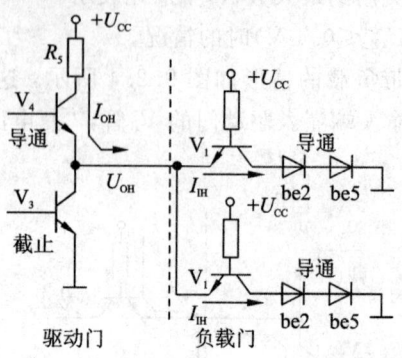

图 9.2.5　输出为高电平时输出端带负载的情形

（2）输入端负载特性。

在具体使用门电路时，有时需要在输入端与地之间或者输入端与信号的低电平之间接入电阻 R_P，如图 9.2.6 所示。

由图 9.2.6 可知，因为输入电流流过 R_P，这就必然会在 R_P 上产生压降而形成输入端电位 u_I。而且，R_P 越大，u_I 也越高。

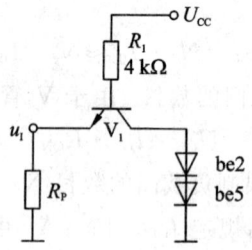

图 9.2.6　TTL 反相器输入端经电阻接地时的等效电路

由图 9.2.7 所示的曲线给出了 u_I 随 R_P 变化的规律，即输入端负载特性。由图可知：

$$u_I = \frac{R_P}{R_1 + R_P}(U_{CC} - u_{BE1}) \qquad\qquad (9.2.3)$$

式（9.2.3）表明，在 $R_P \ll R_1$ 的条件下，u_I 几乎与 R_P 成正比。但是当 u_I 上升到 1.4 V 以后，V_2 和 V_3 的发射结同时导通，将 u_{B1} 钳位在 2.1 V 左右，所以即使 R_P 再增大，u_I 也不会再升高了。这时 u_I 与 R_P 也就不再遵守式（9.2.3）的关系，特性曲线趋近于 $u_I = 1.4$ V 的一条水平线。

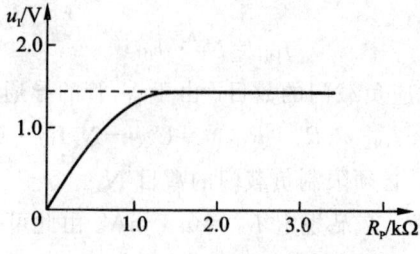

图 9.2.7　TTL 反相器输入端负载特性

　　TTL 门电路的输出高低电平不是一个固定值，而是一个范围。同样，它的输入高低电平也有一个范围，即 TTL 门电路的输入信号允许一定的容差，称为噪声容限。

　　在图 9.2.8 中，若门 G_1 输出为低电平，则门 G_2 输入也为低电平。如果由于某种干扰，使 G_2 的输入低电平高于 G_1 输出低电平的最大值 $U_{OL(max)}$，从电压传输特性曲线上看，只要这个值不大于 U_{OFF}，G_2 的输出电压仍大于 $U_{OH(min)}$，即逻辑关系仍是正确的。因此在输入低电平时，把关门电平 U_{OFF} 与 $U_{OL(max)}$ 之差称为低电平噪声容限，用 U_{NL} 来表示，即低电平噪声容限：

$$U_{NL} = U_{OFF} - U_{OL(max)} = 0.8 - 0.4 = 0.4 \text{ V} \tag{9.2.4}$$

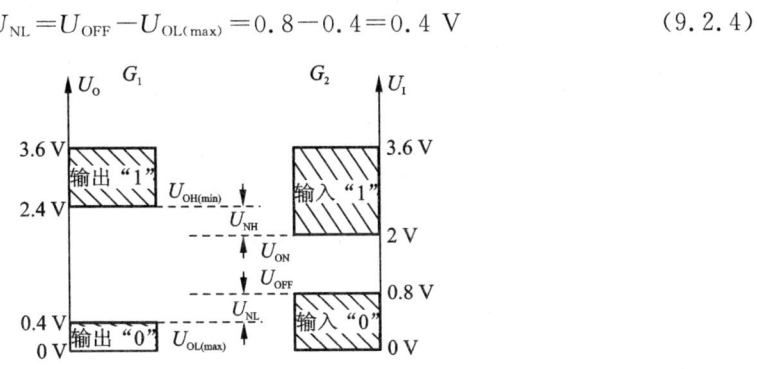

图 9.2.8　噪声容限图解

　　若门 G_1 输出为高电平，则门 G_2 输入也为高电平。如果由于某种干扰，使 G_2 的输入高电平低于 G_1 输出高电平的最小值 $U_{OH(min)}$，从电压传输特性曲线上看，只要这个值不小于 U_{ON}，G_2 的输出电压仍小于 $U_{OL(max)}$，逻辑关系仍是正确的。因此在输入高电平时，把 $U_{OH(min)}$ 与开门电平 U_{ON} 之差称为高电平噪声容限，用 U_{NH} 来表示，即高电平噪声容限：

$$U_{NH} = U_{OH(min)} - U_{ON} = 2.4 - 2.0 = 0.4 \text{ V} \tag{9.2.5}$$

　　噪声容限是用来说明门电路抗干扰能力大小的。高电平噪声容限的大小限制了门电路输入端所允许的最大负向干扰幅度。低电平噪声容限的大小限制了门电路输入端所允许的最大正向干扰幅度。所以，噪声容限越大，电路的抗干扰能力越强。

3. 常用 TTL 与非门集成电路

　　常用的 TTL 与非门集成电路有 7400 和 7420 等芯片，7400 是一种有四个二输入与非门的集成电路，7420 是有两个四输入与非门的集成电路，其引线端子如图 9.2.9 所示（未标注的端子为空端、U_{CC} 为电源端、GND 为接地端），其主要参数可查阅相关手册。

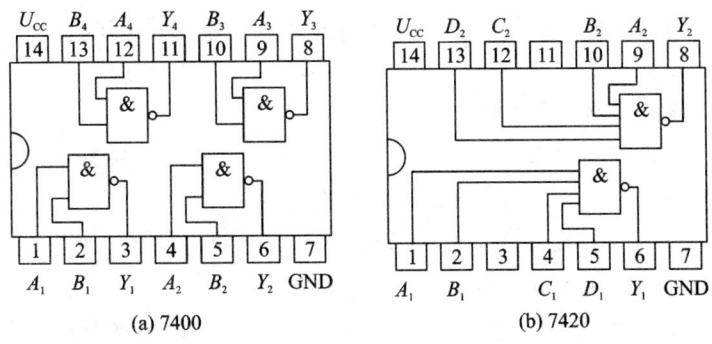

图 9.2.9　TTL 与非门外引线排列图

9.2.2　其他逻辑功能的 TTL 门电路

1. 与非门

基本 TTL 反相器不难改变成为多输入端的与非门。它的主要特点是在电路的输入端采用了多发射极的 BJT，TTL 集成与非门电路图及逻辑符号如图 9.2.10 所示。

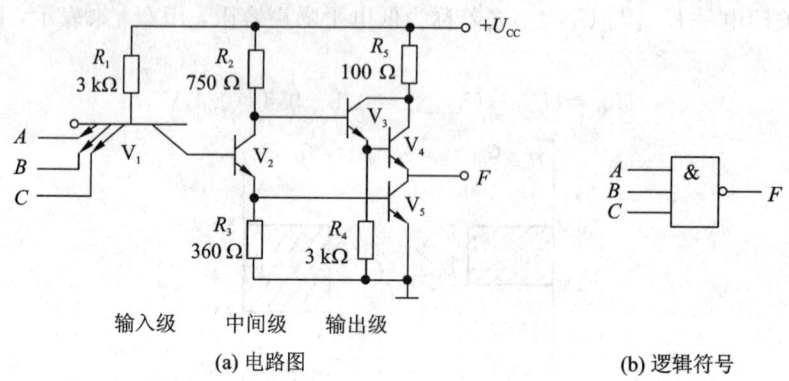

输入级　　　中间级　　　输出级

(a) 电路图　　　　　　　　　　　(b) 逻辑符号

图 9.2.10　TTL 集成与非门电路图及逻辑符号

工作原理：

（1）输入全部为高电平。当输入 A、B、C 均为高电平，即 $U_{IH} = 3.6$ V 时，V_1 的基极电位足以使 V_1 的集电结和 V_2、V_5 的发射结导通。而 V_2 的集电极压降可以使 V_3 导通，但它不能使 V_4 导通。V_5 由 V_2 提供足够的基极电流而处于饱和状态。因此输出为低电平：$U_O = U_{OL} = U_{CE5} \approx 0.3$ V。

（2）输入至少有一个为低电平。当输入至少有一个（A 端）为低电平，即 $U_{IL} = 0.3$ V 时，V_1 与 A 端连接的发射结正向导通，V_1 集电极电位 U_{C1} 使 V_2、V_5 均截止，而 V_2 的集电极电压足以使 V_3 和 V_4 导通。因此输出为高电平：$U_O = U_{OH} \approx U_{CC} - U_{BE3} - U_{BE4} = 5 - 0.7 - 0.7 = 3.6$ V。

综上所述，当输入全为高电平时，输出为低电平，这时 V_5 饱和，电路处于开门状态；当输入端至少有一个为低电平时，输出为高电平，这时 V_5 截止，电路处于关门状态。即输入全为 1 时，输出为 0；输入有 0 时，输出为 1。由此可见，电路的输出与输入之间满足与非逻辑关系，即

$$F = \overline{A \cdot B \cdot C}$$

TTL 与非门的传输特性曲线的形式和非门的基本一致，不再赘述。

2. 或非门

TTL 或非门集成电路有 74LS02、74LS27 等。

TTL 或非门电路如图 9.2.11 所示。V_1 和 V_1' 为输入级；V_2 和 V_2' 的两个集电极并接，两个发射极并接；V_4、VD、V_3 构成推拉式输出级。

当 A、B 两输入端都是低电平（如 0 V）时，V_1 和 V_1' 的基极都被钳位在 0.7 V 左右，所以 V_2、V_2' 及 V_3 截止，V_4、VD 导通，输出 F 为高电平。

当 A、B 两输入端中有一个为高电平时，如 $U_{IA} = U_{OH}$，则 V_1 的基极为高电平，驱动 V_2 和 V_3 饱和导通。V_2 管集电极电平 U_{C2} 大约为 1 V，使 V_4、VD 截止。因此输出 F 为低电平。

综上所述，该电路只有在输入端全部为低电平时，才输出高电平，只要有一个或两个为高电平输入时，输出就为低电平，所以该电路实现"或非"逻辑功能，即

$$F=\overline{A+B}$$

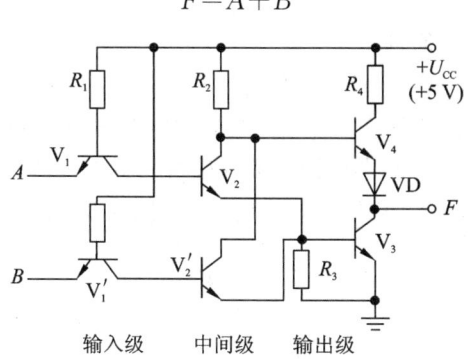

图 9.2.11　TTL 或非门电路

3. 与或非门

TTL 与或非门集成电路有 74LS54、74LS55 等。

由图 9.2.12 可见，当 A、B 都为高电平时，V_2 和 V_3 饱和导通，V_4 截止，输出 F 为低电平；同理，当 C、D 都为高电平时，V_2' 和 V_3 饱和导通，V_4 截止，也使输出 F 为低电平。故当 A、B 都为高电平或者 C、D 都为高电平时，输出 F 为低电平。

只有 A、B 不同时为高电平并且 C、D 也不同时为高电平时，V_2 和 V_2' 同时截止，使 V_3 截止而 V_4 饱和导通，输出 F 才为高电平。

因此，F 和 A、B 及 C、D 间是"与或非"关系，即

$$F=\overline{AB+CD}$$

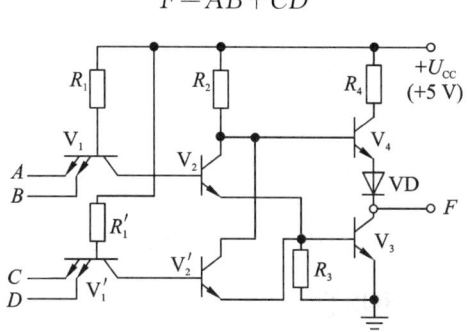

图 9.2.12　TTL 与或非门电路

9.3　CMOS 门电路

CMOS 逻辑门电路是在 TTL 电路问世之后，开发出的第二种广泛应用的数字集成器件，从发展趋势来看，由于制造工艺的改进，CMOS 电路的性能有可能超越 TTL 而成为占主导地位的逻辑器件。CMOS 电路的工作速度可与 TTL 相比较，而它的功耗和抗干扰能力则远优于 TTL。此外，几乎所有的超大规模存储器件，以及 PLD 器件都采用 CMOS 工艺制造，且费用较低。

早期生产的 CMOS 门电路为 4000 系列，随后发展为 4000B 系列。当前与 TTL 兼容的

CMOS 器件如 74HCT 系列等可与 TTL 器件交换使用。

9.3.1　CMOS 反相器

1. CMOS 反相器的工作原理

由本书模拟部分已知，MOSFET 有 P 沟道和 N 沟道两种，每种中又有耗尽型和增强型两类。由 N 沟道和 P 沟道两种 MOSFET 组成的电路称为互补 MOS 或 CMOS 电路。

图 9.3.1 所示为 CMOS 反相器电路，由两只增强型 MOSFET 组成，其中一个为 N 沟道结构，另一个为 P 沟道结构。它们的开启电压分别是：$U_{\mathrm{GS(th)P}} < 0$，$U_{\mathrm{GS(th)N}} > 0$。

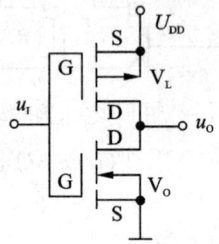

图 9.3.1　CMOS 反相器电路

当 $u_{\mathrm{I}} = 0$ V 时，$u_{\mathrm{GSN}} = 0$ V，开关管 V_{O} 截止，$u_{\mathrm{GSP}} = -U_{\mathrm{DD}}$，负载管 V_{L} 导通，输出 $u_{\mathrm{O}} \approx U_{\mathrm{DD}}$。当 $u_{\mathrm{I}} = U_{\mathrm{DD}}$ 时，$u_{\mathrm{GSN}} = U_{\mathrm{DD}}$，开关管 V_{O} 导通，$u_{\mathrm{GSP}} = 0$ V，负载管 V_{L} 截止，输出 $u_{\mathrm{O}} \approx 0$ V。

2. CMOS 反相器的电压传输特性

图 9.3.2 所示为 CMOS 反相器电压传输特性曲线。

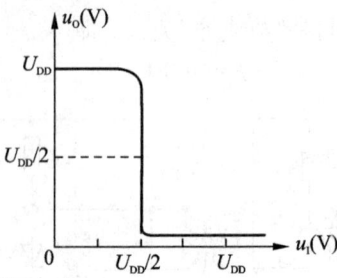

图 9.3.2　CMOS 反相器电压传输特性曲线

9.3.2　其他逻辑功能的 CMOS 门电路

CMOS 系列逻辑门电路中，除上述介绍的反相器（非门）外，还有与非门、或非门等电路。并且实际的 CMOS 逻辑电路多数都带有输入保护电路和缓冲电路。

1. CMOS 与非门电路

图 9.3.3 所示为两输入 CMOS"与非"门电路，其中包括两个串联的 N 沟道增强型 MOS 管和两个并联的 P 沟道增强型 MOS 管。每个输入端连到一个 N 沟道和一个 P 沟道 MOS 管的栅极。当 A、B 两个输入端均为高电平时，V_1、V_2 导通，V_3、V_4 截止，输出为低电平。当 A、B 两个输入端中只要有一个为低电平时，V_1、V_2 中必有一个截止，V_3、V_4 中必有一个导通，输出为高电平。电路的逻辑关系为

$$F = \overline{A \cdot B}$$

由此可以看出：n 个输入端的与非门必须有 n 个 NMOS 管串联和 n 个 PMOS 管并联。

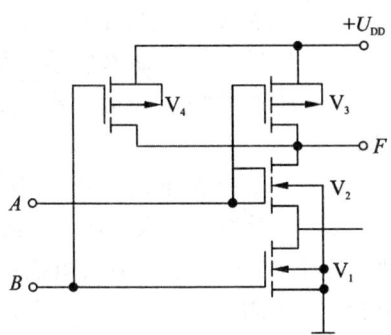

图 9.3.3　CMOS 与非门电路

2. CMOS 或非门电路

图 9.3.4 所示为两输入 CMOS"或非"门电路，其连接形式正好和"与非"门电路相反，V_1、V_2 两个 NMOS 驱动管是并联的，V_3、V_4 两个 PMOS 负载管是串联的，每个输入端(A 或 B)都直接连到配对的 NMOS 管和 PMOS 管的栅极。当 A、B 两个输入端均为低电平时，V_1、V_2 截止，V_3、V_4 导通，输出 F 为高电平；当 A、B 两个输入中有一个为高电平时，V_1、V_2 中必有一个导通，V_3、V_4 中必有一个截止，输出为低电平。电路的逻辑关系为

$$F = \overline{A+B}$$

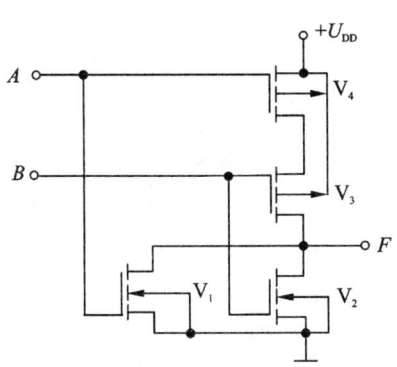

图 9.3.4　CMOS 或非门电路

显然，n 个输入端的或非门必须有 n 个 NMOS 管并联和 n 个 PMOS 管串联。

比较 CMOS 与非门电路和或非门电路可知，与非门的驱动管是彼此串联的，其输出电压随管子个数的增加而增加；或非门则相反，驱动管彼此并联，对输出电压不致有明显的影响。因而在实际中或非门应用得较多。

9.4　TTL 电路与 COMS 电路的连接

CMOS 的转换电平是电源电压的 1/2，它的电源电压从 4000 系列的最高可达 18 V，到 74HC 的 5 V，以至 3.3 V 和将会有的比如 2.5 V、1.8 V、0.8 V 等。这是因为 CMOS 的输入是互补的，保证转换电平是电源电压的 1/2。TTL 由其输入共射极晶体管的结构所决定，其转换电平是 PN 结正向压降的两倍，大约是 1.4 V 左右。TTL 电源只有 5 V 的，而且输入的电流方向是向外的。

CMOS 器件不用的输入端必须连到高电平或低电平,这是因为 CMOS 是高输入阻抗器件,理想状态是没有输入电流的。如果不用的输入引脚悬空,很容易感应到干扰信号,影响芯片的逻辑运行,甚至静电积累永久性地击穿这个输入端,造成芯片失效。另外,只有 4000 系列的 CMOS 器件可以工作在 15 V 电源下,74HC、74HCT 等都只能工作在 5 V 电源下,现在已经有工作在 3 V 和 2.5 V 电源下的 CMOS 逻辑电路芯片了。TTL 悬空时相当于输入端接高电平。因为这时可以看做是输入端接一个无穷大的电阻。

TTL 为电流控制,速度快,功耗大(mA 级),输入阻抗小,驱动能力强。CMOS 为电压控制,速度慢,功耗小(μA 级),输入阻抗大,驱动能力小,具有比 TTL 宽的噪声容限。CMOS 输入端应注意限流。

1. TTL 电路驱动 CMOS 电路

(1) 当 TTL 电路驱动 4000 系列和 HC 系列的 CMOS 时,如电源电压 U_{CC} 与 U_{DD} 均为 5 V 时,TTL 与 CMOS 电路的连接如图 9.4.1(a)所示。U_{CC} 与 U_{DD} 不同时,TTL 与 CMOS 电路的连接方法如图 9.4.1(b)所示。还可采用专用的 CMOS 电平转移器(如 CC40109,CC4502)等完成 TTL 对 CMOS 电路的接口,电路如图 9.4.1(c)所示。

(2) 当 TTL 电路驱动 HCT 系列和 ACT 系列的 CMOS 门电路时,因两类电路性能兼容,故可以直接相连,不需要外加元件和器件。

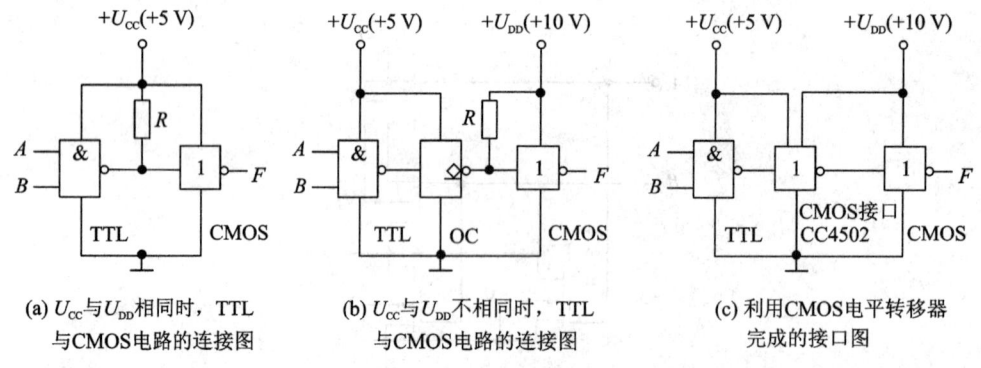

(a) U_{CC} 与 U_{DD} 相同时,TTL　　　(b) U_{CC} 与 U_{DD} 不相同时,TTL　　(c) 利用 CMOS 电平转移器
　　与 CMOS 电路的连接图　　　　　　与 CMOS 电路的连接图　　　　　　完成的接口图

图 9.4.1　TTL 电路驱动 CMOS 电路

2. CMOS 电路驱动 TTL 电路

当 CMOS 电路驱动 TTL 电路时,由于 CMOS 驱动电流小,因而对 TTL 电路的驱动能力有限。为实现 CMOS 和 TTL 电路的连接,可经过 CMOS"接口"电路,如图 9.4.2 所示。

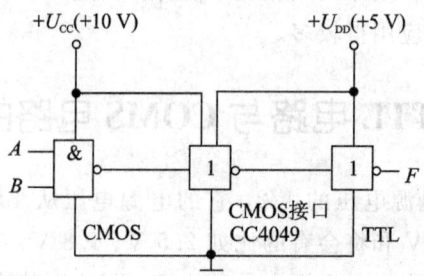

图 9.4.2　CMOS 电路驱动 TTL 电路

习　　题

9.1　TTL 与非门如有多余输入端能不能将它接地？为什么？TTL 或非门如有多余端能不能将它接 U_{cc} 或悬空？为什么？

9.2　试判断题 9.2 图所示 TTL 电路能否按各图要求的逻辑关系正常工作？若电路的接法有错，则修改电路。

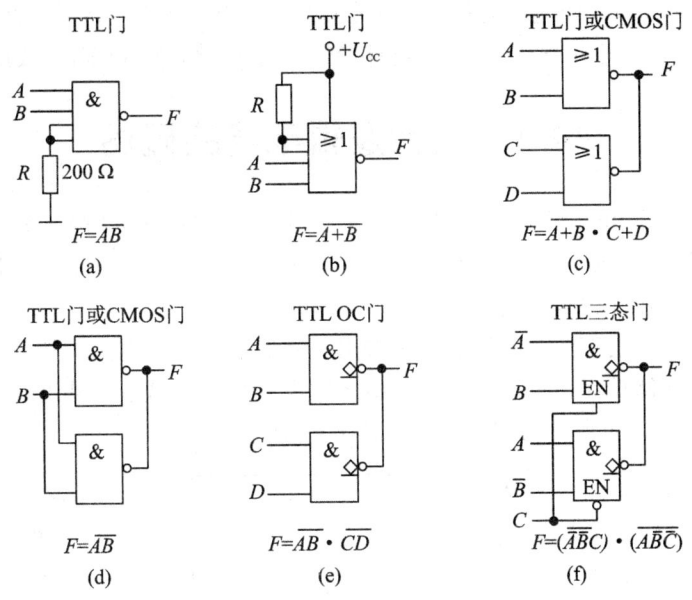

题 9.2 图

9.3　输入信号波形如题 9.3 图所示，画出每个电路的输出波形。

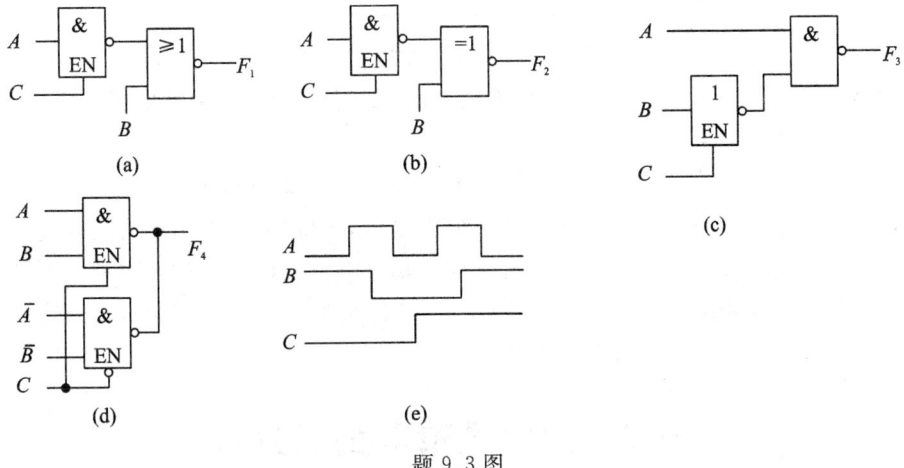

题 9.3 图

第 10 章　组合逻辑电路及其应用

本章重点学习组合逻辑电路的特点及其分析和设计方法。首先介绍组合逻辑电路的分析方法；然后介绍一些常用中规模集成电路和相应的功能电路，如译码器、数据选择器等。

10.1　组合逻辑电路的概述

数字电路按逻辑功能划分可分成两大类： 一类是组合逻辑电路，另一类是时序逻辑电路。

在任一时刻，输出信号只决定于该时刻各输入信号的组合，而与该时刻以前的电路状态无关的电路称为组合逻辑电路。

从组合逻辑电路逻辑功能的特点不难看出，由于其输出与电路的历史状态无关，则电路中就不会包含存储单元，而且输入与输出之间没有反馈连线。这是组合逻辑电路在结构上的共同点。图 10.1.1 所示为组合逻辑电路方框图。

图 10.1.1　组合逻辑电路方框图

图中 X_1、X_2、$\cdots$、X_n 表示输入逻辑变量，Y_1、Y_1、$\cdots$、Y_m 表示输出逻辑变量。它可用如下的逻辑函数来描述：

$$Y_i = f_i(X_1、X_2、\cdots、X_n),\ i = (1、2、\cdots、m) \tag{10.1.1}$$

从输出量来看，若组合逻辑电路只有一个输出量，则称为单输出组合逻辑电路；若组合逻辑电路有多个输出量，则称为多输出组合逻辑电路。任何组合逻辑电路，不管是简单的还是复杂的，其电路结构均满足如下特点：由各种类型逻辑门电路组成，电路的输入和输出之间没有反馈，电路中不含存储单元。

10.2　组合逻辑电路的分析

1. 分析方法

逻辑电路的分析，就是根据已知的逻辑电路图来分析电路的逻辑功能。其分析步骤如下：

（1）写出输出变量对应于输入变量的逻辑函数表达式。

由输入级向后递推，写出每个门输出对应于输入的逻辑关系，最后得出输出信号对应于输入信号的逻辑关系式，并进行相应的化简。

（2）根据输出逻辑函数表达式列出逻辑真值表。

将输入变量的状态以自然二进制数顺序的各种取值组合代入输出逻辑函数式，求出相应的输出状态，并填入表中，即得真值表。

（3）根据真值表或输出函数表达式，确定逻辑功能。

2. 分析举例

根据以上的分析步骤，下面结合例子说明组合逻辑电路的分析方法。

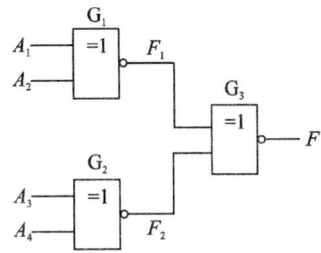

图 10.2.1 例题 10.2.1 的逻辑电路

例 10.2.1 试分析如图 10.2.1 所示电路的逻辑功能。

解 图 10.2.1 所示的组合逻辑电路由三个异或门构成。

其分析步骤如下：

（1）写出输出 F 的逻辑表达式。

由 G_1 门可知：

$$F_1 = A_1 \oplus A_2 = A_1 \overline{A_2} + \overline{A_1} A_2$$

由 G_2 门可知：

$$F_2 = A_3 \oplus A_4 = A_3 \overline{A_4} + \overline{A_3} A_4$$

输出 F 的逻辑函数表达式：

$$F = F_1 \oplus F_2 = F_1 \overline{F_2} + \overline{F_1} F_2$$
$$= A_1 \overline{A_2} A_3 A_4 + \overline{A_1} A_2 A_3 A_4 + A_1 \overline{A_2} \, \overline{A_3} \, \overline{A_4} + \overline{A_1} A_2 \overline{A_3} \, \overline{A_4}$$
$$+ A_1 A_2 A_3 \overline{A_4} + A_1 A_2 \overline{A_3} A_4 + \overline{A_1} \, \overline{A_2} A_3 \overline{A_4} + \overline{A_1} \, \overline{A_2} \, \overline{A_3} A_4$$

（2）列出真值表。

将 A_1、A_2、A_3、A_4 各组取值代入 F_1、F_2 函数式，可得相应的中间输出，然后由 F_1、F_2 推得最终 F 的输出，列出如表 10.2.1 所示的真值表。

表 10.2.1 例题 10.2.1 真值表

输 入				中间输出		输出
A_1	A_2	A_3	A_4	F_1	F_2	F
0	0	0	0	0	0	0
0	0	0	1	0	1	1
0	0	1	0	0	1	1
0	0	1	1	0	0	0
0	1	0	0	1	0	1
0	1	0	1	1	1	0
0	1	1	0	1	1	0
0	1	1	1	1	0	1
1	0	0	0	1	0	1

输　入				中间输出		输出
1	0	0	1	1	1	0
1	0	1	0	1	1	0
1	0	1	1	1	0	1
1	1	0	0	0	0	0
1	1	0	1	0	1	1
1	1	1	0	0	1	1
1	1	1	1	0	0	0

（3）说明电路的逻辑功能。

仔细分析电路真值表，可发现 A_1、A_2、A_3、A_4 四个输入中有奇数个 1 时，电路输出 F 为 1，而有偶数个 1 时，F 为 0（包括全 0）。因此，这是一个四输入的奇校验器。如果将图中异或门改为同或门，可用同样的方法分析出是一个偶校验器。

10.3　常用组合逻辑功能器件

10.3.1　编码器

为了区分一系列不同的事物，将其中的每个事物用一个二值代码表示，这就是编码的含义。在二值逻辑电路中，信号都是以高、低电平的形式给出的。因此，编码器的逻辑功能就是把输入的每一个高、低电平信号编成一个对应的二进制代码。

图 10.3.1 所示为 8 线—3 线优先编码器 CT74148 的逻辑图及逻辑示意图。图中 $\overline{I_0} \sim \overline{I_7}$ 为输入端，$\overline{ST}$ 为选通输入端，又称使能端。$\overline{Y_2}$、$\overline{Y_1}$ 和 $\overline{Y_0}$ 为输出端。$\overline{Y_S}$ 为选通输出端，$\overline{Y_{EX}}$ 为扩展输出端。它的真值表如表 10.3.1 所示。

表 10.3.1　8 线—3 线编码器 CT74148 的真值表

输　入									输　出				
$\overline{ST}$	$\overline{I_0}$	$\overline{I_1}$	$\overline{I_2}$	$\overline{I_3}$	$\overline{I_4}$	$\overline{I_5}$	$\overline{I_6}$	$\overline{I_7}$	$\overline{Y_2}$	$\overline{Y_1}$	$\overline{Y_0}$	$\overline{Y_S}$	$\overline{Y_{EX}}$
1	×	×	×	×	×	×	×	×	1	1	1	1	1
0	1	1	1	1	1	1	1	1	1	1	1	0	1
0	×	×	×	×	×	×	×	0	0	0	0	1	0
0	×	×	×	×	×	×	0	1	0	0	1	1	0
0	×	×	×	×	×	0	1	1	0	1	0	1	0
0	×	×	×	×	0	1	1	1	0	1	1	1	0
0	×	×	×	0	1	1	1	1	1	0	0	1	0
0	×	×	0	1	1	1	1	1	1	0	1	1	0
0	×	0	1	1	1	1	1	1	1	1	0	1	0
0	0	1	1	1	1	1	1	1	1	1	1	1	0

CT74148 的逻辑功能说明如下：

(1) 输入 $\overline{I_0}\sim\overline{I_7}$ 为低电平 0 有效，高电平 1 无效。其中 $\overline{I_7}$ 优先权最高，$\overline{I_6}$ 次之，其余依次类推，$\overline{I_0}$ 级别最低。也就是说，当 $\overline{I_7}=0$ 时，其余输入信号无论是 0 还是 1 都不起作用，电路只对 $\overline{I_7}$ 进行编码，输出 $\overline{Y_2}\ \overline{Y_1}\ \overline{Y_0}=000$，为反码，其原码为 111。又如，当 $\overline{I_7}=1$、$\overline{I_6}=0$ 时，则电路只对 $\overline{I_6}$ 进行编码，输出 $\overline{Y_2}\ \overline{Y_1}\ \overline{Y_0}=001$，原码为 110。其余类推。

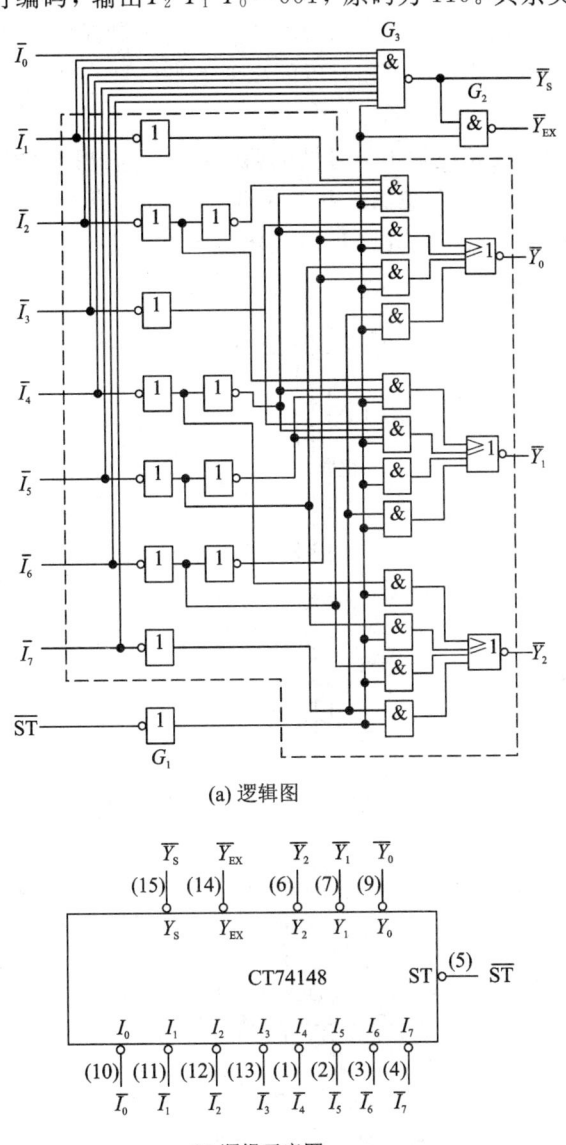

(a) 逻辑图

(b) 逻辑示意图

图 10.3.1　8 线—3 线优先编码器 CT74148 的逻辑图及逻辑示意图

(2) 选通输入端 $\overline{ST}$ 的作用。当 $\overline{ST}=1$ 时，门 G_1 输出 0，所有输出与或非门都被封锁，输出 $\overline{Y_2}\ \overline{Y_1}\ \overline{Y_0}=111$，编码器不工作。当 $\overline{ST}=0$ 时，G_1 输出 1，解除封锁，允许编码器编码，输出 $\overline{Y_2}\ \overline{Y_1}\ \overline{Y_0}$ 由输入 $\overline{I_0}\sim\overline{I_7}$ 决定。

(3) 选通输出端 $\overline{Y_S}$ 的作用。当输入 $\overline{I_0}\sim\overline{I_7}$ 都为高电平 1，且 $\overline{ST}=0$ 时，$\overline{Y_S}=0$，允许下

级编码器编码；当 $\overline{Y}_\mathrm{S}=1$ 时，禁止下级编码器工作。因此，$\overline{Y}_\mathrm{S}$ 用于扩展编码规模。

（4）扩展输出端 $\overline{Y}_\mathrm{EX}$ 的作用。当 $\overline{Y}_\mathrm{EX}=0$ 时，表示本级编码器在编码，输出 $\overline{Y_2}$、$\overline{Y_1}$ 和 $\overline{Y_0}$ 可由输入 $\overline{I_0}\sim\overline{I_7}$ 决定；当 $\overline{Y}_\mathrm{EX}=1$ 时，则表示本级编码器不再编码，输出 $\overline{Y_2Y_1Y_0}=111$。

10.3.2 译码器

译码是编码的逆过程。译码器是将输入的二进制代码翻译成控制信号。译码器输入为二进制代码，输出是一组与输入代码相对应的高低电平信号。

1. 二进制译码器

将输入二进制代码译成相应输出信号的电路，称为二进制译码器。图 10.3.2 所示为译码器 CT74138 的逻辑图及逻辑示意图。由于它有 3 个输入端、8 个输出端，因此，又称 3 线—8 线译码器。图中 A_2、A_1、A_0 为二进制代码输入端；$\overline{Y_7}\sim\overline{Y_0}$ 为输出端，低电平有效；$\mathrm{ST_A}$、$\overline{\mathrm{ST_B}}$ 和 $\overline{\mathrm{ST_C}}$ 为使能端，且 $\mathrm{EN=ST_A}\cdot\overline{\overline{\mathrm{ST_B}}}\cdot\overline{\overline{\mathrm{ST_C}}}=\mathrm{ST_A}(\overline{\overline{\mathrm{ST_B}}+\overline{\mathrm{ST_C}}})$。

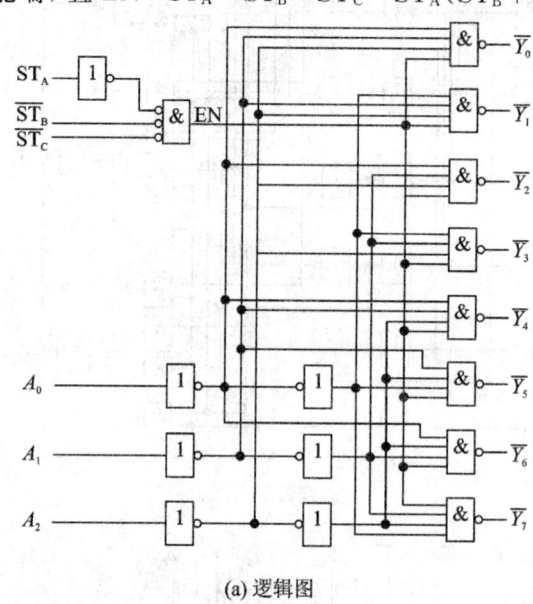

(a) 逻辑图

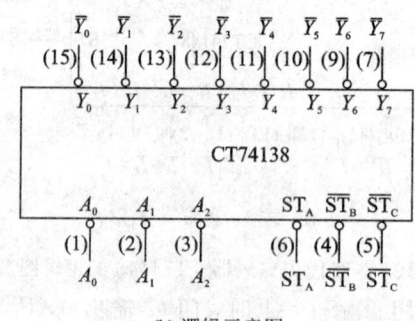

(b) 逻辑示意图

图 10.3.2　3 线—8 线译码器 CT74138 的逻辑图及逻辑示意图

由以上分析可得 3 线—8 线译码器 CT74138 的功能表，如表 10.3.2 所示。

表 10.3.2　3 线—8 线译码器 CT74138 的功能表

输　入					输　出							
ST_A	$\overline{ST_B}+\overline{ST_C}$	A_2	A_1	A_0	$\overline{Y_0}$	$\overline{Y_1}$	$\overline{Y_2}$	$\overline{Y_3}$	$\overline{Y_4}$	$\overline{Y_5}$	$\overline{Y_6}$	$\overline{Y_7}$
×	1	×	×	×	1	1	1	1	1	1	1	1
0	×	×	×	×	1	1	1	1	1	1	1	1
1	0	0	0	0	0	1	1	1	1	1	1	1
1	0	0	0	1	1	0	1	1	1	1	1	1
1	0	0	1	0	1	1	0	1	1	1	1	1
1	0	0	1	1	1	1	1	0	1	1	1	1
1	0	1	0	0	1	1	1	1	0	1	1	1
1	0	1	0	1	1	1	1	1	1	0	1	1
1	0	1	1	0	1	1	1	1	1	1	0	1
1	0	1	1	1	1	1	1	1	1	1	1	0

3 线—8 线译码器 CT7138 有如下逻辑功能：

(1) 当 $ST_A=0$ 且 $\overline{ST_B}+\overline{ST_C}=1$ 时，$EN=0$，所有输出与非门被封锁，译码器不工作，输出 $\overline{Y_7}\sim\overline{Y_0}$ 都为高电平 1。

(2) 当 $ST_A=1$ 且 $\overline{ST_B}+\overline{ST_C}=0$ 时，$EN=1$，所有输出与非门解除封锁，译码器工作，输出低电平有效。这时，译码器输出 $\overline{Y_7}\sim\overline{Y_0}$ 由输入二进制代码决定，根据图 10.3.2(a) 可写出 CT74138 的输出逻辑函数式为

$$\overline{Y_0}=\overline{\overline{A_2}\,\overline{A_1}\,\overline{A_0}}=\overline{m_0}\qquad \overline{Y_4}=\overline{A_2\overline{A_1}\,\overline{A_0}}=\overline{m_4}$$
$$\overline{Y_1}=\overline{\overline{A_2}\,\overline{A_1}A_0}=\overline{m_1}\qquad \overline{Y_5}=\overline{A_2\overline{A_1}A_0}=\overline{m_5}$$
$$\overline{Y_2}=\overline{\overline{A_2}A_1\overline{A_0}}=\overline{m_2}\qquad \overline{Y_6}=\overline{A_2A_1\overline{A_0}}=\overline{m_6}$$
$$\overline{Y_3}=\overline{\overline{A_2}A_1A_0}=\overline{m_3}\qquad \overline{Y_7}=\overline{A_2A_1A_0}=\overline{m_7}$$

由输出逻辑函数式可看出，二进制译码器的输出将输入二进制代码的各种状态都译出来了。因此，二进制译码器又称为全译码器。由于输出低电平有效，因此，它的输出提供了输入变量全部最小项的反。

2. 二—十进制译码器

将输入 BCD 码的 10 个代码译成 10 个高、低电平输出信号，称为二—十进制译码器。由于它有 4 个输入端、10 个输出端，所以，又称为 4 线—10 线译码器。

图 10.3.3 所示为 4 线—10 线译码器 CT7442 的逻辑示意图。图中 A_3、A_2、A_1、A_0 为输入端，$\overline{Y_9}\sim\overline{Y_0}$ 为输出端，低电平有效，其逻辑表达式为

$$\overline{Y_0}=\overline{\overline{A_3}\,\overline{A_2}\,\overline{A_1}\,\overline{A_0}}=\overline{m_0}\qquad \overline{Y_5}=\overline{\overline{A_3}A_2\overline{A_1}A_0}=\overline{m_5}$$
$$\overline{Y_1}=\overline{\overline{A_3}\,\overline{A_2}\,\overline{A_1}A_0}=\overline{m_1}\qquad \overline{Y_6}=\overline{\overline{A_3}A_2A_1\overline{A_0}}=\overline{m_6}$$
$$\overline{Y_2}=\overline{\overline{A_3}\,\overline{A_2}A_1\overline{A_0}}=\overline{m_2}\qquad \overline{Y_7}=\overline{\overline{A_3}A_2A_1A_0}=\overline{m_7}$$
$$\overline{Y_3}=\overline{\overline{A_3}\,\overline{A_2}A_1A_0}=\overline{m_3}\qquad \overline{Y_8}=\overline{A_3\overline{A_2}\,\overline{A_1}\,\overline{A_0}}=\overline{m_8}$$
$$\overline{Y_4}=\overline{\overline{A_3}A_2\overline{A_1}\,\overline{A_0}}=\overline{m_4}\qquad \overline{Y_9}=\overline{A_3\overline{A_2}\,\overline{A_1}A_0}=\overline{m_9}$$

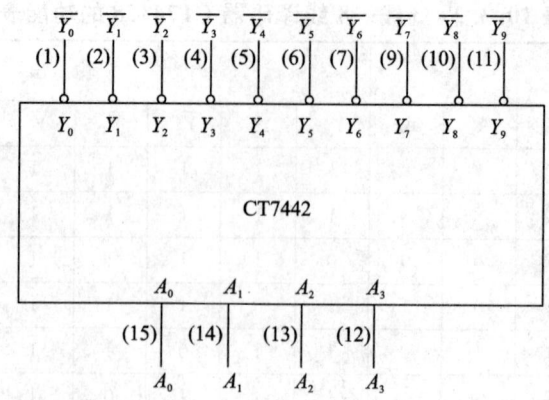

图10.3.3　4 线—10 线译码器 CT7442 的逻辑示意图

3. 显示译码器

数字系统中使用的是二进制数,但在数字测量仪表和各种显示系统中,为了便于表示测量和运算的结果以及对系统的运行状况进行检测,常需要将数字量用人们习惯的十进制字符直观地显示出来。因此,数字显示电路是许多数字电路不可或缺的部分。数字显示电路通常由译码器、驱动器和数码显示器组成。

常用的显示器件有半导体数码管、液晶数码管和荧光数码管等。下面只介绍半导体数码管。

1) 半导体数码管

半导体数码管(或称 LED 数码管)的基本单元是 PN 结,多个 PN 结可以按分段式封装成半导体数码管,其字形结构如图 10.3.4(b)所示。发光二极管的工作电压为 1.5～3 V,工作电流为几毫安到十几毫安,寿命很长。

半导体数码管将十进制数码分成七段,每段为一个发光二极管,小数点用另一个发光二极管显示,其结构如图 10.3.4(a)所示,选择不同字段发光,可显示出不同的字形。例如,当 a, b, c, d、e, f, g 七段全亮时,显示出 8; b、c 段亮时,显示出 1。

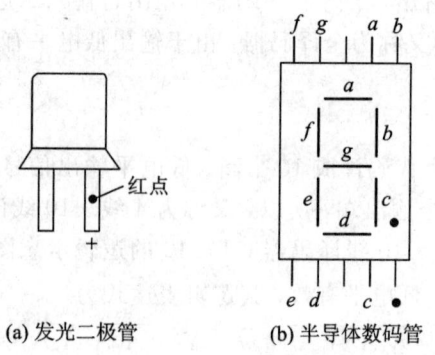

(a) 发光二极管　　　　　(b) 半导体数码管

图 10.3.4　半导体数码管

半导体数码管中七个发光二极管有共阴极和共阳极两种接法。前者某一段接高电平时发光,后者某一段接低电平时发光。使用时每个管要串联限流电阻。

2) 七段显示译码器

七段显示译码器的功能是把二—十进制代码译成对应于数码管的七字段信号，驱动数码管，显示出相应的十进制数码。

图 10.3.5 所示为七段显示译码器 74LS247 的外引线排列图。图 10.3.6 所示为七段显示译码器和数码管的连接图。图中 $\overline{BI}$ 为熄灭输入端，当 $\overline{BI}$ 端输为 0 时，七个输出均为 1，数码管熄灭，而在正常工作时，$\overline{BI}$ 及其他两个控制端 $\overline{LT}$ 和 $\overline{RBI}$ 接高电平。

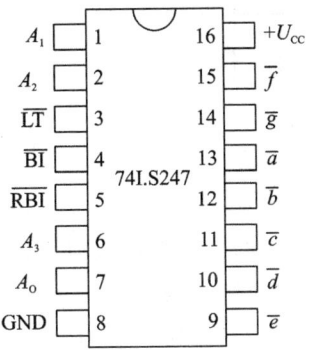
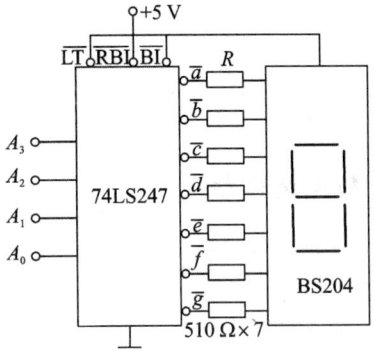

图 10.3.5　74LS247 的外引线排列图　　图 10.3.6　七段显示译码器和数码管的连接图

改变电阻器 R 的大小可以调节数码管的工作电流和显示亮度。

4. 用译码器设计组合逻辑电路

译码器的基本应用是作为地址译码器。此外，由于译码器的每个输出端对应着地址输入变量的一个最小项，而任何逻辑函数都可以表示为最小项之和的形式，故这类译码器可以构成多输出的逻辑函数发生器。

例 10.3.1 试用 3 线－8 线译码器 74LS138 和必要的门电路产生如下多输出逻辑函数。

$$\begin{cases} Y_1 = AC + BC \\ Y_2 = \overline{A}\,\overline{B}C + A\,\overline{B}\,\overline{C} + BC \\ Y_3 = \overline{B}\,\overline{C} + A\,\overline{B}C \end{cases}$$

解 首先将给定逻辑函数化成最小项之和的形式，得

$$\begin{cases} Y_1 = ABC + A\,\overline{B}C + \overline{A}BC \\ Y_2 = \overline{A}\,\overline{B}C + A\,\overline{B}\,\overline{C} + ABC + \overline{A}BC \\ Y_3 = A\,\overline{B}\,\overline{C} + \overline{A}\,\overline{B}\,\overline{C} + A\,\overline{B}C \end{cases}$$

令 74LS138 的输入 $A_2 = A$、$A_1 = B$、$A_0 = C$，则它的输出 $\overline{Y}_0 \sim \overline{Y}_7$ 就分别对应 $\overline{m}_0 \sim \overline{m}_7$。由于这些最小项是以反函数形式给出的，所以还需将 $Y_1 \sim Y_3$ 变换为 $\overline{m}_0 \sim \overline{m}_7$ 的函数式：

$$\begin{cases} Y_1 = m_7 + m_5 + m_3 \\ Y_2 = m_1 + m_4 + m_7 + m_3 \\ Y_3 = m_4 + m_0 + m_5 \end{cases}$$

只需在 74LS138 的输出端附加 4 个与非门，即可得到 $Y_1 \sim Y_3$ 的逻辑电路，电路的接法如图 10.3.7 所示。

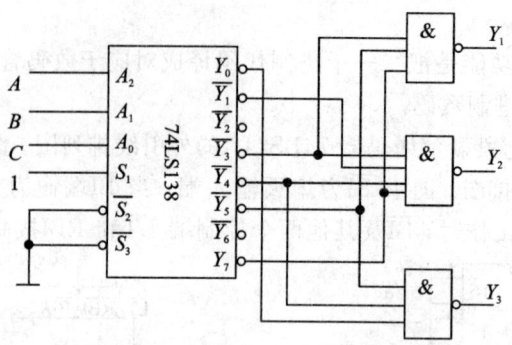

图 10.3.7　例题 10.3.1 的电路

10.3.3　数据选择器

数据选择是指经过选择，把多个通道的数据传送到唯一的公共数据通道上去。实现数据选择功能的电路称为数据选择器。它有 n 位地址输入、2^n 位数据输入和 1 位数据输出端。每次在地址输入的控制下，从多路输入数据中选择一路输出，其功能类似于一个单刀多掷开关。数据选择器的功能是将多路数据输入信号在地址输入的控制下选择某一路数据到输出端的电路。数据选择器框图及等效开关如图 10.3.8 所示。

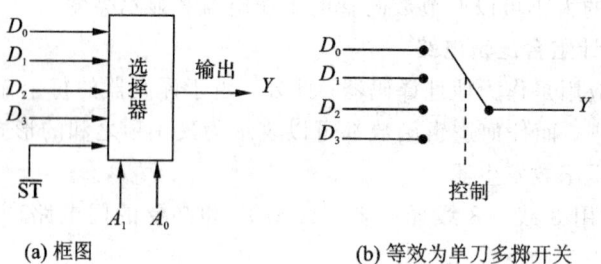

(a) 框图　　　　　　　　　　(b) 等效为单刀多掷开关

图 10.3.8　数据选择器框图及等效开关

图 10.3.9 所示为四选一数据选择器的逻辑图，它有 4 个数据通道 D_0、D_1、D_2、D_3，有两个地址控制信号 A_1、A_0，Y 为数据输出端，$\overline{ST}$ 为使能端，又称选通端，输入低电平有效。

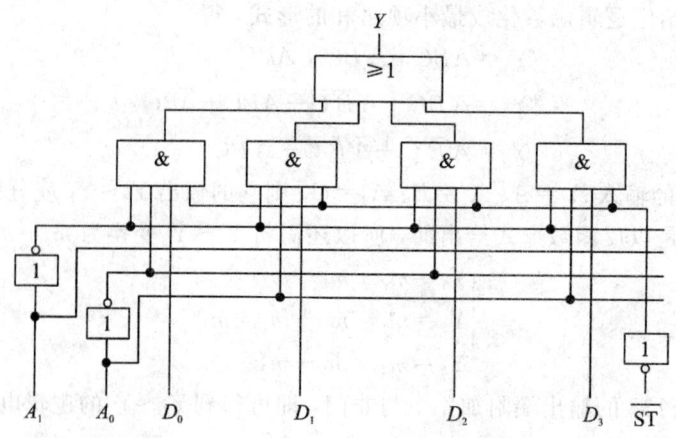

图 10.3.9　四选一数据选择器的逻辑图

表 10.3.3 所示为由逻辑图得出的四选一数据选择器的功能表。

表 10.3.3　四选一数据选择器的功能表

输　入			输　出
$\overline{ST}$	A_1	A_0	Y
1	$\times$	$\times$	0
0	0	0	D_0
0	0	1	D_1
0	1	0	D_2
0	1	1	D_3

数据选择器的逻辑函数式：

$$Y = \overline{ST}(\overline{A_1}\,\overline{A_0}D_0 + \overline{A_1}A_0D_1 + A_1\overline{A_0}D_2 + A_1A_0D_3) \qquad (10.3.1)$$

具有两位地址输入 A_1、A_0 的四选一数据选择器在 $\overline{ST}=0$ 时，输出与输入间的逻辑关系可以写成 $Y = (\overline{A_1}\overline{A_0})D_0 + (\overline{A_1}A_0)D_1 + (A_1\overline{A_0})D_2 + (A_1A_0)D_3$。

若将 A_1、A_0 作为两个输入变量，同时令 $D_0 \sim D_3$ 为第三个输入变量的适当状态(包括原变量、反变量、0 和 1)，就可以在数据选择器的输出端产生任何形式的三变量组合逻辑函数。

例 10.3.2　试用四选一数据选择器设计一个监视交通信号灯工作状态的逻辑电路。每一组信号灯均由红、黄、绿三盏灯组成，如图 10.3.10 所示。正常工作情况下，任何时刻必有一盏灯点亮。而当出现其他五种点亮状态时，电路发生故障，这时要求发出故障信号，以提醒维护人员修理。

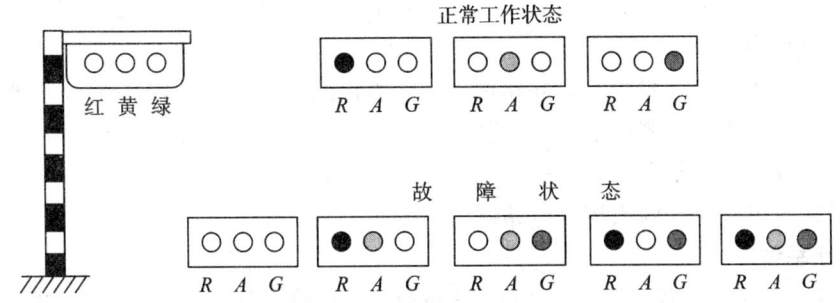

图 10.3.10　交通信号灯的正常工作状态与故障状态

解　取红、黄、绿三盏灯的状态为输入变量，分别用 R、A、G 表示，并规定灯亮时为 1，不亮时为 0。取故障信号为输出变量，以 Z 表示，并规定正常工作状态下 Z 为 1，发生故障时为 0。根据题意可以写出相应逻辑函数式：

$$Z = \overline{R} \cdot \overline{A} \cdot \overline{G} + \overline{R} \cdot A \cdot G + R \cdot \overline{A} \cdot G + R \cdot A \cdot \overline{G} + R \cdot A \cdot G$$
$$= \overline{R} \cdot (\overline{A} \cdot \overline{G}) + R \cdot (\overline{A} \cdot G) + R \cdot (A \cdot \overline{G}) + 1 \cdot (AG)$$

而四选一数据选择器输出逻辑式为

$$Y = D_0 \cdot (\overline{A_1}\overline{A_0}) + D_1 \cdot (\overline{A_1}A_0) + D_2 \cdot (A_1\overline{A_0}) + D_3 \cdot (A_1A_0)$$

对照上面两式可看出，若令数据选择器的输入为

$$A_1 = A, \ A_0 = G, \ D_0 = \overline{R}, \ D_1 = D_2 = R, \ D_3 = 1$$

则数据选择器的输出就是逻辑函数 Z。相应电路如图 10.3.11 所示。

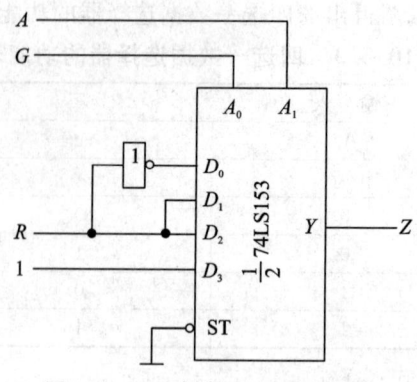

图 10.3.11　例题 10.3.2 的电路

10.4　组合逻辑电路的设计

1. 设计方法

根据实际逻辑问题，求出所要求的逻辑功能的最简单逻辑电路称为组合逻辑电路的设计。它是组合逻辑电路分析的逆过程，其设计步骤如下：

（1）逻辑抽象：根据实际逻辑问题的因果关系确定输入、输出变量，并定义逻辑变量的含义。逻辑要求的文字描述一般很难做到全面而确切，往往需要对题意反复分析，进行逻辑抽象，这是一个很重要的过程，是建立逻辑问题真值表的基础。

（2）根据逻辑描述列出真值表。列真值表时，不会出现或不允许出现的输入信号状态组合和输入变量取值组合可以不列出，如果列出，则可在相应输出处记上"×"号，以示区别，化简时可作为约束项处理。

（3）由真值表写出逻辑表达式并化简。可以用代数法或卡诺图法将所得的函数化为最简与或表达式，对于一个逻辑电路，在设计时尽可能使用最少数量的逻辑门，逻辑门变量数也应尽可能少，还应根据题意变换成适当形式的表达式。

（4）根据逻辑表达式画出逻辑电路图。

2. 设计举例

例 10.4.1　射击游戏：每人打三枪，一枪打鸟，一枪打鸡，一枪打兔子。规则：打中两枪得奖（其中有一枪必须是鸟）。

解

（1）分析设计要求，列出真值表。设 A、B、C 分别表示：A——打中鸟、B——打中鸡、C——打中兔子。若打中记为 1，未打中则记为 0。由此可列出如表 10.4.1 所示的真值表。

表 10.4.1　例 10.4.1 真值表

输　入	输　出	输　入	输　出
$A\ B\ C$	Z	$A\ B\ C$	Z
0　0　0	0	1　0　0	0
0　0　1	0	1　0　1	1
0　1　0	0	1　1　0	1
0　1　1	0	1　1　1	1

（2）由真值表写出逻辑表达式并化简。

$$Z = A\overline{B}C + AB\overline{C} + ABC$$
$$= AC + AB$$
$$= \overline{\overline{AC} \cdot \overline{AB}}$$

（3）根据逻辑表达式画出逻辑电路图，如图 10.4.1 所示。

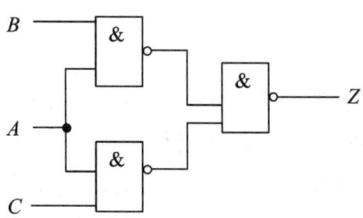

图 10.4.1　例 10.4.1 的逻辑图

习　　题

10.1　写出如题 10.1 图所示各电路的逻辑表达式，并化简。

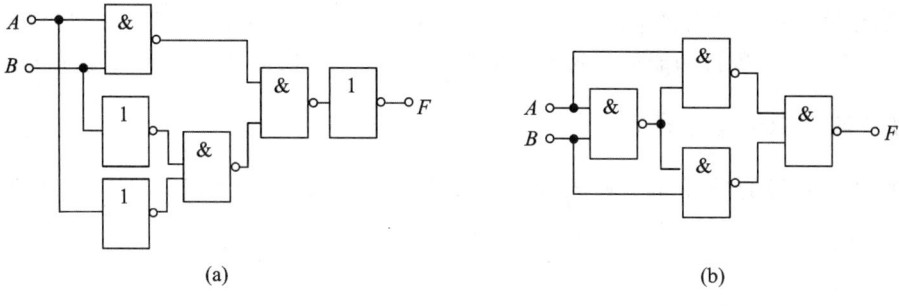

(a)　　　　　　　　　　　(b)

题 10.1 图

10.2　用合适的器件设计四变量的多数表决电路。当输入变量 A、B、C、D 有 3 个或 3 个以上为 1 时，输出为 1；输入为其他状态时，输出为 0。

10.3　某车间有 3 台机床 A、B、C，要求 A 工作则 C 必须工作，B 工作则 C 也必须工作，C 不可以独立工作，如不满足上述要求则发出报警信号。设机床工作及发出报警信号均用 1 表示，试用与非门组成发出报警信号的逻辑电路。

10.4　试用四选一数据选择器 74LS153 实现逻辑函数 $F = \overline{A}B + BC$。

10.5　用集成二进制译码器 74LS138 和与非门实现下列逻辑函数：

（1）$F_1 = AC + B\overline{C} + \overline{A}\overline{B}$；　　　　　　（2）$F_2 = A\overline{B} + AC$；

（3）$F_3 = A\overline{C} + A\overline{B} + \overline{A}B + \overline{B}C$；　　　（4）$F_4 = A\overline{B} + BC + AB\overline{C}$。

第 11 章　　触发器及时序逻辑电路

各种门电路及其组合逻辑电路不具有记忆功能。但是一个复杂的数字系统，要连续进行各种复杂的运算和控制，就必须在运算和控制过程中暂时保存（记忆）一定的代码（指令、操作数或控制信号），因此，需要具有记忆功能的电路。这种电路在某一时刻的输出状态不仅和当时的输入状态有关，而且与电路原来的状态有关，这种电路称为时序逻辑电路。

组合逻辑电路和时序逻辑电路是数字电路的两大类。门电路是组合逻辑电路的基本单元；触发器是时序逻辑电路的基本单元。

11.1　　双稳态触发器

双稳态触发器是组成时序逻辑电路的基本单元电路，其输出端有两种可能的稳定状态：0 态或 1 态。按逻辑功能可分为 RS 触发器、JK 触发器、D 触发器和 T 触发器等。

11.1.1　基本 RS 触发器

将两个与非门的输出端、输入端相互交叉连接，就构成了基本 RS 触发器，如图 11.1.1(a)所示，图 11.1.1(b)所示为它的逻辑符号。

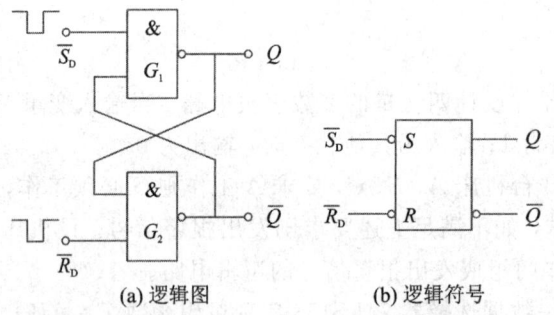

(a) 逻辑图　　　　　　　　　(b) 逻辑符号

图 11.1.1　与非门组成的基本 RS 触发器

正常工作时，Q 和 $\overline{Q}$ 的逻辑状态相反。通常用 Q 端的状态来表示触发器的状态。当 $Q=0$ 时，称触发器为 0 态或复位状态，当 $Q=1$ 时，称触发器为 1 态或置位状态。

下面分四种情况来讨论触发器的逻辑功能。

(1) $\overline{R_D}=1$，$\overline{S_D}=1$。设触发器原状态为 0 态，即 $Q=0$，$\overline{Q}=1$。

根据触发器的逻辑图，$Q=0$ 送到门 G_2 的输入端，从而保证了 $\overline{Q}=1$；而 $\overline{Q}=1$ 送到门 G_1 的输入端，与 $\overline{S_D}=1$ 共同作用，又保证了 $Q=0$。因此触发器仍保持了原来的 0 态。

设触发器原状态为 1 态，即 $Q=1$，$\overline{Q}=0$。$\overline{Q}=0$ 送到门 G_1 的输入端，从而保证了 $Q=1$；

而 $Q=1$ 送到门 G_2 的输入端，与 $\overline{R_D}=1$ 共同作用，又保证了 $\overline{Q}=0$。因此触发器仍保持了原来的 1 态。

可见，无论原状态为 0 还是为 1，当 $\overline{R_D}$ 和 $\overline{S_D}$ 均为高电平时，触发器具有保持原状态的功能，也说明触发器具有记忆 0 或 1 的功能。正因如此，触发器可以用来存放一位二进制数。

(2) $\overline{R_D}=0$，$\overline{S_D}=1$。当 $R_D=0$ 时，无论原来 Q 的状态如何，都有 $\overline{Q}=1$；由于 $\overline{Q}=1$，$\overline{S_D}=1$，则有 $Q=0$。所以触发器置为 0 态。因而 $\overline{R_D}$ 端称为置 0 端或复位端。触发器置 0 后，无论 $\overline{R_D}$ 变为 1 或仍为 0，只要 $\overline{S_D}$ 保持高电平 $\overline{S_D}=1$，触发器保持 0 态。

(3) $\overline{R_D}=1$，$\overline{S_D}=0$。因 $\overline{S_D}=0$，无论 $\overline{Q}$ 的状态如何，都有 $Q=1$，所以，触发器被置为 1 态。一旦触发器被置为 1 态之后，只要保持 $\overline{R_D}=1$ 不变，即使 $\overline{S_D}$ 由 0 跳变为 1，触发器仍保持 1 态。$\overline{S_D}$ 端称为置 1 端或置位端。

(4) $\overline{R_D}=0$，$\overline{S_D}=0$。无论触发器原来状态如何，只要 $\overline{R_D}$、$\overline{S_D}$ 同时为 0，都有 $\overline{Q}=Q=1$，不符合 Q 和 $\overline{Q}$ 为相反的逻辑状态的要求。一旦 $\overline{R_D}$ 和 $\overline{S_D}$ 由低电平同时跳变为高电平，由于门的传输延迟时间不同，使得触发器的状态不确定。据此得到基本 RS 触发器的逻辑状态表，如表 11.1.1 所示。

表 11.1.1　基本 RS 触发器的逻辑状态表

$\overline{R_D}$	$\overline{S_D}$	Q	说　明
1	1	保持原状态	记忆功能
1	0	1	置位
0	1	0	复位
0	0	不确定	应禁止

在图 11.1.1(b)所示的逻辑符号中，输入端靠近方框处画有小圆圈，其含义是负脉冲置位或复位，即低电平有效。也有采用正脉冲来置位或复位的基本 RS 触发器，其逻辑符号中输入端靠近方框处没有小圆圈。

基本 RS 触发器，虽然具有记忆和置 0、置 1 功能，可以用来表示或存储一位二进制数码，但由于基本 RS 触发器的输出状态受输入状态的直接控制，使其应用范围受到限制。因为一个数字系统中往往有多个触发器，有时要求用统一的信号来指挥各触发器同时动作，这个指挥信号叫"时钟脉冲"。有时钟脉冲控制的触发器叫可控触发器。

11.1.2　时钟控制的 RS 触发器

时钟控制的 RS 触发器及其逻辑符号如图 11.1.2 所示。后面两个与非门 G_1、G_2 构成基本 RS 触发器；前面的两个与非门 G_3、G_4 组成控制电路，通常称为控制门，以控制触发器翻转的时刻。C 为时钟脉冲 CP 输入端，$\overline{R_D}$ 为直接复位端或直接置 0 端，$\overline{S_D}$ 为直接置位端或置 1 端，它们不受时钟脉冲 CP 的控制，端线处的小圆圈表明低电平有效，因此不用时应使其为 1 态。

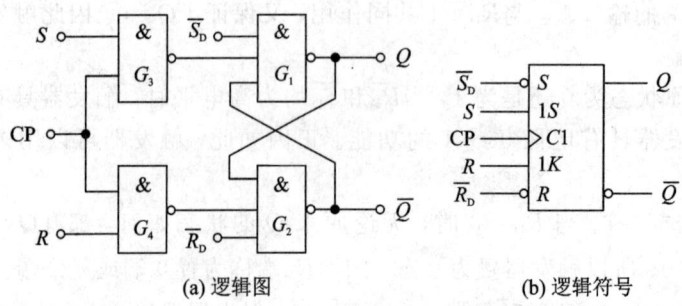

(a) 逻辑图　　　　　(b) 逻辑符号

图 11.1.2　钟控 RS 触发器

由图可见，当 CP 端处于低电平，即 $CP=0$ 时，将 G_3、G_4 封锁。这时不论 R 和 S 端输入何种信号，G_3、G_4 输出均为 1，基本 RS 触发器的状态不变。当 CP 端处于高电平，即 $CP=1$ 时，G_3、G_4 打开，输入信号通过 G_3、G_4 的输出去触发基本 RS 触发器。

下面分析 CP=1 时触发器的工作情况：$R=0$，$S=1$，G_3 输出低电平 0，从而使 G_1 输出高电平 1，即 $Q=1$；$R=1$，$S=0$，这时将使触发器置 0；当 $R=S=0$ 时，G_3、G_4 的输出全都为 1，触发器的状态不变。但当 $R=S=1$，G_3、G_4 的输出均为 0，违背了基本 RS 触发器的输入条件，应禁止。因此，对时钟控制的 RS 触发器来说，R 端和 S 端不允许同时为 1。一般用 Q^n 表示时钟脉冲到来之前触发器的输出状态，称为初态，Q^{n+1} 表示时钟脉冲到来之后触发器的输出状态，称为次态。

根据上述分析可列出时钟控制的 RS 触发器逻辑状态表，如表 11.1.2 所示。

表 11.1.2　钟控 RS 触发器的逻辑状态表

R	S	Q^{n+1}	说　明
0	0	保持原状态	记忆功能
0	1	1	置位
1	0	0	复位
1	1	不确定	应禁止

时钟控制的 RS 触发器在 CP=0 期间，无论 R 和 S 如何变化，触发器输出端状态都不变。而在 CP=1 期间，若 R 或 S 发生多次变化则会引起触发器状态的多次变化。而边沿触发器的状态变化只发生在时钟脉冲的上升沿或下降沿时刻。

11.1.3　JK 触发器

JK 触发器是一种功能比较完善，应用极为广泛的触发器。不同的内部电路结构具有不同的触发特性，可以用逻辑符号加以区分。图 11.1.3 所示为 CP 下降沿触发的 JK 触发器的逻辑符号。它有一个直接置位端 $\overline{S_D}$，一个直接复位端 $\overline{R_D}$，两个输入端 J 和 K，C 端为时钟脉冲输入端，靠边框的小圆圈代表下降沿触发，即 CP=1 时，触发器输出状态不变，CP 由 1 跳变为 0 时，触发器输出状态依据 J 和 K 端的状态而定。若 C 端处无小圆圈，则表明在 CP 的上升沿触发。表 11.1.3 所示为 JK 触发器的逻辑状态表。

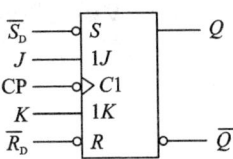

图 11.1.3　JK 触发器

表 11.1.3　JK 触发器的逻辑状态表

J	K	Q^{n+1}	说明
1	0	1	置位
0	1	0	复位
0	0	保持原状态	记忆功能
1	1	$\overline{Q^n}$	翻转

由逻辑状态表可知，JK 触发器的逻辑功能为

(1) 当 $J=0$，$K=0$ 时，时钟脉冲触发后，触发器的状态不变，即如果现态为 1，时钟脉冲触发后，触发器状态仍为 1 态。若现态为 0，时钟脉冲触发后，触发器状态仍保持 0 态。也即 J 和 K 都为 0 时，触发器具有保持原状态的功能。

(2) 当 $J=0$，$K=1$ 时，无论触发器原来是何种状态，时钟脉冲触发后，输出均为 0 态；当 $J=1$，$K=0$ 时，时钟脉冲触发后，输出均为 1 态。即 J、K 相异时，时钟脉冲触发后，输出端同 J 端状态。

(3) 当 $J=1$，$K=1$ 时，时钟脉冲触发后，触发器状态翻转，即若原来为 1 态，时钟脉冲触发后，触发器状态变为 0；若原来为 0 态，时钟脉冲触发后，触发器状态变为 1 态。也即来一个触发脉冲，触发器状态翻转一次，说明它具有计数功能。此时，触发器从逻辑功能上可称为 T' 触发器，T' 触发器在每来一个脉冲时，翻转一次。$J=K$ 时的触发器从逻辑功能上可称为 T 触发器。当 $T=0$ 时，每来一个脉冲时，触发器保持原来状态；当 $T=1$ 时，每来一个脉冲时，触发器翻转一次。

为了扩大 JK 触发器的使用范围，常常做成多输入结构，各同名输入端为与逻辑关系。

11.1.4　D 触发器

D 触发器也是一种应用广泛的触发器。图 11.1.4 所示为 D 触发器的逻辑符号。D 为输入端，$\overline{S_D}$ 为直接置位端，$\overline{R_D}$ 为直接复位端，在 CP 的上升沿触发(若 C 端有小圆圈，则表示下降沿触发)。表 11.1.4 所示为其逻辑状态表。

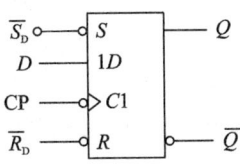

图 11.1.4　D 触发器

表 11.1.4　D 触发器的逻辑状态表

D	Q^{n+1}	说明
0	0	存储数据
1	1	

11.2　时序逻辑电路

电路在某一时刻的稳定输出，不仅与当前的输入有关，还与电路过去的状态有关，把这种电路称为时序逻辑电路。在结构上，时序逻辑电路除包含组合逻辑电路部分外，还包含存储电路(锁存器或触发器)。

计数器就是一种典型的时序逻辑电路，是用来累计输入脉冲数目的逻辑部件。在数字逻辑系统中，需要对输入脉冲的个数进行计数或对脉冲信号进行分频、定时，以实现数字测量、运算和控制。因此计数器是数字系统中一种基本的数字部件。

计数器的种类很多，按计数脉冲的作用方式可分为异步计数器和同步计数器。按计数的功能可分为加法计数器、减法计数据和可逆计数器。按进位制可分为二进制、十进制和任意进制计数器。

二进制计数器是指在输入脉冲的作用下，计数器按自然态序循环经历 2^n 个独立状态(n 为计数器中触发器的个数)，因此又可称为模 2^n 进制计数器，即模数：$M=2^n$。

计数器可以由 JK 或 D 触发器构成，目前广泛应用的是各种类型的集成计数器。

11.2.1　计数器计数原理及基本电路

图 11.2.1 所示为由 D 触发器组成的异步计数器。它的结构特点是：各级触发器的时钟来源不同，除第一级时钟脉冲输入端由外加时钟脉冲控制外，其余各级时钟脉冲输入端与其前一级的输出端相连。各触发器动作时刻不一致，所以称为异步计数器。

每来一个时钟脉冲，D 触发器(逻辑功能等同于 T 触发器)状态翻转一次。下面分析它的工作过程。

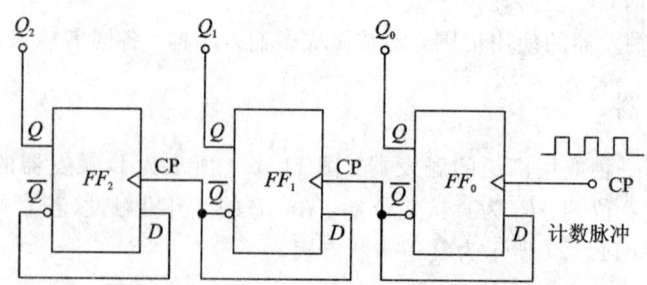

图 11.2.1　D 触发器构成的异步加法计数器

由于外加时钟脉冲接第一级的时钟脉冲输入端，因此每来一个时钟脉冲的下降沿，触发器 Q_0 的状态翻转。当 Q_0 由 1 变 0 时，Q_1 才翻转，其他情况下 Q_1 均不变。同理，只有当 Q_1 从 1 变为 0 时，Q_2 状态才翻转。假设计数器初始状态为 $Q_2Q_1Q_0=000$，第一个时钟脉冲的下降沿到达后，电路由 000 翻转为 001。当第二个 CP 下降沿到达后，计数器由 001 翻转为

010，……，依此类推，经过 8 个计数脉冲后，计数器状态又恢复为 000，即完成了一个计数循环，得其状态表如表 11.2.1 所示。由表可见，该电路是一个异步三位二进制加法计数器。

表 11.2.1　三位二进制加法计数器的状态表

计数脉冲 CP	二进制数			十进制数
	Q_2	Q_1	Q_0	
0	0	0	0	0
1	0	0	1	1
2	0	1	0	2
3	0	1	1	3
4	1	0	0	4
5	1	0	1	5
6	1	1	0	6
7	1	1	1	7
8	0	0	0	0

由以上分析可得出如下结论：

（1）三级触发器组成的计数器，经 8 个计数脉冲，计数器状态循环一次，所以又称为八进制计数器（或称模 8 计数器）。因而，n 个触发器串联，可组成模数为 2^n 的计数器。

（2）每来一个 CP 脉冲，计数器的状态加 1，所以叫加法计数。

若将三个触发器按图 11.2.2 所示的方法连接，则构成异步减法计数器。其工作过程请读者自行分析。

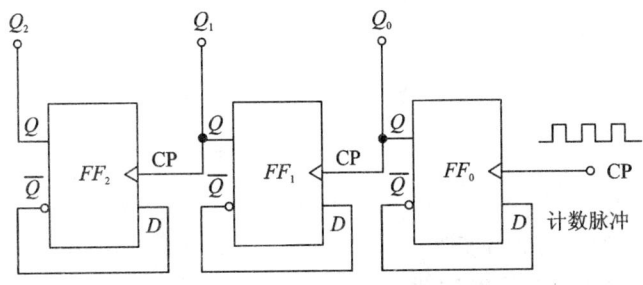

图 11.2.2　D 触发器构成的异步减法计数器

由上述分析可知，要构成异步二进制加法或减法计数器，只需用具有 T 功能的触发器构成计数器的每一位，最低位时钟脉冲输入端接用来计数的时钟脉冲源 CP，其他位触发器的时钟输入端则接到与它相邻低位的 Q 端或 $\overline{Q}$ 端，是接 Q 端还是 $\overline{Q}$ 端，应视触发器的触发方式和计数功能而定。如果构成加法计数器，且触发器为下跳沿触发，则相邻低位作由 1 到 0 变化时，其 Q 端正好作比它高一位触发器所需的由 1 到 0 跳变的计数脉冲输入，因此该位时钟脉冲输入端应接相邻的 Q 端；如果是构成减法计数器，触发器也为下跳沿触发，则该位时钟脉冲输入端应接相邻的 $\overline{Q}$ 端；如果构成计数器的触发器为上跳沿触发，则刚才的加法计数器变为减法计数器，减法计数器变为加法计数器，具体工作过程请读者自行分析。

　　异步计数器的优点是结构简单，缺点是各触发器信号逐级传递，需要一定的传输延迟时间，因而计数速度受到限制，为此可采用同步二进制计数器。为了提高计数器的工作速度，可将计数脉冲同时加到计数器中各个触发器的时钟脉冲输入端，使各触发器的状态变换与计数脉冲同步，再将各输入端适当连接，n 个触发器就可组成模数为 2^n 的同步加减计数器或十进制计数器。

　　十进制计数器是在二进制计数器的基础上得出的，用四位二进制数来代表十进制数的每一位，所以也称为二—十进制计数器，使用最多的是 8421BCD 码十进制计数器。采用 8421BCD 码，要求计数器从 0000 开始计数，到第 9 个计数脉冲作用后变为 1001，输入第 10 个计数脉冲后，又返回到初始状态 0000，即计数器状态经过 10 个脉冲循环一次，实现"逢十进一"。

11.2.2　常用中规模集成计数器

　　中规模集成计数器种类较多，使用也十分广泛，它可分为同步计数器和异步计数器两大类，通常的 MSI 计数器为 BCD 码十进制计数器或四位二进制计数器，这些计数器的功能较完善，还可自扩展，如常用的集成同步四位二进制加法计数器有 74LS161、74LS163、74LS191、74LS193；同步十进制加法计数器有 74160、74LS190；异步四位二进制加法计数器有 74LS293；异步二—五—十进制计数器有 74LS 290 等。

　　74LS290 的引线端子图如图 11.2.3 所示，74LS161 是同步的可预置四位二进制加法计数器，图 11.2.4 所示为它的引线端子图。

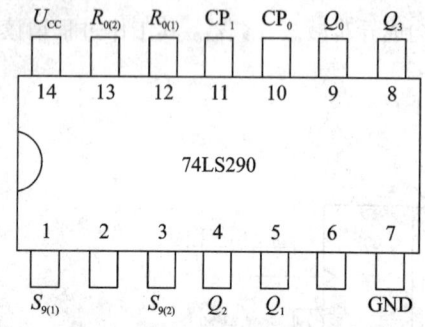

图 11.2.3　74LS290 的引线端子图

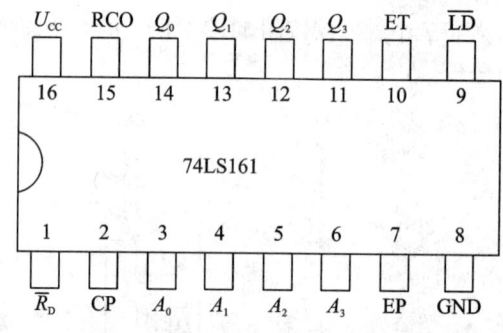

图 11.2.4　74LS161 的引线端子图

1. 异步集成计数器 74LS290 功能

　　74LS290 是异步二—五—十进制计数器，$R_{0(1)}$ 和 $R_{0(2)}$ 是清零输入端，高电平有效；$S_{9(1)}$ 和 $S_{9(2)}$ 是置"9"输入端，其高电平使电路输出状态为 1001。清零和置"9"信号只要有效就可实现相应功能，不必等待时钟脉冲，因而叫做异步清零和置"9"。CP_0 和 CP_1 是它的两个时钟脉冲输入端。引脚 2 和引脚 6 是空脚。

　　只输入计数脉冲 CP_0 时，由 Q_0 输出，为二进制计数器，计数状态为 0 和 1；只输入计数脉冲 CP_1 时，由 $Q_3 Q_2 Q_1$ 输出，计数状态从 000 开始加计数到 100，为五进制计数器；将 Q_0 端与 CP_1 连接，输入计数脉冲 CP_0 时，计数状态从 0000 开始加计数到 1001，为十进制计数器。

2. 同步集成计数器 74LS161 的功能

　　Q_3、Q_2、Q_1、Q_0 为计数器输出端，RCO 为进位输出端；EP、ET 为控制（使能）输入端，$\overline{R_D}$ 为清零控制端，$\overline{LD}$ 为预置控制端，$A_0 \sim A_3$ 依次为数据输入端的低位至高位。

（1）"异步清零"。当 $\overline{R_D}=0$ 时，使各触发器清成零状态，由于这种清零方式不需与时钟脉冲 CP 同步就可直接完成，称为"异步清零"。

（2）"同步预置"。当 $\overline{R_D}=1$，EP＝ET＝X，$\overline{LD}=0$ 时，且在 CP 上升沿时可将相应的数据置入各触发器，由于将预置 $A_0 \sim A_3$ 数据置入相应触发器 Q_3、Q_2、Q_1、Q_0 需有 CP 时钟脉冲相配合，因此称为"同步预置"。

（3）保持。当 $\overline{R_D}=\overline{LD}=1$，且控制输入端 EP、ET 中有一个为"0"电平，此时无论有无计数脉冲输入，各触发器的输出状态均保持不变。

（4）计数。当 $\overline{LD}=\overline{R_D}=EP=ET=1$ 时，计数器进行四位二进制加法计数。当同步计数器累加到"1111"时，溢出进位输出端 RCO 送出高电平。

11.2.3　任意进制计数器的构成

目前常用的计数器主要是二进制和十进制，当需要任意进制的计数器时，只能将现有的计数器改接而得。下面介绍两种改接方法。以 N 表示已有中规模集成计数器的进制，以 M 表示待实现计数器的进制。若 $M<N$，只需一片集成计数器，如果 $M>N$，则需多片集成计数器实现。

1. $M<N$ 的情况

在 N 进制计数器的顺序计数过程中，设法跳过 $N-M$ 个状态，就得到了 M 进制计数器。实现状态跳跃的方式有置零法和置数法两种。

置零法适用于有置零输入端的计数器，图 11.2.5（a）所示为置零法原理示意图。对于有异步置零输入端的计数器，其工作原理为：设原有计数器为 N 进制，当它从全 0 状态 S_0 开始计数并收到 M 个计数脉冲以后，电路进入 S_M 状态。若将 S_M 状态译码产生一个置零信号加到计数器的异步置零输入端，则计数器将立刻返回 S_0 状态，以跳过 $N\sim M$ 个状态而得到 M 进制计数器。由于电路一进入 S_M 状态后立即又被置成 S_0 状态，S_M 状态仅在极短的瞬间出现，稳定状态的循环中不应该包含 S_M 状态。

而对于有同步置零输入端的计数器，由于置零输入端变为有效电平后计数器并不会立刻被置零，必须等下一个时钟信号到达后，才能将计数器置零，因而应由 S_{M-1} 状态译出同步置零信号。且 S_{M-1} 状态包含在稳定状态的循环当中。

置数法适用于有预置数功能的计数器，图 11.2.5（b）所示为置数法原理示意图。置数法是通过给计数器重复置入某个数值来跳越 $N-M$ 个状态，从而获得 M 进制计数器。置数操作可以在电路的任何一个状态下进行。

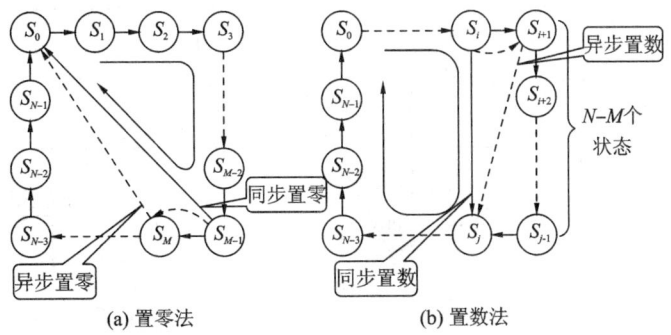

(a) 置零法　　　　　　　　　(b) 置数法

图 11.2.5　获得任意进制计数器的两种方法

对于异步式预置数的计数器，只要$\overline{LD}=0$的信号一出现，立即会将数据置入计数器中，而不受 CP 信号的控制，因此$\overline{LD}=0$的信号应从S_{i+1}状态译出。由于S_{i+1}状态只在极短瞬间出现，稳定的状态循环中不应该包含这个状态。

而对于同步式预置数的计数器，$\overline{LD}=0$的信号应从S_i状态译出，待下一个 CP 信号到来时，才将要置入的数据置入计数器。稳定的状态循环中包含S_i。

例 11.2.1 利用同步十进制计数器 74160 构成六进制计数器（$M=6，N=10$）。

解 由于 74160 的功能与 74LS161 相同，该芯片兼有异步置零和同步预置数功能。所以置零法和置数法均可以使用。

（1）异步置零方式。状态译码信号应该在$Q_3Q_2Q_1Q_0=0110$状态上产生，此时置零信号为

$$\overline{R_D}=\overline{Q_3Q_2Q_1\,\overline{Q_0}}$$

只需通过一个与非门就可以完成状态译码任务，即在 0110 状态时，$\overline{R_D}=0$ 将计数器置零。电路的连接如图 11.2.6 所示。

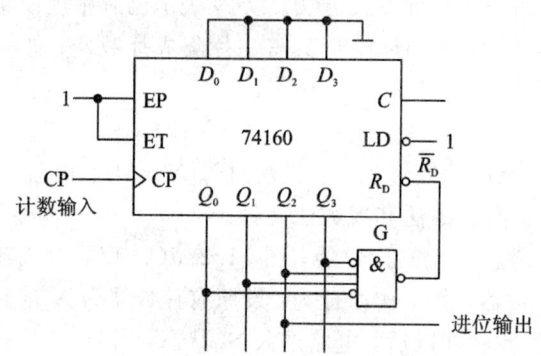

图 11.2.6 用置零法将 74160 接成六进制计数器

在电路连接中应注意：计数器一定要设置为计数状态，即 $EP=ET=1；\overline{LD}=1$，并行数据输入端 $D_0\sim D_3$ 可以接 0，可以接 1，也可以悬空不接；C 端的进位输出信号只在 1001 状态下产生，此时的进位输出信号不能取自 C 端而是从 Q_2 端引出。

（2）同步预置数的方式，由于置数法可以在计数循环中的任何一个状态置入适当的数值而跳跃 $N-M$ 个状态，得到 M 进制计数器。所以图 11.2.7 给出了两个不同的方案，其中图(a)的接法是用 $Q_3Q_2Q_1Q_0=0101$ 状态译码产生$\overline{LD}=0$信号，下一个 CP 信号到达时置

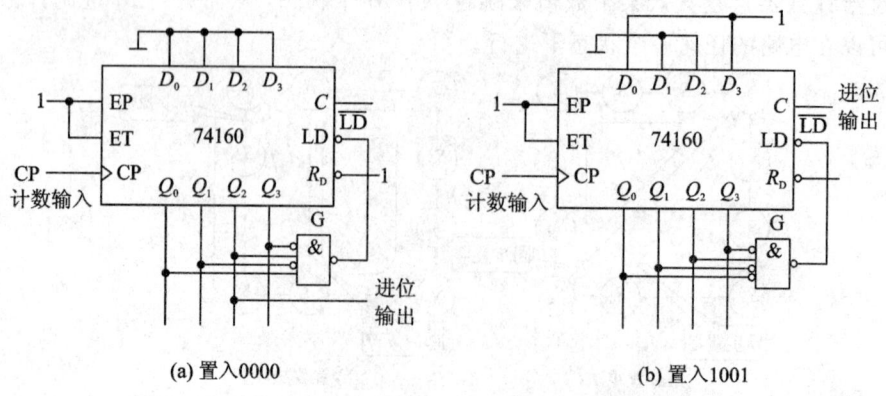

(a) 置入0000   (b) 置入1001

图 11.2.7 用置数法将 74160 接成六进制计数器

入 0000 状态(称最小值置入法),跳过 0110~1001 这 4 个状态,得到六进制计数器,如图 11.2.8 状态转换图中的实线所示。进位输出信号从 Q_2 端引出。

图 11.2.7(b)的接法是用 $Q_3Q_2Q_1Q_0=0100$ 状态译码产生 $\overline{\text{LD}}=0$ 信号,下一个 CP 信号到达时置入 1001 状态(称最大值置入法),跳过 0101~1000 这 4 个状态,得到六进制计数器,如图 11.2.8 状态转换图中的虚线所示。进位输出信号可以取自 C 端。

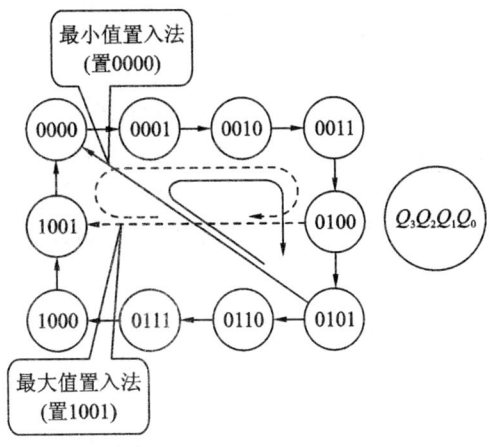

图 11.2.8　电路的状态转换图

由于 74160 是同步式预置数,即 $\overline{\text{LD}}=0$ 以后,还要等下一个 CP 信号到了时才置入数据,不存在信号持续时间过短而可靠性不高的问题。

2. $M>N$ 的情况

用多片 N 进制计数器组合,才可以构成 M 进制计数器。

(1) 若 M 可以分解为两个小于 N 的因数相乘,即 $M=N_1\times N_2$,先将两个 N 进制计数器分别接成 N_1 进制计数器和 N_2 进制计数器,然后再将其按串行进位方式或并行进位方式连接,构成 M 进制计数器。

例 11.2.2　将两片同步十进制计数器 74160 分别按照并行进位方式和串行进位方式接成百进制计数器。

解　并行进位法:构成 M 进制计数器所用的若干 N 进制计数器的芯片取用同一个 CP 脉冲源,且低位芯片(1)的进位输出作为高位芯片(2)的计数控制信号。所以并行进位法属于同步工作方式。电路连线如图 11.2.9 所示。

串行进位法:以低芯位片(1)的进位输出作为高位芯片(2)的时钟 CP,且两个芯片始终同时处于计数状态。所以串行进位法属于异步工作方式。电路连线如图 11.2.10 所示。

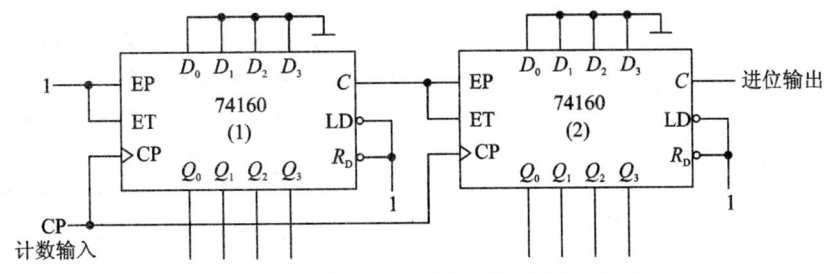

图 11.2.9　例 11.2.2 电路的并行进位方式

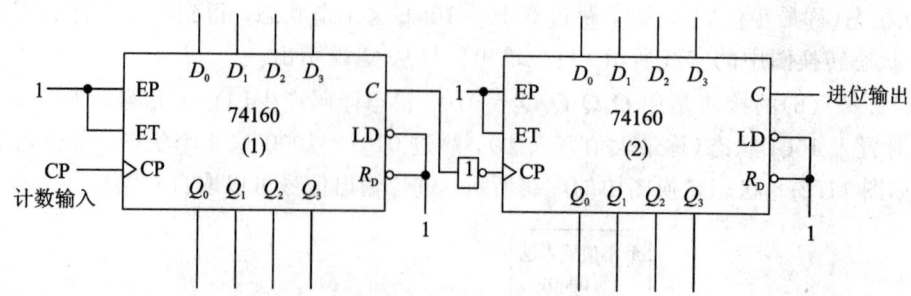

图 11.2.10　例 11.2.2 电路的串行进位方式

（2）当 M 不能分解为 N_1 和 N_2 的乘积时，必须采取整体置零方式或整体置数方式。

整体置零：首先将两片 N 进制计数器接成一个大于 M 的计数器（如 $N×N$ 进制），然后在计数器为 M 状态时译出异步置零信号，将两片 N 进制计数器同时置零。基本原理和 $M<N$ 时的置零法一样。

整体置数：首先将两片 N 进制计数器接成一个大于 M 的计数器，然后在选定的某一状态下译出置数信号，将两片 N 进制计数器同时置入适当的数据，获得 M 进制计数器。基本原理和 $M<N$ 时置数法类似。

当然，M 不是素数时也可以使用整体置零法和整体置数法。

习　题

11.1　JK 触发器及 CP、J、K、$\overline{R}_D$ 的波形分别如题 11.1 图所示，试画出 Q 端的波形。设 Q 的初态为 0。

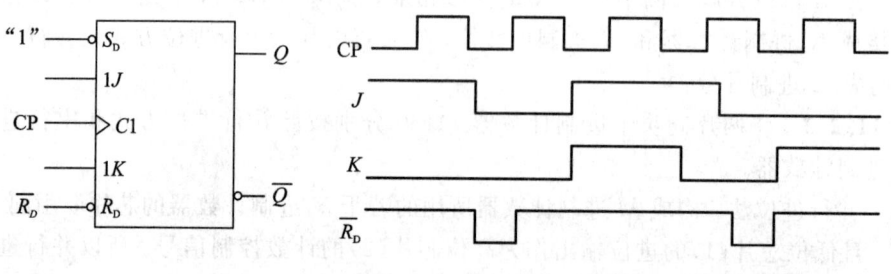

题 11.1 图

11.2　D 触发器及输入信号 CP、D、$\overline{R}_D$ 的波形分别如题 11.2 图所示，试画出 Q 端的波形。设 Q 的初态为 0。

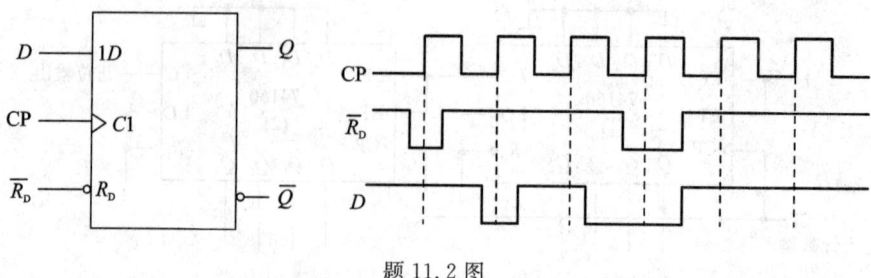

题 11.2 图

11.3　设下图中各触发器的初始状态皆为 $Q=0$，试求出在 CP 信号连续作用下各触发器的次态方程。

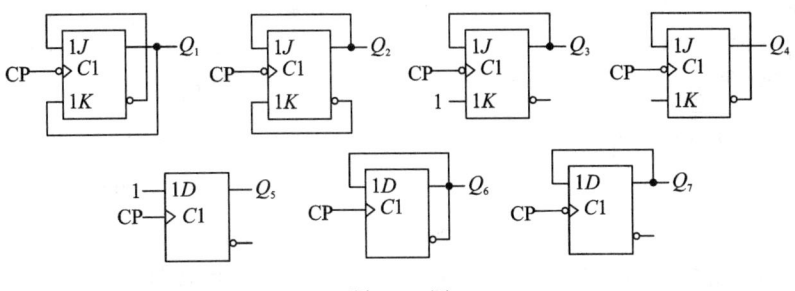

题 11.3 图

11.4　分析如题 11.4 图所示时序电路的逻辑功能。

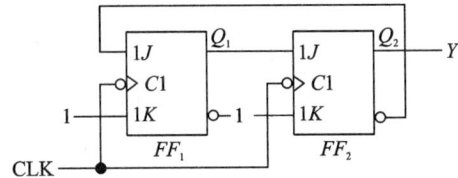

题 11.4 图

11.5　分析如题 11.5 图所示时序电路的逻辑功能。

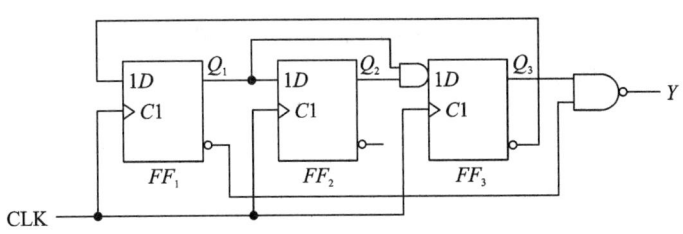

题 11.5 图

11.6　分析如题 11.6 图所示的计数器电路，画出电路的状态转换图，说明这是多少进制的计数器。

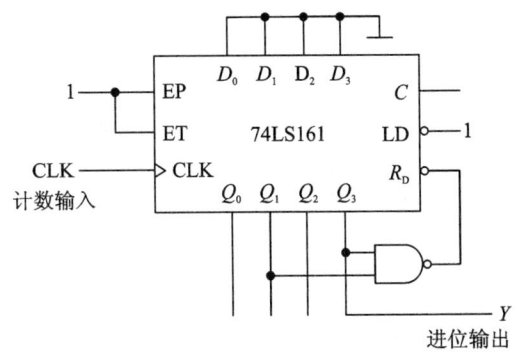

题 11.6 图

11.7　试分析如题 11.7 图(a)、(b)所示电路构成的是几进制计数器，并画出其完整的状态转换图，并说明电路能否自启动。

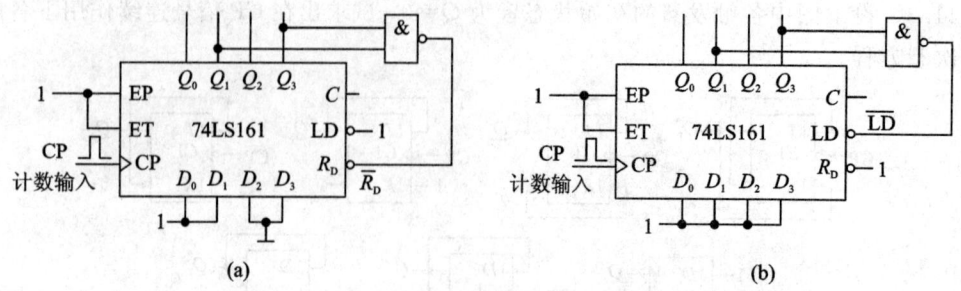

题 11.7 图

11.8　试用如题 11.8 图所示的 74LS161 芯片设计一个可控计数器，当输入控制变量 $M=0$ 时计数器按五进制计数，$M=1$ 时计数器按十五进制计数。要求在图中标出计数输入端和进位输出端。

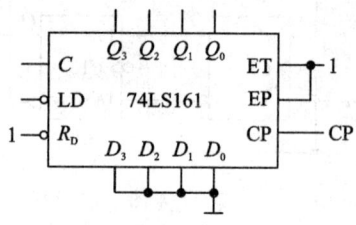

题 11.8 图

11.9　设计一个序列信号发生器电路，使之在一系列 CLK 信号作用下能周期性地输出"0010110111"的序列信号。

第 12 章 脉冲信号的产生和整形

本章介绍矩形脉冲波形的产生和整形电路。在脉冲整形电路中，介绍施密特触发器和单稳态触发器电路。在脉冲产生电路中，介绍多谐振荡器等电路。

12.1 概   述

在数字电路或系统中，时钟脉冲信号用来控制和协调整个系统的工作。获得这种矩形脉冲的方法有两种：一种是利用多谐振荡器直接产生；另一种是通过整形电路变换而成。整形电路又分为两类：施密特触发器和单稳态触发器，它们可以使输入波形的边沿变陡峭，形成规定的矩形脉冲。

为了定量地描述矩形脉冲的特性，经常使用如图 12.1.1 所示参数来表述矩形脉冲的性能指标，即：

脉冲周期 T——周期性重复的脉冲序列中，两个相邻脉冲间的时间间隔。

频率 $f = 1/T$——单位时间内脉冲重复的次数。

脉冲幅度 U_m——脉冲电压最大变化的幅值。

脉冲宽度 t_w——从脉冲前沿 $0.5U_m$ 始，到脉冲后沿 $0.5U_m$ 止的一段时间。

上升时间 t_r——脉冲从 $0.1U_m$ 上升到 $0.9U_m$ 所需的时间。

下降时间 t_f——脉冲从 $0.9U_m$ 下降到 $0.1U_m$ 所需的时间。

上述几个指标反映了一个矩形脉冲的基本特性。

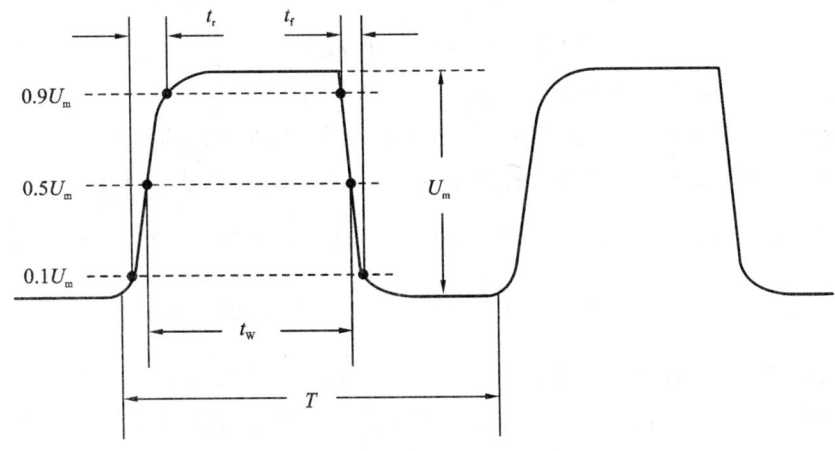

图 12.1.1 描述矩形脉冲特性的指标

12.2　集成 555 定时器及其应用

12.2.1　集成 555 定时器的电路结构与功能

　　555 定时器是一个中规模数/模混合集成电路，应用它可以很方便地构成施密特触发器、单稳态触发器以及多谐振荡器。

　　555 定时器产品型号繁多，但所有双极型产品型号的最后 3 位数码都是 555，所有 CMOS 型产品型号的最后 4 位数码都是 7555。而且，它们的功能和外部引脚的排列完全相同。为了提高集成度，随后又出现了双定时器产品 556（双极型）和 7556（CMOS 型）。

　　图 12.2.1 所示为国产双极型集成定时器 CB555 的电路结构和外引线排列图。它由电压比较器 C_1 和 C_2、电阻分压器、基本 RS 锁存器、集电极开路的放电三极管 V_D 和输出缓冲级几个基本单元组成。其中电压比较器 C_1 和 C_2 的参考电压 U_{R1} 和 U_{R2} 由电源 U_{CC} 经三个 5 kΩ 电阻分压给出。

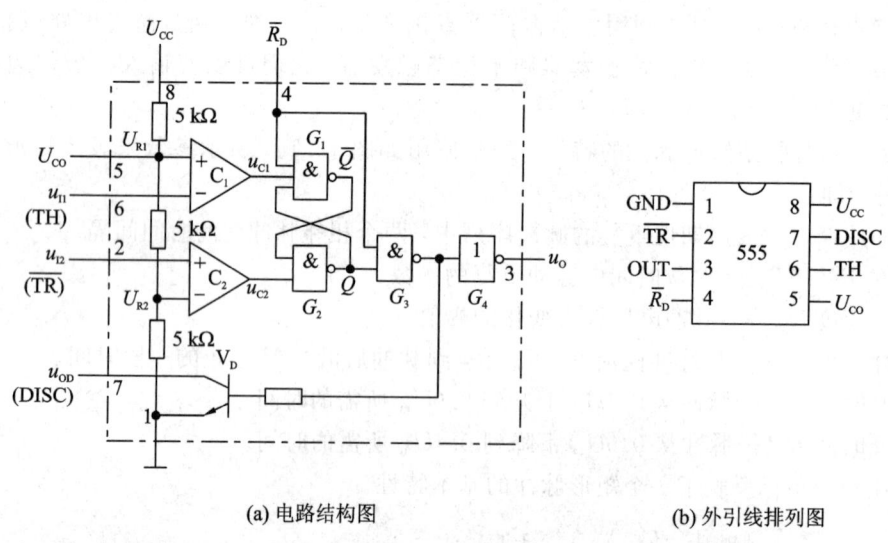

(a) 电路结构图　　　　　　　　　　(b) 外引线排列图

图 12.2.1　CB555 集成定时器

　　从图 12.2.1(b) 的外引线排列图可知，定时器具有 8 个引出端：① 接地端；② 触发端，即比较器 C_2 的输入端；③ 输出端；④ 置零输入端，只要在该端加上低电平，输出立即被置成低电平，而不受其他输入端状态的影响，正常工作时必须使其处于高电平；⑤ 控制电压输入端，当该端悬空时，$U_{R1} = \dfrac{2}{3}U_{CC}$，$U_{R2} = \dfrac{1}{3}U_{CC}$，如果从该端外接电压，则 $U_{R1} = U_{CO}$，$U_{R2} = \dfrac{1}{2}U_{CO}$；⑥ 阈值端，即比较器 C_1 的输入端；⑦ 泄放端；⑧ 正电源端。

　　由图 12.2.1(a) 可知，当 $u_{I1} > U_{R1}$、$u_{I2} > U_{R2}$ 时，比较器 C_1 的输出 $u_{C1} = 0$（即低电平）、比较器 C_2 的输出 $u_{C2} = 1$（即高电平），RS 锁存器被置成 0，三极管 V_D 导通，同时 u_O 为低电平。

　　当 $u_{I1} < U_{R1}$、$u_{I2} > U_{R2}$ 时，比较器 C_1 的输出 $u_{C1} = 1$，比较器 C_2 的输出 $u_{C2} = 1$，RS 锁存器的状态保持不变，因而三极管 V_D 和输出 u_O 的状态也维持不变。

当 $u_{I1} < U_{R1}$、$u_{I2} < U_{R2}$ 时，比较器 C_1 的输出 $u_{C1} = 1$，比较器 C_2 的输出 $u_{C2} = 0$，故 RS 锁存器被置成 1，三极管 V_D 截止，同时 u_O 为高电平。

当 $u_{I1} > U_{R1}$、$u_{I2} < U_{R2}$ 时，比较器 C_1 的输出 $u_{C1} = 0$，比较器 C_2 的输出 $u_{C2} = 0$，故 RS 锁存器处于 $Q = \overline{Q} = 1$ 的状态，三极管 V_D 截止，同时 u_O 为高电平。

这样就得到了表 12.2.1 所示的 CB555 的功能表。

表 12.2.1　CB555 的功能表

输　入			输　出	
$\overline{R}_D$	u_{I1}	u_{I2}	u_O	V_D 状态
0	×	×	低	导通
1	$> \frac{2}{3}U_{CC}$	$> \frac{1}{3}U_{CC}$	低	导通
1	$< \frac{2}{3}U_{CC}$	$> \frac{1}{3}U_{CC}$	不变	不变
1	$< \frac{2}{3}U_{CC}$	$< \frac{1}{3}U_{CC}$	高	截止
1	$> \frac{2}{3}U_{CC}$	$< \frac{1}{3}U_{CC}$	高	截止

555 定时器的输出缓冲级是为了提高电路的带负载能力而设置的。如果将 V_D 的集电极输出端 u_{OD} 经过电阻接到电源上，那么只要该电阻的阻值足够大，u_{OD} 将与 u_O 具有相同的高、低电平。这一特点将在后续 555 定时器构成多谐振荡器中被利用。555 定时器能在很宽的电源电压范围内工作，并可承受较大的负载电流。双极型 555 定时器的电源电压范围为 5～16 V，最大的负载电流达 200 mA。CMOS 型 555 定时器的电源电压范围为 3～18 V，但最大的负载电流在 4 mA 以下。

555 定时器在仪器、仪表和自动化控制装置中应用很广。它可以组成定时、延时和脉冲调制等各种电路。

12.2.2　555 定时器构成施密特触发器

将 555 定时器的高电平触发端和低电平触发端连接起来，作为触发信号的输入端，就可构成施密特触发器。电路如图 12.2.2 所示。

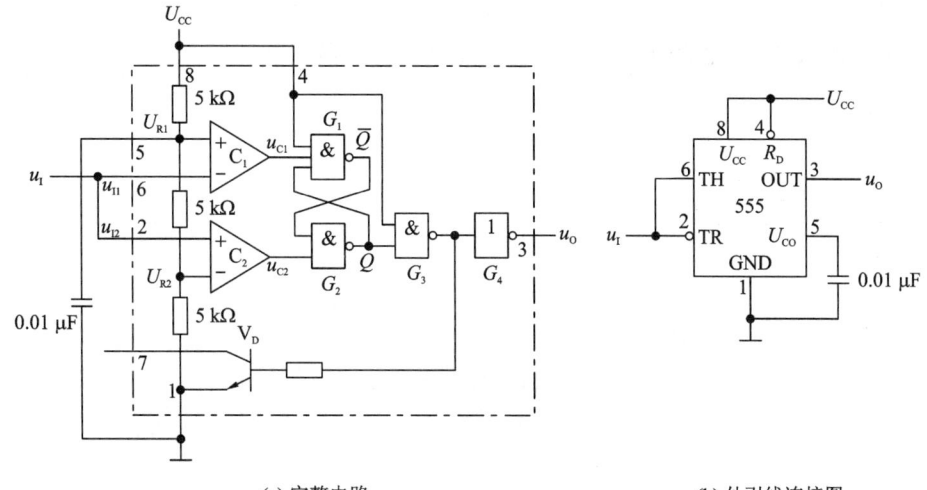

(a) 完整电路　　　　　　　　　　　　　　(b) 外引线连接图

图 12.2.2　555 定时器接成施密特触发器

由于 u_{I1} 和 u_{I2} 是 555 定时器中电压比较器的输入端，而两个比较器的参考电压是不同的，当将 u_{I1} 和 u_{I2} 连接在一起时，RS 锁存器的置 0、置 1 信号必然发生在输入信号 u_I 的不同电平。因此，输出电压 u_O 由高电平变为低电平或由低电平变为高电平所对应的 u_I 值也不相同。这样就形成了施密特触发特性。

为提高比较器参考电压 U_{R1} 和 U_{R2} 的稳定性，通常在 U_{CO} 端接一个 $0.01\,\mu F$ 左右的滤波电容。

下面讨论电路的工作原理，首先分析 u_I 从 0 逐渐升高的过程：

当 $u_I < \frac{1}{3}U_{CC}$ 时，$u_{C1}=1$，$u_{C2}=0$，$Q=1$，故 $u_O=U_{OH}$。

当 $\frac{1}{3}U_{CC} < u_I < \frac{2}{3}U_{CC}$ 时，$u_{C1}=u_{C2}=1$，RS 锁存器保持 $Q=1$ 的状态，故 $u_O=U_{OH}$ 保持不变。

当 $u_I > \frac{2}{3}U_{CC}$ 时，$u_{C1}=0$，$u_{C2}=1$，$Q=0$，故 $u_O=U_{OL}$。因此，$U_{T+}=\frac{2}{3}U_{CC}$。

其次，再看 u_I 从高于 $\frac{2}{3}U_{CC}$ 开始下降的过程：

当 $u_I > \frac{2}{3}U_{CC}$ 时，$u_{C1}=0$，$u_{C2}=1$，$Q=0$，故 $u_O=U_{OL}$。

当 $\frac{1}{3}U_{CC} < u_I < \frac{2}{3}U_{CC}$ 时，$u_{C1}=u_{C2}=1$，RS 锁存器保持 $Q=0$ 的状态，故 $u_O=U_{OL}$ 保持不变。

当 $u_I < \frac{1}{3}U_{CC}$ 时，$u_{C1}=1$，$u_{C2}=0$，$Q=1$，故 $u_O=U_{OH}$。因此，$U_{T-}=\frac{1}{3}U_{CC}$。

由此得到电路的回差电压为

$$\Delta U_T = U_{T+} - U_{T-} = \frac{1}{3}U_{CC}$$

图 12.2.3 为图 12.2.2 电路的电压传输特性。如果参考电压由外接电压 U_{CO} 供给，则不难看出这时 $U_{T+}=U_{CO}$，$U_{T-}=\frac{1}{2}U_{CO}$，$\Delta U_T=\frac{1}{2}U_{CO}$。通过改变 U_{CO} 值可以调节回差电压的大小。U_{CO} 越大，ΔU_T 也越大，电路的抗干扰能力就越强。

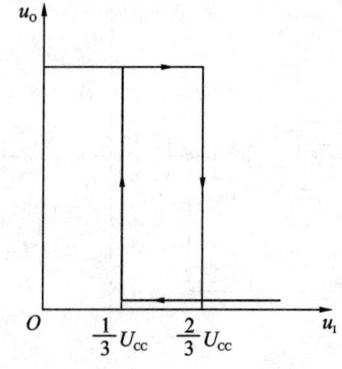

图 12.2.3　图 12.2.2 电路的电压传输特性

12.2.3　555 定时器构成单稳态触发器

若以 555 定时器的 u_{I2} 端作为触发信号的输入端，并将由 V_D 和 R 组成的反相器输出电压 u_{OD} 接至 u_{I1} 端，同时在 u_{I1} 对地接入电容 C，就构成如图 12.2.4 所示的单稳态触发器。R、C 为外接定时元件。

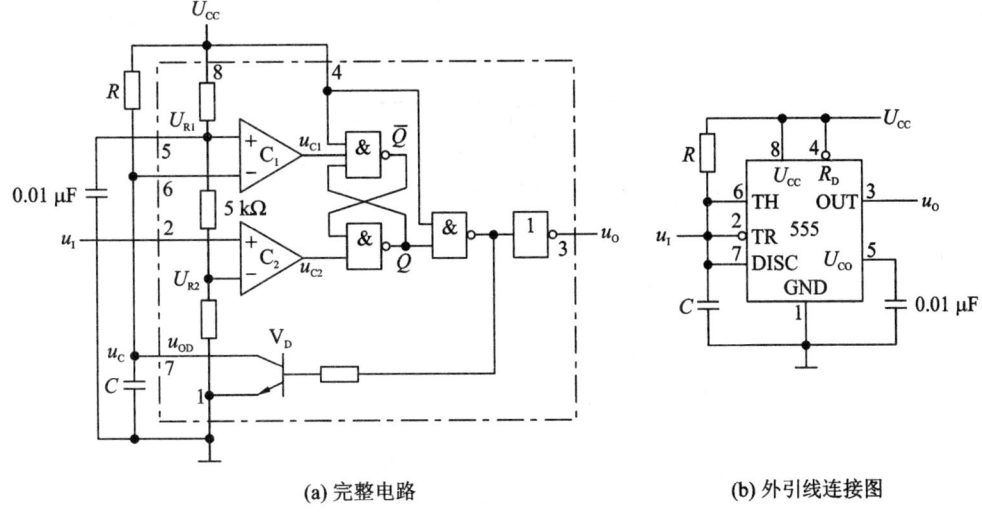

(a) 完整电路　　　　　　　　　　　　　　**(b) 外引线连接图**

图 12.2.4　555 定时器接成单稳态触发器

在刚接通电源时，如果没有触发信号，u_I 处于高电平，那么稳定的电路状态一定是 $u_{C1} = u_{C2} = 1$，$Q = 0$，$u_O = 0$。假定接通电源后 RS 锁存器停留在 $Q = 0$ 的状态，则 V_D 导通使 $u_C \approx 0$，电容 C 上无电荷。故 $u_{C1} = u_{C2} = 1$，RS 锁存器保持 $Q = 0$ 的状态，$u_O = 0$ 将稳定地维持不变。

如果接通电源后 RS 锁存器停留在 $Q = 1$ 的状态，这时 V_D 一定截止，电源 U_{CC} 便经电阻 R 向电容 C 充电。当充至 $u_C = \frac{2}{3} U_{CC}$ 时，u_{C1} 由 1 变为 0，使 RS 锁存器置 0。同时，V_D 导通，电容 C 经 V_D 迅速放电，使 $u_C \approx 0$。此后由于 $u_{C1} = u_{C2} = 1$，RS 锁存器保持 0 状态不变，输出也相应稳定在 $u_O = 0$ 的状态。

因此，通电后稳态时电路应自动地停留在 $u_O = 0$ 的稳态上。

当触发脉冲的下降沿到来时，只要负脉冲的低电平值小于 $\frac{1}{3} U_{CC}$，就使 $u_{C2} = 0$（此时 $u_{C1} = 1$），RS 锁存器被置成 1，u_O 跳变为高电平，电路进入暂稳态。与此同时 V_D 截止，U_{CC} 经电阻 R 开始向电容 C 充电。

当充至 $u_C = \frac{2}{3} U_{CC}$ 时，u_{C1} 变为 0。如果此时输入端的触发脉冲已经消失，即 u_I 回到高电平，$u_{C2} = 1$，则 RS 锁存器被置成 0，于是输出返回 $u_O = 0$ 的状态。同时 V_D 又变为导通状态，电容 C 经 V_D 迅速放电，直至 $u_C \approx 0$，电路恢复稳态。图 12.2.5 所示为在外加触发信号作用下 u_C 和 u_O 相应的波形图。

输出脉冲的宽度 t_W 等于暂稳态的持续时间，而暂稳态的持续时间取决于外接电阻 R

和电容 C 的大小。由图 12.2.5 可知，t_w 等于电容电压在充电过程中从 0 上升到 $\frac{2}{3}U_{CC}$ 所需要的时间，因此得到

$$t_w = RC \ln \frac{U_{CC} - 0}{U_{CC} - \frac{2}{3}U_{CC}}$$

$$= RC \ln 3 = 1.1RC \tag{12.2.1}$$

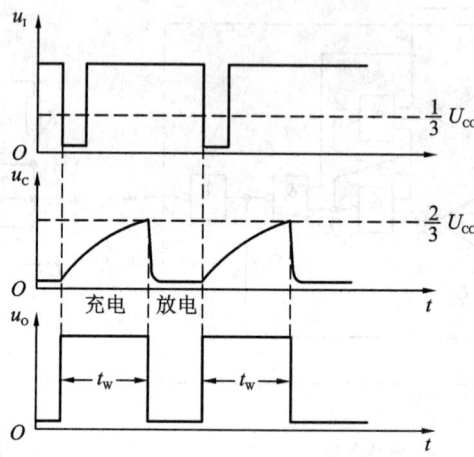

图 12.2.5　图 12.2.4 电路的电压波形图

　　通常 R 的取值范围在几百欧姆到几兆欧姆之间，电容 C 的取值范围在几百皮法到几百微法之间，则 t_w 的范围为几微秒到几分钟。但必须注意，随着 t_w 的宽度增加，它的精度和稳定度也将下降。

　　应当说明的是，这种单稳态触发器电路对输入脉冲宽度是有一定要求的，即触发脉冲宽度要小于暂稳态持续时间 t_w。在实际应用中如遇到 u_1 的脉冲宽度大于 t_w 时，应先经微分电路将 u_1 转变成尖脉冲之后再加到电路的输入端，如图 12.2.6 所示。

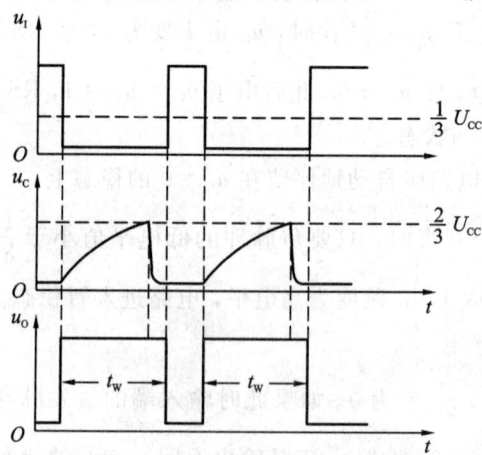

图 12.2.6　触发脉冲宽度大于暂稳态持续时间对应的波形图

　　单稳态触发器只有一个稳定状态。其工作特性可归结为如下三点：

（1）单稳态触发器有稳态和暂稳态两个不同的工作状态。

（2）在外界触发信号作用下，能从稳态翻转到暂稳态，在暂稳态维持一段时间 t_w 后自动返回稳态，并在输出端产生一个宽度为 t_w 的矩形脉冲。

（3）暂稳态维持时间的长短取决于电路内部的参数，而与触发脉冲的宽度和幅度无关。

由于具备这些特点，单稳态触发器被广泛应用于脉冲整形、延时（产生滞后于触发脉冲的输出脉冲）以及定时（产生固定时间宽度的脉冲信号）等。

12.2.4　555 定时器构成多谐振荡器

多谐振荡器是一种无稳态电路，它在接通电源以后，不需外加触发信号，就能自动地不断来回翻转，产生矩形脉冲。由于输出的矩形波中含有很多谐波分量，故通常将它成为多谐振荡器，又称为方波发生器。图 12.2.7 是 555 定时器构成多谐振荡器的电路。

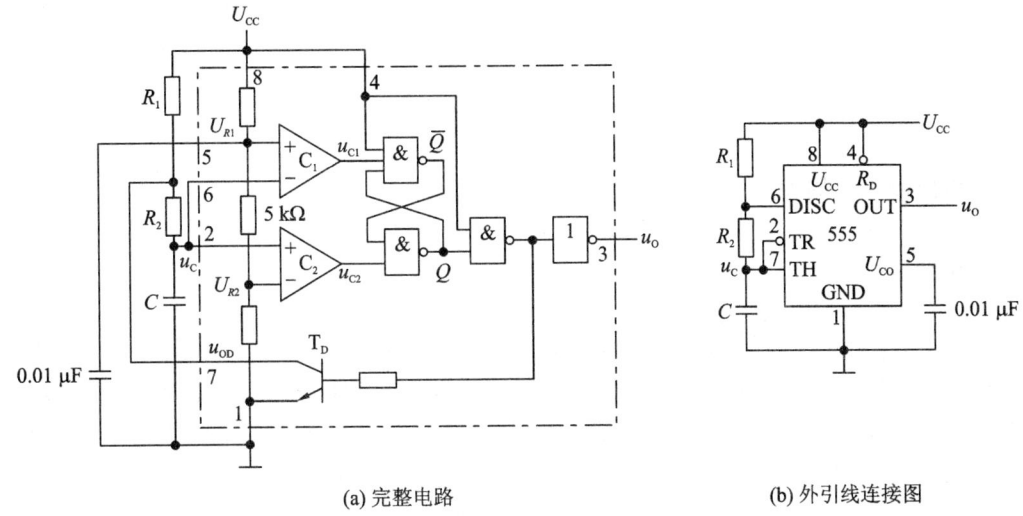

(a) 完整电路　　　　　　　　　　(b) 外引线连接图

图 12.2.7　555 定时器接成多谐振荡器

当接通电源 U_{cc} 时，若电容 C 上的初始电压为 0，即 $u_c = 0$，它使两电压比较器的输出为 $u_{C1} = 1$，$u_{C2} = 0$，RS 锁存器置 1，故 u_O 为高电平。此时放电三极管 V_D 截止，电源通过电阻 R_1、R_2 向电容 C 充电，当充至 $u_c = \dfrac{2}{3} U_{cc}$ 时，比较器的输出 $u_{C1} = 0$，$u_{C2} = 1$，RS 锁存器置 0，使 u_O 由高电平跳变为低电平。放电三极管 V_D 导通，电容 C 通过电阻 R_2 经 V_D 放电。当放电至 $u_c = \dfrac{1}{3} U_{cc}$ 时，比较器的输出 $u_{C1} = 1$，$u_{C2} = 0$，RS 锁存器又置 1，使 u_O 由低电平返回高电平。随即 V_D 又截止，电容 C 又开始充电。如此周而复始，便在输出端得到矩形脉冲波形。根据上述分析可得到图 12.2.8 所示 u_c 和 u_O 的电压波形图。

由图 12.2.8 中 u_c 的波形可求得电容 C 的充电时间 T_1（指电路进入稳定振荡以后对应电容的充电时间）和放电时间 T_2 各为

$$T_1 = (R_1 + R_2) C \ln \frac{U_{cc} - \dfrac{1}{3} U_{cc}}{U_{cc} - \dfrac{2}{3} U_{cc}}$$

$$= (R_1 + R_2) C \ln 2 \approx 0.69 (R_1 + R_2) C \qquad (12.2.2)$$

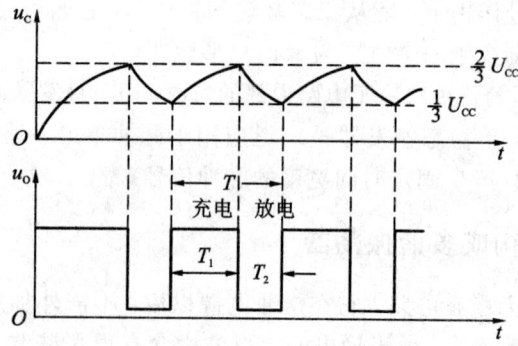

图 12.2.8 图 12.2.7 电路的电压波形图

$$T_2 = R_2 C \ln \frac{0 - \frac{2}{3} U_{CC}}{0 - \frac{1}{3} U_{CC}}$$

$$= R_2 C \ln 2 \approx 0.69 R_2 C \tag{12.2.3}$$

故电路的振荡周期为

$$T = T_1 + T_2 = (R_1 + 2R_2) C \ln 2 \approx 0.69 (R_1 + 2R_2) C \tag{12.2.4}$$

振荡频率为

$$f = \frac{1}{T} = \frac{1}{(R_1 + 2R_2) C \ln 2} = \frac{1.44}{(R_1 + 2R_2) C} \tag{12.2.5}$$

由式(12.2.5)可见，振荡频率主要取决于时间常数 R 和 C，通过改变 R 和 C 的参数可以改变振荡频率。而振荡幅度则由电源电压 U_{CC} 来决定。用 CB555 组成的多谐振荡器的最高振荡频率约为 500 kHz，用 CB7555 组成的多谐振荡器的最高振荡频率也只有 1 MHz。因此用 555 定时器接成的振荡器在频率范围上有较大的局限性，若要组成高频振荡器仍然需要使用高速门电路接成。

由式(12.2.2)和式(12.2.4)可求出输出脉冲的占空比为

$$q = \frac{T_1}{T} = \frac{R_1 + R_2}{R_1 + 2R_2} \tag{12.2.6}$$

式(12.2.6)说明，图 12.2.6 电路的占空比始终大于 50%。为了得到小于或等于 50% 的占空比，可以采用如图 12.2.9 所示的改进电路。由于接入了二极管 VD_1 和 VD_2，使电容 C 的充电电流和放电电流流经不同的路径，充电电流只流经 R_1，放电电流只流经 R_2，因此电容 C 的充、放电时间变为

$$T_1 = R_1 C \ln 2 \approx 0.69 R_1 C$$
$$T_2 = R_2 C \ln 2 \approx 0.69 R_2 C$$

故得输出脉冲的占空比为

$$q = \frac{T_1}{T} = \frac{R_1}{R_1 + R_2} \tag{12.2.7}$$

若取 $R_1 = R_2$，则 $q = 50\%$。

如图 12.2.9 所示电路的振荡周期也相应地变为

$$T = T_1 + T_2 = (R_1 + R_2) C \ln 2 \tag{12.2.8}$$

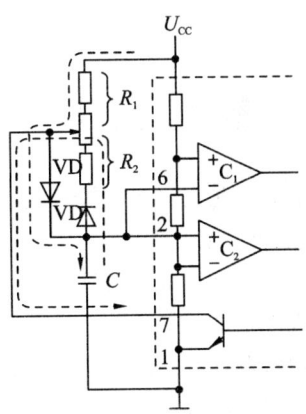

图 12.2.9 用 555 定时器组成的占空比可调的多谐振荡器

习 题

12.1 在 555 定时器电路中，改变控制电压输入端 U_{CO} 的电压，可以改变以下哪一项？

(1) 阈值端 TH、触发端 $\overline{TR}$ 的电平；

(2) 555 定时器电路输出的高、低电平；

(3) 放电三极管 V_D 的导通与截止电平；

(4) 置零输入端 $\overline{R_D}$ 的置零电平。

12.2 在如题 12.2 图所示的 555 定时器接成的单稳态触发器电路中，若触发脉冲宽度大于单稳态持续时间，电路能否正常工作？如果不能，则电路应作何修改？

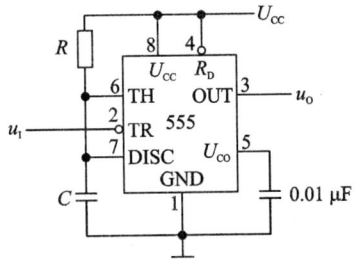

题 12.2 图

12.3 在如题 12.3 图所示的由 555 定时器构成的多谐振荡器中，若 $R_1 = R_2 = 1.1\ \mathrm{k\Omega}$，$C = 0.01\ \mu\mathrm{F}$，$U_{CC} = 15\ \mathrm{V}$。试求脉冲宽度 t_W、振荡周期 T、振荡频率 f、占空比 q。

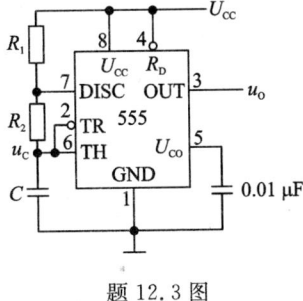

题 12.3 图

参 考 文 献

[1]　秦曾煌. 电工学[M]. 7 版. 北京：高等教育出版社. 2010.

[2]　唐介. 电工学[M]. 3 版. 北京：高等教育出版社. 2009.

[3]　张南. 电工学[M]. 3 版. 北京：高等教育出版社. 2007.

[4]　房晔. 电工学[M]. 2 版. 北京：中国电力出版社. 2009.

[5]　王晓华. 模拟电子技术基础[M]. 北京：清华大学出版社. 2011.

[6]　王晓华. 数字电子技术基础[M]. 北京：清华大学出版社. 2012.